普通高等教育"十三五"规划教材

高等学校食品系统工程专业教材

现代食品系统工程学导论

于秋生　主　编

张国农　副主编

陈正行　主　审

U0219944

中国轻工业出版社

图书在版编目（CIP）数据

现代食品系统工程学导论/于秋生主编. —北京：中
国轻工业出版社，2020.1

普通高等教育"十三五"规划教材 高等学校食品系
统工程专业教材

ISBN 978-7-5184-2701-7

Ⅰ.①现… Ⅱ.①于… Ⅲ.①食品工程-系统工程
学-教材 Ⅳ.①TS2

中国版本图书馆 CIP 数据核字（2019）第 239536 号

责任编辑：钟　雨　　　责任终审：李克力　　　封面设计：锋尚设计
版式设计：锋尚设计　　　责任校对：吴大鹏　　　责任监印：张　可

出版发行：中国轻工业出版社（北京东长安街 6 号，邮编：100740）
印　　　刷：河北鑫兆源印刷有限公司
经　　　销：各地新华书店
版　　　次：2020 年 1 月第 1 版第 1 次印刷
开　　　本：787×1092　1/16　印张：25.25
字　　　数：570 千字
书　　　号：ISBN 978-7-5184-2701-7　定价：74.00 元
邮购电话：010-65241695
发行电话：010-85119835　传真：85113293
网　　址：http://www.chlip.com.cn
Email：club@chlip.com.cn
如发现图书残缺请与我社邮购联系调换
181203J1X101ZBW

序

2016 年 6 月 2 日，一个载入中国高等教育史册的日子，拥有世界上工程教育规模最大的中国成为国际本科工程学位互认协议《华盛顿协议》的正式会员。《华盛顿协议》是本科工程教育学位互认协议，是世界上最具影响力的本科工程教育专业认证的国际互认协议。从 2005 年起，中国开始建设工程教育认证体系，逐步在工程专业开展认证工作，并把实现国际互认作为重要目标。截至 2017 年年底，教育部高等教育教学评估中心和中国工程教育专业认证协会共认证了全国 198 所高校的 846 个工科专业（其中包括 21 所高校的食品科学与工程专业）。通过专业认证，标志着这些专业的质量实现了国际实质等效，进入全球工程教育的"第一方阵"。

我国 10 多年来的工程教育专业认证工作表明，课堂教学已经成为工程教育改革的"最后一公里软肋"。工程教育专业认证强调专业人才培养结果导向，要求教师将毕业生出口要求分解对应到课程上去，并在课程教学中有效实施。

《现代食品系统工程学导论》，填补了食品系统工程学教材方面的空白。科学、规范、合理、实用是编撰本书的基本原则。更新知识体系和教学内容，按照两化融合的需求，强调学科交叉与融合，强化工程能力与素质培养，是编撰本书的基本思想。推动教师更新工程知识、掌握新的实践技能、丰富工程实践经验，不断强化工程实践能力，是编撰本书的基本目的。食品加工工程的设计是集多学科大成的系统工程，是以某个或某类产品为目标范例、多学科最新技术的共同展现，它的成熟性、先进性、协调性与各个学科的发展、进步是分不开的，更重要的是与设计者对各学科的博采水平相关。全书从田头到餐桌，从食品工厂的规划、选址、设计、建设、运行、管理以及经济、社会效益等，内容详实而全面。本书为我国食品工程化教育的教材建设、课程设置、师资队伍和教学方法以及人才培养模式等方面开了先河，给读者以崭新的理念。该书的通篇内容给人以很多启迪，是一部不可多得的好教材。

希望食品教育界和工业界今后出版更多的这类书籍，为我国食品科学与工程专业的工程教育打下更加坚实的基础，走向更加辉煌的明天。

中国工程院院士
北京工商大学校长
2019 年 10 月

前　言

　　食品科学与工程专业在过去的几十年的教学实践中有完整的教学体系，学科建设、课程设置、师资队伍等均符合当时的教学要求，整体教学水平良好，为国家培养了大批食品专门人才，满足了各方面的需求。

　　随着食品领域大工业化时代的到来，学科建设在不断地进步，人才的市场需求也在发生着变化。然而，我国高校食品专业的工程化教学水平与先进国家相比，仍有差距。普遍存在的现象是，食品专业学生工程化概念淡薄、工程化能力差、无法满足食品工业发展对工程技术人才的需求。随着我国经济模式的转变，生产技术从单元技术发展成数字化模块技术，食品学科的课程设置、师资队伍和教学方法等的建设都要与时俱进。

　　面对当前这一亟待改革的现状，对于从事食品科学与工程专业教学、研究的工科院校，首先要从食品工程认证教育的教材建设入手，拟定新的教学计划，引进或培养新的食品工程化方面的人才。适时推进食品工程化知识的积淀和凝炼工作，建立系统的、科学的工程化理论来指导食品工业生产的设计思路，即培养学生将科研技术放大、落地，切实落实于可操作性强的生产中的能力，在工业化中体现技术、体现研究成果，做到并做好对食品工业全产业链的管理。只有这样才能强化学生提高企业的经济效益和社会效益，增强产品市场竞争力的意识，才能彻底扭转片面地认为仅仅选设备、单元操作、工厂设计、画画图纸等就是工程化的观念，从而建立起食品工程系统论的思想，进而扎实地把食品工程教育认证工作推向更高层次。

　　中国轻工业出版社十分重视和关心食品工程认证教育的教材建设和编写，成立了编委会，并先后多次召集相关院校的专家教授参加教材编写会议，《现代食品系统工程学导论》一书应运而生。

　　全书共有十一章，涵盖的内容主要有：现代食品系统工程学的主要概念，系统工程与食品工厂设计，运筹学技术在工业工程中的应用，食品工程物流学——从田头到餐桌，工业区位论——厂址选择，现代食品加工工艺与工程设计基础，信息化与食品智能制造，美学体验，环境安全制约原理，工程技术经济系统，系统工程方法与哲学思考。这些内容的核心，是要建立理论思维模式和工程思维模式，同时将理论思维模式延续到工程思维模式，在阐明"食品工程"的本质的基础上，将思维转化为实践，服务于实践，进而全方位指导规划、设计、运行、管理好一个食品工厂。

参加本书的编写人员都是江南大学的老师和有多年工厂实践的博士、硕士，书中内容是他们多年从事食品科学与工程专业教学、科研工作以及工厂实践体会的总结。编写分工如下：第一章于秋生，第二章李珍妮，第三章朱熹、陆宁，第四章韩粉丽、陆宁，第五章张芬芬、徐晖，第六章於慧利，第七章陈天祥，第八章徐珍珍，第九章平向莉、张宁，第十章张国农，第十一章于秋生。于秋生负责统稿。

本书将系统工程的概念引入食品工程领域，希望能引起学界、业界的重视和同仁的共鸣。本书不仅可作为高等学校"食品科学与工程专业"的教材，也可供从事食品科学研究、食品工程设计和食品工厂管理的科技工作者参考。

本书诚邀中国工程院院士、北京工商大学校长孙宝国教授为本书作序，江南大学陈正行教授为本书审稿人，对他们付出的辛勤劳动表示由衷的感谢。

对参与本书编写大纲讨论的中国轻工业出版社李亦兵副编审、贵州大学邓力教授、湘潭大学刘忠义教授、安徽农业大学陆宁教授、四川农业大学邬应龙教授、江南大学范大明教授、江南大学冯伟博士所提出的宝贵意见致以衷心的感谢。

由于编者水平有限，加之编写时间仓促，难免有疏漏不妥之处，诚望广大读者不吝指正、赐教。

编者
2019 年 9 月

目　录

第一章

现代食品系统工程学的主要概念

学习指导

熟悉和掌握科学、技术、工程、系统工程、理论思维和工程思维等的基本概念，了解并理解循环经济与食品加工发展趋势、生态经济与食品加工产业链、清洁生产与可持续发展、工业系统集成主要技术在食品工业中的应用。

第一节　名词释义

系统科学是本世纪形成的新型学科。它是一门理论深刻、严谨而又有着强烈技术实践能力的科学学科。

系统工程作为一门学科和科学技术已诞生了很多年。它作为一种思想方法、思维模式、应用方法，无论在学术研究还是在实际应用上，在国内外都获得了巨大的成功。

食品加工既传统也现代，随着人们生活水平的提高、科学技术的发展，要求我们食品加工界的科学、技术和工程人员对新型技术的进步要有很好的响应能力，要引入最现代的概念、方法并渗透到加工过程的每一个环节中，才能满足时代科学进步的需要，才能与时俱进，不断提高和发展本领域的技术水平，才能让科学技术更好地服务于社会和民众，让每一个人能充分地感受到科学进步对生存环境、饮食结构、身心健康等方面的促进。

在介绍具体内容之前，有必要对相关名词在新时期的意义做一些解读，更需要在新形势下对将食品加工引入系统工程及其方法论的重要性做一些探索和理解。

一、科学

对科学一词的理解和认识，众说纷纭，莫衷一是，见仁见智。科学一词一般有两种意义：一方面是指某种知识的体系，另一方面是指这一知识体系得以形成的一种规则。因此，科学是"由观察探知的、严格经受检验的、按普遍原则加以分类的、关于实在世界的知识"。也就是说，任何科学活动都是对世界的存在形式和运动规律的研究，以认识世界为目的。实际上，科学是研究各学科门类的学问。科学活动始于观察、实验，通过感官经验和认识，从智力活动的逻辑思维、推理和概括中形成一定概念和判断得出的假说和理论，并经反复验证，最后上升为一般规律或科学原理。因此，科学是一个感性—感知—理性的过程。

科学是一种理论知识体系，它是人类对于客观世界的正确反映，是人类认识世界和改造世界的社会实践经验的概括和总结。同时，科学又是为社会实践服务的。

二、技术

到目前为止，技术的定义大致有以下几种：①技术是工具或手段——技术工具论；②技术是方法或者是关于方法的知识——技术知识论；③技术是人类活动（过程）或人类行为；④技术是技能、方法、手段、工具和知识的某种组合或总和。根据上面这四种定义，技术的基本内涵，就是对物质、能量和信息的变换。可以说技术是指人类为了某种目的或者满足某种需要而人为规定的物质、能量或信息的稳定的变换方式及其对象化的结果。技术规定了如何将一种物质（形态）变换为另一种物质（形态），将一种能量变换为另一种能量，将一种结构、形态的信息变换为另一种结构和形态的信息。完成物质、能量变换的技术是物质技术；完成信息变换的技术是知识技术。但是知识技术并不等同于知识形态的技术，物质技术也可以表现为知识形态。

换句话说，技术是人们在生产和生活实践中运用科学知识、工具、技能和技巧，解决实际问题，拓展人类能力的过程。严格说来，技术是一个过程，它通过科学的发现而发展，通过设计而成形，由技术人员构思、设计，由企业家及工程技术人员实施而变成成果。由于技术与技术产品不容易界别，有时把产品亦称为技术。

技术是社会过程的一个组成部分，技术受人技制，并技用于服务社会，技术影响社会，反之社会也影响技术。不同社会制度下技术使用的价值观不同，其技术作用和活力自然也就不同。

技术与科学不同，科学作用在于理解，技术作用在于如何做、如何制造和如何实施；科学原理是构成技术的基础，虽然技术的基础是科学，但技术又总是先于甚至孕育科学发现。但技术的结果要受自然规律的制约，有些技术，特别是与系统工程或者大工程、复杂工程相关的技术往往通过工程技术设计进行组合。因此可以说，技术是科学和工程的中介，即技术与基础科学和工程原理密不可分。

技术的目的性很强，用以改造自然满足人类自身和社会的需求，其功能性明显。因此，技术包括的具体范围应该是人类设计的有形制造物（如汽车、飞机、卫星、桥梁、电脑、卫生、药品、食品等）以及这些制造物所在的系统（如交通、通信、网络、工厂等）和设计、制造、维修这些制造物所谓的人员基础结构（如工厂、学校、公司及维护设施等），还包括生产和操作这些产品所需的知识和加工方法（如产品设计、制造专长和各类技术、技能等）。简言之，技术包括生产和操作技术制成品所需要的人、组织、知识、加工方法和技巧、加工设备等整个系统，当然也包括这些制成品本身。

三、工程

工程是科学的某种应用，通过这一应用，使自然界的物质和能源的特性能够通过各种结构、机器、产品、系统和过程，以最短的时间和精而少的人力做出高效、可靠且对人类有用的东西。于是工程的概念就产生了，并且它逐渐发展为一门独立的学科和技艺。

所谓工程是政府部门、企事业单位、学术机构和个人，应用自然科学原理以及所掌握的实践经验和技巧，研究、开发、设计、生产或建设使之实现以使用为目的的系统、产品、工艺过程等的服务，它还包括产品、工艺过程等使用寿命期间的修补。科学和技术是工程的基础，科学是所发现的自然规律，技术是实现某制成物的技巧；工程是依据科学原理或规律，利用所掌握的各种技巧，完成一个产品或工程项目。因此技术似乎是科学与工程的中介，人们往往把施工过程和实现的工程相混淆。实际上，前者是利用相关技术去完成某工程有形物的过程，后者是完成的有形物，即所做的项目。所以，科学用以发现自然规律，工程则是利用这些规律、相关技术和知识改造自然。

工程又可以认为是人们利用自然原理和规律，以及实践经验和技术，以实现工程有形物的过程及其工程有形物本身。该工程有形物是依据自然规律和工程技术，对自然有形物的复制，但更是经创意性思考而做出的改造了的自然有形物，其功能性、经济性和完美性远优于自然有形物。

完成工程项目的人员应包括工程管理者、工程师、技术员和大量工人。尽管工程种类繁多，但工程方法解决工程项目的步骤基本相似，即①收集有关资料；②进行方案比较，根据工程需要，提出几个具有创造性的方案，进行技术、经济、审美和环境效益及合理性的比较，并请相关专家进行论证，确定一个最佳方案，并对此进行完善；③工程设计和施工设计，并经考核；④进行施工建设；⑤投产调试；⑥正式生产运行。

四、系统与系统论

系统是能与其环境超系统划分明确界线的一个有组织的并由两个或两个以上相互依存的部分、成分或分系统所组成的整个单位。

系统一词创成于英文 system 的音译，对应外文内涵加以丰富。系统是指将零散的东西进行有序的整理、编排形成的具有整体性的整体。

中国著名学者钱学森认为：系统是由相互作用相互依赖的若干组成部分结合而成的，具有特定功能的有机整体，而且这个有机整体又从属于更大的系统。

系统论是研究客观现实系统共同的特征、本质、原理和规律的科学。它所概括的思想、理论、方法，普遍地适用于物理、生物、技术和社会系统。系统论最明显的特征是具有新科学思想和方法论的意义，它主张从整体出发去研究系统与系统、系统与要素以及系统与环境之间的普遍联系。它从揭示系统的整体规律上为解决现代科学技术、社会和经济等方面的复杂问题，提供了新的理论依据。

系统论的思想渊源是辩证法，它强调从事物普遍联系和发展变化中研究事物。现代系统论不仅从哲学角度提出了有关系统的基本思想，而且通过科学的、精确的数学方法定量地描述系统机制及其发展变化过程。所以，系统论的原理及方法具有普通的适用性。系统概念的建立，就是在思考、研究、探索和处理某一事物时，要有意识地把它看成一个系统，即它不是一个简单孤立的存在，而是一个完整系统的现实；明确链一环关系，并从系统内相关角度去分析它、认识它。这样一种思考问题的方法如能形成，对做好各项工作，无疑将收效甚大，起到事半功倍的效果。这一点无论在科研、技术、工程、经济、管理等领域都得到了很好的验证。

五、系统工程

（一）系统工程的定义

系统工程是用系统科学的观点，定性、定量的系统方法，合理地结合控制论、信息论、经济管理科学、现代数学的最优化方法、电子计算机、人工智能和其他有关工程技术，按照系统开发的程序和方法去研究和建造最优化系统的一门综合性的管理工程技术。

（二）系统工程的本质

系统工程的本质可以概括为以下几点：

第一，系统观点或系统思想是系统工程学所特有的，也是区别于其他工程学的本质特征，系统工程是当今社会解决各种系统性问题所能使用的唯一正确方法。

第二，在系统观点的统领下，系统工程综合地应用各种学科的知识、技术和经验。这里的重点不在于应用学科门类的多少，而在于这些学科在使用中的结合状态。这种新的结合则意味着创造。这种创造是具体的、适用的。因此，应用系统工程去解决问题时不是靠照搬几个公式或几条原理就可以取得成功的。了解多种学科之间的集合，研究集合部分的规律是系统工程学的重要特征，认识这一点非常重要。

第三，进入这种结合的学科通常包括现代最新的科学和技术，如控制论、信息论、管理科学、现代数学的最优化方法、电子计算机以及其他有关的工程技术等，这种结合的最终目的是为了整个系统的平衡和最优化，也就创建了新系统。

第四，系统工程是关于各类系统的组织管理技术，不是一类系统所特有的，是整个系统本身所固有的，只是由于原有专业知识的宽泛性不够，没有很好地认识到这些规律而已，这从系统工程解决问题的范围上看得很清楚。

第五，系统工程具有显著的实践性质，系统工程是解决世界上实际问题的有效方法。

第六，食品系统工程是把一般系统工程的原理、理念、方法与食品科学与工程进行结合，应用到食品技术的研究、工程的实施中来，使食品科学的研究、食品加工的过程更加系统化、信息化、提高整体的平衡和优化水平。

日本学者三浦武雄用下面这段论述总结和概括了系统工程的定义和本质：系统工程与其他工程学的不同之处在于它是跨越许多学科的科学，而且是填补这些学科边界空白的边缘科学，因为系统工程的目的是研究系统，而系统不仅涉及工程学的领域，还涉及社会、经济和政治等领域。为了圆满解决这些交叉领域的问题，除了需要某些纵向的专门技术以外，还要有一种技术从横向把它们组织起来，这种横向技术就是系统工程，也就是研究系统所需的思想、技术、方法和理论等体系化的总称。

六、理论思维和工程思维

（一）理论思维和工程思维的基本概念

1. 理论思维

理论思维是洞察事物实质，揭示事物本质或过程的内在规律的抽象思维，即根据事物固有的内在规律进行创造性的思考或遵循辩证思维和逻辑思维的统一。理论思维是指使理性认识系统化的思维形式。这种思维形式在实践中应用很多，如系统工程就是运用系统理论思维来处理一个系统内和各个有关问题的一种管理方法。

思维的任务在于通过一切迂回曲折的道路，去探索自然界和人类社会中各种事物和过程依次发展的阶段，并且透过一切表面的偶然性，揭示这些事物或过程的内在的规律性。

2. 工程思维

工程思维是指推出某一个"工程"，确定"工程"在多少年内一定要达到某个"目标"，随后拿出相应的规划，制定检查评估的数字指标，一般认为只要有足够的人力、财力保证，就能在规定时间中，按照预先的计划，做出相应的成果，达到建设的目的，这好比建设大桥、大坝、大楼，拿着预先设计的图纸，配备足够的材料，投入合格的人力，不但可以准时完成工期，还有望提前"竣工"。

（二）理论思维与工程思维的一般关系

站在工程论立场上看，人是因为要建构工程才需要工程思维的，因为工程思维必须有所依循才需要道理，因为要揭示道理才需要理论思维。在这种价值序列中，作为实体的工程无疑优先于作为虚体的理论，从而工程思维优先于理论思维。也就是说，理论思维揭示原理是为工程思维设计工程服务的。

理论思维揭示原理是思维活动，工程思维设计工程也是思维活动，它们都是想，只不过前者是认知意义上的想，后者是筹划意义上的想而已；只有工程的施工，才是做，才是通常所谓的实践。理论思维揭示各种层面的原理、生产各种品牌的理论，只是为了给工程思维设计工程预备原料、提供参考；而工程思维所做的工作则是另一种创造性的工作，这种工作并不是替某一种理论编制实施方案，而是通过对若干种理论的综合运用来实现对一个实体完美的设计，因此层次更高。所以，理论思维的工作服务于工程思维的工作，不是想服务于做，而是认知型的想服务于筹划型的想，是思维的跃进而不是终结。由此也可看出，理论思维和工程思维既是人类认识的两种相互对待的思维方式，也是理性认识的两个前后相继的阶段。就此而言，认识、理论仅仅达到理论思维阶段就转化为实践，服务于实践，只会帮实践的倒忙；而唯有"百尺竿头、更进一步"，从理论思维上升到工程思维，才可能给实践提供真正有益的帮助。

在实际生活中，工程思维和理论思维二者关系的合理化程度，取决于工程思维的发育程度，进而取决于工程在人类生活中的重要程度。

理论思维和工程思维的理想型关系是二者关系的自为的一面，其现实性关系则是二者关系的自在的一面：要使二者的关系达到自在自为相统一的状态，即达到既在现实中存在，又合乎理想规定的状态，就必须经过使这种关系实现自我意识这一中间环节。

（三）当代工程观与工程方法论研究的基本思路和主要内容

当代工程观与工程方法论研究的基本思路如图 1-1 所示，其主要内容应包括以下 8 个方面：工程本质论研究、工程观的基本思想研究、工程活动论研究、工程的社会评价研究、工程系统分析方法研究、工程决策与设计方法研究、工程综合集成方法研究、工程价值评价方法研究。其中，主要研究重点包括：工程价值观、工程伦理观、工程活动共同体、工程实践与工程创新、工程社会评价过程的阶段性、三维结构分析方法及其应用、网络分析方法及其应用、工程决策方法、工程设计方法、工程综合集成方法、工程价值评价方法研究等。主要难点包括：工程本质论、工程价值观、工程实践与工程创新、工程评价指标体系、模型化方法及其应用、工程决策方法、综合集成方法、技术再评估法等。

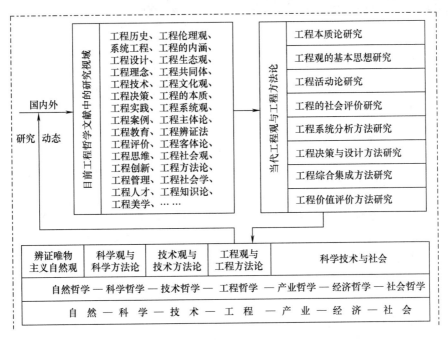

图 1-1 当代工程观与工程方法论研究的基本思路

（四）当代工程观与工程方法论研究的重要观点和突破口

当代工程观与工程方法论研究的一些重要观点包括：工程的本质是造物。科学活动是以发现为核心的活动，技术是以发明为核心的活动，工程则是以建造为核心的活动。工程活动是现代社会存在和发展的基础，是人类能动性的最重要、最基本的表现方式之一。

当代工程观不仅开拓了从自然观到历史观的通道，而且为科技哲学（自然辩证法）学科发展增添了新的重要内容。主要包括：工程本质论、工程系统观、工程生态观、工程价值观、工程伦理观、工程社会观和工程文化观等工程观的基本理论；工程活动共同体、工程实践论和工程创新论等工程活动论以及工程的社会评价理论等。同时，相对而言，当代工程方法论不同于自然科学方法论、技术科学方法论和系统科学方法论，它同样为其学科发展增添了新的重要内容。这主要包括：工程系统分析方法、工程决策方法、工程设计方法、工程综合集成方法和工程价值评价方法等。

在现代社会，工程的数量越来越多、规模越来越大、程度越来越复杂，工程与工程、工程与自然、工程与经济社会之间以及工程自身内部等都具有极其复杂的关系，需要进行跨学科、多学科的研究，特别需要从宏观层面、以哲学思维把握工程活动的本质和规律。

当代工程观与工程方法论研究，要求工程教育适应工程实践的时代特点，实现工程教育模式的转变。工程教育要培养适应当代工程活动特点的工程创新人才，工程教育要体现当代工程观与工程方法论的基本思想和重要内容。

第二节　循环经济与食品加工发展趋势

我国对现行产业的划分一般为：第一产业——农业（包括种植业、林业、牧业、副业和渔业）；第二产业——工业（包括采掘工业、制造业、水电燃气供应业和建筑业）；第三产业——除第一、第二产业以外的其他各业，包括流通领域（交通运输业、邮电通讯业、商业、饮食业、物资供销和仓储业）和服务行业（金融、保险业、地质普查业、房地产、公用事业、居民服务业、咨询服务业、综合技术服务业、教育、文化、广播电视、科学研究、卫生、体育、社会福利事业、国家机关、党政机关、社会团体、军队和警察等）。

工业是第二产业中的主导产业，其本质是开采自然资源，并对采掘品和农产品进行加工和再加工。工业发展的必然进程就是工业化，一般意义上是指利用机械化手段，以物质资料为原料，以资本和劳动为生产要素，进行大规模的物质产品的生产和消费，推动人类社会由传统农业经济向工业经济转变的一个历史进程，食品工业尤为突出。

循环经济是一种以资源的高效利用和循环利用为核心，以"减量化、再利用、资源化"为原则，以低消耗、低排放、高效率为基本特征，符合可持续发展理念的经济增长模式，是对"大量生产、大量消费、大量废弃"的传统增长模式的根本变革。

循环经济"减量化、再利用、再循环"3R原则［减量化原则（Reduce）、再利用原则（Reuse）、再循环原则（Recycle）］的重要性不是并列的，它们的排列是有科学顺序的。其中，减量化原则属于输入端方法，旨在减少进入生产和消费系统物质的量；再利用原则属于过程性方法，目的在于延长产品和服务的时间强度；再循环原则（即资源化原则）是输出端方法，通过把废弃物再次变成资源以减少最终处理量。

循环经济的核心是以物质闭环流动为特征，将经济活动重构、组织成一个"资源—产品—再生资源"的反馈式流程和"低开采、高利用、低排放"的循环利用模式，使得经济系统和谐地纳入自然生态系统的物质循环过程中，从而实现经济活动的生态化。食品工业循环经济兼顾了食品工业发展和环境保护之间的关系，体现了人与自然的和谐共生，它建立在系统论、食品工业生态学及可持续发展理论之上，并同最近蓬勃兴起的生态经济学理论、清洁生产理论、复杂性理论等有着密切的渊源关系。

一、工业循环经济与系统工程

在我国经济发展面临资源短缺与环境污染两难的形势下，大力发展循环经济，加快建设资源节约型、环境友好型社会，就显得尤为重要和迫切。发展循环经济必须高度重视可持续消费与生产的各个环节，充分调动各行业主体的积极性，不仅需要政府的引导、企业的自律，而且要求全社会所有成员从己做起，共同参与。

工业循环经济是一个集自然、经济、技术、环境、社会与一体的系统工程。研究过程中应遵循系统论原理，从系统、整体的角度着眼，综合调控整体和局部的关系，统筹整体功能和局部利益，促进要素间、层次间的相互协调与配合，以发挥最大的效力，达到系统整体优化的目的。食品加工产业链的设计、建设、运营就必须要从循环经济的角度出发，采用系统工程的方法，拓宽专业思考范围，提升统筹高度，提出创造性的方案，外延与其他学科的交叉，获得新的经济增长点。

（一）循环经济是一项系统工程，经济问题是着眼点

循环经济与可持续发展一脉相承，强调社会经济系统与自然生态系统和谐共生，是集经济、技术和社会于一体的系统工程，其着眼点是经济问题。但是，循环经济既不是单纯的经济问题，也不是单纯的技术问题和环保问题，而是以协调人与自然关系为准则，模拟自然生态系统运行方式和规律，使社会生产从数量型的物质增长转变为质量型的服务增长，推进整个社会走上生产发展、生活富裕、生态良好的文明发展道路，它要求人文文化、制度创新、科技创新、结构调整等社会发展的整体协调。

实施循环经济是有成本的经济。实施循环经济需要技术、投资和运行成本，是建立在资金流动基础上的。实施循环经济不仅要注意成本、资金要素，还必须注意连接物质、能量循环利用在时间—空间配置上的可能性和合理性。实施循环经济是以"3R"为基本原则，在一定条件下将物质、能量、时间、空间、资金等要素有效地整合在一起。在实施、推进循环经济的过程中，也必须注意到，对"循环经济"而言，发展经济仍是主导性的，经济的合理性是物质、能量以及废弃物循环利用的边界条件，没有经济效益的循环是难以为继的。经济效益的大小又是循环经济的目标函数，而物质、能量等的有效、合理循环是手段、途径。因而推进循环经济必须充分重视环境效益、社会效益、经济效益的协同，不可偏废。

（二）加强建设循环经济的环境伦理

全球性的资源和环境危机，不是单纯的经济和技术问题，而是文化观念和价值取向问题。发展循环经济既需要政府的倡导和企业的自律，又需要提高广大社会公众的参与意识和参与能力。加强循环经济宣传、教育和培训，树立"大系统工程"概念，将生态环境保护和资源节约逐步变成全体公民的责任意识和自觉行为。以"环境伦理"推动我国循环经济发展的思路。环境伦理主要以保护地球资源和确保人类可持续发展为原则，在生产、生活中坚持合理利用资源和能源、减少污染排放、循环利用资源等环境保护理念。

（三）充分发挥科学技术的核心作用

循环经济的发展需要一大批先进成熟的替代技术、减量技术、再利用技术、资源化技术和系统化技术等作为支撑。鉴于我国目前高耗能产业的现状和物质循环利用的具体需求以及国际上较成熟的经验，循环经济发展的核心技术支撑主要包括：低物耗、能耗煤基液体燃料生产技术、生物质能转换技术、粮食与农副产品高效利用与转化技术、集约化养殖畜禽粪便的资源化利用技术、熔融还原冶铁新工艺与钢铁-煤化工产业共生技术、绿色化学技术、以化学矿物加工为核心的生态工业系统、水泥生产新工艺、废旧机电装备再制造技术、"电子垃圾"资源化的单元技术与设备等。

（1）替代技术　通过开发和使用新资源、新材料、新产品、新工艺，替代原来所用资源、材料、产品和工艺，以提高资源利用效率，减轻生产和消费过程对环境的压力的技术。

（2）减量技术　用较少的物质和能源消耗来达到既定的生产目的，从源头节约资源和减少污染的技术。

（3）再利用技术　延长原料或产品的使用周期，通过多次反复使用来减少资源消耗的技术。

（4）资源化技术　将生产或消费过程产生的废弃物再次变成有用的资源或产品的技术。

（5）系统化技术　从系统工程的角度考虑，通过构建合理的产品组合、产业组合、技术组合，实现物质、能量、资金、技术的优化使用的技术，如多产品联产和产业共生技术。

二、我国循环经济的发展对策与主要目标

发展中国特色循环经济的战略重点就目前来看主要是抓好"321"模式。

"321"模式的内涵——"3"是指3个产业体系，即生态工业体系、生态农业体系和生态服务业体系；"2"是指两个领域，即生产领域和消费领域；"1"是指一条再生资源产业链，即废旧资源再利用和无害化处置产业链（日本称其为"静脉"产业），该产业链连接3个产业体系，联系生产和消费领域。生态工业和生态农业体系是生产领域循环经济的主体和重要标志，生态服务业体系则是前两者的配套体系，而且在全球化时代处于越来越重要的地位。废旧资源再利用和无害化处置产业链包括三部分——工业废旧资源再利用产业、生活废旧资源再利用产业和最终废弃物无害化处置产业。它既是消费领域的重点之一，又是连接生产与消费领域的纽带，是循环型社会的基本标志。

（一）发展循环经济的主要途径

发展循环经济的主要途径是，从资源流动的组织层面来看，主要是从企业小循环、区域中循环和社会大循环三个层面来展开；从资源利用的技术层面来看，主要是从资源的高效利用、循环利用和废弃物的无害化处理三条技术路径去实现。

（二）发展循环经济的三个组织层面

从资源流动的组织层面来看可分为三个层次：

（1）以企业内部的物质循环为基础，构筑企业、生产基地等经济实体内部的小循环　企业、生产基地等经济实体是经济发展的微观主体，是经济活动的最小细胞（带有基地的食品工厂就是食品工业最基础的微观主体）。依靠科技进步，充分发挥企业的能动性和创造性，以提高资源能源的利用效率、减少废物排放为主要目的，构建循环经济微观建设体系。

（2）以产业集中区内的物质循环为载体，构筑企业之间、产业之间、生产区域之间的中循环　以生态园区在一定地域范围内的推广和应用为主要形式，通过产业的合理组织，在产业的纵向、横向上建立企业间能流、物流的集成和资源的循环利用，重点在废物交换、资源综合利用，以实现园区内生产的污染物低排放甚至"零排放"，形成循环型产业集群，或是循环经济区，实现资源在不同企业之间和不同产业之间的充分利用，建立以二

次资源的再利用和再循环为重要组成部分的循环经济产业体系（如江苏省扬州市"食品工业园"）。

（3）以整个社会的物质循环为着眼点，构筑包括生产、生活领域的整个社会的大循环　统筹城乡发展、统筹生产生活，通过建立城镇、城乡之间、人类社会与自然环境之间循环经济圈，在整个社会内部建立生产与消费的物质能量大循环，包括了生产、消费和回收利用，构筑符合循环经济的社会体系，建设资源节约型、环境友好的社会，实现经济效益、社会效益和生态效益的最大化。

（三）发展循环经济的三条技术路径

从资源利用的技术层面可分为三条技术路径：

（1）资源的高效利用　依靠科技进步和制度创新，提高资源的利用水平和单位要素的产出率。在农业生产领域，一是通过探索高效的生产方式，集约利用土地、节约利用水资源和能源等；二是改善土地、水体等资源的品质，提高农业资源的持续力和承载力，如降低农产品的重金属污染、生物污染及化学污染，提高农产品原料的安全性等。在工业生产领域，资源利用效率提高主要体现在节能、节水、节材、节地和资源的综合利用等方面，是通过一系列的"高"与"低"、"新"与"旧"的替代、替换来实现的，围绕工业技术水平的提高，通过高效管理和生产技术替代低效管理和生产技术、高质能源替代低质能源、高性能设备替代低性能设备、高功能材料替代低功能材料，围绕资源的合理利用、余热利用、中水回用，零部件和设备修理和再制造等可再生资源替代原生资源、再生材料替代原生材料等资源化利用等，以"低"替"高"、"旧"代"新"的合理替代，提高资源的使用效率。在生活消费领域，提倡节约资源的生活方式，推广节能、节水用具。节约资源的生活方式不是要削减必要的生活消费，而是要克服浪费资源的不良行为，减少不必要的资源消耗。

（2）资源的循环利用　通过构筑资源循环利用产业链，建立起生产和生活中可再生利用资源的循环利用通道，达到资源的有效利用，减少向自然资源的索取，在与自然和谐循环中促进经济社会的发展。在农业生产领域，农作物的种植和畜禽、水产养殖本身就要符合自然生态规律，通过种植—饲料—养殖产业链，养殖—废弃物—种植产业链，养殖—废弃物—养殖产业链，生态兼容型种植—养殖产业链，废弃物—能源或病虫害防治产业链等系统的先进技术实现有机偶合农业循环产业链，遵循自然规律并按照经济规律来组织有效的生产。在工业生产领域，以生产集中区域为重点区域，以工业副产品、废弃物、余热余能、废水等资源为载体，加强不同产业之间建立纵向、横向产业链接，促进资源的循环利用、再生利用。如围绕能源，实施热电联产、区域集中供热工程，开发余热余能利用、有机废弃物的能量回收，形成多种方式的能源梯级利用产业链；围绕废水，建设再生水制造和供水网络工程，合理组织废水的串级使用，形成水资源的重复利用产业链；围绕废旧物资和副产品，建立延伸产业链条，可再生资源的再生加工链条、废弃物综合利用链条以及设备和零部件的修复翻新加工链条，构筑可再生、可利用资源的综合利用链。在生活和服务业领域，有效构建生活废旧物质回收网络，充分发挥商贸服务业的流通功能，对生产生活中的二手产品、废旧物资或废弃物进行收集和回收，提高这些资源再回到生产环节的概率，促进资源的再利用或资源化。

（3）废弃物的无害化排放　通过对废弃物的无害化处理，减少生产和生活活动对生态环境的影响。在农业生产领域，通过推广生态养殖方式，实行清洁养殖。运用沼气发酵技术，对畜禽养殖产生的粪便进行处理，化害为利，生产制造沼气和有机农肥；减少水产养殖造成的水体污染。探索生态互补型水产品养殖，加强畜禽饲料的无害化处理、疫情检验与防治；实施农业清洁生产，采取生物、物理等病虫害综合防治，减少农药的使用量，降低农作物的农药残留和土壤的农药毒素的积累；采用可降解农用薄膜和实施农用薄膜回收，减少土地中的残留。在工业生产领域，推广废弃物排放减量化和清洁生产技术，工业废油、废水及有机固体的分解、生化处理等无害化处理，降低工业生产过程中的废气、废液和固体废弃物的产生量。扩大清洁能源的应用比例，降低能源生产和使用的有害物质排放。在生活消费领域，提倡减少一次性用品的消费方式，培养垃圾分类的生活习惯。

目前实践探索中的区域循环经济应该是在区域经济和环境基础设施体系支撑下"321"的有机组合。也就是说，只有当一个地区建立了生态工业体系、生态农业体系和生态服务业体系，其经济增长方式才能根本转变，才有能力形成可持续的生产模式；同时，只有建立了发达的废旧资源再利用和无害化处置产业链，整个区域的"资源—产品—再生资源"循环才能够转动起来，形成可持续的消费模式，并与可持续生产模式对接，构成区域增值的"大循环"。区域性"大循环"也不可能是绝对的和封闭的循环，必须有部分物质和能量与其他系统发生交换，特别是一小部分在现有技术经济水平下无法利用的废弃物，必须经过无害化处置，最终排向自然界。

（四）循环经济的主要目标

目前，我国已经建立了发展循环经济的战略目标，即，用50年左右的时间，全面建成人、自然、社会和谐统一的、资源节约的循环型社会，资源生产率、循环利用率、废弃物的最终处理量等循环经济的主要指标以及生态环境、可持续发展能力等达到当时世界先进水平，极大提高生态环境质量并整体改善生存空间，全国全面进入可持续发展的良性循环。

我国循环经济发展的重点任务是构建循环型工业体系。在工业领域全面推行循环型生产方式，促进清洁生产、源头减量，实现能源梯级利用、水资源循环利用、废物交换利用、土地集约利用；构建循环型农业体系。在农业领域推动资源利用集约化、生产过程清洁化、产业链接循环化、废物处理资源化，形成农林牧渔多产业共生的循环型农业生产方式，改善农村生态环境，提高农业综合效益。

中国只有选择循环经济的发展模式，才能实现经济增长方式的根本性转变，这也是走新兴工业化道路的重要前提。

三、循环经济与食品加工发展趋势

所谓食品加工是指以粮食、蔬菜、水果、油料、畜禽、水产等农产品为原料的直接加工和再加工成产品的过程，它与种植业、养殖业有机结合在一起。食品加工是农业生产与市场消费紧密连接的纽带，是农业商品化、农产品市场化的关键环节，对提高农业生产综合经济效益、推进农业结构化、促进农业生产的良性循环和协调可持续发展具有不可替代的作用。

食品加工业发展的根本出路就是要转变传统的经济发展模式，提高资源利用效率，实现资源的可持续利用，大力发展循环经济。

结合循环经济，我国食品加工业面临大量亟待解决的问题，主要体现在：①食品的加工技术水平要有较大程度的提高，应迅速提高加工转化率，增加精深加工比重；②产品质量水平要有较大提升，使绿色食品和有机食品生产得到更快发展；③技术装备水平要有较大的提升；④龙头企业集群要有较大发展；⑤基地建设布局要更加优化。因此，我国食品加工发展的主要任务：一是大力发展产地初加工（这是"十二五"期间的主要任务）；二是做大做强食品加工业的领军企业；三是搞好产业集群园区建设；四是加快技术进步和提升自主创新能力；五是大力加强专用原料基地建设；六是加快加工标准化体系建设；七是建设食品加工技术服务平台。实行农产品的贮藏、保鲜和加工是降低农产品产后损失，提高农产品附加值的有效措施，有利于加速农业结构优化，促进农业生产良性循环，实现农业的高产、优质和高效，有利于推动农村经济的发展，促进农村经济的繁荣。食品加工业发展趋势可归纳为以下几点。

（1）由于我国农产品原料的选育和栽培仍以鲜食为主，加工适性差，因此，在选择加工原料时应选择专用的加工品种，并建有稳定的原料生产基地。同时，我国应效仿发达国家把农产品的贮藏、保鲜、加工放在农业的首位，重视农产品加工及其深度利用技术。

我国农产品加工率不足 30%，因此提高精深加工是重中之重，减少粗加工，提高精加工；减少初级产品，增加深加工产品，提高产出效益及加工增值。

（2）提高我国食品产品质量水平，减少废物率，利用食品加工原理尽可能将废物变为再生资源，从而进入循环利用途径，减少资源浪费，遵循"3R"原则，减少资源消耗和成本消耗，促进可持续发展。

（3）我国食品加工企业近年来增长迅速，也涌现出一大批起点高、成长快、规模大的领军企业，但与发达国家相比较，龙头企业规模偏小。发展先进设备，增强高质量和高水平的检测手段也是我国食品加工的发展趋势。我国应以食品加工龙头企业带动产业集群发展，形成规模效应。充分利用龙头企业的技术和市场优势，促进广大食品加工中小企业加工项目向集聚式发展；逐步形成聚集经济效应，使整个食品加工行业的平均成本大幅降低、经济收益明显上升。

采用高新技术既确保了食品的基本属性、营养品质和安全性，同时也使得食品的色、香、味、形得到完整体现。如采用计算机视觉技术，该技术可用于食品品质自动识别和分级方面，从而节省大量人力、物力和财力；再如超微粉碎技术，将该技术应用于各种果蔬的干制品，也可广泛应用于汤料、咖啡、果汁粉、水果等食品中，可以最大限度地保留粉体中的营养成分、生物活性成分，提高利用率，提高发酵、酶解过程中的化学反应速度，利于机体对食品营养成分的吸收。其他技术的应用如生物工程技术、挤压成型技术、微电子技术、超高压加工技术等均符合循环经济的原则。

（4）重视食品资源的综合利用，并进行多次利用，力争达到"零排放"，实现"完全清洁生产"或"无污染生产"。

（5）针对我国食品加工行业管理效率低，存在严重的部门分散、多重管理、难以统一的现象，应加强部门结合，增强管理效率和水平，同时增强信息化程度，尽量避免农产品的交易采用一对一的交易模式，普及计算机网络电子商务系统的现代化交易模式，建立产品的跟踪和溯源系统。

（6）增强基地建设，优化布局。建设一大批高标准农产品生产和食品加工基地，带动农户进行标准化生产。

（7）食品加工行业发展的关键在于加工技术的进步，而加工技术的进步又依赖于科技人才的支撑。因此，只有建立人才战略，才能提高创新能力，广泛吸引高素质的科技人才投入食品加工领域。与此同时，食品加工企业应积极地与高等院校、科研院所建立密切联系，以获取更多的科研信息和技术成果，并进行再创新，转化应用不断提升我国食品加工产品的科技含量。

（8）逐步构建食品加工标准和质量安全检测体系。产品质量与安全是我国食品加工业接轨国际、产品顺利进入国际市场的通行证。加快制定符合我国实际与国际惯例的食品加工领域的高档次质量安全标准，加速形成完善食品加工业质量标准体系。要与国际标准有机接轨、无缝对接。同时，积极发展无公害食品、绿色食品和有机食品，逐步建立包括标明产品的原料产地、质量指标、标准类别等信息在内的等级标识制度。

综上所述，我国食品加工业的发展趋势应在食品基础原料生产的加工用种专用化以及优质化；基地规模化；栽培管理标准化，清洁化；环境无公害化；在加工食品方面确保安全的前提下，应尽可能的方便化、系列化、多样化以及营养保健化、产品标准化、国际化；质量控制全程化；在加工技术与装备方面，做到先进实用化，生产自动化；食品资源利用高效化，环境可持续化；食品产业管理信息化，食品交易网络化。

第三节　生态经济与食品加工产业链

一、生态经济的基本概念

（一）生态经济的定义

所谓生态经济，是指在生态系统承载范围内，运用生态经济学原理和系统工程的方法，改变原有的生产和消费方式，挖掘一切可利用的资源潜力，发展经济高效、生态平衡的产业，建立社会和谐、生态健康的环境，从而形成开发与保护并重，物质文明与精神文明并举，自然与人类高度统一的可持续发展模式。生态经济又称为绿色经济。

（二）生态经济的本质

生态经济的本质，是把经济发展建立在生态环境可承受的基础之上，在保证自然再生产的前提下扩大经济的再生产，从而实现经济发展与生态保护的双赢，建立经济、社会、自然良性循环的复合型生态系统。

生态经济作为一种全新的经济发展模式，已日益显现出其巨大的生态效应和经济效益，对人类的可持续发展具有重要的现实意义和深远的历史影响。今天，在新的机遇和挑战面前，继续推进生态经济理论的发展和创新生态文明的实践，既是时代提出的要求，也是构建社会主义和谐社会的必然要求。我国提出并发展了社会—经济—自然的复合生态系统理论。这一理论主张以环境为体、经济为用、生态为纲、文化为常，四者共同组成中国特色社会主义市场经济条件下的生态文明。

二、生态经济与食品加工产业链

随着全球经济一体化的发展，人类生产、生活对生态环境的影响越来越大，整个世界"资源—环境—人口—食品安全"等重大问题日益突出。工业、农业、生活用水持续掠夺和污染生态用水，污染通过灌溉进而传播到土壤，化学药剂的污染又由土壤进入水体，"水体—土壤—生物—大气"的农业立体污染的恶性循环，使得食品安全的源头——生态环境受到严重破坏。水体、土壤作为人类赖以生存的重要自然资源，情况迅速恶化。植物性农产品中农药、除草剂、重金属、化肥的污染，动物性农产品中的抗生素、激素的残留，加工过程中的有害微生物以及转基因农产品的潜在完全威胁，成为四种主要的危害来源，导致食品安全事故频频发生。

（一）食品安全问题

客观上，食品供应链本身的复杂性增加了监管难度，频发的食品安全事件又暴露出一种体制性的监管缺失的问题，如监管部门的权力寻租、相关法规体制缺乏系统性和协调性等。解决食品安全问题大致有两个思路：一是基于政府或行业监管的视角，二是基于企业或产业链控制的视角。

基于企业视角的食品供应链、产业链的完善。食品供应链可分为哑铃型、T 型、对称型和混合型四类。哑铃型的链条较短，两端的交易主体很多，中间环节少，如靠近城镇的蔬菜供应链；T 型供应链上游种植者众多，中下游的中间商和销售商较少，易出现上游盲目生产而下游销售困难的问题，这两种供应链在发展中国家较多；对称型供应链的上游供应商与下游超市连锁店的数目呈现对称增长之态势；混合型供应链的大型超市将外部专业化增值环节"内部化"，建立大型加工及配送中心进行农产品清洗、分类、深度加工、包装和配送等业务，同时实施 HACCP 和 GMP 加工质量和卫生安全认证。美国 2002 年度未加工和加工蔬菜的比例分别为 15％和 85％，水果分别为 30％和 70％，属于混合型供应链体系。总结食品供应链管理的经验，美国是农工商一体化经营与社会化服务体系相结合，供应链增值环节内部化；欧盟是管理规范的合作组织以及高度发达的物流服务体系；日本超市的发展不排除批发市场的作用，如生鲜食品供应链交易批发市场由"一次性"变为"准一次性"或"长期性"，在批发市场中难以交易的商品改为"超市主导型直接采购"或"农户/农协主导型零售"。

以上对于食品安全问题的研究，主要着眼于供应链的控制，基于"大食品安全"的视角，跳出食品产业本身看待食品安全问题，认为食品安全与生态环境密不可分，食品产业内生于自然环境，所以必须基于食品产业与生态环境互动，立足于产业与环境的和谐来研究食品安全问题，从更高的治理层面探讨食品安全问题的解决。基于产业链迅猛发展的事实，可从产业链治理的视角进行研究。

（二）生态安全、食品安全与全产业链

要从根本上解决食品安全问题，就应该遵循自然生态规律。生态系统由非生物的无机环境和生物群落两部分组成，无机环境是生态系统的基础，包含阳光及水、空气、无机盐、有机物等基础物质，它决定了生态系统的复杂度和丰富度。生物群落反作用于无机环境，在适应环境的同时也在改变着环境的面貌，各种基础物质将生物群落与无机环境紧密联系在一起，使得生态系统成为具有一定功能的有机整体。大食品安全下的农业产业链与食物链、生物链密不可分，自然界生物链的安全决定了人类食物链的安全，食物链的安全则是产业链安全的基础。

整个食品全产业链存在的问题，一是因食品在加工、储存、运输、销售等过程中杀菌不彻底所致的微生物污染；二是在投入品供给、农业产地环境、防疫体系、农产品生产、食品加工以及销售等环节存在安全隐患。食品（或农业）产业链的污染主要包括生产组织和生产过程两大方面。

1. 产业链组织管理和过程管理的主要问题

就生产组织方面而言，因为食品产业链的环节众多，且相互交叉，管理极其复杂，农户、乡镇小企业的作坊式生产在种植、养殖、加工、销售过程中会造成污染；大企业的大规模生产放大了某一环节的安全隐患，其注重局部效率提高而疏于产业链系统整合，很容易将产业链某一环节的污染，迅速扩大到整个产业链。

就食品企业生产过程而言，首先，食品安全涉及种、肥、药等众多环节，污染在土质、水质、空气、动植物间的立体传播，使得局部污染很快就殃及整体；其次，食品行业中重认证、轻管理的问题比较普遍；再次，生产过程涉及农资供应、原产地、初级生产、深加工、分销、消费等六大环节，因产地分散、距离远、范围大、环节多，监管难度高且易失控，所产生的主要问题包括：①农药、除草剂、生长素、种子、化肥等专业性比较强，针对病虫害或生长阶段选择合适药剂、肥料很不容易，生产者将专业知识整合、合理组合相关农资比较困难，另外在设备、资金方面可能存在瓶颈；②化肥、除草剂和农药的长期使用，使得原产地的水质、土壤、空气等污染严重；③小农生产的分散性，害虫抗药性的增强、病虫害的新发展、农药滥用及新农药的层出不穷，都使得初级生产环节的安全问题严重；④食品深加工环节的企业比起初级生产，质量控制相对较为容易些，但也是隐患丛生，如滥发认证、管理滞后、社会责任缺乏、假冒伪劣等问题；⑤分销环节因产品储存期短、绿色基地较远、品牌渠道建设滞后，使得市场价值实现不易，绿色、有机产品的市场建设要解决取信于民的问题，需要较长期的投入；⑥如何在消费者中形成绿色消费的意识，使之愿意为生态和环保买单，这也需要长期的探索与积累。

2. 全产业链的组织方式

第一，就产业链条来讲，全产业链应该是打通"种植业、养殖业、加工业、服务业"的循环经济产业链；第二，就生产过程来讲，全产业链要从源头抓起，打通农资供应、初级生产、深加工、分销的各个环节，提供"从田头到餐桌"的系统服务，实现资源高效利用和污染零排放的全程环保。故应采用全产业链的组织（图1-2），打通农资业、种植业、养殖业、加工业、服务业或环保业的行业壁垒，贯通"农资供应、初级生产、深加工、分销、消费"的全过程，通过对全产业链的系统管理和关键环节的有效控制，实现"从田头

到餐桌"的无污染。中粮集团以"从田头到餐桌"的全产业链建设为目标，在"种植、采购、贸易和物流、食品原料和饲料生产、养殖与肉类加工、深加工、食品加工、食品营销"等多个行业间理顺产业链逻辑，打通产业链联系。

图 1-2　大食品安全下的全产业链

原产地的选择既要符合生态生产的技术要求，又要符合销售运输的经济要求。首先要依靠源头的水、土和空气的无污染，做到关键第一步的"源头安全"。然后在后续产业链延伸环节避开生产过程中化学、生物和基因的污染，做到真正的"绿色环保"，提高附加值。如发挥原产地生态优势，生产出非转基因的绿色大豆，以"种植业"初级生产的安全为后续"加工业"的安全奠定基础，这样后续的豆腐、豆干、豆油、酱油、豆瓣酱等相关产业才可能实现最终安全。现在最难的恰恰就是源头安全，应依靠全产业链的组织实现各环节的无污染，发展绿色产业，压缩污染产业范围，从整体上逐步改善我国生态严峻的现状。

3. 技术主导型产业链治理

技术主导型产业链依靠技术的创新来减少污染、改善生态、提高食品安全度。产业链的优势环节在初加工和深加工两大环节，以技术为核心，资源、市场为辅，共同协调来协调，将技术优势贯彻到全产业链，以技术控制力优势整合产业链。该类型的主要竞争力在于技术控制力方面，如国际著名的 ABCD 四大农业巨头，依靠其转基因种子、药肥等技术优势，控制了动植物的初级生产；凭借食品工业技术控制了粮肉乳蛋等深加工环节，前向连接原产地、后向连接市场，构筑起技术主导型产业链，控制了发展中国家的大片农田和消费市场，严重影响发展中国家的食品安全。

大食品安全立足于生态安全，依靠全产业链的治理，有效整合农资供应、原产地、初级生产、深加工、分销、消费六大环节，实现"从田头到餐桌"的全方位、全过程的安全控制，反映了人与自然、产业与生态、食品生产与环境保护的内在和谐。首先要突出绿色产品的价值，依靠经济手段促进环境保护，通过产业链传导机制扩大到其他产业，实现生态改善与食品安全的良性互动。其次，以全产业链的组织方式，解决食品产业链过长、安全控制难度过大的问题，避免局部效率对于整体安全的损害。强化产业链的技术创新，与新兴产业相结合，同时挖掘中国传统农学、中医药资源的优势，转化为新的技术优势，在产业链竞争中获取主动权，促进大食品安全的实现。

第四节　清洁生产与可持续发展

一、清洁生产的基本概念

清洁生产在不同的发展阶段或者不同的国家有不同的叫法，例如"废物减量化""无废工艺""污染预防"等。但其基本内涵是一致的，即对产品和产品的生产过程、产品及服务采取预防污染的策略来减少污染物的产生。

（一）清洁生产的定义

联合国环境规划署工业与环境规划中心（UNEPIE/PAC）综合各种说法，采用了"清洁生产"这一术语，来表征从原料、生产工艺到产品使用全过程的广义的污染防治途径，给出了以下定义：

清洁生产是一种新的创造性的思想，该思想将整体预防的环境战略持续应用于生产过程、产品和服务中，以增加生态效率和减少人类及环境的风险。清洁生产是环境保护战略由被动反应向主动行动的一种转变。对生产过程，要求节约原材料与能源，淘汰有毒原材料，减降所有废弃物的数量与毒性；对产品，要求减少从原材料加工到产品最终处置的全生命周期的不利影响；对服务，要求将环境因素纳入设计与所提供的服务中。

清洁生产的定义包含了两个全过程控制：生产全过程和产品整个生命周期全过程。对生产过程而言，清洁生产包括节约原材料与能源，尽可能不用有毒原材料，并在生产过程中就减少它们的数量和毒性；对产品而言，则是从原材料获取到产品最终处置过程中，尽可能将对环境的影响减少到最低。

清洁生产从本质上来说，就是对生产过程与产品采取整体预防的环境策略，减少或者消除它们对人类及环境的可能危害，同时充分满足人类需要，使社会经济效益最大化的一种生产模式，是实施可持续发展的重要手段。

（二）清洁生产涵盖的主要理念

（1）清洁能源 包括开发节能技术，尽可能开发利用再生能源以及合理利用常规能源；

（2）清洁生产过程 包括尽可能不用或少用有毒有害原料和中间产品。对原材料和中间产品进行回收，改善管理、提高效率；

（3）清洁产品 包括以不危害人体健康和生态环境为主导因素来考虑产品的制造过程，甚至使用后回收利用，减少原材料和能源使用；

（4）清洁生产是从资源节约和环境保护两个方面对工业产品生产从设计开始，到产品使用后直至最终处置，给与了全过程的考虑和要求；

（5）清洁生产不仅对生产，而且对服务也要求考虑对环境的影响；

（6）清洁生产对工业废弃物实行费用有效的源削减，一改传统的不顾费用有效或单一末端控制办法；

（7）清洁生产可提高企业的生产效率和经济效益，与末端处理相比，成为受到企业欢迎的新事物；是生产者、消费者、社会三方面利益最大化的集中体现；

（8）清洁生产着眼于全球环境的彻底保护，为人类社会共建一个洁净的地球带来了希望。

（三）清洁生产的目标

根据经济可持续发展对资源和环境的要求，清洁生产谋求达到两个目标：

（1）通过资源的综合利用，短缺资源的代用，二次能源的利用，以及节能、降耗、节水，合理利用自然资源，减缓资源的耗竭；

（2）减少废物和污染物的排放，促进工业产品的生产、消耗过程与环境相融，降低工业活动对人类和环境的风险。

（四）可持续发展的原则——非物质化

非物质化的含义是，通过技术创新、体制改革和行为诱导，在保障生产和消费质量的前提下，减少社会生产和消费过程中物质资源投入量，将不必要的物质消耗过程降到最低限度的现象。

人类社会的非物质化发展之路为实现世间万物的可持续发展提供了可能。人类应当义不容辞地承担起约束、规范自己的行为，控制并减少对生态环境的破坏和物质资源的过度消耗，实施人类自己制定的可持续发展战略。发达国家过度的物质资源消耗是造成地球环境资源危机的主要原因。因此，发达国家应当在非物质化方面做出贡献，同时也为其他发展中国家实现温饱和小康留出社会经济发展的物质化空间。

人类对地球生态环境和物质资源的无限度破坏和索取已超出了地球生态圈自身的修复能力和再生能力，使地球生态系统处于超负荷的恶性循环之中。当前，人类面临着重大抉择：继续走人类千百年来社会经济发展的老路——以物质消耗为考量标准的发展之路，这是一条可能导致地球生态圈退化、崩溃甚至消亡的不归路；或者选择与自然和谐相处、与世间万物和谐相处的一条理性的、符合自然规律的非物质化发展之路。

地球的资源是有限的。因此，人类在考虑自己行为的同时应该立足于有限的资源状况。然而，迄今为止，人类的活动已超出了地球的承载极限。据国外学者研究分析，1961年人类对自然资源的需求相当于地球再生能力的70%；1980年左右持平；而在1990年，人类对自然资源的需求与索取已超过地球再生能力的20%，即人类在12个月中消耗的自然资源，地球生物圈需14.5个月才能再生。或者说当年需要1.2个地球才能满足人类对资源的消耗。而到2005年，人类将需要消耗两个地球所提供的资源才能满足人类的消费需求。

经计算，地球的生态占用供给能力为11207.4万km^2，人均可提供生态占用2.0hm^2。而2000年，全球实际生态占用为13420.1万km^2，人均生态占用为2.4hm^2，人均生态占用赤字达0.4hm^2，即人类对生态物质资源的消耗已经超过了地球承载力的20%。其中美国人均生态占用10.9hm^2，为世界人均水平的4.5倍。由于以美国为代表的发达国家人均生态占用明显高于本国可提供的生态占用能力，因此发达国家居民的生态占用中相当部分是占用和消耗其他国家的生态占用能力。其中美国生态占用赤字高达1120.9万km^2，是其本国生态占用供给能力的63%。由于当前世界上还有占总人口一半左右的欠发达国家正在或还未实现温饱，他们还需要一定的物质化进程。为此，发达国家应加快非物质化进程，并把过度的物质资源消耗降下来，为欠发达国家留下一定的物质化发展空间。

通过上述分析可知，到目前为止，我们的地球已经变得不堪重负，已经无法继续承受人类对自然资源的破坏和消耗。因此，为了自身的生存，必须把对自然物质资源的消耗和占有降下来，将地球的负担降至可承受的范围内。除此以外，别无选择。

二、清洁生产是一项系统工程

推行清洁生产需企业建立一个预防污染、保护资源所必需的组织机构，要明确职责并进行科学的规划，制订发展战略、政策、法规。清洁生产是包括产品设计、能源与原材料的更新与替代、开发少废无废清洁工艺、排放污染物处置及物质循环等的一项系统工程。

为什么说清洁生产是一项系统工程呢，这可以从下面几点的论述中找到答案。

（1）重在预防和有效性　清洁生产是对产品生产过程中产生的污染进行综合预防，以预防为主，通过污染物产生的削减和回收利用。使废物减至最少，有效的防治污染物的产生。

（2）经济性良好　在技术可靠前提下执行清洁生产、预防污染的方案，进行社会、经济、环境效益分析，使生产体系运行最优化，及产品具备最佳的质量价格。

（3）与企业发展相适应　清洁生产结合企业产品特点和工艺生产要求，使其目的符合企业生产经营发展的需要。环境保护工作要考虑不同经济发展阶段的要求和企业经济的支撑能力，这样清洁生产不仅推进企业生产的发展，而且保护了生态环境和自然资源。

（4）废物循环利用　建立生产闭合圈工业生产中物料的转化不可能达100%，食品生产过程中物料的传递、输送，加热反应中物料的挥发、沉淀，加之操作不当，设备泄露等原因；总会造成物料的流失。工业生产中的"三废"实质上是生产过程中流失的原料、中间体和副产品及废品废料。尤其是我国农药，染料工业，主要原料利用率一般只有30%～40%，其余都以"三废"形式排入环境。因此对废物有效处理和回收利用，既可创造财富，又可减少污染。

（5）发展环保技术、搞好末端治理　为了实现清洁生产，在全过程控制中还需包括必要的末端治理，使之成为一种在采取其他措施之后的防治污染最终手段。这种食品工厂内的末端处理，往往是集中处理前的预处理措施。在这种情况下，它的目标不再是达标排放，而只需处理到集中处理设施可接纳的程度。因此，对食品生产过程也需提出一些新的要求。

三、清洁生产与食品工业可持续发展

（一）食品工业清洁生产的必要性

（1）食品工业正处于加速发展的阶段，食品工业的加速发展必然导致污染物排放量增加，如果不采取有效的预防措施，污染情况将会进一步加剧。

（2）现有的食品工业总体技术水平还比较落后，原料加工深度不高，资源和能源的利用率不高，这是造成"三废"排放量大的重要原因之一。推行清洁生产技术可以提高产品附加值，减少资源和能源的利用。

（3）清洁生产水平是企业达到国际环境管理认证 ISO 14000 系列的关键，所以推行清洁生产，遵守 ISO 14000 系列的规定并适时去取得其认证是进入国际市场的通行证，有助于提高食品企业在国际市场上的竞争力。

（二）食品工业中应用清洁生产的思路

食品清洁生产可以为企业带来直接的经济收入，就是降低市场投入、减少污染物的排放，同时企业通过清洁生产和环境工程技术措施有效控制污染物排放，使其达到国家制定的标准，不断推动企业技术进步，全方位改善企业的环境形象。因此，越来越多的食品企业开始重视清洁生产，并取得了一定成效。

1. 治理食品工业污染必须实施战略转变： 从末端治理到清洁生产

针对工业界长期滥用稀释排放从而导致严重的环境污染。人们实施了末端治理战略。即对生产末端产生的污染物进行治理，实为"先污染后治理"。迄今为止，食品工业治理污染，主要还是采用这种战略。我国自 20 世纪 80 年代以来，已经开发出多种食品工业废物回收利用处理工艺，如厌氧接触法、厌氧污泥床法、厌氧生物处理法、酵母菌生物处理法等，都属"末端治理"范畴。与稀释排放相比，末端治理当然算是一大进步，它在一定程度上减缓了工业生产活动对环境的污染程度，与末端治理只把注意力集中在已经产生的污染物的处理上不同，清洁生产是对产品和产品生产过程持续进行整体预防的环境保护战略。

2. 减少或者避免生产过程中污染物的产生和排放

清洁生产是人们思想和观念的一种转变，是环境保护战略由被动反应向主动行动的一种转变。在食品工业推行清洁生产，就是要在食品生产的全过程中。不断采取改进设计、使用清洁的能源和原材料、采用先进的工艺与设备、改善管理、综合利用等措施从源头削减污染，提高资源利用率，减少或者避免生产过程中污染物的产生和排放。向市场提供符合清洁食品要求的终端产品。

3. 从食品源头开始控制污染

实施农业清洁生产和提高农产品安全性对生态环境有严格的要求，影响农业清洁生产的环境因子主要是工业"三废"和农业自身污染，特别是农药残留污染。因此，一定要加强土地资源的规划和保护，进一步加大对工业"三废"有毒有害物质监控；另一方面还要围绕农业生态环境问题的重点和难点，开展科技攻关，大力推广有应用前景的新型实用技术，做好农业污染防治工作。着力降低化肥使用量，实行因土因作物配方施肥，提高化肥当季利用率。加强大中型畜禽场粪便无害化处理和资源化综合利用技术的研究与应用，大力推广应用以畜禽粪便为主的优质有机肥、生物肥料。加强各种生态农业技术的研究、推广、示范，努力实施农业清洁生产。同时还要尽快建立农产品准入制度，为无公害农产品大开方便之门，对不安全农产品一经查出，坚决销毁，防止混入市场而坑害消费者。

食品工厂实施清洁生产必须从源头做起，以预防和控制为主，对生产全过程进行严格控制，实现环境效益、经济效益和社会效益的统一。清洁生产必然可以对食品加工企业带来新的活力。通过发达国家对污染防治经验研究可知，清洁生产是食品加工企业防止污染的最佳生产模式，也是实现我国食品工业可持续发展的必经之路。

第五节　工业系统集成主要技术在食品工业中的应用

一、食品工业系统集成方法

建立一个食品工业系统的关键是要实现系统各过程之间的物质、能量和信息的充分利用和交换，因此，必须对食品工业系统的物质集成、能量集成和信息集成进行研究。由于用水和排水的重要性，将水从一般物质中分离出来，单独进行水系统集成的研究。

（一）物质集成

物质集成是食品工业系统的核心部分，通过产品体系规划、元素集成以及数学优化方法构建原料、产品、副产物及废物的工业生态链，实现物质的最优循环和利用。也可以应用多层面生命周期评价方法进行食品产品结构的优化。

1. 产品体系规划

对于一个全新的食品工业系统，最主要的问题是规划系统的产品体系，要根据当地的资源状况、技术基础、资金数量和市场需求，结合多方面的发展规划，设计合理的食品产品体系。若对某些食品工业系统进行改造，则须首先分析系统现有的产品和工艺体系，提出工艺改进方案，然后进行产品体系的规划。

2. 元素集成

针对现有食品工业系统的改进问题，某些关键的元素对系统的物质循环、废物的排放具有重要的影响，对这类元素要进行深入的分析，并通过数学方法提出元素集成的方案。一般的集成方法是通过三个环节：减量化（物质替代及源头削减）、再利用（废物交换和再利用）和废物再循环（废物再循环和资源化）得出某一元素各种可能的单元过程。

3. 食品工业物质链的构建

构建食品工业系统的原料、产品、副产物及废物的最优生态链是实现食品工业的重要一步，其方法与元素集成类似，但考虑的对象是系统所有的过程和物质，以原有过程为基础，引入工艺改进、新的替代过程、替代原料、补链工艺等构建超结构模型，优化得出最优的食品工业物质链。

4. 多层面生命周期评价与产品结构优化

目前，生命周期评价多用于产品或过程的环境管理，并已取得了很好的效果。现有的生命周期评价方法主要从环境方面来考察一个产品或过程的优劣，并依据这个结果决定产品或过程的取舍，这是不够充分的。因为在要求产品环境效益的同时，必然要求产品的经济和社会效益，要求同时权衡兼顾这三个方面，以期带来最大的综合效益。

当某一个食品工业系统有多个产品或多条产品链可供选择时，可以应用该多层面评价模型，根据需要设置不同的优化目标，利用优化算法得到最优结果。首先要以经济、环境和社会为优化目标得到三组不同的优化产品体系结构；然后，又以总指标为优化目标，设置经济、环境和社会的不同权重，得到总指标最大的优化结果，不同的需求约束会得到不同的结果。使用这样的方法辅助产品决策，可以有效地避免以往产品决策中可能带来的问题，保证经济、环境和社会的综合效益。

（二）水系统集成

综合国内外工业废水治理的经验教训，对食品工业废水污染防治必须采取综合性的措施，包括宏观性对策、技术性对策和管理性对策三大类。水系统与其他子系统，即产品体系、能量系统和信息系统之间关系密切，如产品结构的逐步优化，将会影响到食品工厂废水的组成和流量；如降低水的毒性、减少废水的产生量等，对于改善食品工厂对外部水环境的影响至关重要。同时，企业布局的正确配置将有助于食品工厂内部进行废水的综合利用；结合信息管理系统，加强对食品工厂用水方式的筹划、中水回用、新型治污方法的应用、排污信息的采集和加工，可为食品工厂各个层面水集成措施的制定奠定科学的基础。一个食品工厂的水系统集成主要在企业层次和车间层次两方面进行。

（三）能量集成

食品工业的能量集成就是要实现系统内能量的有效利用，不仅要包括每个生产过程内能量的有效利用，这通常是由蒸汽动力系统、热回收热交换网络等组成；而且，也包括各过程之间的能量交换，即一个生产过程多余的能量作为另一过程的热源而加以利用。提高能源利用率、降低能耗不仅节约能源，也意味着对环境污染的减少。对于能量系统的有效利用已有了较成熟的理论和技术，如过程系统的热力学分析，由 Linnhoff 提出并已经发展得比较成熟的夹点技术、Grossmann 等学者在换热网络优化综合问题的求解中所采用的 MILP 和 MINLP 等数学规划方法。在生态工业系统的能量集成中应用这些技术，可以取得系统最大的能量利用率。

（四）信息集成

食品工厂是一个复杂的生产加工系统，由许多分系统组成，要求各个分系统的所有参与者必须密切合作。信息在这些分系统的参与者之间流动，生产装备上的在线信息收集、质量控制中的信息集成、产品流通直至消费者餐桌上的品质信息，都应随机地汇集至工厂总部的信息网络的中心，中心负有信息组织、集成与处理、调配的责任。因此，开发服务于食品工厂内部管理信息系统，实现计算机化、信息化管理，是提高食品工厂的信息管理水平的关键，也是食品安全可追溯系统建立的必要条件。

此外，在食品工厂内部建立管理信息系统可集成企业日常管理的各方面信息，为食品工厂的管理和决策提供有力的信息支持，从而提高工作效率。该信息系统主要包括日常事务处理、数据管理、数据查询、数据统计、高级功能等 5 个功能模块，按月统计食品工厂各项经济指标，及时监测食品工厂排污情况等，可进行相关数据的管理、查询和统计。

二、工业系统集成主要技术在食品工业中的应用

食品工业目前主要关注的是能量利用在加工过程中的设计优化。20 世纪 80 年代后，其内涵扩展至物质集成、能量集成、水集成、信息集成四项内容，主要实现方法为上文提及的夹点技术。

从建立一个产品的构思，在实验室里进行可行性的开发性研究，到制品生产技术的规模放大，直至生产设备的构建以及完成整体生产线的调试，稳定化地进行正常生产。这个过程中，无论哪个阶段如何困难、复杂，也许整个过程都是史无前例的创新，但技术目标总是不变的——建设一个标准化的理想食品工厂，规模化地生产消费者认可的"安全健康的"食品。

食品加工技术（无论科学和工程）的研究是以产品制造见长的。也就是说整个技术的主体内容是围绕工程化、工业化进行的。

食品加工工程的设计是集多门学科于大成的系统工程，是以某个或某类产品为目标范例、多学科最新技术的共同展现，它的成熟性、先进性、协调性与各个学科的发展、进步是分不开的，更重要的是设计者对各学科的博采水平相关。

纵览相关学科的发展，大多已积累了几十年的经验，成熟技术已从经验方法过渡到了科学方法，当然非成熟技术还在向前探索，还继续在积累经验。

工业化是建立在成熟技术基础之上的综合，以前几十年的设计（尤其是食品工厂设计）基本上是在经验方法基础上进行的，随着科学技术的发展，计算机技术的应用，对设计的可靠性、科学性提出了更高的要求，即要求工业化的设计应建立在科学技术基础之上。

三、科技协同创新在食品工程发展中的重要性

科技协同创新是创新要素和资源的融合与共享，有利于促进科技成果的转化。需从食品产业科技协同创新的重要性入手，分析现状以及针对在发展运行中存在的问题，从而提出促进食品产业科技协同创新的措施。

与发达国家相比，我国科学技术总体水平还是有较大差距的，科技成果转化率也很低，发达国家转化率达 80%，而我国只为 25% 左右，实现产业化的竟不足 5%，差距甚大。解决这一问题的思路，在于构建产学研协同创新体系，从而促进公共科技成果的快速转化，并推动科学研究面向产业创新需求，形成科技发展与产业共同进步的局面。目前我国各个地方开展协同创新主要归纳起来可分为以下 4 种形式：政府直接组织、建立工业技术研究院、成立产业技术创新联盟、通过技术扩散形成协同创新体系。目前普遍采取的方法主要是以创建战略联盟的形式开展协同创新活动，创建产学研协同创新战略联盟，集聚各种创新要素，为企业、高校、科研机构提供合作交流的平台，开展产学研相结合的协同创新活动和重大关键技术联合攻关，从而力求在科学研究、技术开发上取得重大进展和突破。

全国大多数食品企业规模相对较小，科技人才缺乏、技术落后，要实现食品强国的目标，使食品企业得到更快更好的发展，只有进行科技协同创新，通过形成产学研相结合的战略联盟，集聚各种创新要素，推动全国食品行业持续、快速、健康发展。为此，①加强企业人才队伍建设，为食品产业科技协同创新提供人才保障。在现代经济社会，企业的竞争归根到底是人才的竞争，人才是企业的核心竞争力，是兴企之本。只有不断提高员工的技术水平，才能使企业保持较强的创新能力；②完善和深化科研院所、高校、企业单位科技协同创新体制机制，为食品产业科技协同创新提供制度保障；③加强对创新联盟支持，引导组建新的创新联盟；④加强对相关政策的宣传，确保各种优惠政策落到实处。

四、计算机技术在食品工程中的应用

食品行业是我国开放最早、市场化程度最高的行业之一，也是占居民平均消费比重最大的行业之一。作为食品行业的竞争力杠杆，信息化在加快食品企业的市场响应速度、降低经营风险，尤其在全面提升食品品质和安全管理方面发挥着巨大的作用。

　　我国食品行业软件与国外食品行业软件虽然还有不小的差距，但总体来看，食品行业软件呈现了以下发展趋势：第一，食品行业解决方案需细分，如肉类行业、乳品行业、饮料行业、添加剂调味品行业、水产品行业、水果蔬菜行业等；第二，在行业细分的基础上，食品行业解决方案正在向涵盖整个供应链发展；第三，逐步融合先进管理理念和思想。

　　目前来看，食品行业信息化面临的机遇与挑战主要有：第一，食品安全成为全球瞩目的民生工程，借助信息化实现食品行业绿色供应链管理，信息化成为保证食品安全的有效手段之一；第二，随着人们生活水平的提高，对食品的色香味形、保鲜、包装多样性、快速配送等有更高的要求，借助信息化降低产品的供应周期；第三，在国家加强食品安全监管，逐步完善监管体系的大形势下，食品行业信息化不仅在监管、预警、重大事件处理方面发挥特有的作用，同时也会促使生产和物流企业加大力度建立自己的信息化系统，从而能够应对社会和企业自身对全面提升食品品质安全的更高需求。

　　大量的数据化信息必然涉及处理的手段、方式和响应速度问题，计算机在各行各业的广泛应用已经很多年了，食品工业也不例外。掌握如何利用计算机解决食品工程中的实际问题是非常重要的，如查询和检索食品科学信息，收集和分析实验数据和工程数据，优化实验和生产条件，或利用计算机进行生产过程控制的模拟及进行食品工程的数据计算等。

五、智能制造"个性化定制"将是食品加工的发展方向

　　个性化定制将成为智能制造变革的一个重要方向。当前，智能制造热度高，石化、钢铁、机械装备制造、汽车制造、航空航天、飞机制造等行业纷纷开始探索建设智能工厂。《中国制造2025》明确提出要推进制造过程智能化，在重点领域试点建设智能工厂/数字化车间，这必将加速智能工厂在工业领域的应用推广。预计未来3~5年，全国将涌现一批智能工厂。

　　由于各个行业生产流程不同，加上各个行业智能化情况不同，智能工厂有以下几个不同的建设模式。①从个性化定制到互联工厂；②从智能制造生产单元（装备和产品）到智能工厂；③从生产过程数字化到智能工厂。

　　从个性化定制到互联工厂，主要是针对家电、服装、家居等距离用户最近的消费品制造领域，企业发展智能制造的重点在于充分满足消费者多元化需求的同时实现规模经济生产，侧重通过互联网平台开展大规模个性化定制模式创新。

　　从智能制造生产单元（装备和产品）到智能工厂，主要是针对机械、汽车、航空、船舶、轻工、家用电器和电子信息等离散制造领域，企业发展智能制造的核心目的是拓展产品价值空间，侧重从单台设备自动化和产品智能化入手，基于生产效率和产品效能的提升实现价值增长。从生产过程数字化到智能工厂，主要是针对石化、钢铁、冶金、建材、纺织、造纸、医药、食品等流程制造领域，企业发展智能制造的内在动力在于产品品质可控，侧重从生产数字化建设起步，基于品控需求从产品末端控制向全流程控制转变。这类智能工厂建设模式：

　　一是推进生产过程数字化，在生产制造、过程管理等单个环节信息化系统建设的基础上，构建覆盖全流程的动态透明可追溯体系，基于统一的可视化平台实现产品生产全过程跨部门协同控制。

二是推进生产管理一体化，搭建企业信息物理系统（CPS），深化生产制造与运营管理、采购销售等核心业务系统集成，促进企业内部资源和信息的整合和共享。

三是推进供应链协同化，基于原材料采购和配送需求，将 CPS 系统拓展至供应商和物流企业，横向集成供应商和物料配送协同资源和网络，实现外部原材料供应和内部生产配送的系统化、流程化，提高工厂内外供应链运行效率。

四是整体打造大数据化智能工厂，推进端到端集成，开展个性化定制业务。

从食品加工的实际状况和发展方向来看，比较适合从生产过程数字化到智能工厂的建设，通过个性化定制实现智能制造，为广大消费者提供色、香、味、形的品质和综合的营养特点的食品产品。

思考题

1. 科学、技术、工程、系统工程各自的定义。

2. 简述系统工程的本质。

3. 什么是理论思维？什么是工程思维？二者的关系是什么？

4. 简述循环经济的基本特征。

5. 简述循环经济与系统工程的关系。

6. 简述循环经济与食品加工发展趋势。

7. 什么是生态经济？其本质是什么？

8. 简述生态经济与食品加工产业链的关系。

9. 什么是清洁生产？

10. 简述清洁生产与食品工业可持续发展的关系。

11. 食品工业系统集成方法有哪几种？并简述之。

12. 简述食品工业系统集成主要技术的应用。

13. 简述科技协同创新在食品工程发展中的重要性。

14. 简述计算机技术在食品工程中的应用。

15. 简述智能制造 "个性化定制" 将是食品加工的发展方向。

参考文献

[1] 钱学森. 论系统工程 [M]. 上海：上海交通大学出版社，2007.

[2] 李毓强编著. 总体工程学概论 [M]. 北京：化学工业出版社，2004.

[3] 冯琳、左玉辉. 试从五律协同看可持续发展.《中国人口—资源与环境》. 2002.6.

[4] 钱学森等. 综合集成方法及其在区域规划中的应用 [J]. 系统辩证学学报 1994 (1).

[5] 钱学森等. 系统思维方式与综合集成方法，[J]. 华南理工大学学报. 1999 (1).

[6] 何坚勇. 运筹学基础. [M]. 北京：清华大学出版社. 2002.

[7] 张国农，于秋生. 食品工厂设计与环境保护. [M]. 北京：中国轻工业出版社. 2005.

[8] 徐长福. 理论思维与工程思维. [M]. 上海：上海人民出版社，2002.

[9] 陈洪章等. 食品原料过程工程与生态产业链集成. [M]. 北京：高等教育出版社，2012.

[10] 俞卫. 两化融合与智能制造，[J] 信息与通信. 2016. 12.

[11] 佟燕. 我国循环经济发展现状及未来发展趋势. [J] 中国科技纵横. 2010.7.

[12] 贾春雨. 清洁生产、循环经济与可持续发展. [J] 北方环境. 2010.8.

第二章

系统工程与食品工厂设计

学习指导

熟悉和掌握系统、系统工程、工程控制论等基本概念以及系统工程处理问题的基本观点，了解并理解系统的特征、系统论中的规律、系统工程的构思原则、工程控制理论范畴以及系统工程与食品工厂设计之间的关系，了解系统工程的应用领域、控制系统的质量指标以及控制论与哲学之间的关系。

第一节　系统

一、系统的定义和分类

（一）系统的定义

系统是由若干相互联系、相互作用、相互依赖的要素结合而成的，具有一定的结构和功能，并处在一定环境下的有机整体。系统的整体具有不同于组成要素的新的性质和功能。具体来讲，系统的各要素之间、要素与整体之间以及整体与环境之间，存在着一定的有机联系，从而在系统的内部和外部形成一定的结构。可以说要素、联系、结构、功能和环境是构成系统的基本条件。

要素是指构成系统的基本成分。要素和系统的关系，是部分与整体的关系，具有相对性。一个要素只有相对于由它和其他要素构成的系统而言，才是要素；而相对于构成它的组成部分而言，则是一个系统。

联系是指要素与要素、要素与系统、系统与环境之间的相互作用关系。一方面表明系统内的要素处于不断的运动之中。另一方面，作为一个整体的系统与它周围的环境进行物质、能量和信息的交换，形成了从系统的输入端到系统输出端的物质流、能量流和信息流。总之，事物是在联系中运动，在运动中发展着联系。

结构是指系统内部各要素的排列组合方式。每个系统都有自己特定的结构，它以自己的存在方式，规定了各个要素在系统中的地位与作用。结构是实现整体大于部分之和的关键，结构的变化制约着整体的发展，构成整体的要素间发生数量比例关系的变化，也会导致整体性能的改变。总之，系统的整体功能是由结构来实现的。

功能是指系统与外部环境在相互联系和作用的过程中所产生的效能。它体现了系统与外部环境之间的物质、能量和信息的交换关系。系统的功能取决于过程的秩序，如同要素的胡乱堆积不能形成一定的结构一样，过程的混乱无序也无法形成一定功能。从本质上说，功能是由运动表现出来的。离开系统和要素之间及其外部环境之间的物质、能量和信息的交换过程便无从考察系统的功能。

环境是指系统与边界之外进行物质、能量和信息交换的客观事物或其总和。系统边界将起到对系统的投入与产出进行过滤的作用，在边界之外是系统的外部环境，它是系统存在、变化和发展的必要条件。虽然由于系统的作用，会给外部环境带来某些变化，但更为重要的是，系统外部环境的性质和内容发生变化，往往会引起系统的性质和功能发生变化。因此，任何一个具体的系统都必须具有适应外部环境变化的功能，否则，将难以获取生存与发展。

（二）系统的分类

根据不同的角度和需要，系统可以有各种各样的分类。一般分为：

（1）自然系统和人造系统　这是按系统组成要素的自然属性划分的。由自然物作为单元组成的系统是自然系统，其特点是自然形成的，如太阳系、生态系统等。彼此关系随机性大，稳定性差，对其演变预测困难，不易控制。由人工造成的各种要素所组成的系统，是人造系统。人造系统有三种类型：一是人们从加工自然物中获得的系统，如工具、仪器、设备以及由它们组成的工程技术系统；二是由一定的组织、制度和程序等管理系统以及包括政治、经济、军事、文化、教育等组织系统；三是人们对自然现象和社会现象的科学认识所创立的科学体系和技术体系。

自然系统和人造系统相结合被称为复合系统。现实生活中，大多数系统是复合系统。农民种田，种子、土地是天然系统，耕田用的工具、机器是人造的。这里就有"人—机系统"或"自然—社会系统"。

（2）实体系统和概念系统　客观世界存在物质和精神两类现象。所以，可以把系统划分为实体系统和概念系统。实体系统即组成单元是具有物质实体的，如乳品工厂、热能工程系统，分别是由原料、设备和建筑物等有形物质实体所构成。概念系统是由概念、原理、理论或方法等组成的，如食品工厂 ISO 20000、清洁生产、生态经济等，概念系统与实体系统是紧密联系的。

（3）确定系统和随机系统　对一个输入和输出可以确定的系统，而且对相同的输入反映都是相同的，就是确定系统。譬如说饮料生产线中的"无菌灌装系统"，在正常生产条件下，可以视为一个确定系统。一个系统对相同输入的反映不一定是相同的，叫随机系统。

（4）开放系统和封闭系统　开放系统是与环境有物质、能量和信息的交换，一般来说食品工厂都是开放系统。反之，就是封闭系统。

（5）简单系统、一般系统、大系统和巨系统　这是按系统的复杂程度划分的。如果系统只由几个要素简单组合起来的称为简单系统。如一个原子，一个家庭。系统结构由两组以上且相互间有联系的要素组成，即称为一般系统。如一个小型的食品企业，可划分为几个密切相关的车间（如原料处理车间、清洗整理车间、冷热加工车间、成品处理车间），而每个车间是一组要素，共同组成了一般系统。

大系统是指规模大、结构复杂、因素众多、目标多样、功能综合的系统。如大城市中路口交通指挥灯光控制系统、河流污染问题的处理系统等。巨系统是指具有独立生存与内部调节能力的多级结构系统，如人脑、人类社会、星系等。

（6）可适应系统和不可适应系统　能适应环境改变的系统称为可适应系统。反之，则称为不可适应系统。后者生命力极弱。

（7）可控系统和不可控系统　如系统的单元是可控的，称为可控系统。不可控系统是指系统的对象是不能控制或无法控制的。很多自然系统目前还无法控制。

（8）动态系统和静态系统　这是按系统运动状态来划分的。如系统的状态随时间变化而运动变化，称为动态系统。不随时间变化，则称为静态系统。从本质上说，一切系统都是动态的，就像运动是绝对的一样。

总之，事物是多样的、复杂的。所以，系统的类型可以作多种划分。通过对系统形态的分析，可以帮助我们认识系统，在设计系统时妥善处理各方面的关系。

二、系统的特征

（一）系统的主要特征

所有系统无论是物理的、生物的或社会的都有某些共同的特点，形成了系统的主要特征。表现在：

（1）形成网　系统的各要素彼此和谐地相互作用形成了一个网。若有一个元素存在，却没有相互作用，那它就不是系统的部分。当一个微生物死了，或一台制冷机遭到严重破坏时，它们就不再是系统了，因为它们已不再以一种方式相互作用以保证该系统的最初功能。

（2）整体大于部分的简单总和　一个系统的能力大于其各部分纯粹的简单总和。因为有了组织，而被赋予系统自身一种新的特性和属性。一个系统在与环境的关系上，总要表现出一种功能或目的。正如前面已提及的，系统的一个定义就是相互有关的一组元素行使某种功能达到某种目的。

（3）系统的每个部分都起作用　如果系统的一个要素有缺陷，失去了与其余要素恰当地相互作用的能力，不能完成它的特定功能，就会影响整个系统。有时，只改变一个元素即能产生始料不及的后果。

（4）所有系统都是开放系统　与其他系统有联系的系统称为开放系统。它们靠着其他系统对其输入（例如，食品原料、辅料），而它们的输出又影响其他系统（例如，做功、食品成品、废弃物）。实际上，所有系统总是较大系统的一部分。封闭系统是孤立的，既无输出又无输入。严格说，这样的系统是不存在的。但为了分析，有些机器、社会集团或机体被当作封闭系统。

（5）系统和环境密切相关　系统在它存在的环境中起作用，它依赖环境取得支持，反过来又影响环境。

（6）系统受到外部和内部的约束　系统在外部受到环境的约束。对环境说来，它表现为"功能"。而系统内部则受结构的影响形成了系统内部约束。所以，大多数系统受到环境施加于它的外部约束，又由于它们自身固有的局限性而带来内部的约束。

（7）趋向动态平衡　许多系统，尤其是生物学、社会以及工业中的系统，有一种达到并保持动平衡的趋势。如人是恒温动物，一旦体温失调，身体内部的控制机制就会使它恢复到正常限度之内。同时，系统有时有较长期的变化以适应环境，如动物的胎儿、幼小的植物、扩建中的城市和增加着的人口。

应当说明，上述大系统中，不是所有的组成部分都同等重要；有些复杂系统有自组织能力。当一部分组织成分失去功能时，整个系统可以自我调节而使系统继续起作用。

（二）系统的本质特征

系统的本质特征主要有以下几点。

（1）群体性特征　系统是由系统内的个体集合构成的。

（2）个体性特征　系统内的个体是构成系统的元素，没有个体就没有系统。

（3）关联性特征　系统内的个体是相互关联的。

（4）结构性特征　系统内相互关联的个体是按一定的结构框架存在的。

（5）层次性特征　系统与系统内的个体之间关联信息的传递路径是分层次的。

（6）模块性特征　系统母体内部是可以分成若干子块的。

（7）独立性特征　系统作为一个整体是相对独立的。

（8）开放性特征　系统作为一个整体又会与其他系统相互关联相互影响。

（9）发展性特征　系统是随时演变的。

（10）自然性特征　系统必遵循自然的、科学的规律存在。

（11）实用性特征　系统是可以被研究、优化和利用的。

（12）模糊性特征　系统与系统内个体之间关联信息及系统的自有特征通常是模糊的。

（13）模型性特征　系统是可以通过建立模型进行研究的。

（14）因果性特征　系统与系统内的个体是具有因果关系的。

（15）整体性特征　系统作为一个整体具有超越于系统内个体之上的整体性特征。

三、系统论中的规律

（一）系统的存在规律

系统的存在规律是系统论中的第一条规律。认识到事物之间的相互作用，是一个古老的命题。很长时间，人们认识相互作用，只局限于简单化的各种"力"，相互作用的效应则简化为各种"流"（如热流、电流等）。力和流的关系又只是直线因果式的，也就是数学上所说的线性关系，这就给我们一个单调、刻板的世界图景。"经典科学把重点放在与时间无关的定律上。一旦给了初始条件，这些永恒的定律就决定了永久的未来，就像它们已经决定了过去一样。"这就无法说明丰富多彩的物质运动。

系统中通过要素的相互作用、相互制约，形成了全新的整体效应，有新质的产生。随着时间、地点、条件的不同，相互作用的方式和效应可以完全不同。由于对象之间存在着多种复杂的关系，如支配与从属、催化与被催化、策动与响应、控制与反馈等关系。所以，作用各方都没有明显的对称性。也就是说是非线性关系。所以，对系统中相互作用的具体特点必须加以深入的研究，才能深刻理解系统的存在。

（二）系统的结构功能统一律

系统是有结构的。结构和功能是有密切关系的。任何系统都可以由元素（要素）、结构、功能、环境四个要素来刻画。

元素是系统的组成部分，元素之间的相互关系的总和就构成系统的结构。功能是系统与环境相互关系中所表现的属性、所具有的能力和所起的作用。元素、结构是功能的基础，功能是元素、结构的表现并反作用于结构。这就是系统的结构功能统一律。它是系统的一个基本定律，因为它描述了系统的四个基本范畴（元素、结构、功能、环境）之间的相互关系。

技术研究人员所做的工程化研究，一般是在设定的条件下分析、了解各元素的基本性能，并在实验的基础上进行结构的探索；研究在具体设定条件下的功能特性以及在特定环境下对结构的可修复程度的影响。前者较多是在实验室完成的（习惯称之为"科学研究"），后者需要在放大过程中完成（习惯称之为"工程化研究"）。

（三）系统的整体性规律

任何系统都是由子系统也就是部分所组成。在部分构成整体时，出现了组成部分所不具有的甚至对于组成部分来说是毫无意义的性质；同时又丧失了组成部分单独存在时所具有的某些性质。这个规律叫作整体不等于部分之和的规律或整体性原理，又称为贝塔朗菲定律。如水在常温下是液体，而组成水的元素氧和氢此时获得了在常温下所不具有的液态性质，丧失了氧的助燃和氢的自燃的性质。因此，不能简单地将整体性原理表述为"整体大于部分之和"。

（四）系统的自组织规律

系统自组织规律是①在和外界环境有物质与能量交换的条件下；②在外界环境对系统有恒定的持续的"干扰"作用的条件下；③在系统内部存在着随机起伏和多种发展可能性（多种潜在稳定状态）的条件下，系统能够自发地组织成为有序程度更高的系统。

系统自组织原理揭示了世界为什么能够由简单到复杂、由低级到高级的发展过程，是系统论的一个基本规律。

自组织系统通常是指无须外界指令，内部各元素就能协同一致动作的系统。自组织系统总是对应着一定的宏观结构或功能，比较少地受外界干扰和内部涨落的影响。它的形成是一个具体而复杂的过程。

协同学的创始人哈肯则更进了一步。他开始也是从非平衡现象的研究入手的。研究一个非平衡的开放系统在外参量的影响下，在宏观尺度上如何形成空间和时间有序的。由此，哈肯的思想进一步发展到功能有序。以后他又注意到混乱现象的重要性，并认识到一个非平衡（远离平衡）的开放系统，不仅可以从无序到有序，而且也可以从有序到混乱。一个非平衡的开放系统，当外参量增大到一定程度时，便出现了混乱状态。

这样，人们对开放系统的认识就逐步深入了。

（五）系统的层次性规律

系统的层次性规律包含着三个定律：系统层次存在定律、系统层次变化定律和系统层次关系定律。

第一，系统层次存在定律告诉我们整个世界都是有层次结构的。这是世界的根本性质，也是系统的根本性质。因为在由元素经过自组织而形成系统的过程中，先形成子系统，再形成系统。这样形成系统的成功可能性大，而且更能经受环境的干扰和破坏。一般说系统的里层元素之间结合的紧密程度比外层要高。

第二，系统层次变化定律揭示了一定的物质系统层次与一定的运动状态相适应。运动状态的改变引起物质层次的改变。如只有在地球这样的运动条件下，才有可能出现原子、分子、生命大分子、细胞、有机体等各层次。

第三，系统层次关系定律指出高层次系统从低层次系统中产生并以低层次系统为基础，而高层次系统反过来又带动低层次系统的发展。高层次和低层次系统有着本质的差别，表现出不同的功能。这样就表现出系统不同层次的依存、作用、制约、转化的关系。

系统层次性规律揭示了世界上的事物具有层次；由于运动状态的不同而存在着物理层次、化学层次、生命层次、社会层次、技术层次；层次之间又存在着复杂的关系。

第二节　系统工程

一、系统工程的定义

现代科学技术为系统思想的定量化提供了数学理论和强有力的计算工具——电子计算机，并推动了系统科学的发展。到 20 世纪 60 年代，系统思想的定量化已发展成既有理论指导，又有科学方法和实践内容的新的工程技术学科——系统工程。

系统工程作为一门学科自问世以来，仅 50 多年的时间，在各行各业都得到了广泛的应用，收到了良好的效果，同时系统工程的实践也促进了本学科的继续发展与完善。毋庸置疑，系统工程已成为当前最有前途的学科之一。但系统工程仍是一门非常年轻的学科，它的理论和方法尚需在实践中进一步发展与完善。到目前为止，关于系统工程的定义和研究的内容，国内外学者仍说法不一，原因在于①系统工程的理论和方法是在自然科学、社会科学和数学科学向纵深发展时产生一些需要协同解决的问题的情况下产生的；②由于系统工程是现代科学技术的产物，它综合地运用各学科的先进成果去解决所面临的问题，因此很难划清系统工程的学科界限。由于以上原因，从事不同专业的人为系统工程所作的定义也各不相同。

钱学森教授在"系统思想与系统工程"一文中说："20 世纪 40 年代以来，国外对定量化系统方法的实际应用相继取了许多不同的名称：运筹学、管理科学、系统工程、系统分析、系统研究，还有费用效果分析等"。所谓运筹学是指目的在于增加现有系统效率的分析工作；所谓管理科学是指大企业的经营管理技术；所谓系统工程是指设计新系统的科学方法；所谓系统分析是指对若干可供选择的执行特定任务的系统方案进行选择比较。如果上述选择着重在成本费用方面，即所谓费用效果分析；所谓系统研究，指拟制新系统的实现程序。现在看来，由于历史原因形成的这些不同名称，混淆了工程技术与其理论基础的区别，用词不够妥当，认识也不够深刻。国外曾有人试图给这些名词的含义以精确区分，但未见取得成功。

用定量化的系统方法处理大型复杂系统的问题，无论是系统的组织建立，还是系统的经营管理，都可以统一地看成是工程实践。工程这个词 18 世纪在欧洲出现的时候，本来专指作战兵器的制造和执行服务于军事目的的工作。从后一含义引申出一种更普遍的看法：把服务于特定目的的各项工作的总体称为工程，如水利工程，机械工程等，如果这个特定的目的是系统的组织建立或者是系统的经营管理，就可以统统看成是系统工程。国外称运筹学、管理科学、系统分析、系统研究以及费用效果分析的工程实践内容，均可以用系统的概念统一归入系统工程；国外所称运筹学、管理科学、系统分析、系统研究以及费用效果分析的数学理论和算法，可以统一地看成是运筹学。

综合归纳上述意见，我们认为：系统工程是一门新兴的工程技术学科，是应用科学。它不仅定性，而且定量地为系统的规划设计、试验研究、制造使用和管理控制提供科学方法的方法论科学。它的最终目的是使系统运行在最优状态。

二、系统工程研究内容的特点

系统工程的研究内容具有以下特点：

（1）系统工程不同于一般的工程技术学科　一般工程技术学科，如水利工程、机械工程等都与形成实物实体的对象有关，国外称这类工程为"硬"工程，而系统工程的研究对象除了这类"硬"工程之外，还包括这种工程的组织与经营管理一类国外称之为"软"科学的各种内容。

（2）系统工程涉及各个学科、领域的各种内容　如果把一般工程学科作为一条代表专业的纵线，则系统工程就是跨越各条纵线的一条横线。它通过横向的综合，提出解决问题的方法和步骤，因此它是跨越不同学科的综合性科学。

如建筑工程是专业技术工程学科，它主要研究建筑设计和施工技术，而建筑系统工程则是综合社会、经济、生态及其他工程技术系统等问题，开展以规划、设计、施工及管理为主线，以社会学、经济学、生态经济学、美学、工业工程学、电子学等为基础的综合地、系统地研究，以实现城市系统社会、经济、生态效益的统一和优化。

（3）系统工程在研究问题时，概念、原则、方法是主要的、本质的，而在系统工程中应用的具体数学方法和计算技术是处理和解决系统问题的手段和工具，是为系统工程的概念、原则和方法服务的。这个观点是辩证唯物论中系统观的重要原则之一。

（4）任何系统都是人、设备和过程的有机组合，其中人是最主要的因素。因此在应用系统工程的方法处理系统问题时，要以人为中心。

三、系统工程的基本定律

应用系统工程的方法解决问题，必须运用系统性能、功效不守恒定律的基本定律和基本观点。系统性能、功效不守恒定律是指：当系统发生变化时，物质、能量守恒，但性能和功效不守恒，且不守恒性是普遍的和无限的。

定律中系统的变化是指①由子系统合成系统（由部分组成整体）；②系统分解成子系统（整体分解成部分）；③系统内部结构的变化。

"不守恒"是指①产生新的性能和功效；②原有性能、功效的增强、减弱或消失。

"普遍性"是指任何系统都具有这种性质。

"无限性"是指低层次子系统向高层次系统发展是无限的。这种无限性在于高层次系统具备低层次系统的基本属性，同时又产生低层次系统不具备的新的属性。

该定律成立的主要依据是①由物质不灭定律和能量守恒定律可知，系统内物质、能量和信息在流动的过程中物质是不灭的、能量是守恒的，而反映系统性能和功效的信息，因受干扰而失真、放大或缩小以致湮灭，故是不守恒的；②由于系统的变化，系统内物质、能量、信息在时间上和空间上发生叠加、互补和抵消，从而改变了系统的性能和功效。

这一定律在进行系统研究时，在处理系统与子系统、子系统与子系统、系统与环境的关系并使之定量化时是很重要的。

四、系统工程处理问题的基本观点

（一）整体性的观点

所谓整体性的观点即全局性或系统性的观点，也就是在处理问题时，采用以整体为出发点，以整体为归宿的观点。

这种观点的要点是①处理问题时需遵循从整体到部分进行分析，再从部分到整体进行综合的途径，首先要确定整体目标，并从整体目标出发，协调各组成部分的活动；②组成系统的各部分处于最优状态，系统未必处于最优状态；③整体处于最优状态，可能要牺牲某些部分的局部利益和目标；④不完善的子系统，经过合理的整合，可能形成性能完善的系统。

系统是由很多子系统相互关联而成的，而研究系统的目的是为了达成系统的整体目标。以简单分解、相加的方法，从部分着手研究问题，必定会影响全局，使我们离开辩证法，陷入形而上学。

这里还必须强调的是：系统的整体性包含时间的整体性和空间的整体性两个方面，这是系统的时空观。20世纪六七十年代提出的"边设计、边施工、边生产"这一貌似正确，实际错误的方法，就是形而上学时空观的具体体现。

（二）综合性的观点

所谓综合性的观点就是在处理系统问题时，把对象的各部分、各因素联系起来加以考查，从关联中找出事物规律性和共同性的研究方法。这种方法可以避免片面性和主观性。

阿波罗登月计划总指挥韦伯曾指出，当前科学技术的发展有两种趋势，一是向纵深发展，学科日益分化；一是向整体方向发展，搞横的综合。阿波罗计划中没有一项新发明的自然科学理论和技术，都是现成科学的运用，关键在于综合，综合是最大的科学。系统工程就是指导综合研究的理论和方法。这就说明了综合性的观点是系统工程处理问题时的基本观点。

（三）科学性的观点

所谓科学性的观点就是要准确、严密、有充足科学依据地去论证一个系统发展和变化的规律性。不仅要定性，而且必须定量地描述一个系统，使系统处于最优运行状态。

马克思曾明确指出，一种科学，只有当它成功地应用了数学的时候，才能达到完善的地步。在强调采用定量方法的同时，有以下两个问题必须引起我们的注意：

（1）必须在定性分析的基础上进行定量分析，定量分析必须以定性分析为前提　过去我们善于应用定性的分析方法。只进行定性分析，不能准确地说明一个系统，只有进行了定量分析之后，对系统的认识才能达到一定的深度，结论才能令人信服。然而没有定性分析作指导，定量分析就失去了依据，就会成为"数学游戏"。因此，我们强调要摆正定性分析和定量分析的辩证关系，在处理问题时，一定要在定性分析的基础上应用数学方法，建立模型，进行优化，从而达到系统最优化的目的。

如我们在安排生产计划时，可在各种资源的限制下制订一个使利润达到最大值的生产计划。这就需要在约束组成、确定评价目标等方面进行定性分析，然后在定性分析的基础上应用数学规划等工具，建立模型，完成该项任务。

（2）合理处理最优和满意的关系　在处理系统问题时，使系统达到最优比较困难，在个别情况下，"最优"有时不被人理解和接受，因此有时利用满意的概念会使问题得到圆满的解决。从数学上的最优过渡到情意上的满意是西蒙的一大发现。因此我们在处理问题时，要处理好满意和最优的关系。这一原则也是不违背科学性观点的，因为寻求满意解也是科学。

（四）关联性的观点

所谓关联性的观点是指从系统各组成部分的关联中探索系统的规律性的观点。一个系统是由很多因素相互关联而成的，正是这些关联决定了系统的整体特性。也只有抓住这些联系，用数学、物理、经济学的各种工具建立关系模型才能定量和定性地解决系统问题。

如美籍苏联经济学家列昂节夫在研究国民经济系统时，就是抓住各物质生产部门之间的联系并使其定量化，从而以投入产出模型揭示国民经济总体的发展变化规律。揭示系统各组成部分之间的关联是靠分析和观察实现的，切忌凭空臆造和估计。关联性的观点在解决系统问题中有着十分重要的作用。

（五）实践性的观点

实践性的观点就是要勇于实践，勇于探索，要在实践中丰富和完善以及发展系统工程学理论。

系统工程是来源于实践并指导实践的理论和方法，只有在实践中、在改造自然界的斗争中系统工程才会大有作为并得到迅速的发展。采用"问题导向"，摒弃"方法导向"是系统工程实践的主要方法。

为了推广系统工程的方法，实践性是很重要的，只有系统工程的广泛实践，才能使人们认识和了解系统工程的作用，才能促进系统工程的应用和发展。

坚持实践性的观点，促进系统工程的发展，可使这门新兴的学科在我国的现代化建设中发挥更大的作用。

五、系统工程的应用

系统工程是从整体出发，合理开发、设计、实施和运用系统科学的工程技术。它根据总体协调的需要，综合应用自然科学和社会科学中有关的思想、理论和方法，利用电子计算机作为工具，对系统的结构、要素、信息和反馈等进行分析，以达到最优规划、最优设计、最优管理和最优控制的目的。

系统工程以复杂的大系统为研究对象，是在 20 世纪 40 年代美国贝尔电话公司首先提出和应用的。20 世纪 50 年代在美国的一些大型工程项目和军事装备系统的开发中，又充分显示了它在解决复杂大型工程问题上的效用。随后在美国的导弹研制、阿波罗登月计划中得到了迅速发展。60 年代我国在进行导弹研制的过程中也开始应用系统工程技术。到了 20 世纪七八十年代系统工程技术开始渗透到社会、经济、自然等各个领域，成为研究复杂系统的一种行之有效的技术手段。

系统工程的应用十分广泛，主要有①工程系统。研究大型工程项目的规划、设计、制造和运行。②社会系统。研究整个国家和社会系统的运行、管理问题。③经济系统。研究宏观经济发展战略、经济目标体系、宏观经济政策、投入产出分析等。④农业系统。研究农业发展战略、农业结构、农业综合规划等。⑤企业系统。研究工业结构、市场预测、新产品开发、生产管理系统、全面质量管理系统等。⑥科学技术管理系统。研究科学技术发展战略、预测、规划和评价等。⑦军事系统。研究国防总体战略、作战模拟、情报通讯指挥系统、参谋指挥系统和后勤保障系统等。⑧环境生态系统。研究环境系统和生态系统的规划、建设、治理等。⑨人才开发系统。研究人才需求预测、人才结构分布、教育规划、智力投资等。⑩运输系统。研究铁路、公路、航运、空运等的运输规划、调度系统、运输效益分析、城市交通网络优化模型等。⑪能源系统。研究能源合理利用结构、能源需求预测、能源发展战略等。⑫区域规划系统。研究区域人口、经济协调发展规划、区域资源最优利用、区域经济结构等。

第三节　系统工程方法论

系统工程研究的对象是复杂的大系统：系统的结构层次多，元素种类多且相互关系复杂。系统既包含"硬件"元素，也包含"软件"元素，加之人的偏好和环境的不确定性，使系统更具复杂性和不确定性。因此，要有灵活独特的思考问题和处理问题的方法，要用多种技术方案进行求解，这就是系统工程方法论。

换言之，系统工程方法论就是解决系统工程实践中的问题所应遵循的步骤、程序和方法。它是系统工程思考问题和处理问题的一般方法，把研究对象作为整体来考虑，进行分析、设计、制造和使用时的基本思想方法和工作方法。

系统工程方法论体系的基础就是综合运用系统思想和各种数学方法、科学管理方法、经济学方法、控制论方法以及计算机技术等工具来实现系统的模型化和最优化，进行系统分析和系统设计。同时，系统工程方法论除一般的数学描述方法和逻辑推理方法外，还有工程技术的规范和社会科学的艺术等。描述性、逻辑性、规范性、艺术性这些特点交织在一起，构成了系统工程独特的思想方法、理论基础、基本程序和方法步骤。系统工程方法论的基本特点是：研究方法强调整体性，技术应用强调综合性，管理决策强调科学性。

一、系统工程的构思原则

处理一个系统工程问题时，首先要对具体的对象进行科学的构思，构思时一般遵循以下原则和方法：由粗到细的原则，互相结合的原则，定性分析与定量分析相结合的原则，分解、协调和综合的原则。

（一）由粗到细的原则

面对一个复杂的系统时，经常发生的情况是思路不清，不知如何处理。为此，分析者首先要在全面收集必要的大量资料的基础上，从整体上把握住研究对象，从反映研究对象的大量信息中，认识其主要属性和基本运动规律，以形成概念。

在形成概念和理清思路之后，就要明确观点，提出解决问题的指导思想、原则、设想、方案等粗线条的构想框架，再逐步细化到具体的方案及解决问题的可操作方案。由于人的价值观不同，对同一对象会有不同的看法，为此，要协调观点，达成共识。若是复杂的项目，分歧较大时必须进行专门的调查研究，以便获得共识。

由粗到细地思考问题，即在大原则解决的前提下，逐步细化解决问题的步骤和方法，直到每一步都可操作为止。其构思原则大致按下列方式进行：

搞清有关议题产生的背景和不同的观点→通过调查、争论、相互学习，在价值观和是非标准上达成共识→定义问题、定界问题和设定目标→明确解决问题的原则→总体构思→形成概念模型→设想具体方案→设计具体方案等。

（二）互相结合的原则

处理系统工程问题时，要善于联想，将看似无关的事件联系起来考虑，找出它们之间的内在规律，从原则上来讲主要有：以问题导向为主，问题导向与方法导向相结合；先定性分析，定性分析与定量分析相结合；科学方法与专家经验相结合；决策者（领导者）、使用者与分析者相结合。

（1）以问题导向为主，问题导向与方法导向相结合

① 问题（对象）导向法。遇到问题时，首先不要设定固定的处理问题的框框，而是用系统的观点去考察和定性地分析问题，弄清楚问题的来龙去脉，找出问题的关键点，然后研究和确定解决问题的思路、途径和方法。一般程序是：

现象或症状→认识问题→方法研究和选用解决问题的方法→修改选用解决问题的方法以适应问题。

② 方法导向法。遇到问题时，分析者用所熟悉的、惯用的方法对问题进行分析和处理，有熟能生巧的功效。一般的程序为：

问题→某种方法→简化问题以适应这种方法→解决问题方案。

这种系统工程的技术方法都是以某种典型的系统结构为基础提出来的，实际问题往往有些是非典型结构、不良结构和病态结构的问题，所以须将方法加以改进，以适应解决具体问题的需要。

以问题（对象）导向为主，问题导向与方法导向相结合是指，在掌握了系统分析和综合技术方法的基础上的问题导向法。了解和掌握系统工程的主要技术方法，将有利于对问题的深入认识和提高解决问题的能力，两者的有机结合可以发挥出各自的优点。

一项系统工程从研制到实施，在不同的阶段要选用不同的方法，使这些方法能有机地结合起来，同一阶段的同一问题往往可以用不同的方法去求解。

（2）科学方法与专家经验相结合　系统工程有一套科学的方法，但它强调要与实际经验相结合。一个领导者所处的地位会促使他自觉或不自觉地应用系统工程的观点和思考方法去处理问题。有经验的实际工作者对所管理范围内的事物有较全面、深入的了解，这是系统分析工作者无法做到的，但系统工程分析者有很好的专长，两者相互结合，就能形成优势互补。凡是成功的系统工程项目都采用科学方法与专家经验相结合，决策者（领导者）、使用者与分析者相结合的原则来指导项目的进程。

（三）定性分析与定量分析相结合的原则

定性的对象或概念要给予定量的表示，用数量表示的结果要给出它的经济意义或物理意义，这样才能提高分析系统的水平和对系统的深入认识。

定性分析是对研究对象本质和内在机制的认识。如何把研究对象的本质描述得更确切，并从量变到质变的规律上去把握研究对象，就需要定量分析，因此要按定性—定量—定性的思路去分析。

应用定性与定量相结合的综合集成方法，我国成功地完成了经济改革中的"财政补贴—价格—工资综合研究"这一课题。该课题是针对 1979 年以来实行提高农副产品收购价格和超购加价政策以提高农民收入，但当时销售价格没有作相应的调整，这部分钱由国家财政负担，从而带来了沉重负担这种背景下进行的。要解决这个问题，涉及经济系统中的生产、消费、流通、分配四大领域，直接关系到人民的经济生活水平，国家很重视有关取消财政补贴的问题。为了解决这个问题，组织了经济学家、管理学家、系统工程专家等人士进行共同研究，明确问题的症结所在，提出解决问题的途径和方法，并给出了定性的判断，建立了解决 8 个问题的系统框架，划定了系统的边界，明确了使用哪些状态变量、环境变量、控制变量（政策变量）和输出变量，然后建立模型，再用计算机仿真来选择最优、较优或满意的政策和策略，为取消财政补贴获得了既有定性描述，又有定量数据和科学依据的结论。

（四）分解、协调和综合的原则

系统分解、协调的目的是为了创造（综合）更好的系统。

系统分解是指将一个复杂的系统分解为若干个子系统。但系统分解不等于分割，因为整体要求各子系统之间要有一定互相配合的关系。系统协调有两种意义：一种是系统内协调，即根据系统的总体要求，使各个子系统之间互相协调配合，在各个子系统局部优化的基础上，通过内部平衡的协调控制，实现系统的整体优化。系统内协调有结构协调、规模协调、功能协调、行为协调、管理协调以及发展与演化协调。如人才队伍结构的优化就包括人才队伍的年龄结构、学历结构、职称结构三个方面的优化，三个子系统又是相互关联和相互影响的，高学历结构必然导致高职称结构，年龄结构的老化必然导致职称结构的断层，因此，还要实现子系统之间的协调，从而达到系统整体的优化。另一种是系统与系统之间的协调，系统与环境之间的协调。任何一个系统只有和环境保持协调关系才能互相促进。

二、硬系统工程方法论

早期从事系统工程实践的大多是自然科学工作者和工程技术人员，他们常把处理工程技术问题遵循的步骤、程序和方法移植过来，并在实践中收到显著的成效。

1969 年美国工程师霍尔提出"三维结构"，对系统工程的一般过程作了比较清楚的说明，它将系统的整个管理过程分为前后紧密相连的 6 个阶段和 7 个步骤，并同时考虑到为完成这些阶段和步骤的工作所需的各种专业管理技术知识。三维结构由时间维、逻辑维和知识维组成，如图 2-1 所示。

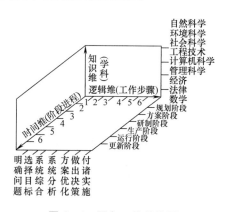

图 2-1 霍尔三维结构图

（一）时间维

在三维结构中，时间维表示从规划到更新，按时间顺序排列的系统工程全过程中，分为 6 个阶段。

（1）规划阶段　对将要开展研究的系统进行调查研究、明确研究目标，在此基础上，提出自己的设计思想和初步方案，制定出系统工程活动的方针、政策和规划。

（2）方案阶段　根据规划阶段所提出的若干设计思想和初步方案，从社会、经济、技术可行性等方面进行综合分析，提出具体计划方案并选择一个最优方案。

（3）研制阶段　以计划为行动指南，把人、财、物组成一个有机的整体，使各个环节每个部门围绕总目标，实现系统的研制方案，并做出生产计划。

（4）生产阶段　生产或研制开发出系统的零部件（硬软件）及整个系统。

（5）运行阶段　把系统安装好，完成系统的运行计划，使系统按预定目标运行服务。

（6）更新阶段　完成系统的评价，在系统运行的基础上，改进和更新系统，使系统更有效地工作，同时为系统进入下一个研制周期准备条件。

（二）逻辑维

三维结构中，逻辑维是指每个阶段所要进行的工作步骤，这是运用系统工程方法进行思考、分析和解决问题时应遵循的一般程序，即系统管理过程的 7 个步骤。

（1）明确问题　尽可能全面地收集资料、了解问题，包括实地考察和测量、调研、需求分析和市场预测等。

（2）选择目标　对所要解决的问题，提出应达到的目标，并制定出衡量是否达标的准则。

（3）系统综合　搜集并综合达到预期目标的方案，对每一种方案进行必要的说明。

（4）系统分析　应用系统工程方法技术，将综合得到的各种方案，系统地进行比较、分析。必要时，建立数学模型进行仿真实验或理论计算。

（5）方案优化　对数学模型给出的结果加以评价，筛选出满足目标要求的最佳方案。

（6）做出决策　确定最佳方案。

（7）付诸实施　方案的执行，完成各个阶段的管理工作。

（三）知识维

三维结构中的知识维是指完成上述各种步骤所需要的各种专业知识和管理知识，包括自然科学、环境科学、社会科学、工程技术、计算机科学、管理科学、经济、法律、数学等方面的知识。不同的领域问题、不同的管理活动对知识的需求和侧重也不同。

逻辑维体现了系统工程解决问题的研究方法，定性与定量相结合，理论与实践相结合，具体问题具体分析。在时间维中，规划和设计阶段一般以技术管理为主，辅之行政、经济管理方法。所谓技术管理就是侧重于科学技术知识，依据科学和技术自身规律进行管理。研制、生产阶段一般应采用以行政管理为主，侧重于现代管理技术的运用，辅之以技术、经济管理方法。安装、运行和更新阶段则应主要采用经济管理方式，按照经济规律，运用经济杠杆来进行管理。

三、软系统工程方法论

霍尔的系统工程方法论强调目标明确，核心内容最优化，认为现实问题都可归纳为工程类的问题，应用定量分析的手段求得最优解。随着实践经验的不断丰富和系统工程学科的不断发展，人们认识到，系统工程面对的系统实际上分为良性结构系统和不良结构系统两类。良性结构系统是指偏重工程、机制明显的物理型的硬系统，它易于用数学模型来描述，并用定量方法计算出系统行为和最佳结果。解决这类系统工程问题所用的方法通常称"硬方法"，霍尔的三维结构系统工程方法论主要适用于解决良性结构的硬系统，适于解决各种"战术"问题。不良结构系统是指偏重社会、机制尚不清楚的生物型的软系统，它难以用数学模型描述，往往只能靠人的判断和直觉，用半定量、半定性的方法来处理问题，这种方法称为"软方法"。研究社会经济系统及其发展战略问题，涉及的社会经济因素相当复杂，霍尔的三维结构硬系统工程方法论难以适应，所以，出现了一些解决不良结构系统问题的软方法，其中切克兰德提出的"调查学习"方法具有很好的概括性。"软方法"不像"硬方法"可以求出最佳的定量结果，而是得到可行的满意解。

切克兰德软系统工程方法论的核心不是"最优化"，而是"比较"或"学习"。从模型和现状的比较中，学习改善现状的途径。切克兰德软系统工程方法论的方法步骤如图 2-2 所示。"比较"这个环节含有组织讨论、听取各种意见的观念，不拘泥于描述定量求解的过程，反映了人的因素和社会经济系统的特点。切克兰德方法论是霍尔方法论的扩展。当现实问题确实能够工程化，在弄清其需求时，概念模型阶段就相当于霍尔方法论中的建立数学模型阶段，而改善概念模型阶段就相当于最优化阶段，实施的不是变革而是设计好的最优系统。

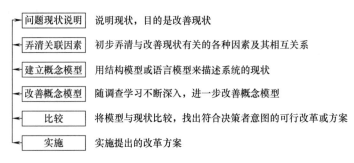

图 2-2　软系统工程方法论的主要内容

第四节　工程控制论

工程控制论是一门为工程技术服务的理论科学。它的研究对象是自动控制和自动调节系统里的具有一般性的原则，所以它是一门基础学科。它也包含一切自然界的控制系统，所以反过来说，工程控制论就是控制论里面对工程技术有用的那一部分，它是控制论的一个分支。

具体而言，工程控制论中的一个最主要概念就是"反馈"。所谓反馈就是利用控制的结果来改进我们控制的方策。其实这个反馈作用在自然界中到处都是。平时我们之所以能不走错路、能到达目的地，主要是靠眼睛看。看，就是测定被控制系统的运行结果。利用眼睛看到的情况，相应地作出校正走路方向的决定，也就是利用反馈作用控制的方策。就是这样地随时调节，我们才能避免错误。从这里我们可以体会出反馈作用的重要性，它把一个本来性能不太好的系统，改变成一个具有高度准确性的、灵活的系统。正如上面的例子，在一切自动控制和自动调节系统里，就包含测定装置、反馈路线、控制计算部分和控制执行部分。通过自动控制和调节，我们能把原来性能不好的系统变为具有优良性能的系统，原来不准确的变为准确的，原来不稳定的变为稳定的，原来反应迟钝的变为反应灵敏的。做到这些也就能说明工程控制论为什么能成为现代技术科学里一个非常重要的部分。

当然，发展是不会停止的，对自动系统的要求也是越来越高的，这就推动了对工程控制论更进一步的研究，提出了新的研究方向。其中一个方向就是发展包含自动随时测量系统性质的控制方法。这又是什么呢？我们可以这样来说：要利用反馈情报进行控制计算，做出控制决定，我们自然不能没有依据，我们一定要预先知道被控制系统的性质，这是我们控制的本钱。对各种性质我们知道得越清楚、越精确，控制也就越准确。但是我们预知系统的性质是有限的，系统的性质可以随时因为磨损或者因为外界环境的改变而改变，因而使整个自动系统的准确度降低。要维持系统的高度准确性，我们就得不断地测量系统的性质。显然，进行这个测量必须是自动的，也必须能自动地利用这些测量的结果来校正控制计算，这就自然地把自动系统引入更复杂的一个阶段。

系统复杂了，里面包含的元件数量必定大大地增加，这又产生了另一个新问题，即整个系统的可靠性的问题。我们知道，如果每个元件都有一定失效的可能性，而一个元件失效就能使整个系统运转不正确，那么一般来说，元件越多，出问题的机会也就越多，整个系统也就越不可靠。但是我们有办法利用不十分可靠的元件做出非常可靠的系统。这自然不是随便可以做到的，元件需要有一定的组合方案，这组合方案就是工程控制论的又一个新的研究题目。可以看得出来，这是一个概率的问题，做这个工作就得引用统计数学。其实在工程控制论的另几个新的研究方向，像外界的干扰问题，信息传送效率问题等，都需要引用近代统计数学的成果。所以我们可以肯定，统计数学对工程控制论的发展是非常重要的。

一、控制论的基本概念

（一）系统

控制论的研究对象是系统，包括工程系统、生物系统、社会经济系统等。系统是"由相互作用、相互联系的若干组成部分按一定规律结合而成的具有特定功能的有机整体"。为了便于研究，控制论把研究的对象从与外界的相互联系中相对孤立出来，不考虑与研究目的无关或次要的联系，突出主要联系，并规定这些联系在特定的"输入"（外界对系统的影响）通道与"输出"（系统对外界的影响）通道中进行，这样的系统叫相对孤立系统。

输入 $\longrightarrow$ 系统S $\longrightarrow$ 输出

图 2-3 系统的框图

"系统"可用图 2-3 表示：

控制论是从"控制"这个角度来研究系统的运动规律的，所以它只研究一切具有控制作用的相对孤立系统，叫控制论系统。这种系统可以分解为两个子系统，即控制子系统与受控子系统（受控对象），受控对象的输出就是所要控制的量。控制作用的选择包含两方面因素：决定控制目标和达到目标（后者的理论描述是系统状态的变化轨道），通过不断调节使系统保持在所规定的轨道上。因此控制子系统又可分为两个功能部分：设定目标（由输入作用指定）并进行比较的部分以及进行调节的部分（叫控制器）。

（二）信息

信息是控制论的重要基本概念。根据控制论思想，控制系统是通过信息传输过程才得以实现"合乎目的"的运动的，控制系统的任务是获取、处理信息，进而控制信息。因此，关于信息的理论是控制论的一个基础。

什么叫信息？信息是人们在适应外部世界并使这种适应反作用于外部世界的过程中，同外部世界进行交换的内容的名称。

在自动控制系统中，通常见到的是信号的流动。信号是指某些物理过程，其变化受到控制，而且可以通过某些媒介进行传播。如无线电信号就是一种变化受到控制的电磁波。如果人们事先约定每一种信号代表一种消息（如电报中以"点""划"的一定组合代表一定的字母与符号），那么就可以利用信号的传播把消息传送到别处去。消息的内容就是信息。信息是消息的内核，消息是信息的外壳，而信号则是信息的载负者。信息既表示事物的某种特征，又能排除信息接受者的某种"不确定性"。一个人对某种外界事物缺乏认识，就表现为某种不确定性。在获得有关信息后，这种"不确定性"就减少或消除了。所以信息的量可以用该信息所排除的"不确定性"的大小来计算。"不确定性"的大小可用概率函数表示，因而这种信息量是统计量。

（三）反馈

受控对象在控制器输出的控制作用影响下产生的输出（也就是整个系统的输出），经检测装置测得其中所含的真实信息，再送回控制子系统并经控制器对受控对象的再输出发生影响的过程叫作反馈。反馈有两种：若反馈的结果使系统输出的真实信息与给定信息的偏差越来越大，则称为正反馈；反之则称为负反馈。自动控制系统与生物系统中的反馈通常是负反馈，它们通过负反馈来实现其合乎目的性的运动。反馈是这些系统实现控制目标的最根本因素。控制问题实际上是如何使系统输出与给定信息（即整个系统的输入作用）保持所规定的关系（如比例关系）。但由于系统环境总具有各种程度的不确定性（如随机干扰，环境变化，模型参数的变化，包含人的因素时的模糊性等），使得这种关系往往具有某种不确定性。这就需要施加控制作用，使系统能在不确定的条件下达到确定的控制目标。这些不确定的影响总是使得系统的真实输出偏离理想输出，负反馈就是利用这种偏离来对受控系统进行控制，以消除该偏离。

自动控制系统具有负反馈结构，又称负反馈控制系统。此时系统有一个闭合的信息通道，或者说有一个闭环，所以自动控制系统又称为闭环控制系统，而未采用反馈的系统就称为开环系统（如线切割机床）。闭环控制系统有许多优点。图 2-4 所示为闭环反馈控制系统的框图。

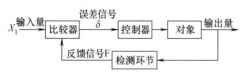

图 2-4　闭环反馈控制系统的框图

控制技术中还采用一种按主干扰进行调节的办法，就是把引起系统输出偏离给定状态的最主要的干扰测量出来（假设这种干扰是可以测量的），经过变换后，给受控对象附加一个控制作用。这种办法称为前馈控制。这种控制作用不是由输出的反馈产生的，故不是反馈控制。前馈和反馈结合，可以改进控制系统的性能。

二、控制系统的质量指标

上面介绍的是应用控制论思想的控制系统的作用原理。控制系统要完成自己的任务，必须具有一定的性能，为评价性能的优劣，必须制定性能指标，这就是所谓控制系统的质量指标。我们仅研究与控制系统的运动规律直接有关的那一部分质量指标，即有关系统的稳态和动态性能的质量指标。

对控制系统性能的要求主要有三个方面：①稳定性；②稳态性能；③动态（瞬态）性能。具体地说，主要质量指标有以下几个。

（一）系统的稳定性

系统的稳定性是指系统在受到干扰后克服对给定状态的偏离的能力。稳定性包括系统在控制时的渐近性状和在有限时间内的稳定性问题。稳定是自动控制系统能正常工作的首要条件，不稳定的自动控制系统是无法完成控制任务的。

（二）系统的稳态精度

稳态精度是指系统到达新的稳定态时，其状态与给定状态的最终偏差。许多高精度控制系统，如火箭控制系统、各种随动系统，工业生产中的仿型和数控机床等，都要求有高的稳态精度。稳态精度部分地取决于检测元件（传感器）的测量精度，也取决于控制系统的某些动态参数和控制规律的选择。

（三）过渡过程时间 t_0

在系统稳定的条件下，系统从一个稳态过渡到另一个稳态或系统受到某种初始干扰后，恢复到稳态所经历的过程叫过渡过程。过渡过程所经历的时间叫过渡过程时间。从理论上讲，过渡过程时间是无限长的。但工程上认为，当系统输出与所要求的状态的误差小于某个给定值 d 时，过渡过程就结束了。

系统的过渡过程时间通常是用系统在单位阶跃输入信号作用下的输出特性来衡量的。所谓单位阶跃信号是用以下函数表示的信号：

$$1(t) = \begin{cases} 0, t \leqslant 0 \\ 1, t > 0 \end{cases} \qquad (2\text{-}1)$$

设系统在单位阶跃输入作用下的输出用 $y(t)$ 表示，稳态输出用 $y(\infty)$ 表示，则单位输出系统的过渡过程时间 t_s 的定义见图 2-5。

（四）过渡过程的超调量 σ

如果在单位阶跃输入的过渡过程中发生 $|y(t)| > |y(\infty)|$ 的情况，就称系统出现超调，此时系统的过渡过程超调量 σ_y，定义为

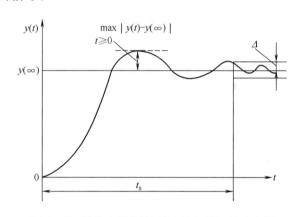

图 2-5　单输出系统的过渡过程时间 t_s 的定义图

$$\sigma_y = \frac{\max\limits_{t \geqslant 0} |y(t) - y(\infty)|}{|y(\infty)|} \times 100\% \qquad (2\text{-}2)$$

（五）一般积分泛函指标

设输入 $u = (u_1, u_2, \cdots, u_r)^\tau$，输出 $y = (y_1, y_2, \cdots, y_m)^\tau$，（上标"$\tau$"表示转置），对一般性的质量指标可定义为

$$J = \int_{t_0}^{t_1} f_0(y_1, y_2, \cdots, y_m, u_1, u_2, \cdots, u_r, t) \mathrm{d}t \qquad (2\text{-}3)$$

式中　t_0——系统运动的初始时刻；

$\quad\quad t_1$——输出达到某一最终状态的时刻；

$\quad t_1 - t_0$——过渡过程时间；

f_0——m^+r^{+1}元函数，其具体形式由工程实际问题的要求来确定。例如 f_0 可能是一个正定二次型，即

$$J = \int_{t_0}^{t_1} (\sum_{i,j}^{m} a_{ij} y_i y_j + \sum_{\alpha,\beta}^{r} b_{\alpha,\beta} u_x u_p) \mathrm{d}t \qquad (2\text{-}4)$$

式中 a_{ij}、$b_{\alpha,\beta}$——t 的已知函数或为常数。当 $f_0=1$ 时，

$$J = t_1 - t_0 \qquad (2\text{-}5)$$

J 是过渡过程时间，用积分形式表示意味着 J 反映了在整个过渡过程中 y、u 的变化情况，一般是使 J 取极小。

（六）抗扰性指标

控制系统在工作过程中总会受到外界的干扰，一个良好的控制系统对外界干扰应该具有足够的抵抗能力，而对有用信号则应迅速而准确地动作。控制系统抗干扰性能的好坏是评价系统的动态和静态品质的一个重要方面。

上述指标有时是互相矛盾的。在质量指标中，稳定性对任何控制系统都是必要的，而其他质量指标可以视不同系统有不同的要求。面对实际情况，我们应该做深入的调查研究，抓住主要矛盾，从实际情况出发作出判断。

三、工程控制论的理论范畴

工程控制论的研究对象和理论范畴在不断扩大。近 20 年来该学科的各个方面都有了很大的发展。到目前为止，它所包含的主要理论和方法有以下六个方面。

（一）模型抽象

为了精细地描述受控客体的静态和动态特性，常用建立数学模型的方法。成功的数学模型能更深刻地、集中地和准确地定量反映受控系统的本质特征。借助数学模型，工程设计者能清楚地看到控制变量与系统状态之间的关系，以及如何改变控制变量才能使系统的参数达到预期的状态，并且保持系统稳定可靠地运行。数学模型还能帮助人们与外界的有害干扰作斗争，指出排除这种干扰所必须采取的措施。根据具体受控工程的特点，可以用代数方程式、微分方程式、积分方程式、逻辑代数式、概率论和模糊数学等数学工具去建立数学模型。对复杂的系统常要用到由几种数学工具结合起来的混合模型去实现对工程系统的完全描述。这种根据实验数据用数学工具去抽象受控工程对象本质特征的原理和方法称为建模理论。

（二）最优控制

欲使工程系统按照希望的方式运行，完成预定的任务，应该正确地选择控制方式。几乎所有的工程系统都有共同的特性：为达到同一个目标，存在着许多控制策略。不同的控制策略所付出的代价也各异，如能量消耗，所费时间的长短，材料、人力和资金的消耗等均不相同。研究如何以最小的代价达到控制目的的原理和方法称为最优控制理论。寻求以最短时间达到控制目的的理论称为最速控制理论。线性规划、动态规划、极大值原理、最

优化理论等都是经过实践证明具有严密结构的最优控制理论。为了解决最优控制的工程实现问题，科学家们又创造了很多适用于计算机程序的算法，称为最优化技术。最优控制理论和最优化技术的建立是工程控制论中最突出的成就。

（三）自我进化

受控系统的工作环境、任务和目标常发生变化。为了使工程系统能自动适应这些变化，科学家们创立了一系列设计原理和方法，赋予系统以自我进化的能力。最早出现的自稳定系统，能在环境条件发生剧烈变化时自动地改变自己的结构，始终保持稳定的工作状态而无须操作人员干预。

计算机用于工程系统后，由于具有信息存储能力，出现了自学习系统。经过有经验的操作人员示教后，系统把一切操作细节都记忆下来，以此就能准确地自动再现已学到的操作过程，完成指定的任务。只要存储容量足够大，同一工程系统可记忆若干种操作过程，成为多功能系统。把专家们在某一专门领域中的知识和经验存储起来，工程系统就获得处理复杂问题的能力，这种系统称为专家系统。为完成不同的任务而能自动重组结构的系统称为自组织系统。工程控制论的研究工作还一直受到仿生学新成就的启发和鼓舞，不断引进新的概念，发明新的理论，以求工程系统部分地模仿生物的技能。能够辨识人的声音，认识和翻译文字，具有不断增长的逻辑判断和自动决策能力的智能系统已在工业生产领域和服务行业中采用，这是具有自我进化能力的工程控制论系统的最新成就。

（四）容错系统

提高系统工作的可靠性一直是工程控制论研究的中心课题之一。早期的研究集中在如何用不太可靠的元件组成可靠的系统。例如，人的大脑每天都有成千上万个脑细胞死亡，却仍能在数十年内可靠地工作。用设置备份的办法去提高可靠性称为冗余技术，这是一项研究得最早，至今仍在大量采用的技术。自诊断理论是关于自我功能检查发现故障的理论。按这种理论设计的工程系统能自动地定期诊断整个系统和组成部分的功能，及时发现故障，确定故障位置，自动切换备份设备或器件，从而恢复系统的正常功能。利用纠错编码理论可以自动地发现工程系统在信息传输过程中可能发生的差错，自动纠正错误，使系统的功能不受损害。在不可能纠正时则剔除错误信息或让系统重复操作，以排除随机差错。对不能简单排除的故障，则选用无须故障部件参与的其他相近的功能部件代替。自诊断理论、检错纠错理论、最优备份切换理论和功能自恢复理论合称为容错理论。

（五）仿真技术

在系统设计和制造过程中不能在尚未建成的工程系统上进行实验，或者由于代价太高而不宜进行这种实验。用简单的装置和不同的物理过程模拟真实系统的受控运行过程称为仿真技术。早期曾以物理仿真为主，即用不同性质但易于实现、易于观察的物理过程去模仿真实的过程。模拟计算机是专为仿真技术而发展起来的技术，它利用电信号在电路中的变化规律去模仿物理系统的运动规律。随着数字计算机运算速度和存储容量的提高，数字计算机已成为仿真技术的主要手段。只要编制相应的软件就可以模拟各种不同性质的物理过程。仿真技术是在工程控制论中发展起来的强有力的实验技术，使设计师们能在极短时间内，用很小的代价在实验室内进行任何庞大工程系统的实验。

（六）应用领域

工程控制论发源于纯技术领域。转速、温度、压力等机械变量和物理变量的自动调节是最早期的工业应用，而自动调节理论是对这一时期技术进步的理论总结。第二次世界大战前后出现的自动化防空系统和自寻目标的导弹系统促进了伺服机构和自动控制技术的广泛应用。自动调节理论经过发展和提高，逐步上升为自动控制理论。随着第一台电子数字计算机的出现，技术界开始研制具有数字运算能力和逻辑分析功能的自动机，自动控制系统随即获得了智能控制的功能。随着廉价的微型计算机大量进入市场，自动控制理论的全部含义遂得以真正展开。从此，工程控制论的概念、理论和方法开始从纯技术领域溢出，派生出社会控制论、经济控制论、生物控制论、军事控制论、人口控制论等新的专门学科。这些新学科出世以后，便与它们的先行者并驾齐驱，并且根据各自领域的特点，又抽象出新的概念，创造新的理论和方法，产生新的内容。另一方面，它们毕竟是孪生学科，有共同的渊源，在前进过程中能彼此借鉴和相互补充。它们所共有的那些原理、理论和方法，作为广义控制论的基本内容，又促进了另一门更广泛的学科——系统工程的诞生。

四、工程控制论的理论程序

（一）社科领域

工程控制论进入社会科学领域是当代重大科学技术成就之一。由于信息科学与技术的巨大进步，"工程"一词的含义在不断扩展。

（二）技术工程

继早期的纯技术工程（机械、电力、化工、水利、航空、航天等）之后，传统上属于社会科学范畴的问题已能用工程方法处理，而且比纯行政管理方法能作出更好的决策，对社会事务的具体部门进行状态分析、政策评价、态势预测和决策优化时，常得到意想不到的新发现，产生巨大的经济效益和社会效益。

（三）数学仿真

在社会领域中进行新的政策性试验要很长时间，常伴有一定的风险，故数学仿真在这里起着非常重要的作用。状态分析、模型提取、系统设计和政策优化等都能在试验室内用极短的时间完成。状态反馈也要在人的参与下经过信息网络实现。所以，以计算机为中心的信息系统是社会工程的技术基础，也是工程控制论之所以能用到社会范畴的先决条件。

（四）其他应用

此外，在模型抽象和政策优化分析中，还要经常用到运筹学、对策论、规划论、排队论、库存论等历史上独立于工程控制论之外并行发展起来的数学理论，以及有关的经济学和社会学理论。由于自然科学家和社会科学家的密切合作，正在形成一门新的学科——决策科学。

第五节 系统工程与食品工厂设计

在食品工厂设计之前，首先要了解工程控制论的一些基本概念，才能使食品工厂的设计满足"从田头到餐桌"每一个环节的要求，而不会出现掉环或断环的现象，从而保证食品在生产过程中环环相扣，确保最终的食品质量。本章第四节介绍工程控制论的目的是把工程实践中经常运用的设计原则和试验方法加以整理和总结，取其共性，凝练成科学理论，使科学技术人员获得更广阔的视野，用更系统的方法去观察技术问题，去指导千差万别的工程实践。

在食品工业发展的过程中，设计发挥着重要的作用。不管是新建、改建、扩建一个食品工厂，还是进行新工艺、新技术、新设备的研究，都需要进行设计。设计任何一个食品工厂必须符合我国国民经济发展的需要，符合科学技术发展的新方向，为市场和消费者提供更多、更好、更优质的新食品，使得食品更加营养、卫生与安全。工厂设计在基本建设程序中，是在建设施工前完成的。一个优秀或良好的设计应该遵循以下原则：经济上合理、技术上先进、与环境友好，通过施工投产后，在产品的产量和质量上均达到规定标准，在环境制约条件下能满足各项规范性指标，各项经济指标应达到国内同类工厂的先进水平或国际先进水平。同时，要具有可持续性发展的余地，要符合生态循环经济和清洁生产等方面的国家有关规范。

食品工厂设计是一门涉及政治、经济、工程和技术等诸多学科的标志性很强的科学技术，是一门专业性很强的系统工程。要做好一个工程项目，重点体现在以下几个方面：

（一）要有明确的系统思想

任何一个产品的产生，它都是由一个完整的产业链形成的，俗话说，食品加工是"从田头到餐桌"的系统加工过程，在这个过程中，不仅要对产品本身负责，产品要做到色、香、味、形、营养成分的保持，更要坚守的是对各个环节特别是外围环境的尊重和友好，不能以牺牲某个环节的生态平衡和利益为代价，时刻掌控每个加工环节的深度在整个加工链中的权重的合理分配与控制。

（二）原料选择

在第一章"循环经济与食品加工发展趋势"中已对食品原料的要求和食品加工业发展趋势作了初步的介绍，这里要强调的是，食品工厂的原料大多来自农、林、牧、副、渔业，原料的加工和利用涉及这些产业，加之这些原料品种繁多，地域性、季节性差异很大，以果蔬类原料为例，果蔬的新鲜度、成熟度、受环境污染的程度等技术要求对最终产品的质量有着决定性的影响。食品工厂加工过程中产品种类复杂、生产季节性强、卫生要求高，为此，要求食品工厂的设计工作者要有扎实的理论基础、丰富的实践经验和熟练的专业技能。只有这样，才能设计出高质量的食品工厂。

（三）各专业技术在项目中的协同、融合

食品工厂设计是以工艺设计为核心，围绕工艺设计还包括以下专业技术设计内容，它们是食品的厂址选择、工厂总平面设计、动力设计、给排水设计、通风采暖设计、自控仪表、三废治理、建筑设计、技术经济分析及概算等。这些专业技术设计都围绕着食品工厂设计这个主题，并按某一产品的具体生产工艺对各专业技术设计的要求分别进行设计。各专业之间应相互协同，密切合作，充分发挥各个专业技术的智慧和优势，共同完成食品工厂设计的任务。此外，还要强调的是，食品工厂设计除必须遵循有关法令和规范外，还要保障工人有良好的工作条件，保护环境的安全和减轻劳动强度。要重视经济效果，少花钱多办事，办好事，努力做到技术上先进、经济上合理。

食品工厂是由上述各专业技术所组成的，每一个专业技术就是一个分系统，全部设计内容的分系统综合起来就是一个食品工厂的大系统工程。只有这些专业技术在食品工厂项目中进行有效的协同、融合，才能设计、建设好一个食品工厂，也才能运行、管理好一个食品工厂。

（四）消费者利益与企业成本的平衡

消费者利益是指消费者应该享有的全部经济利益。而这个消费者经济利益的构成因素有诸多方面。例如，企业产品成本因素（生产成本、交易成本）、产品价格因素（价格制定方法及产品价格水平）、产品质量功能因素（质量高低和功能多少以及是否完善）、产品服务因素（服务周到与便捷程度）、产品与服务的选择性因素以及产品安全性因素等，都是影响消费者经济利益的构成因素。简单地说，以上因素都会直接影响消费者的经济利益，即影响消费者的经济福利、消费者权利、消费者主权等。

在市场经济条件下，多元市场主体之间的利益冲突是客观存在的，各种市场主体都会有意或无意地损害消费者的经济利益。生产者或经营者为了能够获得更多的经济利益，往往会忽视消费者的利益，甚至常会损害消费者利益。所以，一个好的食品企业生产者或经营者从工厂设计开始到企业的运行、管理、销售的全部过程中，都要认真考虑和寻求消费者利益与企业成本的平衡，企业在策划、生产、管理、销售的进程中，对企业生产什么和生产多少等基本的经济问题，起最终决定性作用的不是生产者或经营者自身，而是消费者。

（五）环境制约因素的控制

环境是影响经济发展的重要因素，而经济发展水平和实力，也从客观上影响环境的改善。环境制约因素一般认为就是能够对所处的区域或项目范围内的环境质量起到决定、影响、制约、限制的环境要素。其实一个食品工厂在环境评价中对现状的调查分析与评价往往是围绕环境制约因素展开的。但是，除了环评中所讲的环境制约因素外，任何一个企业都是在一定环境中从事活动的。资源环境是经济发展的基本依托，而资源环境又是以特定的区域为依托，因此，经济发展的模式必须与特定区域的资源环境的具体状况相适应，否则，资源环境问题的困境将严重制约经济的发展；再者，任何管理都要在一定的环境中进行，这个环境就是管理环境。管理环境制约着管理活动的内容与顺利进行。管理环境的变

化要求管理的内容、手段、方式、方法等随之调整，趋利避害，更好地实施管理。尤其对于行政管理来说，管理环境的影响作用更是不可忽视，这是由行政环境的特点所决定的。

管理环境分为外部环境和内部环境，外部环境一般有法规环境、社会文化环境、经济环境、技术环境和自然环境。内部环境有人力资源环境、物力资源环境、财力资源环境以及内部文化环境等。就外部环境来讲，企业在合法合规的基础上，需要面对的特殊环境包括现有竞争对手、潜在竞争对手、替代品生产情况及用户和供应商的情况。外部环境与管理相互作用，一定条件下甚至对管理有决定作用。外部环境制约管理活动的方向和内容。无论什么样的管理目的，管理活动都必须从客观实际出发。脱离现实环境的管理是不可能成功的，当然，管理对外部环境具有能动的反作用。内部环境中人力资源对于任何部门或岗位在任何状况下都始终是最关键和最重要的因素，根据他们所从事的工作性质的不同，可分为生产工人、技术工人和管理人员三类。物力资源是在食品工厂活动过程中需要运用的物质条件的数量和利用程度。财力资源的状况决定食品工厂各项业务的拓展和组织活动的进行等。文化环境是食品工厂的精神信仰、生存理念、规章制度、道德要求、行为规范等。

如何对以上所提及的各类环境制约因素进行控制，在很大程度上影响一个食品工厂的成功与失败。

（六）传统食品与现代加工技术、智能制造的叠接

中国传统食品具有悠久的历史和丰富的内涵，但是由于对传统食品的认识不足、传统食品生产工艺原始、现代化程度低、标准化程度不高、再加上西方快餐文化的融入等诸多因素的制约，传统食品难以适应现代市场环境的要求。

目前，我国传统食品现代化的发展趋势主要表现为中餐主食工业化、中餐菜肴工业化、餐饮连锁化和餐馆食品工业化、区域食品普及化、中西食品一体化、洋快餐店中国化和普通食品功能化等方面。以我国部分传统主食食品的制作为例，目前大多仍停留于小作坊式阶段，达不到工业化生产的模式要求和规模，生产出来的产品质量达不到现代市场要求，这其中的关键是生产工艺和装备整体水平落后，急需加强传统主食生产技术和关键装备的研究和开发，从而促进我国传统主食现代化工业生产的进程。再以传统中式菜肴的现代化生产为例，目前要重点研究开发适用于中国式快餐厅的智能化烹饪装备，按照程序自动进行投料、加热、调温、翻炒、添加流体配料、出锅装盘、定位清洗等操作，最终实现生产过程的自动化、质量控制过程化，标准化的原料采购与制作配方，工艺标准与生产条件，统一的生产质量管理体系，使得产品具有一致的色、香、味、形等，减少烹饪过程中原料处理、加工工艺等方面的随意性。

总之，在中国传统食品的工业化发展进程中，需要对中国传统食品的加工理论进行系统深入的研究，发掘其内涵，并用科学的理论和数据提升加工水平，用先进的加工技术发展中国传统食品，将现代加工技术、智能制造进行叠接，从而促进中国传统食品的现代化生产。

（七）食品工厂的资质设计与建设

食品工厂国际化认证 GMP、HACCP、ISO 22000、SC 的强化，标志着无论是设计还是日常管理，包括产品的质量控制、可溯源信息，都在尽量按同一标准和规格与国际

接轨。

资质设计与工厂建设的层次是有关联的。其关联性主要取决于产品市场的定位，无论企业定位于"绿色食品"还是"有机食品"，从原料供应、加工过程直至产品市场的要求是不一样的；产品是以国内销售为主，还是主打美国市场或是欧盟市场，由于各个国家对产品的标准是不完全相同的，整个产业链系统、溯源文件以及信息备份也有各自特定的要求。

（八）运筹学方法和计算机技术在系统过程中的应用

近50年随着计算机的发展，许多运筹学方法也得以实现与发展。没有计算机，运筹学只是一种理论科学，不会像今天这样成为广泛应用、不断发展的应用学科。在解决实际问题时，运用计算机既可避免在利用模型进行求解时大量重复计算的劳动，又对某些实际问题进行仿真模拟，达到解决问题的目的。因此，计算机技术是运筹学应用中不可缺少的工具。

运筹学是20世纪40年代初发展起来的一门新兴学科，最早产生于军事领域，主要探讨如何提高某些设备的实际运行效果。因而被称为"运用研究"。运筹学的主要目的是在决策时为管理人员提供科学依据，是实现有效管理、正确决策和现代化管理的重要方法之一，20世纪50年代以后得到了广泛的应用。对于系统配置、聚散、竞争的运用机制进行了深入的研究和应用，逐渐形成一套比较完备的理论，如规划论、排队论、存储论、决策论等。由于其理论上的成熟及计算机的问世，大大促进了运筹学的发展。运筹学是一门应用学科，它广泛地应用现有科学技术知识和数学方法解决实际中提出的专门问题，为领导者选择最优决策提供定量的依据。

1. 运筹学研究问题的特点

（1）面向实际，从全局追求总体效益最优　运筹学是为决策寻找科学依据的，其最终目的是为解决企业（或系统）实际问题提供决策方案。它依赖于与问题相关的信息资料，通过协调各部门之间的关系，帮助企业（或系统）决策者用全局的观点加强对各部门的管理，使整个企业（或系统）的总体效益达到最优。

（2）借助于模型，用定量分析的方法　合理解决实际问题。在解决企业（或系统）问题的过程中，运筹学运用系统分析的方法，构建一个能合理反映实际问题的模型，并用数学方法和技巧进行定量分析，如今大多引用计算机软件求得结果，其结果将是解决实际问题的较好方案。

（3）多学科专家集体协作研究　运筹学是由许多知识专长不同的人共同努力而取得的成果，这是因为要解决的实际问题来自于各行各业，在构建模型时不可避免地涉及各方面的科学技术知识和方法。在技术方面，计算机技术是很典型的代表，它已经渗透各行各业，具备运筹学知识的人又不可能对各个领域都很精通，这就需要多学科专家的共同努力，加上企业决策者的直接参与，才有可能较好地解决问题。

（4）计算机是不可缺少的工具　近几十年来，运筹学已广泛应用于许多领域，深入企业经济的多个方面，如生产计划管理、市场预测与分析、资源分配与管理、工程优化设计、运输调度管理、企业管理、区域规划、与城市管理、计算机与管理信息系统等。随着企业经济和计算机的迅速发展，运筹学在经济管理中的应用越来越重要，应用运筹学的领域也越来越广泛。

2. 运筹学解决问题的步骤

运筹学在解决实际问题的过程中，其核心问题是建立模型，主要步骤如下。

（1）提出问题，明确目标 解决实际问题要从对现实系统的详细分析开始。通过对系统中错综复杂的现状分析，找出影响系统的主要问题。如果有多个，就要将亟待解决的最主要问题摆在首位。通过对问题的深入分析，明确主要目标、主要变量和参数以及变化范围，确定它们之间的相互关系，从技术、经济和操作的可行性等方面进行分析，做到心中有数，目的更加明确。

（2）构建模型 运筹学的一个显著特点就是通过模型来描述和分析所提出问题范围内的系统状态，因此，构建模型是运筹学研究的关键步骤。构建模型要遵循以下原则：既尽可能简单，又能较完整地描述所研究的问题。这样可以尽量避免模型过于复杂，为求解打下良好的基础。

（3）求解与检验 建模后，要对模型进行求解计算，其结果是解决问题的一个初步方案。此方案是否满意还需要检验，如果不能接受，就要考虑模型的结构和逻辑关系的合理性、采用数据的完整性与科学性，并对模型进行修正或更改，只有经过反复修改验证的模型，才能最终给管理决策者提供一项有科学依据又符合实际的可行方案。

计算机技术在运筹学领域中的应用主要反映在求解与检验过程中。随着运筹学的不断发展，它所应用的领域越来越广，需要解决的实际问题也越来越复杂，构建的模型必然包括多个约束条件、变量和参数，对于一些大型的复杂系统甚至构建出包含成千上万个约束条件的模型。运用运筹学的理念求解就是要把复杂的问题简单化，而对于如此复杂的模型，需要借助计算机软件来解决。

（4）结果分析与实施。借助模型求出结果后，还要对结果进行分析。要让管理人员和建模人员共同参与，使他们了解求解的方法与步骤，对结果赋予经济含义，便于以后完成日常分析工作，以保证被研究系统总体效益能够有较理想的提高。

3. 运筹学与计算机技术

（1）线性规划中的应用 运筹学的具体内容包括规划论（包括线性规划、非线性规划、整数规划和动态规划）、图论、决策论、对策论、排队论、存储论及可靠性理论等。在经济生活中，经常会遇到以下问题：①在资源有限（如人力、原材料、资金等）的情况下，如何合理安排使效益达到最大；②对于给定的任务，如何统筹安排现有的资源完成给定任务而使花费最小。这些现实中的优化问题，都可以用线性规划的数学模型来描述。

线性规划是运筹学的重要分支，也是运筹学最基本的部分。线性规划的应用极其广泛，从解决技术问题的最优化设计到工业、农业、商业、交通运输业、军事、经济计划和管理决策等领域都可以发挥作用，是现代科学管理的重要手段之一。随着计算机技术的发展，上述领域的运营都离不开计算机技术的支持。应用线性规划解决实际问题同样需要计算机技术的协助。线性规划问题的求解过程本质上是迭代，因此求解一个规模稍大的实际问题必须借助于计算机。目前，计算机已能处理成千上万个约束条件和决策变量的大型线性规划问题，因此，随着我国经济建设的不断深入发展和计算机的普及与应用，线性规划作为现在科学管理最常用也是最重要的手段，必将越来越广泛地得到应用。

（2）运筹学对计算机技术的影响 计算机技术在运筹学的发展历程中占据着非常重要

的位置。同时，运筹学的理念对计算机技术的发展也起着积极的作用。随机服务系统理论是研究顾客、服务机构及其排队现象所构成的一种排队系统的理论，又称排队论。研究顾客活动与服务机构活动的随机变化规律、实现随机服务系统性能及其运行的最优化，是随机服务系统模型所要解决的主要问题。

在计算机领域。计算机设计与性能评价是需要不断优化解决的问题。品牌、型号等均不相同的硬件组合在一起，应用随机服务系统理论即可进行优化，使得设计与连接合理且性能最佳。除此之外，随机服务系统理论已广泛应用于各种管理系统，如生产管理、库存管理、商业服务、交通运输、银行业务和医疗服务等。

思考题

1. 系统、 系统工程、 工程控制论各自的定义。

2. 简述构成系统的基本条件和系统的特征。

3. 简述系统论中的规律。

4. 系统工程处理问题的基本观点有哪些？ 简述之。

5. 构思处理系统工程问题解决方案时应当遵循哪些原则和方法？ 请举例说明。

6. 简述控制论的基本概念和控制系统的质量指标。

7. 简述工程控制论所包含的理论范畴。

8. 简述工程控制论所包含的理论程序。

9. 要做好一个工程项目， 系统工程与食品工厂设计的关系重点体现在哪几个方面？ 简述之。

参考文献

[1] 钱学森、宋健. 工程控制论（第三版）. [M]. 北京：科学出版社. 2011.2.

[2] 曾国屏、高亮华、刘立、吴彤. 当代自然辩证法教程. [M]. 北京：清华大学出版社. 2005.1.

[3] A.R. 列尔涅尔. 刘定一译. 控制论基础. [M]. 北京：科学出版社. 1980.

[4] 吴祈宗. 系统工程. [M]. 北京：北京理工大学出版社. 2006.1.

[5] 钱学森. 工程控制论新世纪版. [M]. 上海：上海交通大学出版社. 2007.1.

[6] 曾昭磐. 工程控制论教程. [M]. 厦门：厦门大学出版社. 1991.3.

[7] 胡运权、郭耀煌. 运筹学教程（第二版）. [M]. 北京：清华大学出版社，2003.

[8] 徐玖平、胡知能、李军. 运筹学. [M]. 北京：科学出版社，2004.

[9] 何坚勇. 运筹学基础. [M]. 北京：清华大学出版社. 2002.

[10] 曾勇、周晓光、李宗元. 应用运筹学. [M]. 北京：经济管理出版社，2008.

[11] （美）弗雷德里克·S. 希利尔、杰拉尔德·J. 利伯曼、胡运权译. 运筹学导论（第8版） [M]. 北京：清华大学出版社. 2007.

[12] 周维、杨鹏飞. 运筹学. [M]. 北京：科学出版社，2008.

[13] 徐娜. 探析计算机技术在运筹学领域的应用. [J]. 农业网络信息. 2010.9.

第三章

运筹学技术在食品工程中的应用

学习指导

熟悉和掌握工程运筹学基本概念，了解并理解食品工程应用中的运筹学技术、原料供应制造资源计划中的运筹学技术、柔性制造及其相关运筹学方法、全面质量管理中运筹学的应用。

第一节　工程运筹学基本概念

运筹学（Operational Research，OR）是现代管理科学理论的基础，有着极其丰富的学科内容，是企业管理者在运筹分析过程中不可缺少的科学管理技术。它旨在研究运用和筹划活动的基本规律，以便发挥物质材料、人力配备、技术装备、社会结构的最大效益，来达到总体、全局最优的目标。

现今社会，环境污染严重，生产资源紧缺，工程规模宏大，市场竞争激烈，产品换代频繁，新技术和新工艺不断涌现，企业内外关系复杂，资金筹集与合理流通，生产日益社会化，使得在现代工商企业、工程建设和政府部门的各项活动中，存在着大量的社会、经济、生产、经营、技术、流通、分配、组织和政策等方面的问题。在生产条件不变的情况下，如何通过统筹安排，改进生产组织或计划，合理安排人力、物力资源，组织生产，使社会效益最优、经济利益达到最大，这样的问题常可化成或近似地化成所谓的"线性规划"，通过数学方法获得解决。由于运筹学研究对象在客观世界中的普遍性，再加上运筹学研究本身所具有的上述基本特点，决定了运筹学应用的广泛性，它的应用范围遍及工农业生产、经济管理、科学技术、国防事业等各个方面，如生产布局、交通运输、能源开发、最优设计、经济决策、企业管理、都市建设、公用事业、农业规划、资源分配、军事对策等都是运筹学研究的典型问题。

一、运筹学的定义和特点

（一）运筹学的定义

运筹学研究对象在客观世界中的普遍性，加上运筹学研究本身所具有的特点，决定了运筹学应用的广泛性，它的应用范围遍及工农业生产、经济管理、科学技术、国防事业等各个方面。美国运筹学会认为："运筹学所研究的问题，通常是在要求分配有限资源的条件下，科学地决定如何最好地设计和运营人机系统。"我国管理百科全书对运筹学作出的定义是："运筹学是应用分析、试验、量化的方法，对经济管理系统中人力、物力、财力等资源进行统筹安排。为决策者提供可靠的最优方案，以实现最有效的管理。"

可见，运筹学应用范围广，尚无统一定义。但具有科学系统最优化决策的模型的数量的分析的等特点。

（二）运筹学的特点

运筹学研究对象、研究方法、研究目的和内容诸方面都有着自身的明显特点。

1. 研究过程的完整性

任何一种现代管理问题，无论是政府部门的行政管理、工商企业生产经营管理或是对某一建设项目的工程项目管理，都是一项复杂的系统管理过程。这类过程的复杂性表现在过程组成要素的多样性和内外相互影响因素的可变性。这就有必要应用系统思想和方法，把管理过程作为一个整体系统加以研究，其中包括对系统目标、功能、结构、环境等进行详细的探讨，通过建立系统模型，借助于优化技术和计算机技术，以寻求系统的最佳运行方案。

2. 多种学科综合与交叉

研究某种运筹问题，特别是一些比较复杂的运筹问题，不可避免地会涉及多种学科知识，如数学、经济学、市场学、社会学、工程学、材料学、管理学、计算机科学等。因此，在进行某种运筹问题的探讨时，由于涉及知识的广泛性、综合性和交叉性，在理论研究和实际应用所取得的成果，都是由有关专家共同协作工作的结晶，只有这样才有利于运筹学理论的提炼，以及在实践中的应用和推广。

3. 理论与实践相结合

运筹学研究的另一特点是强调理论与实践的结合，这在运筹学的创建时期就已经表现出来，不论是武器系统的有效使用问题，还是生产组织问题或电话、电信问题，都是与当时的社会实践密切联系的，在解决这些实际问题的同时，运筹学逐渐形成了完整的理论体系，发展成为一门独立的科学学科。在后来的各个历史阶段中，它仍然遵循着这个基本方针。因而，在发展理论的同时，也开展了大量的实践活动，从而对社会的进步起到了积极的推动作用。

二、运筹学与工业工程的基本关系

（一）工业工程的职能及其主要内容

工业工程（IE）的定义表明了其基本职能是"研究人员、物料、设备、能源、信息所组成的集成系统，进行设计、改善和设置。"对企业系统而言，IE 的职能具体表现为规划、设计、评价和创新等四个方面，如图 3-1 所示。

图 3-1 中每一个职能下各包含两个分支的内容，其含义基本相同，但在具体目标上有所区别。在此将之定义为狭义 IE 与广义 IE（图中右边细线所示为狭义 IE 的内容，左边粗线所示为广义 IE 的内容）。所谓狭义 IE 是指仅为达到提高劳动生产效率等比较单一的目的；广义 IE 指不仅要提高劳动生产率，还要提高综合经济效益。事实上这与如今生产活动多功能化、多目标化的趋势是一致的。

（二）工业工程的应用知识体系

工业工程的定义和内容清楚地表明了工业工程是一个包括多种学科知识和技术的庞大体系。其本质在于综合地运用这些知识和技术，尤其体现在应用的整体性上，这是由 IE

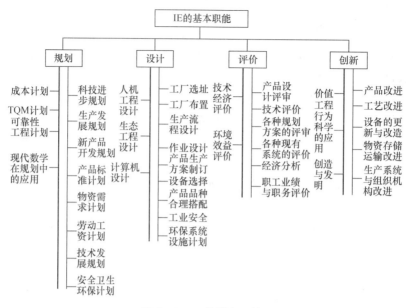

图 3-1 IE 的基本职能

的目标——提高生产率所决定的。因为生产率不仅体现各生产要素的使用效果，而且尤其取决于各个要素之间、系统各个部分之间的配合好坏。

关于对 IE 知识体系综合性这一特点的认识和理解，见图 3-2。此图表明，当一个企业为提高其经济效益而运用 IE 来研究、解决生产和经营中的各种问题时，所面临的问题中既有技术问题又有管理问题；既有物的问题又有人的问题。因此，必然要用到包括自然科学、工程技术、管理科学、社会科学及人文科学在内的各种知识。这些领域的知识和技术不应是孤立地运用，而应围绕所要研究的整个系统的生产率的提高而有选择地、综合地应用，即：体现了工业工程的整体性。

尽管从图 3-2 看到的包括运筹学方法在内的数学、统计学等方法在整个工业工程的综合应用知识体系中只是其中一个的组成部分，但包括运筹学技术的这各个部分都必须与工业工程有机地结合，才能保证系统整体效率的有效提高。从中也可以看到，工业工程是一个庞大的应用知识体系，图示也充分表明了运筹学技术与工业工程的应用结合情况。

（三）制造计划与控制系统问题与运筹学方法

现实中，企业的基本活动是将有限的资源投入经一定的加工处理方式转化成有用的产出品，从这一点来看，制造活动在整个企业的经营过程中有着举足轻重的作用。而为了将资源合理、有效的转化成有用的物品，企业必须对制造活动进行集中或分散的分析、计划、合作与控制。对大多数制造型企业来说，它的制造计划与控制系统（Manufacturing Planning and Control，MPC）有一个一般性的基本结构。为了更好地看出运筹学方法的应用情况，首先通过一个实际的制造企业来定义一般性的 MPC 功能参考系统。这个系统的设计可能会因企业的不同而异，因为它取决于企业内、外部制造环境因素。图 3-3 所示为 MPC 计划级别的一个递阶框架图。该结构图从高至低依次为战略级、经营级和操作级。在各计划级别上应分别根据计划的详细情况考虑原料问题和生产能力问题。对于粗略

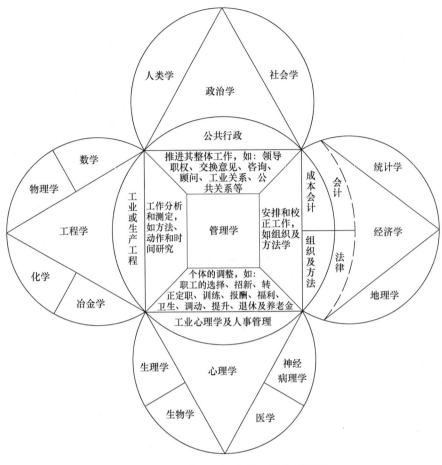

图 3-2　工业工程的应用知识体系图解

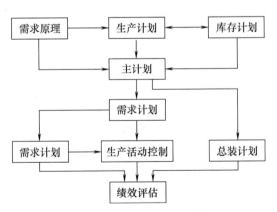

图 3-3　MPC 一般系统结构图

的制造计划，只需了解用于长期库存及生产计划的粗略时间；对于详细计划，则必须考虑短期或临时生产活动所需的准确数据，包括每日、每小时、甚至每分钟的数据等。因此，计划工作通常是从上至下进行的。而控制则只有通过监测生产活动和为各系统级别提供反馈信息时才可能实现其功能。运筹学方法在这些不同环节上的各种可能或潜在的应用情况，见表 3-1。

表 3-1   IE 问题与运筹学方法

模块名	功能	问题实例	典型的运筹学模型和方法
需求管理	预测 销售订单管理	预测独立需求 制定延迟交货时间	预测模型：时间序列 回归分析：线性回归/多元回归 统计：预测误差
库存计划	总库存计划 离散库存计划	制定库存政策、确定仓储能力、降低库存 确定安全库存点、预测库存费用	库存控制系统：回归水平度量
生产计划	生产计划 资源计划	平衡生产率 调节生产能力	数学规划：动态规划、线性规划 模拟：瓶颈模拟 启发式算法/VIM:博弈论/均衡论/混合策略
主计划	主生产计划 粗生产能力计划	确定生产成本及生产时机、识别瓶颈工序 以何顺序组装何种产品	启发式算法：批量控制
需求计划	物资需求计划 生产能力需求计划	确定需求单位（独立/非独立型需求） 识别瓶颈工序	数学规划：批量最优化 统计与概率论：安全库存 库存控制：独立与非独立需求的库存模型
生产活动控制	上料/进度安排 订单发送 工艺排序 生产报告	分析瓶颈、平衡生产力 及时传送订单 遵守交货期、处理产品短缺问题 迅速、准确提供数据	数学规划：最优进度安排 模拟：瓶颈模拟 排除论或随机过程：提前期、容量、效用值 启发式算法：优先排序规则 VIM:上料、进度安排、排序、批量控制 AL 或 ES：进度安排、排序
采购	发送订单 验收货物 存货	保证原料供应连续 零缺陷 库存量、订货点	数学规划：订货量折扣 统计：抽样、控制图 库存控制：控制系统
绩效评价	订单情况 资源情况 物料情况	多种交货期 提高生产能力利用率、减少瓶颈环节 更正安全库存量、WIP、提高库存周转率	网络技术： 库存控制：安全库存量制定

第二节　工业工程应用中的运筹学技术

一、工业工程规划中的运筹学技术

（一）企业战略发展规划模型

企业战略是关于企业总体发展的、带有长远性质的重要决策规划的综合。正确的企业战略规划决策对企业健康成长和发展有着重要的指导作用，而非理想的企业战略规划决策将有可能导致全局失误，甚至危及企业的生存。因此，企业战略规划对企业而言至关重要，近几十年来一直是管理科学研究的热点。

根据国内外学者的研究，企业战略规划制定的整个过程可以归纳如图 3-4 所示。

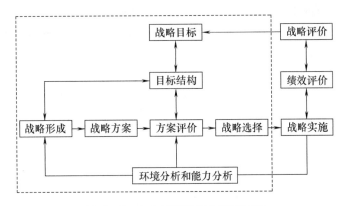

图 3-4　企业战略规划的制定过程

虽然在企业战略的界定、战略模型的描述等方面存在不同观点，但大多数运筹学学者对于企业战略规划形成的前提的看法却颇为接近，即企业战略形成于企业外部环境提供的机会和企业内部能力优势的相互结合之上。基于这种观点产生了许多制定企业战略的方法，但主要是以定性分析为主，大多数方法还停留在专家分析、经验指导的阶段，企业战略规划的制定因而也过多地依赖于企业家自身的素质。因此，如能引入某些方法使企业战略规划的制定得以定量、科学化表述，则不仅可以减少战略规划决策的人为化，而且也具有较高的理论指导实际的意义。

战略形成问题的复杂性是显而易见的，这种复杂性可通过两方面简化。首先，通过对国内外成功的企业战略规划的整理，建立企业战略库，则战略形成问题就可以简化为根据企业的内部能力和外部环境，从战略库中进行战略选择的问题；其次，战略形成的关键在于战略选择的定量化模型，通过图 3-5 的战略形成模型框图，可构建各可操作的定量化运筹学模型。

由于企业发展战略的制定在很大程度上受直觉思维影响，同时这种直觉思维又是一种模糊的直觉联想，与神经网络算法有许多不谋而

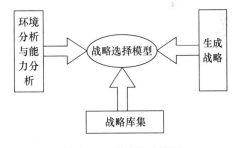

图 3-5　战略形成模型

合之处，因而神经网络方法在这一问题领域内有较广泛的应用。

战略制定问题也可以采用专家系统等其他方法来解决，但专家系统随着知识的扩充会导致推理时间的延长，而神经网络由于知识的分布式存储，其前向推理过程时间恒定，不会出现类似问题，因而优于专家系统。但也应看到，尽管神经网络可以通过构造理想的样本训练使得其战略模型有一定的创新性，但它对于全新的战略思维却是无能为力的。因此，这类基于神经网络的运筹学模型对制定企业发展战略规划就目前来看还仅是一个辅助工具。

（二）新产品开发规划的 AHP 模型及应用

新产品开发是企业一项具有战略意义的高风险经营活动，关系到企业的生存和发展。

由于新产品的开发规划在实际过程中不可避免地要受到许多因素的影响，因此它也是一个多属性决策问题。为说明起见，我们以某新产品的开发规划中的层次分析法（Analytic Hierarchy Process，AHP）为例，来说明运筹学技术在工业工程规划中的具体应用情况。为此，首先建立了一个如下的新产品开发规划层次分析结构模型。

1. 新产品开发规划的层次结构模型

通过对现实中大量企业经营活动的分析、归纳和总结，影响新产品开发规划有几个方面的因素，这些因素也可称为约束条件。其中每种因素下设有若干种规划方案。在此基础上建立新产品规划目标、影响因素以及规划方案之间的层次结构，即新产品开发规划的层次分析结构模型，如图 3-6 所示。

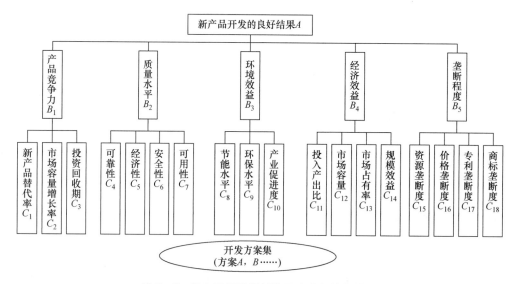

图 3-6　新产品开发规划的层次分析结构模型

2. 利用 AHP 法，选择新产品开发方案

（1）确定判断矩阵

建立了上述层次分析结构模型之后，对于生产不同类型产品的企业，分别请有关专家对各层相关因素之间的重要程度进行比较打分，求得每一层的指标权重，从而确定出各层的判断矩阵。以某一生产食品类产品的企业为例，采用 1—9 标度法可构造如表 3-2 和表 3-3的判断矩阵：

表 3-2　　　　　　　　　　　　中间层判断矩阵及排序

中间层	B_1	B_2	B_3	B_4	B_5	W
B_1	1	2	1/2	1/2	5	0.215
B_2	1/2	1	1/2	1/2	5	0.179
B_3	2	2	1	1/2	5	0.251
B_4	3	2	2	1	6	0.311
B_5	1/5	1/5	1/5	1/6	1	0.043
$\lambda_{max} = 0.514$　$C \cdot I = 0.035$						
$C \cdot R = 0.03125 < 0.1$						

表 3-3　　　　　　　　　　最终准则层对中间层各准则的判断矩阵

B_4	C_{11}	C_{12}	C_{13}	C_{14}	W	B_4	C_4	C_5	C_6	C_7	W
C_{11}	1	2	2	2	0.394	C_4	1	2	2	1	0.306
C_{12}	1/2	1	2	1	0.239	C_5	1/2	1	2	1/4	0.156
C_{13}	1/2	1/2	1	1	0.169	C_6	1/2	1/2	1	1/4	0.111
C_{14}	1/2	1	1	1	0.198	C_7	1	4	4	1	0.427
λ_{max}= 4. 061　$C \cdot I$=0. 02						λ_{max}= 4. 122　$C \cdot I$=0. 041					
$C \cdot R$= 0. 023<0. 1						$C \cdot R$= 0. 045<0. 1					
B_3	C_8	C_9	C_{10}		W	B_1	C_1	C_2	C_3		W
C_8	1	1/2	4		0.346	C_1	1	1/2	1/4		0.143
C_9	2	1	4		0.544	C_2	2	2	1/2		0.286
C_{10}	1/4	1/4	1		0.110	C_3	4	2	1		0.571
λ_{max}= 3. 054　$C \cdot I$=0. 027						λ_{max}= 3　$C \cdot I$=0					
$C \cdot R$= 0. 046<0. 1						$C \cdot R$= 0<0. 1					

（2）层次单排序和一致性检验

根据以上所构造的判断矩阵，利用方根法或幂法近似计算得各判断矩阵的最大特征根 λ_{max} 和排序权向量 W，同时计算一致性指标 $C \cdot I$，和平均随机一致性比例 $C \cdot R$，进行一致性判断。

（3）层次总排序

根据层次单排序结果和图 3-7 所示的层次分析结构模型图，依次计算 C 层（准则层）相对于新产品开发方案选择目标的总排序权向量。结果如表 3-4 所示。

表 3-4　　　　　　　　各方案指标权重、 得分值及最终排序结果

指标代码	C_1	C_2	C_3	C_4	C_5	C_6	C_7	C_8	C_9	C_{10}	C_{11}
指标权重	0. 081	0. 61	0. 123	0. 055	0. 028	0. 019	0. 076	0. 087	0. 137	0. 028	0. 122
方案 A 得分	7	9	8	6	8	9	9	7	9	6	7
方案 B 得分	8	9	7	7	9	8	8	9	9	8	8
方案 C 得分	7	6	9	8	9	7	6	9	8	7	6

C_{12}	C_{13}	C_{14}	C_{15}	C_{16}	C_{17}	C_{18}	方案加权总分		方案排序
0. 074	0. 53	0. 52	0. 008	0. 004	0. 016	0. 016	—		
8	8	6	9	7	7	8	7.751		2
9	7	6	8	8	7	9	7.976		1
6	6	7	6	6	8	8	7.310		3

（4）新产品开发方案选择

若该企业有 A、B、C 三种新产品开发规划设想，在上述分析计算的基础上选择其中一个。首先，对各方案的上述指标进行调查分析和估算，对能够数量化的指标如投资回收期等，尽可能将之量化。然后利用 Delphi 法，请专家对三种方案的上述各种指标进行打分（以 10 分制为例）。最后，以这些指标的权向量作为权重计算各方案的总分值，从而得

出新产品开发的最终方案。

由上述表 3-4 的计算结果可以看到，B 方案的加权总分为 7.976 分，排名第一。因此，可选择方案 B 或方案 B 与其他方案的组合作为最终的新产品开发方案。

由上可见，对于新产品开发规划等这类多属性决策问题，AHP 法不失为一种较好的运筹学方法。因为 AHP 法不仅具有清晰的层次结构，而且作为一种定性与定量相结合的方法，在应用中其实用性得以最充分的扩展。通过研究发现，AHP 法在实践中是一种利用率较高的运筹学工具，应用范围非常广泛。

二、工业工程设计中的运筹学技术

工业工程设计职能所涉及的领域和范围非常广泛，就广义 IE 而言，它包含了人机工程设计、生态工程设计以及电子计算机设计等多种技术；对于狭义 IE，其设计职能主要是指工厂选址、工厂布置、生产流程设计、产品生产方案设计与制订、作业程序设计、生产设备选择、产品品种合理搭配、工业安全、环境系统及设施设计等多个方面的内容。这里主要针对其中的工厂选址与设备布置，生产组织的最优化设计等几个具有典型意义的问题就运筹学技术与它们的结合应用加以分析和说明。

（一）网络技术与工厂选址

厂址选择是指企业按照一定的准则，一定范围内具体选择企业厂房的建筑地段、坐落方位的一种决策行为。企业的厂址选择是一个十分重要的问题，国内外不乏因厂址选择不当而造成无穷后患的例子。因此，在选择厂址时，必须坚持经济、合理、方便的原则，综合考虑物流成本、物流效率、环境、能源等多方面因素，协调好拟建厂的工厂规模与其外部环境条件之间的配合问题。

由于企业的原料来源可能受到资源分布及其产出能力的制约，从而不可避免地会出现供应网点分散、批量有限等问题。因此，在厂址选择及规划的过程中，如何确保原材料运输是一个十分重要的问题。同时，在市场经济条件下，还必须考虑同一企业在不同地域生产能力的有效配合问题，以确保企业总体的经济技术效益最佳。为探求工业企业中存在的这些问题，这里以网络模型为技术手段来说明运筹学方法在 IE 厂址选择设计与规划中应用情况。

大多数食品企业在进行厂址选择之前通常都准备有若干可备选的方案，在此基础上只需选择在其中的一处设厂，也可选择在其中的多处设厂。不同方案的选择取决于食品工厂规模与其外部环境条件之间的匹配关系。下面以只需选择在一处设厂为例进行说明。

在其中某一处设厂时，优化模型的建立。优化重点是：研究该处建厂原料运输过程最佳的组织方案，以及由此而对该处建厂可能的生产规模的影响。

（1）将企业的原材料供应处视为 A 类结点，共有 N 个；表示为 A_i（$=1$, 2, 3, …, N）。

（2）初选的企业建厂备选地址视为 B 类结点，共有 M 个；表示为 B_j（$j=1$, 2, 3, …, N）。

（3）除 A、B 两类结点外，所选厂址道络网的各类控制点均视为 C 类结点。共有 L

个，表示为 C_k（$k=1，2，3，\cdots，L$）。

（4）将 A 类、C 类和 B 类结点中之某一个 B_j 按现有的道络网的连通关系，连通成网（B 类结点中除选中的 B_j 外，若其他各点中是处于道络网的控制点上，此时按 C 类结点处理；不在此列的可在此次优化运算中暂不予考虑）；并对网络进行必要的标注。

① 网络中弧之权数的标注。以弧之两端点 P、Q 之间的实际里程与该路段上运输本企业指定原材料时的单位费用开支（元/t·km）之积作为权数 e_{pq}，标注于弧之一侧；

② 弧之流通能力的标注。根据道路设计的流通能力，求出其中可用于本企业原材料运输那一部分流通能力为 δ_{pq}，标注在相应弧之另一侧的括号内；

③ 在 A 类结点上，标注出该处可调出的原材料数量 X；

④ 在 B_j 结点上标注出已拥有的原材料数量 Y_j；

⑤ 以 S 为总源，将 A 类结点与之连通将 A_i 处的原材料调出价作为 SA_i 弧之权数，标注在弧之一侧；弧之流通能力视为无穷大。

图 3-7 所示为某企业拟建厂址备选地点的网络图，按如下的择优步骤进行分析，可得一系列网络分析图。

（1）求从 S 到 B_j 的最短路；路中的 A 类节点中，直接与 S 相连通者为 A_1；

（2）求最短路上的最大允许流通能力 F_1，即 $F_1 = \min \{\delta_{pq}\}$；

（3）确定此次在该路径上实际占用的流通能力 F，$F = \min \{X_1，F_1\}$；

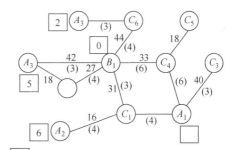

 — 某节点处已拥有(Y)或可调出(X)的原材料数

图 3-7 某企业拟建厂址备选地点网络图

（4）修改最短路上各弧的流通能力为 $\delta_{pq}-F$，若 $\delta_{pq}-F=0$，则将相应的权数改写为无穷大；

（5）将 A_1 上的标注修改为 X_1-F，若修改后 A_1 上的可调出量 $X_1=0$，则将 SA_1 弧段上的标注改写为无穷大。将 B_j 上的标注修改为 Y_j+F；

（6）当 S 到 B_j 之间不存在总权数为有限值的通路时，运算过程结束。

在对上述网络图整理的基础上，可得如表 3-5 所示的结果。

表 3-5 某企业拟建厂址备选地点的结果表

顺序号	供点名	可供应量	到点名	实到量	路径	权数	到达量总计	总运输开支
1	A_3	5	B_1	3	A_3 B_1	70	3	210
2	A_1	4	B_1	4	A_1 C_4 B_1	71	7	494
3	A_2	6	B_1	2	A_2 C_1 B_1	72	10	710
4	A_3	2	B_1	2	A_3 C_2 B_1	73	12	856
5	A_4	2	B_1	2	A_4 C_6 B_1	92	14	1040
6	A_2	3	B_1	1	A_1C_1 $A_1C_4B_1$	109	15	1149

由表 3-5 可知，因道路通过能力所限，最多可调出量为 15。原材料调入总运输开支为 1149 个单位。

该方法假设将企业的原材料供应处视为 A 类节点；将初选的企业建厂备选地址视为 B 类节点；将除 A、B 两类节点外的企业内道路网络的各类控制点均视为 C 类节点，并按照网络方法的要求将 A 类、B 类和 C 类节点按一定的连通关系连通成网，从而以网络方法求解问题的思路来进行求解，使问题不但得以精确描述，更科学地解决了这类厂址选择问题，在实践中有一定代表意义。

（二）车间平面设计与运筹学方法的应用结合

车间平面设计是食品工厂设计的一个重要组成部分，也是 IE 设计职能又一主要研究内容。就食品工厂总体布局来看，车间平面布置主要研究和处理食品工厂的各组成部门、单体设施和场地位置之间的关系。如工厂有 m 个车间部门组成，可合并成 n 个生产线或设施，则车间布置技术所要解决的问题就是如何在满足一定目标要求的条件下，按一定的规则将这 n 个设施优化布置到特定问题区内的 s 个位置上，使工厂获得最大可能的生产效益。一般常见的布置问题是 $m=n=s$ 的情况。当 $m>n$ 时可组合成联合厂房；当 $n>s$ 时可考虑采用多层建筑。如何做出优化布置是一个既简单又复杂、既古老又新颖的课题，也是现代食品工业工程在实现其设计职能时所必须解决的问题之一。

食品工厂布置设计最初主要凭借个人的工作经验和直观判断进行，这种工作方法延续了相当长一段时间，如 20 世纪 50 年代常用的流程图、样片排列等。到了 20 世纪 50 年代中后期和 20 世纪 60 年代初期，出现了采用设施之间关于物料流动顺序和数量的各种数学分析方法。在设施数目较少时，这些方法使用起来是比较有效的，但当设施数目增加时，这些分析手段所遇到的困难便增大了。20 世纪 60 年代中后期，开始有人提出采用最优化算法（OPT）来解决这类问题。这一方法主要是根据二次分派算法把 n 个设施分派到 s 个位置上，进而开发出许多计算机算法，解决工厂改进型和新建型的设施布置问题。20 世纪 70 年代初的"系统布置规则"技术（SLP），开始把布置问题看作成一个系统工作要求来将影响布置的因素尽可能量化，在离散状态下寻优。SLP 方法在当设施数目大于 15 个时，计算起来仍存在不少问题。到 20 世纪 70 年代中后期，开始有学者视设施布置为一个 NP 完备问题和多因素影响问题。20 世纪 80 年代后，针对日益复杂的布置问题，出现了图论解法、基于知识的专家系统和模糊集理论探索算法等。进入 20 世纪 90 年代，越来越多的方法为布置技术的研究增添了新的内容，其中较引人注目的如布置中的动态规划算法等。

关于设施布置中的动态规划算法过去很少有人注意，直到 Shore 等开始提出并加以讨论。Shore 等试图从工厂发展的不同阶段，针对车间之间物流量的变化所引起的误差，采用罚函数方法评价布置的柔性程度。由于这一方法只考虑了物料搬运费用单一因素的影响，有欠全面。1989 年，Sasar 利用仿真技术，把定量因素（如物流变化费用）和定性因素（如车间之间的接近度）相结合，用迭代算法求出动态柔性强度最大的布置方案。

总之，运筹学中的众多方法研究都对布置技术的发展起到了不可估量的作用，并将进一步与之相结合，以求得布置方案的最优。同时，由于现实问题的复杂性和多变性，每个企业在每次设计时其所得到的结果是很难完全一致的。这一极具挑战性的工作也对 IE 工程师提出了更高的要求，要求他们不但要具有高瞻远瞩的创新精神，更需掌握较高的运筹学技术知识并能灵活应用，从而认真做好优化设计工作。

（三）生产组织的最优设计

1. 应用整数规划模型优化产品结构

在食品企业的生产组织过程中，产品结构优化是一个不断寻求产品结构合理化的过程，它既包括从战略上动态地调整企业的产品品种构成，即产品结构的长期动态优化，又包括企业在现有品种结构构成既定的情况下，通过排定最优的当期品种生产计划以获取最大经济效益，即产品结构的短期静态优化。这里讨论的是后一种即短期静态的产品结构优化问题。研究产品结构短期静态优化的主要方法有：一是凭借经验进行；二是借助运筹学模型方法进行优化。

产品结构短期静态优化就是通过对产品品种生产计划的安排，充分挖掘现有品种构成和各种资源条件的潜力，以获得最大的当期经济效益。普遍常用的优化模型是线性规划模型。

假定某企业利用 m 种资源（原材料、设备等）生产 n 种产品，每种产品对于各种资源的消耗系数、各种资源最大可供量以及每种产品的最大、最小需求量和单位产品的效益贡献，见表 3-6。

表 3-6　　　　　　　　　　　　　　产品结构构成

产 品 资 源						
品种	P_1	P_2	...	P_n	品种	可供量
消耗系数	a_{11}	a_{12}	...	a_{1n}	s_1	b_1
	a_{21}	a_{22}	...	a_{2n}	s_2	b_2
	...	...	...	...	...	...
	a_{m1}	a_{m2}	...	a_{mn}	s_m	b_m
最大消耗量	D_1	D_2	...	D_n		
最小消耗量	L_1	L_2	...	L_n		
单位产品效益贡献	C_1	C_2	...	C_m		

设 x_j 为产品 P_j 的计划量，则通过如下的整数规划模型可以求出在现有品种结构构成和资源条件下，既满足市场需求又使得效益贡献总额最大的生产组织与资源分配方案。

优化产品结构的整数规划模型如下：

$$\max \quad Z = \sum_{j=1}^{n} c_j x_j$$

$$s.t. \sum_{j=1}^{n} a_{ij} x_j \leqslant b_i \quad i = 1, 2, \cdots, m$$

$$x_j \leqslant D_j \quad j = 1, 2, \cdots, n_j$$

$$x_j \geqslant L_j \quad j = 1, 2, \cdots, n_j \text{ 为整数}$$

构建好模型之后，为保证该产品结构优化模型所得最优解的可靠性，还有必要对模型基础数据的准确性加以说明，同时这是许多运筹学方法在实际应用到 IE 中时会遇到的问题之一。

产品结构优化模型的约束条件主要有两大类型。一类是资源约束（如原材料供应和设备能力约束等），另一类是市场约束。对于具体的企业而言，即使规模不大，其所生产的产品品种也往往有几十种甚至上百种，所使用的资源同样也往往有几十种甚至上百种。这样，优化模型中约束条件所依据的基础数据至少将是成千上万个。对于稍具规模的大型企业而言，这种数据将会是数以百万计。这些数据主要是各种产品对于各种不同资源的消耗系数，不仅数目极大，而且还会随生产环境和技术条件的不同而变化。从运用产品结构优化模型的角度出发，运筹学研究者希望这众多的数据最好全部能够准确无误。但另一方面，就现有大多数企业的管理基础而言，要保持这众多的数据全都准确无误又几乎是做不到的，更何况这些数据还会随具体条件而变化。正是优化模型对基础数据准确性的苛求和企业基础数据难以令人满意这一矛盾妨碍了许多企业利用上述基于运筹学方法的产品结构优化模型来提高经济效益。

要运用产品结构优化模型提高企业经济效益需要大量的基础数据，要取得并保持优化模型所需要的大量准确的基础数据又需要企业投入可观的人力、物力和财力。在没有亲身体会到优化模型带来的额外经济效益之前，企业一般是不会轻易为模型所需的基础数据的准确性投入大量的人力和财力的。为缓解这种矛盾，对模型的约束条件作进一步研究便显得非常之重要。

对于所建立的模型，根据求解结果可以把其约束条件分为两大类：紧约束和松约束。紧约束就是松弛变量取值为零的那些约束；松约束则指松弛变量取值为正的那些约束。如果该优化模型有效地反映了企业的实际生产情况，则企业实际的制约环节必定是模型中的紧约束；而模型中的松约束则必定是企业实际中的非制约环节。这样，企业就可以低成本保证模型的准确性，从而有效地运用优化模型进行生产组织，提高企业的经济效益。

2. 生产线平衡的优化设计技术

生产线平衡问题实际上也是生产线的组织设计问题，主要内容包括确定节拍、进行作业要素编组、实行工序同期化、确定流水线的工作地等。流水线平衡的优化组织设计是合理利用生产资源、提高生产效率和经济效益的重要保证，也是 IE 设计职能的核心内容之一。

流水线平衡的基本思想是在满足各操作之间的逻辑相关顺序的条件下，寻找一种所有流水操作在各工作地分配的方法，尽可能排除在各工作地上的空闲时间，使各工作地的工作时间尽可能一致。对于一般的流水线平衡问题，其优化目标主要有以下几个：

（1）工作地数量少。

（2）总空闲时间 D 最短，即 $\min D = NT - T$，其中 N 为工作地数，τ 为装配线节拍，T 为所有装配操作定额工时之和。

（3）总平衡延迟时间 B 最短，即

$$\min B = \frac{D}{N_\tau} = 1 - \frac{T}{N_\tau}$$

（4）编组效率 η 最高，即

$$\eta = 1 - B$$

（5）平衡性指标 S，即

$$\min S = \sqrt{\sum_{K=1}^{N} (P_{max} - P_K)^2}$$

式中 P_K——分配到第 K 个工作地的操作定额工时。

（6）线效率指标 E_i，即

$$E_i = \frac{\sum_{i=1}^{N} T_i}{N_r}$$

式中 T_i——工作地 i 的操作累计定额工时。

围绕上述优化目标，越来越多的运筹学方法被应用于其中，如分支定界法。它在已知节拍的前提下，给出以工作地空闲时间最少为策略、通过列举所有可行的操作组合来寻求工作地数最少的操作分配算法。

值得一提的是，在进行实际生产线组织设计时，往往还需要设计人员事先知道流水线节拍。并且当生产线工艺复杂、操作要素繁多、要素间逻辑关系复杂时，往往难以事先给出十分明确的生产线的操作优先次序图。对于这种复杂的生产组织情况，采用计算机辅助进行生产线平衡设计将成为 IE 生产组织中有关生产线平衡优化设计的一个重要发展趋势，同时也可看到运筹学方法在这一新兴领域内还将大有所为。

三、工业工程评价中的运筹学技术

评价是决策的前提，评价的核心任务是"选择"。没有确切的度量，就没有合理的选择。从这个意义上讲，没有评价就没有决策，评价的质量直接影响到决策质量。作为一门工程技术，IE 的最终目的是实现系统综合效益的整体提高，即提高企业的生产效益、社会效益、经济效益等综合效益。因此，评价职能在 IE 中具有重要的地位和作用。

评价方法有许多常用的综合评价方法（Comprehensive Evaluation，CE），工业工程中较为常用的有多目标决策方法、数据包络分析法、层次分析法、模糊综合评价方法和数理统计方法等。

（一）评价的基本方法和应用领域

1. 多目标决策方法

大体上，多目标决策方法可分为五种：①化多为少法，即通过各种汇总的方法将多目标化为一个综合指标来评价，最常用的是加权和方法、加权平方和法、乘除法和目标规划法等；②分层序列法，即将所有目标按重要性次序排列，重要的先考虑；③直接求解非劣解法，多目标决策问题一般不存在通常意义下的最优解，决策者只能寻求一个满意解。而非劣解正是这样一个解，即在所有可行解的解集中没有一个解优于它。因此非劣解的结果于一般的评价而言很有实际意义；④重排次序法，例如 ELECTRE［Elimination and (et.) Choice Translating Algorithm］方法。它是解决具有有限个候选方案的多准则决策问题的一种强有力方法。本质而言，ELECTRE 是一种排除与选择的方法，或者先排除部分非劣候选方案，使决策者可以直接进行决策；或把全部候选方案排列出一个先后顺序，排在最前面的便是最合理的选择；⑤对话方法等。

2. DEA 方法

数据包络分析（Data Envelopment Analysis，DEA）方法和模型是以相对效率为基础发展起来的一种崭新的效率评价方法，用来评价多输入和多输出"部门"（决策单元）的相对有效性。

一个决策单元（Decision Making Unit，DMU）在某种程度上是一种约束，如进行企业内部评价时，DMU 可以是企业的各个部门如生产、销售、财务等；对于企业间的横向评价，DMU 可以是各个不同的企业。确定 DMU 的原则是：就其"耗费的资源"和"生产的产品"来说，每个 DMU 都可以看作是相同的实体，即有着相同的输入和输出。通过对输入输出数据的综合分析，DEA 可以得出每个 DMU 综合效率的指标，据此将各 DMU 定级排队，从而实现对该系统的评价。同时，它还能为管理者提供以下有价值的管理信息。

- 能够确定相对有效生产前沿面；
- 分析当前各 DMU 的相对规模收益情况；
- 确定各 DMU 在有效生产前沿面上的"投影"，为以后提高运营效率提供参数信息；
- 可以分析各 DMU 的相对有效性对各投入产出指标的依赖情况，了解其在投入和产出方面的优势与劣势。

由上述分析可知，DEA 方法可以看作是一种非参数的经济估计方法，实质是用一组关于输入—输出的观察值来确定有效生产前沿面。此外，DEA 方法可以用于多种方案之间的有效性评价、技术进步评估、规模报酬评价及企业效益评价等。

3. 层次分析法

层次分析法的基本原理是根据具有递阶结构的目标、子目标（准则）、约束条件及部门等来评价方案。用两两比较的方法确定判断矩阵，然后把判断矩阵的最大特征与相应的特征向量的分量作为相应的系数，最后综合得出各方案的权重或优先程度。该方法作为一种定量与定性相结合的工具，且由于它的系统性、科学性、简洁性和实用性，得到了普遍欢迎，目前已在产品价格规划、人才与教育规划、企业战略开发、资源分配和冲突分析方法等方面得到了广泛的应用。

作为运筹学非数量化分支的 AHP，除了其基本方法以外，尚有一些扩展方法，如边际排序、动态排序、模糊 AHP 等。这些扩展方法对研究像生产系统这样一个复杂的系统中出现的问题是有效的。

4. 模糊综合评价方法

在对企业进行评价时，许多指标往往难以量化，诸如目标实现程度、经营效果、经营绩效等。模糊综合评价（Fuzzy Comprehensive Evaluation，FCE）是解决这一问题的一个有力工具。它是一种用于涉及模糊因素的对象系统的综合评价方法。

设评价对象集和评价指标（目标）集为

$$C = \{C_1, C_2, \cdots C_m\} \tag{3-1}$$

$$U_i = \{u_{i1}, u_{i2}, \cdots, u_{im}\} \tag{3-2}$$

与指标 $u_{ij} \in U_i$ 对应的各评价对象的隶属度可用下列隶属函数表示

$$u_{uij} : C \rightarrow [0, 1] \tag{3-3}$$

按式（3-3）可得到模糊综合评价矩阵（隶属矩阵）为

$$R_i = [\mu_{1ij}(X_{ij2})]_{n \times m} \tag{3-4}$$

式中 $\mu_{1ij}(x_{jh})$——指标 $u_{ij} \in U_i$ 的论域 I_{ij} 上评价对象 $C_n \in C$ 的属性值隶属度。

由 n 个指标组成的指标子集的权系数向量为

$$A_i = \{a_{i1}, a_{i2}, \cdots, a_{im}\} \tag{3-5}$$

利用矩阵的模糊复合运算可得到 CU_i 的 FCE 结果集

$$B_i = A_i R_i$$

FCE 方法可以较好地解决综合评价中模糊性问题，如事物类属间的不清晰性、评价专家认识上的模糊性等，因而在许多领域内得到了极为广泛的应用。

5. 数理统计方法

数理统计方法也是在评价问题中应用得比较多的一种运筹学技术，它主要又包括了主成分分析（Principal Component Analysis）、因子分析（Factor Analysis）、聚类分析（Cluster Analysis）、判别分析（Discrimination Analysis）等。这几种方法可单独使用来对企业的综合效益进行评估，例如可用主成分分析法将企业划分为"好、良、中、差"等四个级别，或对企业内部的一定评价对象进行分类排序，以使企业能够有针对性地对不同对象进行专门治理，从而提高企业效率。不仅如此，几种方法的结合使用同样具有较大的应用潜力。

（二）评价方法的发展趋势

1. 现有评价方法的改进和发展

（1）有人在 MODM 中引进了可能度和满意度的概念，对"需要"和"可能"这两个概念进行定量的描述和运算，以使问题的研究能更好地反映实际情况；

（2）将模糊集理论引入 MODM 中构成模糊决策方法，用于不良定义的决策问题的求解；

（3）将模糊隶属函数和语言变量引入 MODM 的代理置换法（SWT）中，从而克服了 SWT 法中要求决策者用整数表达偏好的困难，包括对 AHP 方法作了某些扩展和改进等。

2. 各种评价方法的综合运用

关于这一点实际已在前面介绍数理统计方法应用中提到过。随着各门学科的发展，扬长避短、博采众长，综合应用各种方法的长处是评价方法今后发展的主要趋势。

有人提出了融模糊、灰色、物元空间等思想的 FHW 决策系统，将预测、决策和评价集于一身。将聚类分析和 FCE 方法应用到宏观质量评估之中，取得了较好的应用效果。M. J. J. Wang 提出一种将 AHP 同模糊集综合运用的评价方法，并在人员测试选择中得到了很好的应用。也有人提出一种将主成分分析与 AHP 综合运用的决策分析方法，并取得了较好的应用效果。

各种不同角度和方法的有益尝试，都是为了有效地求解多层次多目标复杂对象系统的评价问题，综合即创造。面对日益复杂的系统问题，只有将定性分析同定量分析相结合，理论分析同经验总结相结合，分析者同决策者相结合，软硬相结合，才会圆满地解决系统问题。

3. 探索新的评价方法

虽然目前已有一些评价方法较好地考虑和集成了评价过程中的各种定性与定量信息，但这些方法在应用时仍摆脱不了综合评价过程中的随机性和评价专家主观上的不确定性，以及认识上的模糊性等。例如，即使是同一专家，在不同的时间和环境下对同一评价对象往往会得出不一致的主观判断。因此，需要有一类方法，既能充分考虑评价专家的经验和直觉思维的模式，又能降低评价过程中人为的不确定性因素。既具备评价方法的规范性又体现较高的问题求解效率。

近几年的实践证明，神经网络作为人工智能的一个分支领域，在市场评估、企业效益评价等方面具有较高的使用价值。由于神经网络较强的自学习、自适应能力、以及系统灵活性强等诸多特点，使得它在信息残缺、模糊且不确定的评估方法既考虑了人的经验和直觉思维模式，又有定量评价的规范性和经济性要求的评价问题中的应用具有很大的潜力。

四、工业工程协同创新中的运筹学技术

协同创新是 IE 的一个重要职能，也是推动企业经营发展的决定性力量。企业的适应能力、竞争能力及经济效益的提高，甚至企业的生存都取决于能否在产品、工艺、材料、市场和组织管理等方面进行有效的创新。值得注意的是，IE 的创新内涵不仅包含技术本身的创新，还包含工程与工程管理中的协同创新，是技术、工程及管理三位一体的创新活动。很长时期以来，人们往往只注重技术本身的创新，而忽视了工程与工程管理的协同与创新。但在某种意义上讲，工程与工程管理的协同创新更为重要。

IE 作为一门与技术和管理密切结合的工程技术，从其诞生之日就把通过改善和创新以提高生产率作为自己的根本任务。其主要内容有产品性能、结构和工艺的改进、设备与工装的更新与改进、质量的提高与成本的降低、工艺的完善、物流存储与运输改进、作业控制系统的调整、劳动力资源素质的提高等。针对这些具体内容，各种运筹学方法被普遍应用于其中，下面分别加以说明。

（一）设备更新改造的系统分析与模拟

1. 设备更新改造的系统分析

所谓设备更新改造的系统分析是指以系统的观点为出发点，对设备系统的更新和改造由明确问题开始，通过目标选择，找出多个可行方案，然后进行定性与定量的分析评价，最终确定最佳方案供决策者抉择的一系列活动过程。

设备的更新和改造不仅是一项系统工程，而且是一个复杂的动态系统。在这个系统中，设备的磨损普遍存在。从系统内部分析，由于设备在生产过程中处于经常的运行状态，必然产生有形磨损。同时从设备所处的外部环境来看，由于科学技术的迅速发展，新兴设备的不断涌现使得原有设备相形见绌，使其相对使用价值和价值都有所降低，从而产生较大的无形磨损。设备更新是彻底消除这两种磨损的有效手段。

尽管设备更新对于企业的长足发展意义重大，但由于其所需的投资较多，在实际操作过程中不可避免地会碰上很多问题。因此，企业应根据需求，充分考虑资金等其他制约条件的限制，有计划有步骤地使设备更新与设备改造相结合，保证企业可以较低的总使用成本获得较高的经济效益。

根据系统分析的方法与技巧，对设备更新与改造的对象优先从以下几方面考虑：①役龄过长的设备；②大修理次数较多的设备；③设备先天制造质量不过关，以及结构不良；④技术落后的设备；⑤严重浪费能源的设备；⑥由于产品更新换代而显得相对陈旧的设备；⑦严重污染环境的旧设备等。

为了提高设备更新和改造的经济效果，在定性分析的基础上，必须进行定量的分析和评价，在既定的目标和任务条件下，尽量以较少的人力、物力和财力完成设备的更新和

改造。

在众多的分析方法中，利用工程经济中所介绍的一些方法是常见之举。例如考察设备的投资回收期，即当同时有多个设备的革新与改造方案可供选择时，分别计算各自的投资回收期，以最短者为最佳方案。此外，根据设备机能退化的规律（即设备使用的时间越长，其有形、无形磨损加剧，维修费用逐年增大），也可利用低劣化数值法确定设备的最佳更新周期。

2. 网络分析法与设备的最佳更新期限

此处的网络分析法即用有向图求解最短路线的动态规划方法，计算设备的最佳更新期限。

如有某食品企业使用一台设备，在每年年初企业领导都要考虑是否更新；若更新则要支付购置费，否则就需要多支付维修费。其中要解决的问题是如何制定一个设备更新的动态规划，令设备运行总成本最小。现以更新某台设备的五年规划为例。若已知其在各年年初的价格和各年使用中的维修费（表 3-7）。

表 3-7   某设备各年价格和维修费

第 i 年	第 1 年	第 2 年	第 3 年	第 4 年	第 5 年
使用年数	0~1	1~2	2~3	3~4	4~5
投资/万元	11	11	12	12	13
维修费/万元	5	6	8	11	18

可供选择的设备更新方案显然很多，而关键是如何从中得到一个合适的方案，使得年内的更新使得设备运行的总成本（总投资＋维修费）最少。

根据动态规划的递推方程，按下式可求出各阶段路程的权系数。

$$C_{ij} = P_i + \sum_{K=1}^{j-i} M_K$$

式中 C_{ij} —— 从 i 年到 j 年的总成本；

     P_i —— 第 i 年初投资；

     M_K —— 第 K 年初维修费（$K = 1，2\cdots，j-i$）。

按上式可计算得到设备更新或维修各年的费用情况，并标注于图 3-8 上。则此时问题转化为求解最短路径 $[C_{05}]_{min}$。

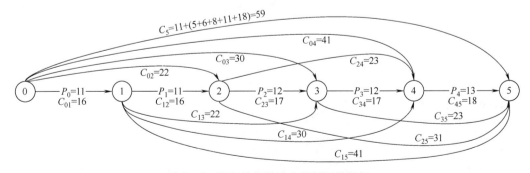

图 3-8 设备维修的动态规划网络图解

图 3-8 所示为动态规划的递推方程网络化。由图可知，两条最短路径为 $C_{02} + C_{25} = 53$

（万元）和 $C_{03}+C_{35}=53$（万元）。这就是该设备更新的两个最佳方案。它表明现在购买的新设备，在第 3 年初或第 4 年初应当更换。就五年规划来看这是一个总支付费用最小的网络，估算总成本为 53 万元。

3. 设备更新改造的模拟方法

在设备的更新与改造过程中，如何使得具有不同役龄的设备实现最佳匹配是摆在企业长期经营发展过程中的一个刻不容缓的现实问题。在我国许多国有大中型企业中，由于许多企业长期以来一味追求设备拥有量，不重视设备更新，造成大量设备超期服役。解决这类问题需涉及许多相互制约、关系复杂的因素。首先，一般企业的主要设备通常种类都较多，各种设备中又有许多不同规格型号的其他设备；其次，设备役龄随使用时间而增长，多台设备役龄的匹配是一个动态的过程，是企业多年设备更新策略的产物；最后，企业的设备投入产出与设备役龄匹配有着密切关系。企业如果长期不进行设备更新，表面上节省了大量资金，实际上设备超期服役势必削弱企业的生产能力、竞争能力，同时维修费用和大修理费用也将与日俱增。由于企业设备役龄存在一定的经济界限，因此有必要研究不同役龄设备的最佳匹配问题。

采用通常的分析方法一般无法解决诸如多台设备役龄匹配这样的复杂问题，因而通常选用模拟方法。通过比较企业在一个时期内对设备役龄不同组合所获取的经济效益的差异，选择企业设备役龄匹配的最佳方案。

（1）设备管理仿真结构模型　根据问题，可建立如图 3-9 的设备管理仿真结构模型。

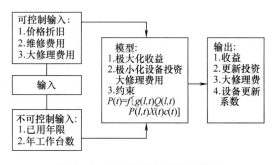

图 3-9　设备管理仿真结构模型

模型的主要目标是极大化收益，其次是极小化设备投资与大修理费用。可控输入包括价格、维修费、大修理费和折旧等；不可控输入包括设备的已用年限和年工作台次数。

（2）模拟模型　由于对不同役龄设备的各种匹配进行设备更新后所得到的经济效益的差异主要由两部分组成，即：①模拟初期设备净值、购置新设备的投资和大修理费用等企业的设备投入情况；②设备对企业的贡献，其大小等于使用设备所创造的利润减去设备折旧和维修费用。据此，可构造模型如下：

$$\max NPV = \frac{H(T)}{(1+i)^T} - H(0) + \sum \frac{1}{(1+i)^T} P(T)$$

$$P(t) = \sum g(l,t) \times Q(l,t) - P(t)X(t) - C(t)$$

$$t = 0,1,2,\cdots,T$$

$H(0)=$ 期初设备净值

$H(T)=$ 期末 m 台设备净值

$P(t)=$ 在第 t 年使用 m 台设备创造的净收益

$G(l,t)=$ 在已用 l 年设备在第 t 年创造的贡献，即扣除折旧和维修费的单台班收益

$Q(l,t)=$ 在第 t 年已用 l 年设备工作台班数之和

$P(t)=$ 在第 t 年购置的设备台数

$X(t)$＝在第 t 年更新的设备台数

$C(t)$＝在第 t 年设备的大修理费

上述模型中共有三个目标：极大化年收益、极小化设备更新费用和大修理费用。三者一起构成了总目标即 NPV 的极大化。同时，上述模型基于以下两个假设：①企业经营者是风险厌恶型的；②使用设备企业的年收益服从正态分布，故采用均方差来选择设备役龄的最佳匹配组合。即在风险相同情况下，选择利润最大、设备更新费用最小、同时大修理费用也最小的设备役龄匹配组合。

（二）生产系统组织机构改进——供应链管理及其运筹学支持技术

1. 供应链和供应链管理

供应链一词来源于组织关联图。如果以企业的采购部门为起点，联接其供应方，就可得到该采购部门的许多供应商。同时，每个供应商又有其自己的一组供应商。如此一环扣一环，即是一个复杂的链状结构，故而称之为供应链。图 3-10 所示为一个采购单位及其三个供应商情况的示意。在实际企业活动中，这个供应链或供应网络还将会扩展得很复杂。

供应链管理是当今企业创新的热门课题之一，其基本思想是用系统的方法来管理上述始

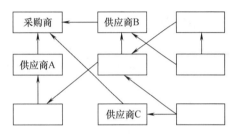

图 3-10 复杂的供应网络示意图

于原材料供应商，经由工厂和仓库，止于最终顾客的信息流、物质流和服务流。其核心是保证企业的重要日常生产活动，最终满足顾客需求。供应链管理的目标是减少供应链的不确定性和风险，从而积极地影响库存水平、生产周期、生产过程，实现系统的最优化并最终影响对顾客的服务水平。在这个过程中，以预测、总生产计划技术和库存计划技术为主要代表的运筹学技术是供应链上各项管理活动得以优化实现的有力保证。其关系图如图3-11所示。

图 3-11 支持供应链管理的运筹学技术

2. 相关运筹学支持技术及其应用

（1）预测 预测对任何一项供应链管理而言都是至关重要的，它影响着供应链上的每一个环节。首先，采购部门根据预测编制相应的采购计划；其次，预测是后期各项计划的编制基础，并为预算和成本控制提供依据。此外，市场也靠销售预测来开发新产品，补充销售人员及做出企图关键决策等。

预测方法具有简单易用的特点，因此应用得较为广泛。对于精度要求不高的预测，通常可采用定性预测，如一般预测、专家调查、小组共识、历史类比、德尔菲法等。在现实中大量应用的是包括时间序列分析、因果分析和模拟模型在内的各种定量预测方法。由于预测方法的门类众多，因此从某种意义上来看预测方法的应用很大程度上是一个如何选择预测方法的问题。例如，对于供应链中的产品预测，使用简单移动平均、加权移动平均或指数平滑法都不失为好的方法。而问题的关键是，在满足市

场条件的前提下，究竟哪种方法所需的费用最低。一个行之有效的检验手段是分别应用上述三种方法，通过误差测量选择误差最小的那种方法。

关于预测方法的应用情况，Herbig，Milewica 和 Golden 等曾进行过一次有益的尝试，调查结果见表 3-8。

表 3-8　　　　　　　　　　　　　　　预测技术一览表

	使用百分数[1]	平均重要性排序[2]	使用情况排序[3]
顾客调查	72	4.7	2.2
趋势预测	91	5.6	2.9
回归分析	52	4.2	1.7
简单相关	42	3.6	1.2
概率论	40	3.7	0.6
时间序列	45	4.3	1.5
3Chart	28	1.4	1.45
加权移动平均	46	3.8	1.4
指数平滑	36	2.8	0.9
产品生命周期	47	3.0	1.3
计量经济	52	4.2	1.2

① 被调查者中提到用过此项技术的百分数；

② 平均重要性排序：很低=1，一般=4，最高=7；

③ 使用情况排序：一般使用=3，经常使用=2，曾经用过=1，从未用过=0。

与服务型企业相比，制造型企业的供应链管理更倾向于进行全面的预测，并不断重复计算和调整预测。其中最重要的是对产品和产品生命周期的预测。由于对预测及其精度的要求比服务型企业高，制造企业常偏好于应用较多的定量化预测技术而不是定性的预测方法，并且相对而言，对预测过程通常更为满意。

由此也可见，对于不同类型企业的供应链管理，应相应选取不同的预测方法，从而在达到预测精度要求的前提下使得企业的预测费用最小化，实现整个过程的最优化。

（2）利用 LP 运输矩阵制订总生产计划　应用 LP 来编制总生产计划一般要求满足一定的线性关系，如成本与变量间的关系为线性等。对于大多数情况，可以用单纯形法。而对于少数情况也可采用更直接的 LP 运输方法模型。

表 3-9 所示为一个 LP 运输矩阵在制订总生产计划中的应用。由于其中的生产需求和生产能力的大小与各个时期相关，所以也称该模型为期间模型。

其中，X 表示生产不能反向供货的期间，即当不允许推迟交货时，当期所生产的产品不可以用来满足前一期的需求。矩阵单元格中表示的库存成本按每期一定数额增长（本例为 5 个单元）。因此，即便是允许推迟交货，由于库存成本的增加，产品的最终成本也必将居高不下。

LP 运输矩阵具有显著的多变性，能综合体现影响总生产计划的许多相关因素，具体有：

（1）多品种生产　当一种以上的产品共用设备时，每种产品增加相应的列。对于月计划而言，列的数目应等于产品的品种数，每一单元的成本项等于相应产品的成本。

表 3-9　　　　　　　　　　　　　　利用线性规划制订总生产计划

生产计划期（原始资料）		销售期间 1	2	3	4	期末库存	未用库存	总生产能力
期初库存		50 [0]	[5]	[10]	[15]	[20]	[0]	50
1	正常时间	700 [50]	[55]	[60]	[65]	[70]	[0]	700
	加班	50 [75]	[80]	[85]	50 [90]	250 [95]	[0]	350
2	正常时间	X	700 [50]	[55]	[60]	[65]	[0]	700
	加班	X	100 [75]	[80]	[85]	150 [90]	[0]	250
3	正常时间	X	X	700 [50]	[55]	[60]	[0]	700
	加班	X	X	100 [75]	[80]	150 [85]	[0]	250
4	正常时间	X	X	X	700 [50]	[55]	[0]	700
	加班	X	X	X	100 [75]	150 [80]	[0]	250
总需求		800	800	800	800	500	250	3950

（2）延期交货　表 3-9 中标有 X 的单元格考虑了延期交货时间和延期交货成本这两个因素。例如，若计划期 1 所需的产品在计划期 2 交货，则相当于用计划期 2 的产品满足计划期 1 的需求。当一个成本为 10 个单位的产品涉及这类延期交货时，其延期交货成本为 60 个单位，即该产品的成本加上计划期 2 的正常时间的生产成本。

（3）销售损失　当允许无存货且可以有一部分需求得不到满足时，企业需承担与所损失的收入相同的机会成本。这可以通过在矩阵中为每一计划期加入一行"销售损失"来实现。此时，单元格中的成本项等于每件损失的收入。

（4）易损坏性　当易损坏性使产品存储一段时间后便不能再销售时，矩阵中相应的某些单元是不可用的。如假设表 3-9 中的产品存储期为 2 个周期，超过这个时期后就不能再销售。那么计划期 1 的行与计划期 3 的列交叉所得的单元格是不可用的。

（5）分包　当存在分包的情况时，为每一个时期加入一行"分包"栏即可。每个单元格的成本项等于分包单位成本加上任何库存成本，即与正常时间及加班时间的费用增长方式相同。

总之，当成本与变量间关系呈线性，或可被近似分割成线性部分时，采用 LP 通常是可行的。同时，考察企业供应链管理中普遍应用的总生产计划技术，我们也不难发现在各种应用方法中，LP 的应用范围最为广泛。总生产计划方法技术总结见表 3-10。

表 3-10　　　　　　　　　　　　　总生产计划方法技术总结

方　法	假 设 条 件	技　术
试算法	无	通过试算法实验备选方案，无最优解，简单易懂
总生产计划仿真	由计算机控制的生产系统	检验用其他方法制订的总生产计划
线性规划——运输方法	线性，劳动力人数不变	适用于不考虑雇佣与解聘的特例，存在最优解
线性规划——单纯线形	线性	能处理任何多变量的计划问题，但用公式表达困难，存在最优解

续表

方　法	假设条件	技　术
线性决策规划	二次成本函数	利用数学方法求得的系数，在一系列公式中确定生产率与劳动力人数
管理系数法	管理者基本上是称职的决策者	用过去的统计分析来指导未来决策，需应用于一组决策者，无最优解
探索决策规划	任何成本结构	用图型搜索程序，在总成本曲线上寻找最小点，开发应用复杂，无最优解

第三节　制造资源计划中原料供应的运筹学技术

一、制造资源计划简介

制造资源计划（Manufacturing Resource Planning，MRP-Ⅱ）是计算机集成制造系统（Computer Integrated Manufacturing Systems，CIMS）的一个重要环节。它利用计算机和软件技术对企业的制造资源进行有效的计划、协调和控制。MRP-Ⅱ从制造资源出发，充分考虑了企业进行经营决策的战略层、中短期生产计划编制的战术层，以及车间作业计划与生产活动控制的操作层。功能覆盖了市场销售、物料供应、各级生产计划编制与控制、财务、成本、库存和技术管理等部分的活动，是 IE 的一个重要研究领域，也是企业科学管理的有力工具之一。

关于 MRP-Ⅱ 的整体结构和内容，可通过 MRP-Ⅱ 的发展史加以说明。

1. 物料需求计划（Material Requirement Planning，MRP）阶段

MRP 是一种库存订货计划。早期的物料库存计划通常采用订货点法。订货点法是一种使库存量不得低于安全库存的库存补充方法。在耗费稳定的情况下，订货点法是个固定值。但对于某些需求量随时间而变的物料，无法确定一个固定的订货点。为解决订货点法的这一不足之处，人们从分析企业的产品入手，把产品中的各种物料分为独立需求和相关需求两类，并按需求时间的先后（优先级）及提前期的长短，分时段确定各个物料的需求量。

可见，MRP 考虑了提前期、可用库存量、安全库存量以及批量等一系列参数，这是它与固定订货点法相比的一个质的飞跃。尽管如此，MRP 仍仅仅是一个库存订货计划，它没有考虑到计划本身实现的可能性。

2. 闭环 MRP 阶段

由于 MRP 制订的需求计划没有考虑生产能力，因此在企业生产能力不足时，其所制订的生产计划有可能根本无法完成。所以在制订切实可行的生产计划时必须充分考虑企业生产能力。当生产能力不足时，调整生产计划，重新制订 MRP 计划，再次进行生产能力平衡，直到生产计划、生产能力和物料计划相适应为止。这里的能力包含计划与控制两方面内容。计划阶段不同，能力计划的详尽程度也不同。在远期产品规划阶段往往运用资源

需求计划（Resource Requirement Planning），对企业的能力、资金、主要外部供应做出规划。中期则运用简易能力计划（Rough-Cut Capacity Planning），对关键工作中心进行负荷能力平衡。

由此可见，闭环 MRP 体现了一个完整的计划与控制系统，它把需要与可能相结合，也即把需求与供给结合在了一起，其实质是实现有效控制。

3. 开环 MRP 阶段， 也即一般所说的 MRP-Ⅱ

这个阶段的 MRP-Ⅱ 把计划分为五个层次，即经营规划、销售与运作规划、主生产计划、物料需求计划、车间作业控制，从而全面体现了计划管理由宏观到微观、由战略到战术、由粗到细的变化过程。其中经营规划要确定企业的经营目标和策略，为企业长远发展做出规划。销售与运作计划是为了体现企业经营规划而制订的产品系列大纲。主生产计划是以往传统管理方式所没有的新概念。它根据客户合同和预测，把销售与运作规划中产品系列具体化，确定出厂产品，使之成为展开 MRP 和能力需求计划（Capability Requirement Planning，CRP），起到从宏观向微观计划过渡的承上启下作用。

物料需求计划是一种分时段计划，是 MRP-Ⅱ 系统微计划阶段的开始。MRP 是主生产计划（Master Production Scheduling，MPS）需求的进一步展开，也是实现 MPS 的保证和支持。它根据 MPS、物料清单和物料可用量，并根据产品出厂的优先顺序，计算出全部加工件和采购件的需求时间。车间作业控制（Shop Floor Control，SFC）与采购作业一起，都同属为计划的执行层次。

MRP-Ⅱ 的逻辑结构框图如图 3-12 所示。

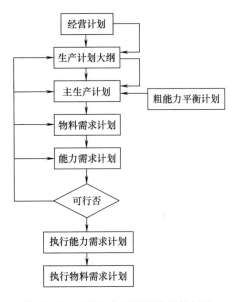

图 3-12 MRP-Ⅱ控制系统逻辑框图

在企业管理系统中，计划与控制职能是整个系统的最核心部分，相应于 MRP-Ⅱ，主生产计划是这一核心部分的反映，同时它也是 MRP-Ⅱ 中对运筹学技术应用得最为广泛的一个领域。

二、计划评估和审查技术与 MRP-Ⅱ中生产提前期的估计

（一）生产提前期

在订货型生产企业中，食品企业根据顾客订单安排生产，交货期的速度与可靠性是企业赢得市场的关键因素。当食品企业接到一个订单后，应根据交货期的要求制订主生产计划，此时生产提前期便成为制订生产计划的主要依据。MRP-Ⅱ 系统作为一种制订生产计划和进行库存控制的工具，是根据订货信息和产品结构信息，按产品结构根据交货期由后向前倒推，从而使产品各流程的提前时间与加工作业的生产计划时间相对应起来。由于生

产提前期直接影响了产品的交货速度和可靠性，因此生产提前期的确定也成为 MRP－Ⅱ 系统有效运行的关键因素之一。

一般食品订货生产型企业的生产提前期往往较长，并且随车间负荷不断变化。产品的实际加工时间可能仅占到整个生产周期的 5%～10%，这给生产提前期的确定带来了诸多困难。在生产计划和控制系统中确定生产提前期有两种方法。第一种方法是把生产提前期作为一个独立的不可控变量，即需要建立一个计划系统针对现实问题状况不断调整生产提前期。这种方法把确定生产提前期作为一个预测问题来对待；第二种方法强调通过控制和管理使平均生产提前期达到一定时间标准，这一标准通常是预先制定的。在这种情况下实际的提前时间仍被计算，但不是用来更新原计划值，而是用来确定采取哪些措施使得客观的提前时间接近计划值。第二种方法的关键是制订切实可行的能力计划，并建立实际提前时间逼近合理预定值的控制方式。

MRP-Ⅱ系统中通常采取第一种方法确定食品生产提前期的一定计划值，但当计划值不够精确时，往往会带来过长的生产提前期和过多的在制品库存（WIP），从而影响 MRP-Ⅱ作为一个制订生产计划和进行库存控制系统的功能。因此，在 MRP-Ⅱ系统的框架下，正确估计生产提前期成为一个首要问题。

（二）生产提前期的估计

1. PERT 技术与 MRP

生产提前期估计的数学模型应能满足以下两个条件：

（1）考虑随机因素对食品生产提前期的影响，如加工时间、检验时间的波动对正确估计生产提前期有很大的影响。

（2）能够描述食品产品生产的各个工艺的生产能力、负荷情况、以及前后道加工工艺之间的关系。

计划评估和审查技术（Program/Project Evaluation and Review Technique，PERT）认为活动时间是随机的，它服从一定的概率分布，并通过对项目进程中关键路径的时间估计对项目周期进行有效控制。由于 PERT 技术可用于描述随机、有向图的最长路径等网络模型问题，因此我们认为用它来确定订货生产企业制造项目的生产提前期是合适的。PERT 与 MRP 的对应关系见表 3-11。

表 3-11　　　　　　　　　　PERT 与 MRP 的对应关系表

PERT	MRP	PERT	MRP
项目计划与控制	物料计划与控制	最迟开始时间	计划生产指令下过时间
活动	最终项目、组件、零部件及原料	松弛时间	安全提前时间
前后进程的关系	父子项目间联系	关键路径	关键项目
资源需求	加工、装配批量	项目工程周期	生产提前时间
最迟完成时间	计划交货时间		

2. 应用 PERT 技术，确定 MRP-Ⅱ中的生产提前期

在 MRP-Ⅱ系统中使用 PERT 技术的关键一步是建立食品产品生产 PERT 活动网络。事实上，食品产品结构与 PERT 活动网络之间有一一对应关系。完成项目所必需的活动

可以与生产产品的物料清单相对应；前后活动之间的联系可用与加工装配产品的子项、父项物料间的联系相对应；活动时间对应于生产提前时间等。

假设图 3-13 所示为某一种产品的物料清单，根据表 3-11 给出的对应关系可将之转化为如图 3-14 所示的网络结构形式。

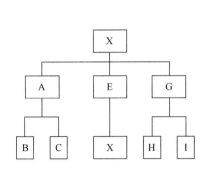

图 3-13 某产品结构图

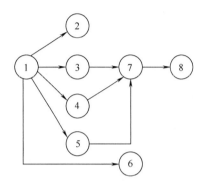

图 3-14 某产品结构网络图

由于 PERT 的活动时间带有随机性，因此我们假设食品产品的各父项、子项项目的生产周期服从 β 分布。我们知道，β 分布具有简单的形式和广泛适应性，它可由以下三个参数确定：活动时间的最小值、最大值和最可能值。用它来描述产品的生产周期不仅通俗易懂，而且简单易行。例如，最小时间的估计值仅仅意味着加工时间，不包含排队等待及机器故障维修等时间；最大时间估计值表示生产车间工作负荷很高，工作的优先级次较低；最可能时间的估计值对应于 MRP-Ⅱ 中计划生产提前期，即代表了车间具有平均负荷、工作属于中间优先级的情况。

更为重要的是，PERT 方法同时还给出了网络周期的概率描述，如图 3-15 所示。图中的起落周期服从正态分布，其均值 μ 和方差 σ^2 分别为网络关键路径上各活动的均值 μ_i 和方差 σ_i^2 之和，即：

$$X \sim \mu(\mu, \sigma^2)$$

其中，$\mu = \sum \mu_i$

$$\sigma^2 = \sum \sigma^2, 1, 2, \cdots$$

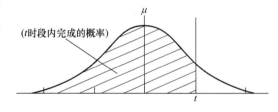

图 3-15 产品 X 生产提前时间的概率分布

上述信息在食品生产提前期的管理中十分有用。其中，最大、最小生产提前期的差异反映了生产计划的柔性程度，差异越大，其柔性也越高。另外，不同时期生产提前期的变化情况还直接与车间装载水平相关。由此可见，用 PERT 方法估计生产提前期不仅更为实际，而且把握性也得到了提高。

三、制造资源计划中主生产计划的制订

主生产计划（Master Production Scheduling，MPS）是 MRP-Ⅱ 的一个重要环节。前面所讨论的有关生产提前期等都是最终为主生产计划服务的。由此也可见 MPS 在整个 MRP-Ⅱ 系统中的地位。

传统的生产计划方法往往以总产值最大或生产成本最低为目标。随着准时生产制（Just in Time，JIT）的成功，以准时生产为目标制订生产计划便成为 MRP-Ⅱ 中一个活跃的研究领域。对于大多数单件制造型企业而言，其准时化 MPS 模型都是在产品交货期为定点的前提下建立起来的。由于单件制造业的生产特点，其产品交货期是由企业和客户共同确定的，通常为一段时间而不是某个固定时刻点。即产品的交货期为不确定的模糊交货期。在确定的交货时段内交货，客户将无条件接受；否则，企业生产将受到提前/延期的惩罚。由于模糊交货期的复杂性及其现实存在性，继续以交货期定点为前提条件的主生产计划的编制，显然有违实际生产情况。为此，有必要对模糊交货期下的 MRP-Ⅱ 主生产计划的制订作一探讨。

（一）问题定义

设单件制造业在计划期 $[1, T]$ 内，根据客户的订货需求，要生产 n 件产品。由于产品的规格、型号和价格均不相同，各产品无相互替代性。假设订货合同为：产品 i 的价格为 q，交货期窗口为 $[E_i, D_i]$，其中顾客最满意的交货时段为 $[e_i, d_i]$，且有 $[e_i, d_i] \in [E_i, D_i]$，$i=1, 2, \cdots, n$。

根据生产工艺，已知每件产品的生产都要经过 m 道工序，产品 i 的制造周期为 P_i，产品 i 在完工前第 k（$k=-1, 2, \cdots, P_i$）时段对 j（$j=1, 2, \cdots, P_j$）道工序的能力需求为 $a_i^j(k)$。由于生产设备存在维修和更新，各工序的可用能力随组成设备的状态而上下波动，设第 j 道工序在第 t 时段的可用能力为 $C_j(t)$，$j=1, 2, \cdots, m$。

由于单件制造业是一个生产工艺复杂的行业，设计与物料的准备都需要用很长的时间，所以产品 i 的生产存在一个最早允许开工期 z_i，$i=1, 2, \cdots, n$。同时假设企业为连续生产型，即产品一经投产开工，其生产就不能中断。

因为客户要求与企业可用能力常不平衡，企业通常无法按客户的要求按时交货。一种情况是：产品在交货期窗口外交货。这样，提前或延期生产不仅使企业满足不了客户的最低要求，严重地降低了企业声誉，而且更重要的是，提前生产不仅要占用流动资金、增加产品储存费用，而且延期生产要向客户支付违约罚款，即企业生产要受到提前或拖期的惩罚；而另一种情况是：产品在交货期窗口内交货，却没能满足客户的最满意交货期要求。这样，尽管企业生产没有任何附加惩罚，但由于低水平地满足客户，仍会使企业的声誉降低。所有的这些生产情形都是生产企业所最不愿遇到的。因此，企业实现准时化生产所追求的目标是：在计划期内充分利用有限的制造能力资源，合理地制订主生产计划，尽可能极大化客户的满意水平，使提前/延期惩罚最小，从而提高企业声誉，增大企业生产利润的获得。

（二）基于模糊交货期的准时化生产计划模型

针对上述问题，Wang Ding Wei 提出了一类基于模糊交货期的准时化生产计划模型，指出：通常情况下对于订货合同有 $E_i \neq e_i$，$D_i \neq d_i$，此时企业所追求的准时化生产目标成为：在计划期内充分利用有限的制造能力资源，合理地制订主生产计划，尽可能使客户满意水平最大。其产品的交货时间与满意程度的隶属函数如图 3-16 所示。

令 t 是产品 i 的交货时间，其隶属函数 $\mu_j(t)$ 为

$$\mu_j(t) = \begin{cases} 0 & t \leqslant E_i \\ \dfrac{(t-E_i)}{e_i-E_i} & E_i < t < e_i \\ 1 & e_i < t < d_i \\ \dfrac{(D_i-t)}{D_i-d_i} & d_i < t < D_i \\ 0 & t \leqslant D_i \end{cases}$$

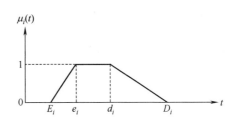

图 3-16　产品交费时间与满意度的隶属函数图

这样，客户对产品 i 的满意度可由下式获得

$$\mu_i(tx_i(t)) = \sum_{t=E_i+1}^{e_i-1} \frac{(t-E_i)x_i(t)}{e-E_i} + \sum_{t=d_i+1}^{D_i+1}$$

$$x_i(t) + \sum_{t=d_i+1}^{D_i-1} \frac{(D_i-t)x_i(t)}{D_i-d_i}$$

令 λ 这客户满意水平的准时生产计划模型（FZD）如下

$$s.\,t. \sum_{t=E_i+1}^{e_i-1} \frac{(t-E_i)x_i(t)}{e-E_i} + \sum_{t=e_i}^{d_i} x_i(t) + \sum_{t=d_i+1}^{D_i-1} \frac{(D_i-t)x_i(t)}{(D_i-d_i)} \geqslant \lambda \quad i=1,2,\cdots,n$$

$$\sum_{t=2}^{T} x_i(t) = 1 \quad i=1,2,\cdots,n$$

$$\sum_{i=1}^{n} \sum_{k=t}^{i+p_i=1} a_i^j(k-t+1)x_i(k) \leqslant C_i(t), \quad j=1,2,\cdots,m \quad t=1,2,\cdots,T$$

$$\sum_{t=1}^{T} tx_i(t) \geqslant z_i + p_i - 1 \quad i=1,2,\cdots,n$$

$$x_i(t) = 0 \text{ 或 } 1, \lambda \in [0,1], i=1,2,\cdots,n; t=1,2,\cdots,T$$

式中　$x_i(t)$ 为模型变量，它满足：

$$x_i(t) = \begin{cases} 1 \text{ 表示产品 } i \text{ 在第 } t \text{ 时段产生} \\ 0 \text{ 其他} \end{cases}$$

模型（FZD）的特点：

（1）该模型追求的是极大化客户满意水平。

（2）交货期是带有不确定变量的模糊交货期。

（3）该模型为单变量线性混合 0-1 规划问题，这为模型的求解打下了一个重要的基础。

以上是基于模糊交货期的一种准时化主生产计划模型，它根据问题要求，巧妙地利用了 0-1 规划来建模求解，既充分描述了问题现状，使之能有效转换成数学模型，又同时考虑了模型在求解时的便利情况，不失为运筹学技术应用的一个良好实例。

第四节　柔性制造系统及其相关运筹学方法

一、柔性制造系统及其柔性概念

柔性制造系统（Flexible Manufacturing System，FMS）是由统一的控制系统和物料输送系统联接起来的一组加工设备，能在不停机的情况下实现多品种工件的加工，并且具有一定管理功能的制造系统。

作为当代最先进的制造系统之一，FMS 集高效率、高精度、高柔性于一体，使多品种中小批量生产的生产过程也像大量生产一样实现了自动化。其柔性概念主要体现在两个方面：一是能在同一时间内加工不同种类的零件或产品的不同工序；二是能选择不同的工艺路线加工一种零件或产品的一组工序。由于上述工艺上的高柔性，使 FMS 的设备利用率大大提高。柔性制造系统的技术功能和生产能力是在系统设计之初就早已确定和保证了的，也就是说，是在可靠的（自动化、精准、可靠）生产单元基础上来进行 FMS 的延展的，在实际中能否充分发挥它的能力，确保柔性的真正实现，则取决于投产后的作业调度与安排。只有合理地安排工艺作业顺序、制订计划，才能合理有效地使用 FMS 系统。这对于食品智能加工、个性化产品订制的实现可能性很重要，现有的食品加工生产系统大多以批量、同一标准产品为设计基础，而个性化的产品一般都是以手工生产为主，能否利用生产线的组合、调度生产个性化的产品就应将 FMS 的理念、方法引入到食品加工的设计、管控过程中来。

二、柔性制造系统中的加工车间问题

FMS 可以视为自动化的加工车间，而加工车间的生产调度是一个古老的问题，也是现代化企业的重要研究领域之一。它针对一项可分解的工作（如产品制造），探讨在一定约束条件下如何安排其组成部分所占用的资源、加工时间及先后顺序，以获得产品制造时间或成本的最优化。在理论研究中，生产调度问题又称排序问题或资源分配问题。很早以来就有不少学者作了大量研究，并且随着研究的深化和理论上的成熟，出现了很多有创新的解法和算法。同时随着人们对问题本身认识的不断深入，很多原有的方法逐渐变得不适用于求解日益复杂的加工车间排序问题。

三、柔性制造系统中"柔性"的定量评价模型

FMS 最重要的无形利益是其内在的柔性。要科学地评价一个 FMS 系统的经济效益，其系统柔性指标是一个极为重要的评价参数。近几年来有不少学者对此作了许多有益的尝试。这里介绍一个随机动态规划模型，对 FMS 中柔性的定量评价作一说明。

（一）柔性的细分

狭义地看，一个生产设备通过计算机程序化可以设计生产一类相似的零件或执行一个范围内不同的任务，就说这个生产设备具有柔性。广义地看，柔性是指一个生产系统对不断变化的不确定的外部环境作出有效反应的能力。柔性又可与重要的战略目标联系起来分为不同类型。

总体而言，各种类型的柔性可以归结为两大类：过程柔性和产品柔性。此外，还有一个基本结构柔性即智能技术和表示组织本身适应变化的能力。这些柔性一起构成了 FMS 总的生产柔性，代表了企业适应环境变化的能力，见图 3-17。

（二）评价柔性的随机动态规划模型

FMS 通过其内在的柔性使得企业能够适应环境的变化，对不确定性因素做出相应的反应，从而增强企业的竞争力。不确定性因素有两种，一种是由设备故障造成的，另一种是由需求的变化所造成。由于这里要讨论的是由需求的变化造成的不确定性，而这里需求的变化是指需求的产品组合、产量的变化及对新产品的需求等，是一个动态的变化过程，因此符合用动态规划求解的思想。

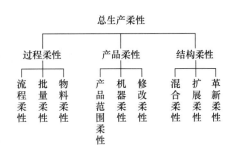

图 3-17 PMS 柔性构成示意图

评价柔性的随机动态规划模型

（1）阶段的确定　企业将要进行 t 个阶段的生产。

（2）状态变量和决策变量　在 t 阶段末，第 t 阶段的生产结束，并开始第 $t+1$ 阶段的生产。若在第 t 阶段末，已知顾客需求第 i 种产品的 $d_i(t)$ 产量，即 $N_i(t)=d_i(t)$，企业生产完第 j 种产品的 $x_j(t)$ 产量，则此时的状态变量 $s_t=\{x_i(t),d_i(t)\}$，可达状态集合为

$$S_t=\{x_j(t),d_i(t)\},i,j=1,2,\cdots,n,x_i(t)=1,2,\cdots,M_i,d_i(t)=1,2,\cdots,D_j$$

在第 t 个阶段末需要对第 $t+1$ 阶段的生产进行决策，允许集合为：

$$D_t(S_t)=\{x_i(t+1),i=1,2,\cdots,M\}$$

若决策变量 $U_i(S_i)=x_i(t+1)$，则表明所做的决策应为：第 $t+1$ 阶段生产 $x_i(t+1)$ 产量的第 i 种产品。

式中　M_i——各种产品每个阶段最多能生产的上限数，M_i 取整数

D_i——每个阶段对各种产品的需求上限数，D_i 为整数，且 $D_i \leqslant M_i$

$x_i(t)$——第 i 种产品的产量

$d_j(t)$——顾客对第 j 种产品的需求量

$N_j(t)$——第 t 个阶段末顾客对第 i 种产品的需求量，$N_j(t)=1,2,\cdots,D_i$

$d_i(t)\in[1,D_i]$，$d_i(t)$ 为整数，$i=1,2,\cdots,n$

（3）决策过程

用逆序解法倒推可得如下最终结果。此时的 F 值即为该生产系统在整个生产阶段的最优收益值。

$$F[0,x_i(0),d_j(0)]=\max_{\substack{i=1,\cdots,n \\ x_{i(1)}-1,\cdots,M_i}}\{EF[1,X_i(1),d_j(1)]\}$$

通过利用上述随机动态规划模型，最后可以得到某一选定值的生产系统在当需求等外界条件处于经常性变动时，整个生产阶段的最优收益值。同时，还可计算该系统的刚性最优收益值，即假设需求等外界条件不变而求出的系统的最优收益值。两者之差即可定义为系统的柔性值，即有：

柔性的值＝柔性生产系统最优收益值－刚性生产系统最优收益值

于是根据上述模型计算而得的系统的柔性值，可以定量判断某一个生产系统的柔性情况。

第五节　全面质量管理中运筹学的应用

一、全面质量管理简介

全面质量管理（Total Quality Management，TQM）是在全面质量控制（TQC）的基础上发展起来的，它是质量管理发展到当今时代的一种全新体现。费根堡姆对其所下的定义是："全面质量管理是为了能够在最经济的水平上，在考虑到充分满足顾客要求的条件下进行生产和提供服务，并把企业各部门在研制质量、维持质量和提高质量的活动构成一体的一种有效体系。"TQM 强调用户至上，以用户为中心，并将用户的满意程度作为衡量质量好坏的最终标准。同时 TQM 强调一切用数据说话，通过调查分析得到可靠的结论并采取真正有效的措施来解决质量问题。全面质量管理的"全面"主要体现在：质量概念的全面性、质量管理的全过程性和质量管理的全员参与性。

二、应用数理统计方法，全面提高产品质量

全面质量管理经历了质量检验、统计质量管理和现代化全面质量管理三个阶段。统计方法在全面质量管理中的应用主要始于第二阶段，并逐渐发展形成了一些质量管理的基本方法，如抽样检验、"七种工具"等。随着生产工艺的日益复杂多样以及市场瞬息万变对制造业所带来的巨大冲击，各种有效的统计质量管理方法也不断发展和成熟，并在企业全面质量管理中发挥着越来越广而深入的作用。

（一）统计方法的简单应用

食品产品设计质量是食品产品质量的重要组成部分。提高食品设计质量涉及的问题很多，如确定主要因素、选择最佳参数、指定技术指标等。从大量的应用成果中我们发现，在解决实际质量问题时，采用简单的数理统计方法有时能够获得许多意想不到的效果。利用 ABC 分类法，根据实验数据给出了一个指定技术指标的方法，有效地保证了食品产品的设计质量。在生产过程中遇到质量问题时，如何针对不同实验目的，在不同实验阶段采用合适的统计方法来进行分析处理，是一个很现实的问题。

抽样检验是食品产品质量控制的重要内容。抽样检验方法不仅用来选择确定抽样方案，而且起到了对所确定的抽样方案进行利弊分析评定的作用。食品企业进行抽样验收有着双重含义。一方面是食品企业外部验收，主要做出食品产品质量合格与否的定性判断；另一方面是食品企业内部所进行的验收，在这种情况下，不仅需要做出接收/拒绝的判断，还需详细了解食品产品质量特性值的定量分布状况，以便将食品质量信息反馈回生产、设计诸环节，起到全面促进质量提高的作用。同时，由于抽样验收的方式各不相同，因此在对抽样方案进行评价时也不应采取孤立的评价方式，而应根据发展的观点，允许采用复检法或以优换劣的方式积极改善提高货物的质量。

在保证食品产品质量，全面实施质量管理的过程中，人是最积极、最活跃的因素，但也是最难调控的因素。在分析全面质量管理中对人的调控问题时，数理统计方法有着不容忽视的作用。人的生物节律（智力、体力、情绪节律等）的变化将会对人们的心理、生理及行为产生影响，即如果能通过采取相应的措施使人们都能处于最佳工作状态，势必将对提高工作效率、加强安全生产、对提高产品质量起到积极的作用。

（二）回归分析的应用

回归分析是处理变量间相互关系的有力工具。它提供了建立变量间关系的一般方法和判定所确定的相互关系的有效性，以及如何利用所得到的关系去进行预测、控制的方法。因此，回归分析在食品质量管理中应用比较广泛。在回归分析方法中，线性回归是最简单的一种。在数据一定的情况下，只要应用得当，线性回归也能够取得较好的结果。对于线性回归的应用主要有以下三种：

（1）通过建立回归方程，用易测量值来取代不易测量值。

（2）利用回归方程，求出不同外界环境条件（如原材料、温度等）下各工艺参数的修正值，找出无法改变的原材料性能与工艺设计参数之间相互关系，使工艺设计参数能随食品原材料性能的变化做出相应调整。

（3）改变原设计工艺，最大限度地提高经济效益。

（三）正交实验与参数设计

正交实验是用正交表来安排和分析多因素（多参数）试验问题的一种数理统计方法，主要用于食品产品的设计和工艺改进。其特点是能以较少的试验数获得较多的信息。由于其使用方便，且效果明显，正交实验法同样在 TQM 中得到了广泛的应用。食品加工中对工艺的优化和修正采用正交方法的比较多，譬如食品生产过程中由于更新了某个设备的性能，对整个工艺的影响可能是多方面的，就可以采用该方法进行多参数的优化，利用加权评分法把多指标问题转化为单指标问题处理，使数据的分析处理简单化。这也是有效应用正交实验的必要准备工作。

总之，通过研究我们发现，数理统计方法在 TQM 中的应用越来越广泛，应用深度也在日益加深，由单一方法的应用逐渐发展为多种方法的综合应用，进一步提高了数理统计方法应用的有效性，有力地推动了 TQM 的发展。

三、运用决策树法，降低全过程产品的质量成本

质量成本是 TQM 中的重要一环。产品的质量成本包括设计质量成本、制造质量成本、售后服务质量成本等，能否有效地降低生产全过程的质量成本？如何实现这一目标以把食品企业有限的财力用于刀刃上？当有多种方案可供选择时，如何迅速抉择在确保食品产品质量的同时使得费用成本最低？这些都是企业在实施 TQM 的过程中不可避免要面临的实际问题。实践证明，采用决策树法能行之有效地大幅度降低质量成本。这方面的例子很多，一个简单的应用实例如下。

某食品厂生产一种保健产品，批量为 1000 件，其次品率的概率分布见表 3-12。

表 3-12   某食品厂某种保健产品次品率的概率分布表

r	0.03	0.08	0.10	0.15	0.22
P(r)	0.45	0.35	0.20	0.12	0.05

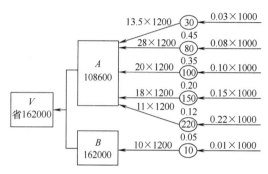

图 3-18   产品方案选择的决策树形图

由于保健产品本身对产品性能的要求，不允许有不合格品或次品。在生产过程中对每件产品的线外检测费用为每件 1200 元，应每件都要进行无损检测；若投资 15 万元，可以使生产线上的产品率稳定在 0.01。在这种情况下，企业可采用如下的决策树法进行选择决策。

决策树形图见图 3-18。

计算过程为：

决策树形图 A 方案，即不投资，在线外的检测费用为 A：

A 方案 $= 1200 \times 100 \times (0.03 \times 0.45 + 0.08 \times 0.35 + 0.10 \times 0.20 + 0.15 \times 0.12 +$

$\qquad 0.22 \times 0.05) = 108600$ （元）

决策树形图 B 方案，即投资 15 万元后在线的费用 B 为：

$$B \text{ 方案} = 1200 \times 1000 \times 0.01 + 150000 = 162000 \text{（元）}$$

两方案费用比较，

$$V = B - A = 162000 - 108600 = 53400 \text{（元）}$$

由此得出决策：采用不投资，在线外的检测 A 方案可节省制造质量成本 53400 元。

四、应用网络法，缩短企业全面质量管理体系的运行周期

在市场经济条件下，时间就是金钱，时间就是效益。为提高和促进企业生产效益，TQM 应注重有效的工作质量，合理压缩运行周期，使质量体系以较短的周期正常运转。但在实际中要做到上述几点有一定难度。主要有以下两个原因。第一，TQM 涉及的内容量大面广，TQM 是一项庞大的系统工程，从企业内部的各专业管理的归口部门到各个车间，从企业领导到每个员工都有相应的质量职能和质量责任；第二，专业性强，TQM 是一个企业实现现代化管理的方法体系，从厂家众多的分供方到分门别类建立质量档案，从用户需求定义到产品质量跟踪服务质量考核等，都有一套与之相应的严格操作方法。为确保企业 TQM 体系的短期正常运行，科学地应用网络方法在实际生产实践中取得了明显的效果。

例如，对表 3-13 所示的一系列作业，按网络图的绘制方法可得到如图 3-19 所示的作业网络图。

表 3-13	改善 TQM 运行周期的网络服务业表			
作业代号	作业内容	先行作业	后继作业	作业时间/d
1→2	培训	无	2~3, 2~4, 2~5, 2~6	45
2→3	纠正和预防措施	1~2	3~7	10
2→4	检验和试验	1~2	4~8	10
2→5	质量体系	1~2	5~9	10
2→6	合同评审	1~2	6~10	30
3→7	搬运、贮存、包装、防护和交付	2~3	7~11	10
4→8	检验、测量和试验设备的控制，不合格品的控制	2~4	9~14, 12~14	90
5→9	修订三层质量体系文件	2~5	9~14	280
6→10	设计控制	2~6	10~13	40
7→11	质量记录的控制	3~7	11~12	120
9→14	审定三层质量体系文件	4~8, 5~9	14~16+	60
10→13	文件和资料控制	6~10	13~15	50
11→12	服务	7~11	12~14	20
12→14	统计技术	4~8, 11~12	14~16	40
13→15	采购，顾客提供产品的控制	10~13	15~16	20
14→16	质量体系全面运行	9~14, 12~14	16~17	240
15→16	过程控制	13~15	16~17	80
16→17	内部质量审核	14~16, 15~16	17~18	80
17→18	管理评审	16~17	无 17	55

按表 3-13 中作业，可画出如图 3-19 的网络图，其中作业 8-9 和 8-12 为虚作业。

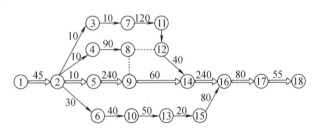

图 3-19 改善 TQM 运行周期的网络图

在图 3-19 的主网络中，用破圈法很快能找出关键路径，即图中的双箭线部分。确定了当务之急需要的作业之后，企业便可以全力以赴解决之，使得 TQM 从审核到实际运行的周期大为缩短，加快了 TQM 的进程，为企业质量振兴、经济腾飞打下良好的基础。

思考题

1. 运筹学的定义。

2. 简述运筹学的特点。

3. 简述工业工程的职能及其主要内容。

4. 简述工业工程的应用知识体系。

5. 简述工业工程规划中的运筹学技术。

6. 简述工业工程设计中的运筹学技术。

7. 简述工业工程评价中的运筹学技术。

8. 简述工业工程协同创新中的运筹学技术。

9. 简述原料供应制造资源计划中的运筹学技术。

10. 柔性制造系统的含义。

11. 简述柔性制造系统中的加工车间问题。

12. 简述柔性制造系统中"柔性"的定量评价模型。

13. 全面质量管理的定义。

14. 全面提高产品质量所应用的数理统计方法有哪些？简述之。

15. 简述运用决策树法如何降低全过程产品的质量成本。

参考文献

[1] 胡动权. 运筹学基础及应用 [M]. 北京：高等教育出版社，2014.

[2] 韩中庚. 运筹学及其工程应用 [M]. 北京：清华大学出版社，2014.

[3] 张杰. 运筹学模型及其应用 [M]. 北京：清华大学出版社，2012.

[4] 田世海. 管理运筹学 [M]. 北京：科学出版社，2011.

[5] 林齐宁. 运筹学教程 [M]. 北京：北京邮电大学出版社，2010.

[6] 刘蓉，熊海鸥. 运筹学 [M]. 北京：北京理工大学出版社，2015.

[7] 田常胜. 运筹学在工业工程中的运用探究. 科技经济导刊 [J]. 2017（3）：165.

[8] 王应洛. 工业工程 [M]. 北京：机械工业出版社，2010.

[9] 姜衍智. 线性规划原理及应用 [M]. 陕西科学技术出版社，1985.

[10] 秦楠. 自由经济区区位选择研究——以天津滨海新区为例 [D]. 天津师范大学，2010.

[11] 邹伟，韩凌，王中兴. 运筹学概述与线性规划应用 [M]. 辽宁大学出版社，2011.

[12] 颜佑启. 网络技术在厂址规划中的应用. [J]. 系统工程理论与实践. 1993（5）48-57.

第四章

食品工程物流学——从田头到餐桌

▍学习指导

　　熟悉食品工程物流学的基本原理，掌握存贮与流动、食品物流系统、食品追溯系统、大数据处理和物流成本等的基本概念，了解需求与供给在生产活动中的关系，掌握最小库存等费用的计算方法，了解并理解食品追溯系统在食品质量控制过程中的应用，以及物流成本管理对企业经济效益的意义。

第一节　存贮与流动

　　人们在从事各种生产活动中，为了保持生产连续正常地进行，必须事先储备一定数量的物资。物资储备多少，与需求和供给之间存在着密切的关系。如果"供大于求"，将会造成物资积压，影响资金周转，造成经济损失；如果"供不应求"，又将造成物资短缺，使生产活动难于保持正常进行，也会造成经济损失。因此，研究物资的需求与供给的关系，确定经济合理的库存量，是物资管理中的一个重要问题。

　　存贮论是运筹学的一个重要分支。它是通过科学地、定量地研究库存、需求和供给之间各种经济关系，并通过对所建立的各类库存、需求与供给关系的数学模型分析。以确定最佳库存量、供给量及其供给周期，使其达到物资存贮的最佳经济效果。

　　本节主要介绍存贮论的基本知识、几种常见的存贮问题及其数量分析方法，以便确定最佳库存量、供应（或生产）批量和供应（或生产）周期，为物资管理提供科学的辅助决策支持。

一、存贮问题的基本要素

　　产品生产既有物资的供应与消耗，又有物资的补充与储备。一般来讲，存贮问题由以下的基本要素组成。

（一）需求

　　通常我们把存贮物资简称为库存，把生产活动对物资的需要简称为需求。由于生产活动对物资的不断需求，使物资库存量逐渐减少。这种因库存物资的减少称为库存物资的输出或库存物资的消耗。需求可以是连续的，也可以是离散的；需求还可以是确定的，又可以是随机的。例如，粮库向某粮食加工厂提供一定数量的某种谷物，随季节的变化或市场的需求，加工厂各个时间所需要的谷物数量，既是一种确定需求，又是一种离散需求。又如，快餐店对来吃快餐的消费者提供快餐，由于来吃饭的消费者数量各个时间不同，且每个消费者的饭量也不尽相同。但是，当快餐店一旦掌握了来吃快餐的消费者的有关统计数据资料，采用数理统计方法来分析快餐的需求量，从而获得快餐需求量的统计规律。这种需求既属于连续需求，又属于随机需求。

（二）供给

由于生产活动对物资的需求，会逐渐降低仓库的库存量，当库存量降低到限额或为零时，就需要一定数量的物资给以补充，即库存物资的输入。补充主要有两种方式；一是订货购买；二是自行加工生产。为了在某时刻得到补充，满足生产的需要，必须提前订货或生产，这段时间称为提前时间。从另一角度讲，从订货或生产到物资进入仓库，往往也需要一定时间，这段时间称为延后时间。无论是提前时间或延后时间，可以是确定的，也可以是随机的。

库存物资补充方法有定量订货控制法和定期订货控制法。定量订货控制法是指因需求库存物资连续不断地降低、直到某一较低限额或为零时，才订货补充。而这个库存较低限额称为订货点。定期订货控制法是指预先确定订货周期，每次补充多少应根据当时的库存量和市场需求而定。订货周期是指两次相邻订货之间的间隔时间。在确定补充量时。应着重研究何时补充，每次补充多少，总之不能补充过多，要进行物资存量控制，要求存贮物资的补充要为企业提供最经济而有效的服务。这是企业物资管理的核心。

（三）费用

存贮费用包括库存费、订货费、生产费和缺货损失费。分叙如下：

1. 库存费

库存费是指使用仓库、物资保管及物资变质损坏等所支付的费用 C_1。

2. 订货费

订货费包括订购费用和订货成本费用。

（1）订购费用　订购费用属于固定费用。包括订购手续费、采购人员差旅费、订购往来电信费等。订购费用与订货次数有关，而与订货数量无关。订购费用常用 C_3 表示。

（2）订货成本费用　订货成本费用属于可变费用。包括购置物资费、运输费等。这项费用与订货数量有关，而与订货次数无关。

若设订货量为 Q，货物单价为 k，订购费用为 C_3，则订货费为 $C_3 + kQ$。

3. 生产费

生产费是指在补充库存时，如果不需向外厂订货，由本企业自行加工生产所支付的费用。包括装配费用和产品成本费用。

（1）装配费用　装配费用又称设置成本，属于固定费用。包括生产准备费用、工卡具调整费用和机械设备更新费用等。装配费用常用 C_3 表示。

（2）产品成本费用　产品成本费用用于可变费用。包括人工费、材料费、机械台班使用费等。

上述生产费用中的两项费用，又称生产间接费用和生产直接费用。

4. 缺货损失费

缺货损失费是指由于库存物资供不应求，致使生产停工待料，造成企业缺货的经济损失费用。包括企业的利润损失和延误合同的罚款损失等。缺货损失费是一笔难以估算的费用，一般来讲，对营利性企业的缺货损失费，应根据缺货造成损失的利润大小而定；对一些社会服务性企业，缺货损失费的计算，不仅包括因缺货造成的利润损失，而且还应包括造成对其他企业的损失，这种损失是采取罚款的形式给以赔偿。单位物资缺货损失费记为 C_2。

因此，可以根据需求是否是确定的，把存贮问题分为确定型存贮问题和随机型存贮问题。也可以根据需求是否是连续的，把存贮问题分为连续型存贮问题和离散型存贮问题。下面主要介绍确定型连续需求的存贮问题和随机型存贮问题。

二、确定型连续需求的物资流动与存贮策略

确定物资何时补充和每次补充数量称为存贮策略。常见的存贮策略主要有以下三种形式

（1）t 为循环策略　　每隔一个循环时间 t 补充一次库存量 Q。

（2）$(s \cdot S)$ 策略　　s 为最低库存量，又称为安全点或订货点，S 为最大库存量。若以 x 为实际库存量，当 $x > s$ 时，不订货补充；当 $x \leqslant S$ 时，则需订货补充，使其达到最大库存量 S，补充量 $Q = S - x$。

（3）(t, s, S) 策略　　这是一种混合型策略。每次检查库存量 x 的时间为 t，当 $x > s$ 时，不补充；当 $x \leqslant S$ 时，应补充库存量使其达到 S。

研究存贮问题的首要任务是：通过建立存贮问题的数学模型，采用最优化技术，以便确定保持存贮问题经济合理性的最佳存贮策略。

存贮策略直接影响物资的补充方式，根据物资需求模型，物资的补充有以下几种方式。

（一）瞬时补充，不允许缺货

瞬时补充，不允许缺货的存贮模型、又称经济批量模型（Economic Ordering Quantity，EOQ）。

1. 假设条件

建立这类存贮问题的数学模型时，有如下的基本假设条件。

（1）当库存量降至零的瞬间，立即补充，无备运时间；

（2）需求是连续均匀的，且需求速率 R 为常数；

（3）每次订购费不变，单位存贮费不变；

（4）每次订购量 Q 相同，即订购批量 Q 相同；

（5）不允许缺货，设缺货损失费用无穷大。

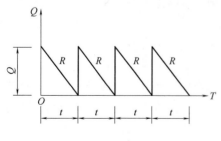

图 4-1　库存量状态变化图

2. 库存状态变化分析

库存量的状态变化如图 4-1 所示，图中 R 为需求速率，Q 为订购批量，t 为订货周期。

如图 4-1 所示，在需求速率不变的情况下，若每次订货量增加，订货周期延长，订货次数相应减少，则订购费用也相应减少；但因每次订货量增加，相应存贮费用增加。因此，要制定瞬时补充，不允许缺货的存贮策略，必须建

立订货周期内的总费用最小的数学模型。

3. 存贮费用分析

设每次补充时间为 t，需求速率为 R，订购量为 Q，则 $Q=Rt$；订购费为 c_3，物资单价为 K，则订购费用为 c_3+KRt。在时间 t 内的平均订购费用为 $\frac{c_3}{t}+KR$，在时间 t 内平均库存量为 $\frac{(Q+0)}{2}=\frac{Rt}{2}$。

又设单位库存费为 c_1，在时间 t 内平均库存费为 $\frac{1}{2}Rtc_1$。

于是，单位时间内的总存贮费用 $C(t)$ 为

$$C(t)=\frac{c_3}{t}+KR+\frac{1}{2}Rtc_1$$

因 KR 为常数，在对 $C(t)$ 进行极小化时，可以将 KR 这项从总费用中删去并不影响最优化的结果，故取

$$C(t)=\frac{c_3}{t}+\frac{1}{2}Rtc_1 \tag{4-1}$$

4. 经济批量的确定

所谓经济批量是指使总存贮费用 $C(t)$ 最小的定购批量。一般记为 $Q=Q^*$。由图 4-2 知，由于 $C(t)$ 为下单峰函数，故有唯一极小值。$C(t)$ 极小化的必要条件是

$$\frac{\mathrm{d}C(t)}{\mathrm{d}t}=0$$

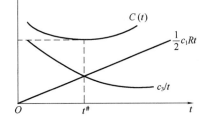

将式（4-1）代入上式，并化简，即得最佳订购周期 t^* 为

$$t^*=\sqrt{\frac{2c_3}{c_1R}} \tag{4-2}$$

图 4-2　总存贮费用的最小定购批量图

以及最佳订购批量 $Q^{\#}$ 为

$$Q^{\#}=Rt^{\#}=R\sqrt{\frac{2c_3}{c_1R}}=\sqrt{\frac{2c_3}{c_1}}R \tag{4-3}$$

即

$$Q^{\#}=\sqrt{\frac{2c_3}{c_1}}R$$

式（4-3）是存贮论中著名的经济订购批量（Economic Ordering Quantity，EOQ）公式，又称经济批量（Economic Quantity）公式。

5. 最小总存贮费用计算

将式（4-2）的经济订购周期 $t^{\#}$ 代入式（4-1）中，得出单位时间的最小总存贮费 $C^{\#}$ 为

$$C^{\#}=C(t^{\#})=\frac{c_3}{\sqrt{\frac{2c_3}{c_1R}}}+\frac{1}{2}c_1R\sqrt{\frac{2c_3}{C_1R}}=\sqrt{2c_1c_3R}$$

即

$$C^{\#}=\sqrt{2c_1c_3R} \tag{4-4}$$

若设生产时间为 T，总需求量为 M，则有

$$R=\frac{M}{T} \tag{4-5}$$

则在生产时间 T 内的最小总存贮费用 $TC^{\#}$ 为

$$TC^{\#} = T \sqrt{2c_1 c_3 R} = \sqrt{2c_1 c_3 MT} \tag{4-6}$$

[例 4-1] 某大米蛋白质粉加工厂，在年度内以不变速率向某食品公司提供 18000kg 大米蛋白质粉，送货方案确定随用随送，不许缺货，每千克大米蛋白质粉库存费 0.2 元/月，每生产周期的设置费 600 元，大米蛋白质粉成本费 $k = 200$ 元/kg。试求最佳经济（生产）批量 Q_0；最佳订购（生产）周期 t_0；年度内最小总库存费用及全年总生产费用。

解：

① 每月平均需求量 R

$$R = \frac{18000}{12} = 1500 \text{（kg/月）}$$

② 最佳订购（生产）周期 $t^{\#}$

已知：$c_1 = 0.2$ 元/月，$c_3 = 600$ 元，代入式（4-2）有

$$t^{\#} = \sqrt{\frac{2c_3}{c_1 R}} = \sqrt{\frac{2 \times 600}{0.2 \times 1500}} = 2 \text{（月）}$$

③ 最佳经济批量 $Q^{\#}$。

将 $t^{\#}$ 代入式（4-3）得最佳订购（生产）批量 $Q^{\#}$

$$Q^{\#} = \sqrt{\frac{2c_3 R}{c_1}} = \sqrt{\frac{2 \times 600 \times 1500}{0.2}} = 300 \text{（kg/批）}$$

④ 最小总存贮费用

每月最小总存贮费用 $C^{\#}$

$$C^{\#} = \sqrt{2c_2 c_3 R} = \sqrt{2 \times 0.2 \times 600 \times 1500} \text{元/月} = 600 \text{（元/月）}$$

全年最小总存贮费用 $TC^{\#}$

$$TC^{\#} = 12C^{\#} = 12 \times 600 = 7200 \text{（元）}$$

或由式（4-6）计算

$$TC^{\#} = \sqrt{2c_1 c_3 TM} = \sqrt{2 \times 0.2 \times 600 \times 12 \times 1800} \text{元} = 7200 \text{（元）}$$

⑤ 全年总生产费用 $C_T^{\#}$

$$C_T^{\#} = TC^{\#} + KM = 7200 \text{元} + 200 \times 18000 \text{元} = 3607200 \text{（元）}$$

（二）有一定补充时间，不许缺货

在库存物资管理中，由于受订购、运输设备等原因影响，经常出现不能立即补充入库的情况，也就是说从再订购点开始，在一定时间内一方面按一定速度入库，另一方面按生产需求出库，直至达到最大库存量为止。

1. 假设条件

该库存模型的假设条件，除与瞬时补充，不许缺货的条件相同外，还必须满足下列假设条件。

（1）每次供应（生产）的时间为 t_1，供应批量（生产批量）为 Q，供应（生产）速率为 p，且 $Q = pt$；

（2）需求速率为 R，应满足 $p > R$。

2. 库存状态变化分析

库存状态变化情况如图 4-3 所示。

如图 4-3 所示，该模型的库存状态变化情况，随着时间的波动而排列成一系列三角形。在 t_1 区间内，库存量以 $(p-R)$ 的速率增加；在 $t-t_1$ 区间内，库存量以 R 的速率减少，因而在 t_1 时间内以 $(p-R)$ 的速度供应（生产）等于在 $(t-t_1)$ 时间内以 R 速度的需求消耗。即 $(p-R)t_1 = R(t-t_1)$，并可求出供应（生产）时间 t_1。

$$t_1 = \frac{Rt}{p} \tag{4-7}$$

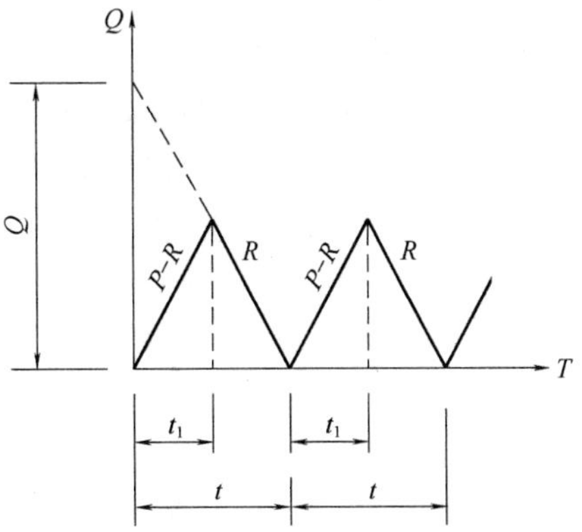

3. 存贮费用分析

从上述可知：

图 4-3 库存状态变化图

（1）在 t 时间内的平均库存量为：

$$\frac{1}{2}(p-R)t_1 \cdot t_1 + \frac{1}{2}(p-R)t_1 \cdot (t-t_1) = \frac{1}{2}(p-R)t_1 \cdot t$$

（2）设单位库存费用为 c_1，则在 t 时间内的平均库存费为：

$$\frac{1}{2}c_1(p-R)t_1 t$$

（3）在 t 时间内订购（生产）的设置费为 c_3，则在单位时间的平均总贮存费用 $C(t)$ 为：

$$
\begin{aligned}
C(t) &= \frac{1}{t}\left[c_3 + \frac{1}{2}c_1(p-R)t_1 t\right] \\
&= \frac{1}{t}\left[c_3 + \frac{1}{2}c_1(p-R)\frac{Rt^2}{p}\right]
\end{aligned}
\tag{4-8}
$$

（4）最佳经济批量

为了求出最佳经济批量，由式（4-8），令 $C(t)$ 对 t 的一阶导数等于零，即

$$\frac{\mathrm{d}C(t)}{\mathrm{d}t} = 0$$

有

$$-\frac{c_3}{t^2} + \frac{1}{2}c_1(p-R) \cdot \frac{R}{p} = 0$$

化简，即可求出最佳订购周期 t^* 为

$$t^* = \sqrt{\frac{2c_3}{c_1(1-R/p)R}} \quad 且\ R < p \tag{4-9}$$

于是，最佳经济批量 Q^* 为

$$Q^* = Rt^* = R\sqrt{\frac{2c_3}{c_1(1-R/p)R}} = \sqrt{\frac{2c_3 R}{c_1(1-R/p)}}$$

即

$$Q^* = \sqrt{\frac{2c_3 R}{c_1(1-R/p)}} \quad 且\ R < p \tag{4-10}$$

（5）最小总存贮费用

将式（4-9）代入式（4-8）中，得出单位时间最小存贮费用 C^* 为

$$C^* = C(t) = \frac{c_3}{t^*} + \frac{1}{2}c_1(p-R)\frac{Rt^*}{p}$$

化简后，得

$$C^* = \sqrt{2c_1 c_3 R(1-R/p)} \quad R < p \tag{4-11}$$

如果当供应（生产）速率 $p \to \infty$ 时，则式（4-9）、式（4-10）和式（4-11）与式（4-2）、式（4-3）和式（4-4）完全相同，故瞬时供应，不允许缺货是有一定补充时间，不允许缺货这类存贮模型的特殊情况。

若设总供应量（生产量）为 M，存贮时间为 T，则在 T 时间内最小总存贮费用 TC^* 为

$$TC^* = T \cdot C(t^*) = T\sqrt{2c_1 c_3 R(1-R/p)} = \sqrt{2c_1 c_3 T^2 R(1-R/p)}$$

考虑到 $M = R \cdot T$，代入上式，得最小总存贮费用 TC^* 为

$$TC^* = \sqrt{2c_1 c_3 TM(1-R/p)} \tag{4-12}$$

由式（4-12），当 $p \to \infty$ 时，其结果与式（4-6）相同，再次说明瞬时供应，不允许缺货是有一定补充时间，不允许缺货的特殊情况。

[例 4-2] 某食品加工厂为某些超市提供某一种加工食品，按下半年度这些超市要求，该厂需提供这种加工食品 100 件/月，每月每件的库存费 1.20 元，每月生产一件这种产品需生产设置费 50 元，该厂可以生产该产品的装置能力为 500 件/月。试求该加工食品的经济供应（生产）批量；最优订购周期；最优生产时间，下半年度的最小总库存费用。

解： 已知 $c_1 = 1.2$ 元/月件，$c_3 = 50$ 元，$R = 100$ 件/月，$p = 500$ 件/月。

该厂 $p > R$，可按 R 加工速率就能满足用户需求，但生产加工需有一定时间。所以，应按有一定的补充时间，不许缺货的库存模型公式求解。

① 最佳经济供应（生产）批量 Q^*

$$Q^* = \sqrt{\frac{2c_3 R}{c_1\left(1-\dfrac{R}{p}\right)}} = \sqrt{\frac{2 \times 50 \times 100}{1.2\left(1-\dfrac{100}{500}\right)}} = 102 \text{（件/批）}$$

② 最佳订购周期 t^*

$$t^* = \frac{Q^*}{R} = \frac{102}{100} = 1.02 \text{（月）} = 31 \text{（天）}$$

③ 最佳生产时间 t_1^*

$$t_1^* = \frac{Q}{p} = \frac{102}{500} = 0.204 \text{（月）} = 6.12 \text{（天）}$$

④ 单位时间最小存贮费用 C^* 为

$$C^* = \sqrt{2c_1 c_3 TM(1-R/p)} = \sqrt{2 \times 1.2 \times 50 \times 6 \div 600\left(1-\frac{100}{500}\right)}$$

$$= 97.98 \text{（元/月）}$$

⑤ 下半年度最小总存贮费用 CT^* 为

$$TC^* = 6C^* = 97.98 \times 6 \text{元} = 587.88 \text{（元）}$$

或由式（4-12），因 $T = 6$ 月，$M = RT = 100 \times 6$ 件 $= 600$ 件，代入，有

$$TC^* = \sqrt{2c_1 c_3 TM(1-R/p)} = \sqrt{2 \times 1.2 \times 50 \times 6 \times 600\left(1-\frac{100}{500}\right)}$$

$$= 587.87 \text{（元）}$$

得出相同的结果。

（三）瞬时补充，允许缺货

允许缺货，把缺货损失加以定量研究是讨论存贮问题的重要内容之一。在某些情况

下，允许缺货一方面可以节省存贮费用；另一方面，因可以减少订购次数，而少支付订购费用，使总存贮费用降低。

1. 假设条件

本存贮模型的假设条件，除允许缺货外，其余条件均与瞬时补充，不允许缺货的存贮模型假设相同。

2. 库存状态分析

假设存贮水平（最大库存量）为 S，需求速率为 R，订购（生产）周期为 t，缺货量 $W=Q-S$，Q 为订购（生产）批量。本存贮问题的库存状态变化如图 4-4 所示。

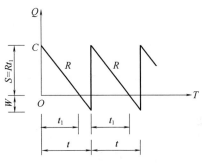

由图 4-4 可知，存贮水平 S 可满足 t_1 时间的需求，即 $S=Rt_1$，有 $t_1=\dfrac{S}{R}$，则平均库存量 $\dfrac{1}{2}St_1$。由于在（$t-t_1$）时间内的库存量均为零，则称 $t-t_1$ 为缺货时间，而缺货量 $W=R(t-t_1)$，平均缺货量为 $\dfrac{1}{2}R(t-t_1)$。每个订购（生产）周期批量 $Q=Rt=S+W$。

图 4-4 库存状态变化图

3. 存贮费用分析

设单位库存费为 c_1，每次订购费为 c_3

（1）在时间 t 内所需库存费用

$$\frac{1}{2}c_1St_1=\frac{1}{2}c_1\frac{S^2}{R}$$

（2）在 t 时间内的缺货损失费

$$\frac{1}{2}c_2R(t-t_1)^2=\frac{1}{2}c_2\frac{(Rt-S)^2}{R}$$

（3）单位时间的平均总存贮费用 $C(t，S)$

$$C(t,S)=\frac{1}{t}\left[c_1\frac{S^2}{2R}+c_2\frac{(Rt-S)^2}{2R}+c_3\right]$$

4. 最佳经济批量

由求 $C(t，S)$ 的极小化问题，即 $\min\limits_{t,s}C(t，S)$

以此来确定最佳经济批量 Q'、最佳存贮水平 S^*、最佳缺货量 W^* 及最佳订购（生产）周期 t^* 等。

由二元函数极值问题的必要条件，有

$$\frac{\partial C(t,S)}{\partial S}=\frac{1}{Rt}[c_1S-c_2(Rt-S)]=0 \qquad\qquad ①$$

即 $S=\dfrac{c_2Rt}{c_1+c_2}$ 代入 $\dfrac{\partial C(t,S)}{\partial t}=-\dfrac{c_1S^2}{2Rt^2}+\dfrac{c_2(Rt-S)^2}{2Rt^2}-\dfrac{c_3}{t^2}=0 \qquad ②$

消去 S，令 $t=t^*$，得最佳订购（生产）周期 t^* 为

$$t^*=\sqrt{\frac{2c_3(c_1+c_2)}{Rc_1c_2}}=\sqrt{\frac{2c_3}{Rc_1}}\cdot\sqrt{\frac{c_1+c_2}{c_2}} \qquad\qquad (4-13)$$

得最佳存贮水平 S^* 为

$$S^* = \sqrt{\frac{2Rc_2c_3}{c_1(c_1+c_2)}} = \sqrt{\frac{2Rc_3}{c_1}} \cdot \sqrt{\frac{c_2}{c_1+c_2}} \qquad (4-14)$$

最佳订购（生产）批量 Q^* 为

$$Q^* = Rt^* = R\sqrt{\frac{2c_3}{Rc_1}} \cdot \sqrt{\frac{c_1+c_2}{c_2}}$$

即

$$Q^* = \sqrt{\frac{2c_3R}{c_1}} \cdot \sqrt{\frac{c_1+c_2}{c_2}} \qquad (4-15)$$

最佳缺货量 W^* 为

$$W^* = Q^* - S^* = \sqrt{\frac{2c_3R}{c_1}} \cdot \sqrt{\frac{c_1+c_2}{c_2}} - \sqrt{\frac{2Rc_3}{c_1}} \cdot \sqrt{\frac{c_2}{c_1+c_2}}$$

化简后得

$$W^* = \sqrt{\frac{2Rc_3}{c_2}} \cdot \sqrt{\frac{c_1}{c_1+c_2}} \qquad (4-16)$$

特殊情况，当不允许缺货，则令缺货费 $c_2 \to \infty$，则由式（4-15）得

$$Q^* = \sqrt{\frac{2c_3R}{c_1}}$$

即瞬时补充，不允许缺货是本存贮问题的特例。

5. 最小总存贮费用

将由式（4-13）和式（4-14）求出的最佳订购（生产）周期 t^* 和最佳存贮水平 S^* 代入式（4-13）中，求出单位时间最佳存贮费用 C^*，即

$$C^* = C(t^*, S^*) = \frac{1}{t^*}\left[\frac{c_1}{2R}S^2 + \frac{c_2}{2R}(Rt^*-S^*)^2 + c_3\right]t^*$$

经化简，则得

$$C^* = \sqrt{2c_1c_3R} \cdot \sqrt{\frac{c_2}{c_1+c_2}} \qquad (4-17)$$

特殊地，当不允许缺货，则令缺货费 $c_2 \to \infty$，则由式（4-17）得

$$C^* = \sqrt{2c_1c_3R}$$

即瞬时补充，不允许缺货是本存贮问题的特例。

如果供应（生产）量为 M，存贮时间为 T，有

$$M = RT$$

则在时间 T 内总存贮费用 TC^*

$$TC^* = C(t^*, S^*) \cdot T = T\sqrt{2c_1c_3R} \cdot \sqrt{\frac{c_2}{c_1+c_2}}$$

$$= \sqrt{2c_1c_3T^2R} \cdot \sqrt{\frac{c_2}{c_1+c_2}}$$

$$= \sqrt{2c_1c_3MT} \cdot \sqrt{\frac{c_2}{c_1+c_2}}$$

同样，当 $c_2 \to \infty$ 时，在时间 T 内总存贮费用 TC^*

$$TC^* = \sqrt{2c_1c_3MT}$$

再一次说明了，瞬时补充，不允许缺货是本问题的特例。

［例 4-3］ 若设［例 4-1］中数据不变，但允许缺货，单位产品每月缺货费为 0.5 元。试求最佳订购（生产）批量 Q^*；最佳存贮水平 S^*；最佳订购（生产）周期 t^*；最大缺

货量 W^*；全年最小总库存费用 TC^*。

解： 由例 4-1 知

$c_1 = 0.2$ 元/件，$c_2 = 0.5$ 元/件，$c_3 = 600$ 元，$R = 1500$ 件/月。

① 最佳存贮水平 S^*

$$S^* = \sqrt{\frac{2Rc_2c_3}{c_1(c_1+c_2)}} = \sqrt{\frac{2\times1500\times0.5\times600}{0.2(0.2+0.5)}} = 2535（件）$$

② 最佳订购（生产）周期 t^*

$$t^* = \sqrt{\frac{2c_3(c_1+c_2)}{c_1c_2R}} = \sqrt{\frac{2\times600(0.2+0.5)}{0.2\times0.5\times1500}} = 2.4（月）$$

③ 最佳订购（生产）批量 Q^*

$$Q^* = Rt^* = 1500\times2.4件 = 3600件$$

④ 最佳缺货量 W^*

$$W^* = Q^* - S^* = 3600件 - 2535件 = 1065件$$

⑤ 单位时间最小存贮费用 C^*

$$C^* = \sqrt{\frac{2c_1c_2c_3R}{c_1+c_2}} = \sqrt{\frac{2\times0.2\times0.5\times600\times1500}{0.2+0.5}} = 507.09（元/月）$$

⑥ 全年最小总存贮费用 TC^*

$$TC^* = 12\cdot C^* = 507.09\times12元 = 6085.08元$$

或 $M = 18000$ 件，$T = 12$ 月，代入式（4-16），全年最小总存贮费用 TC^* 为

$$TC^* = \sqrt{2c_1c_3MT}\cdot\sqrt{\frac{c_2}{c_1+c_2}}$$

$$= \sqrt{2\times0.2\times600\times18000\times12}\cdot\sqrt{\frac{0.5}{0.2+0.5}} = 6085.11（元）$$

（四）有一定补充时间，允许缺货

1. 假设条件

本存贮模型的假设条件，除允许缺货外，其余条件均与有一定补充时间，不允许缺货的假设条件相同。

2. 库存状态变化图

假设供应速率为 p，需求速率为 R，且 $p > R$。缺货时间为 t_3，缺货补充时间为 t_4，缺货量为 W。库存状态变化情况如图 4-5 所示。

从图 4-5 可知，缺货量 $W = (p-R)t_3$，缺货时间 $t_3 = \frac{W}{R}$。而 $W = (p-R)t_4$，缺货补充时间 $t_4 = \frac{W}{p-R}$。故 $t_3+t_4 = \frac{W}{R} + \frac{W}{p-R} = \frac{pW}{R(p-R)}$。在 t 周期内的需求量 $Q = Rt$，$t = \frac{Q}{R}$。

又设 t_1 为由库存量为 0 直到全部订货补充完毕的时间，t_2 为从收到全部订货到库存量再次为 0 的时间。因 $t = \sum_{i=1}^{4} t_1$；故：

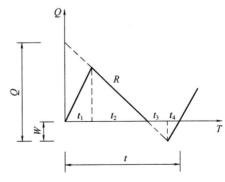

图 4-5 库存状态变化图

$$t_1 + t_2 = t - (t_3 + t_4) = \frac{Q}{R} - \frac{pW}{R(p-R)}$$

$$= \frac{Q(p-R) - pW}{R(p-R)}$$

$$= \frac{p\left[Q\left(1 - \frac{R}{p}\right) - W\right]}{R(p-R)}$$

3. 存贮费用分析

由于 $Q = pt_1, t_1 = \frac{Q}{p}$。因此，在 t 时间内的平均库存费用

$$c_1(t_1 + t_2)\frac{Q - Rt_1 - W}{2} = c_1(t_1 + t_2)\frac{\left[Q\left(1 - \frac{R}{p}\right) - W\right]}{2}$$

$$= \frac{c_1 p}{2R(p-R)}\left[\left(1 - \frac{R}{p}\right)Q - W\right]^2$$

在 t 时间内的平均缺货费用

$$c_2(t_3 + t_4)\frac{W}{2} = \frac{c_2 p W^2}{2R(p-R)}$$

在 t 时间内的平均存贮费用

$$\frac{c_1 p}{2R(p-R)}\left[\left(1 - \frac{R}{p}\right)Q = W\right]^2 + \frac{c_2 p W^2}{2R(p-R)} + c_3$$

单位时间的总存贮费用

$$C(Q,W) = \frac{1}{t}\left\{\frac{c_1 p}{2R(p-R)}\left[\left(1 - \frac{R}{p}\right)Q - W\right]^2 + \frac{c_2 p W^2}{2R(p-R)} + c_3\right\} \tag{4-18}$$

$$= \frac{c_1 p}{2Rt(p-R)}\left[\left(1 - \frac{R}{p}\right)Q - W\right]^2 + \frac{c_2 p W^2}{2Rt(p-R)} + \frac{c_3}{t}$$

4. 最佳经济（生产）批量 Q

因为 $Q = Rt$，$t = \frac{Q}{R}$，并代入式（4-18）中得：

$$C(Q,W) = \frac{c_1 p}{2Q(p-R)}\left[\left(1 - \frac{R}{p}\right)Q - W\right]^2 + \frac{c_2 p W^2}{2Q(p-R)} + \frac{c_3 R}{Q} \tag{4-19}$$

由于，$C(Q, W)$ 是 Q 和 W 的函数，因此，可用二元函数求极值的方法求 $C(Q, W)$ 的最小值。

令

$$\frac{\partial C(Q,W)}{\partial Q} = 0, \frac{\partial C(Q,W)}{\partial W} = 0$$

求解 Q 和 W。

（1）最佳经济供应（生产）批量 Q^*

$$Q^* = \sqrt{\frac{2c_3 R}{c_1\left(1 - \frac{R}{p}\right)}} \cdot \sqrt{\frac{c_1 + c_2}{c_2}} \tag{4-20}$$

（2）最佳缺货量 W^*

$$W^* = \frac{c_1}{c_1 + c_2}\left(1 - \frac{R}{p}\right)Q_0$$

$$= \sqrt{\frac{2c_3 R\left(1 - \frac{R}{p}\right)}{c_2}} \cdot \sqrt{\frac{c_1}{c_1 + c_2}} \tag{4-21}$$

（3）最佳供应周期 t^*

$$t^* = \frac{Q^*}{R} = \sqrt{\frac{2c_3}{c_1 R\left(1-\frac{R}{p}\right)}} \cdot \sqrt{\frac{c_1+c_2}{c_2}} \qquad (4\text{-}22)$$

（4）最佳库存水平 S^*

$$S^* = Q^* - Rt^* - W^* = \left(1-\frac{R}{p}\right)Q^* - W^* = \left(1-\frac{R}{p}\right) \cdot \frac{c_2}{c_1+c_2}Q^*$$

$$\cdot \qquad\qquad (4\text{-}23)$$

$$= \sqrt{\frac{2c_3 R\left(1-\frac{R}{p}\right)}{c_1}} \cdot \sqrt{\frac{c_2}{c_1+c_2}}$$

5. 最佳总存贮费用

将 $Q^* W^*$ 之值代入式（4-19），得出单位时间最佳总存贮费用

$$C^* = C(Q^*, W^*) = \frac{c_1 p}{2Q(p-R)} - \left[\left(1-\frac{R}{p}\right) \cdot Q^* - W^*\right]^2$$

$$+ \frac{c_2 p W^*}{2Q(p-R)} + \frac{c_3 R}{Q^*}$$

设总需求为 M，总存贮时间为 T，有 $M = RT$，最佳订购次数 $n^* = \dfrac{M}{Q^*} = \dfrac{T}{t^*}$，故满足总需求 M 的总存贮费

$$TC^* = C^* \cdot T = C(Q^*, W^*) \cdot T = n^* t^* C(Q^*, W^*) \qquad (4\text{-}24)$$

特殊地，当 $p \to \infty$ 时，瞬时补充，不允许缺货则是瞬时补充，允许缺货的特殊情况。

［例 4-4］ 若仍用［例 4-2］，设每件食品缺货损失费 $c_2 = 0.1$ 元，食品加工厂的生产能力 $p = 3000$ 件/月，其余条件不变。试求最佳经济供应（生产）批量 Q^*；最佳供应周期 t^*；最大缺货量 W^*；最佳库存水平 S^*，最佳生产时间 t^*；单位时间最小存贮费用 C^*；全年总存贮费用 TC^*。

解： 由题意已知

$c_1 = 0.2$ 元/件·月，$c_2 = 0.1$ 元/件·月，$c_3 = 600$ 元，$k = 200$ 元/件（生产成本），$R = 1500$ 件/月，$p = 3000$ 件/月，$M = 18000$ 件/年（全年生产量）。

将上述已知条件代入计算公式中，则：

① 最佳经济供应（生产）批量 Q^*

$$Q^* = \sqrt{\frac{2c_3 R(c_1+c_2)}{c_1 c_2\left(1-\frac{R}{p}\right)}} = \sqrt{\frac{2\times600\times1500(0.2+0.1)}{0.2\times0.1\left(1-\frac{1500}{3000}\right)}} = 7349 \text{（件）}$$

② 最佳供应周期 t^*

$$t^* = \frac{Q^*}{R} = \frac{7349}{1500} = 4.9 \text{（月）}$$

③ 最大缺货量 W^*

$$W^* = \sqrt{\frac{2c_1 c_3 R\left(1-\frac{R}{p}\right)}{c_2(c_1+c_2)}} = \sqrt{\frac{2\times0.2\times600\times1500\left(1-\frac{1500}{3000}\right)}{0.1(0.2+0.1)}} = 775 \text{件}$$

④ 最佳生产时间 t_q^*

$$t_q^* = t_1^* + t_4^* = \frac{Q^*}{p} + \frac{W^*}{p-R} = \frac{7349}{3000} + \frac{775}{3000-1500} = 2.97 \text{（月）}$$

⑤ 最佳存贮水平 S^*

$$S^* = \sqrt{\frac{2c_1 c_2 R\left(1 - \dfrac{R}{p}\right)}{c_1(c_1 + c_2)}} = \sqrt{\frac{2 \times 0.1 \times 600 \times 1500\left(1 - \dfrac{1500}{3000}\right)}{0.2(0.2 + 0.1)}} = 1225 \text{（件）}$$

⑥ 单位时间最小存贮费用 C^*

$$\begin{aligned}
C^* &= \frac{c_1 p}{2Q^*(p - R)}\left[\left(1 - \frac{R}{p}\right)Q^* - W^*\right]^2 + \frac{c_2 p W^2}{2Q^*(p - R)} + \frac{c_3 R}{Q^*} \\
&= \frac{0.2 \times 3000}{2 \times 7349 \times 1500}[0.5 \times 7349 - 775]^2 \\
&\quad + \frac{0.1 \times 3000 \times 775}{2 \times 7349 \times 1500} + \frac{600 \times 1500}{7349} \\
&= 359.44 \text{（元/月）}
\end{aligned}$$

⑦ 全年最小总存贮费 TC^*

$$TC^* = n^* \cdot C^* = 12 \times 359.44 = 4313.28 \text{（元）}$$

⑧ 全年总生产费用 TF

$$TF = TC^* = KM = 4313.28 + 200 \times 18000 = 3604313.28 \text{（元）}$$

三、随机型的连续需求的物资流动与存贮策略

以上讨论了需求速率为常数的确定型存贮问题。但是，在实际生产管理或生活中，需求量往往不是一个常数，而是一个具有已知概率分布的随机变量。这类存贮问题，称为随机型存贮问题。

（一）离散型需求的存贮问题

1. 假设条件

为了建模方便，假设随机型需求的存贮问题满足下列假设条件。

（1）需求量 M 是离散型随机变量，且已知概率分布 $P(m)$，且 $\sum\limits_{m=0}^{\infty} P(m) = 1$；

（2）物资是离散状态的，单位产品单位时间的库存费为 c_1，且无订货费用，即 $c_3 = 0$；

（3）考虑缺货损失，单位产品的缺货损失费用为 c_2。

2. 期望损失费用分析

设订购（生产）批量为 Q，若当 $Q \geqslant m$ 时，则期望库存费用为 $c_1\sum\limits_{n=0}^{\infty}(Q - m)P(m)$；

当 $Q < m$ 时，则缺货损失费用为 $c_2\sum\limits_{m \to Q+1}^{\infty}(m - Q)P(m)$。

又设 $C(Q)$ 为总存贮损失费，则总期望损失费

$$E[C(Q)] = c\sum_{m=0}^{Q}(Q - m)P(m) + c_2\sum_{m=Q+1}^{\infty}(m - Q)P(m) \tag{4-25}$$

3. 求最佳订购（生产）批量

为了求最佳订购（生产）批量 Q^*，只需求解极小化问题，即

$$\min_{Q}[C(Q)] = c_1\sum_{m=0}^{Q}(Q - m)P(m) + c_2\sum_{m=Q+1}^{\infty}(m - Q)P(m)$$

由于 Q 是离散型变量，即 $Q = 0, 1, 2, \cdots$，故对上式进行最优化时，不能采用解析

方法。

下面将应用列举法来求解上述最优化问题。

设订购批量为 $Q+1$，代入式（4-25），有

$$E[C(Q+1)]=\sum_{m=0}^{Q+1}c_1(Q+1-m)P(m)+\sum_{m=Q+2}^{\infty}c_2(m-Q-1)P(m)$$

$$=c_1\Big[\sum_{m=0}^{Q}(Q+1-m)P(m)+(Q+1-Q-1)P(Q+1)\Big]$$

$$+c_2\Big[\sum_{m=Q+1}^{\infty}(m-Q-1)P(m)-(Q+1-Q-1)P(Q+1)\Big]$$

$$=c_1\sum_{m=0}^{Q}(Q-m)P(m)+c_1\sum_{m=0}^{Q}P(m)$$

$$+c_2\sum_{m=Q+1}^{\infty}(m-Q)P(m)-c_2\sum_{m=Q+1}^{\infty}P(m)$$

因 $\sum\limits_{m=0}^{Q}P(m)+\sum\limits_{m=Q+1}^{\infty}P(m)=1$，代入上式，有

$$E(C(Q+1))=c_1\sum_{m=0}^{Q}(Q-m)P(m)+c_2\sum_{m=Q+1}^{\infty}(m-Q)P(m)$$

$$=c_1\sum_{m=0}^{Q}P(m)-c_2\Big[1-\sum_{m=0}^{Q}P(m)\Big]$$

由于 $P(M\leqslant m)=\sum\limits_{m=0}^{Q}P(m)$，对上式化简，则有

$$E[C(Q+1)]=E[C(Q)]+(c_1+c_2)P(M\leqslant m)-c_2 \tag{4-26}$$

若取订购批量为 $Q-1$，同理可得

$$E[C(Q-1)]=E[C(Q)]+(c_1+c_2)P(M\leqslant m)+c_2 \tag{4-27}$$

令 $Q=Q^*$，$E[C(Q^*)]$ 为最小总期望损失费用。由于

$$E[C(Q^*+1)]>E[C(Q^*)],E[C(Q^*-1)]>E[C(Q^*)],$$

由式（4-26）和式（4-27），并联立求解不等式，即

$$\begin{cases}(c_1+c_2)P(M\leqslant Q^*)-c_2>0\\-(c_1+c_2)P(M\leqslant Q^*-1)+c_2>0\end{cases}$$

得

$$P(M\leqslant Q^*-1)<\frac{c_2}{c_1+c_2}<P(M\leqslant Q^*) \tag{4-28}$$

即可得出最佳订购批量 Q^*

若 $Q=Q^*$ 或 $Q=Q^*-1$ 满足条件（4-28），则有

$$P(M\leqslant Q^*-1)<\frac{c_2}{c_1+c_2}=P(M\leqslant Q^*) \tag{4-29}$$

或

$$P(M\leqslant Q^*-1)=\frac{c_2}{c_1+c_2}=P(M\leqslant Q^*) \tag{4-30}$$

因此，$Q=Q^*$ 或 $Q=Q^*+1$，或 $Q=Q^*-1$ 均可为最佳订购（生产）批量。

[例 4-5]　某食品企业准备订购 1 台金检机（金属探测机），该机中的某主要部件按订购合同规定，若与主机同时订购，每件需 500 元，若该部件损坏重新订购时，则因主机停转及临时订货所发生的损失费，需 10000 元。试求在订购金检机时，应额外订购该部件多

少件使总的损失费最小。

该部件损坏情况，根据以往的统计资料已知，每 100 台同类型金检机所发生的损坏估计概率，如表 4-1 所示。

表 4-1 部件损坏估计概率表

部件损坏件数	坏件的金检机台数	损坏估计概率
0	90	0.90
1	5	0.05
2	2	0.02
3	1	0.01
4	1	0.01
5	1	0.01
6 或 6 以上	0	0

解： 已知 $c_1 = 500$ 元/件，$c_2 = 10000$ 元/件。

设 m 为损坏件数，Q 为订贷时的订购部件数，则

$$\frac{c_2}{c_1 + c_2} = \frac{10000}{5000 + 10000} = 0.952$$

根据表 4-1 所估计的部件损坏概率，就可求得损坏件数统计的概率分布，见表 4-2。

表 4-2 部件损坏件数概率分布表

部件订购数 Q	部件损坏数 m	铲车部件损坏估计概率 $P(m)$	部件损坏件数概率分布 $P(M \leqslant Q)$
0	0	0.90	0.90
1	1	0.05	0.95
2	2	0.02	0.97
3	3	0.01	0.98
4	4	0.01	0.99
5	5	0.01	1.00
6	6	0	1.00

由表 4-2 可知：

当 $Q = 2$ 时，则 $P(M \leqslant 2) = 0.97 > 0.952$

当 $Q = 1$ 时，则 $P(M \leqslant 1) = 0.95 < 0.952$

因此，取 $Q = 2$ 件为最佳订购置。

如果事先并不知道缺货损失费是多少，我们可用上述公式估算缺货损失费作为制定库存策略的依据。

如例 4-5 中，事先不知道 c_2 值，而决策者决定用三个备用部件这一方案，c_2 值可按上述公式计算。

即： $P(M \leqslant 2) = 0.97, P(M \leqslant 3) = 0.98$

则 $$0.97 < \frac{c_2}{c_2 + 500} < 0.98$$

缺少一个部件的平均缺货损失费 $\overline{c_2}$ 为：

$$\overline{c_2} = \frac{16167 + 24500}{2} = 20334（元/件）$$

（二）需求连续性随机变量

1. 假设条件

（1）需求量 M 是连续性的随机变量，且具有已知概率密度函数 $f(m)$（$m \geqslant 0$），其分布函数为：

$$P(M \leqslant m) = \int_{-\infty}^{m} f(m)\mathrm{d}m = \int_{0}^{\infty} f(m)\mathrm{d}m；$$

（2）设置成本为 0。

2. 期望损失费用分析

设单位产品单位时间的库存费 c_1，单位产品事故货费为 c_2，订购（生产）批量为 Q。

当 $Q > m$ 时，期望存贮费用

$$E[C_1(Q)] = \int_{0}^{Q} c_1(Q - m) f(m)\mathrm{d}m$$

当 $Q < m$ 时，期望缺货费用

$$E[C_2(Q)] = \int_{0}^{Q} c_2(Q - m) f(m)\mathrm{d}m$$

总期望损失费用 $E[C_2(Q)]$

$$\begin{aligned} E[C(Q)] &= E[C_1(Q)] + E[C_2(Q)] \\ &= \int_{0}^{Q} c_1(Q - m) f(m)\mathrm{d}(m) + \int_{Q}^{\infty} c_2(m - Q) f(m)\mathrm{d}m \end{aligned} \tag{4-31}$$

3. 最佳订购（生产）批量

为了求最佳订购（生产）批量，应求解极小值问题为

$$\min E[C(Q)] = \int_{0}^{Q} c_1(Q - m) f(m)\mathrm{d}m + \int_{Q}^{\infty} c_2(m - Q) f(m)\mathrm{d}m$$

即求 $\dfrac{\mathrm{d}E[C(Q)]}{\mathrm{d}Q} = 0$

因

$$\begin{aligned} \frac{\mathrm{d}E[C(Q)]}{\mathrm{d}Q} &= \frac{\mathrm{d}}{\mathrm{d}Q}\left[c_1 \int_{0}^{Q}(Q - m) f(m)\mathrm{d}m + c_2 \int_{Q}^{\infty}(m - Q) f(m)\mathrm{d}m\right] \\ &= c_1 \frac{\mathrm{d}}{\mathrm{d}Q}\int_{0}^{Q}(Q - m) f(m)\mathrm{d}m + c_2 \frac{\mathrm{d}}{\mathrm{d}Q}\int_{Q}^{\infty}(m - Q) f(m)\mathrm{d}m \\ &= c_1 \int_{0}^{Q} f(m)\mathrm{d}m - c_2 \int_{Q}^{\infty} f(m)\mathrm{d}m \\ &= c_1 \int_{0}^{Q} f(m)\mathrm{d}m - c_2 \left(1 - \int_{0}^{Q} f(m)\mathrm{d}m\right) \\ &= (c_1 + c_2) P(M \leqslant Q) - c_2 = 0 \end{aligned}$$

故

$$P(M \leqslant Q) = \frac{c_2}{c_1 + c_2} \tag{4-32}$$

又因

$$\begin{aligned} \frac{\mathrm{d}^2 E[C(Q)]}{\mathrm{d}Q^2} &= \frac{\mathrm{d}}{\mathrm{d}Q}\left[(c_1 + c_2)\int_{0}^{Q} f(m)\mathrm{d}m - c_2\right] \\ &= (c_1 + c_2) f(m) > 0 \end{aligned}$$

所以，要使总期望存贮费用最小，其最佳订购（生产）批量 $Q = Q^*$ 应满足下列条

件，即

$$P(M \leqslant Q^*) = \frac{c_2}{c_1 + c_2} \tag{4-33}$$

特殊地，若设订购量最佳时，至少有一件缺货的概率为 $P(M > Q^*)$，则有

$$P(M > Q^*) = 1 - P(M \leqslant Q^*) = 1 - \frac{c_2}{c_1 + c_2} = \frac{c_1}{c_1 + c_2} \tag{4-34}$$

如果决策者要求以 $100(1-\alpha)\%$ 的置信水平不允许缺货，则订购（生产）批量 Q^* 为

$$P(M \leqslant Q^*) = \int_0^Q f(m) \mathrm{d}m = 1 - \alpha \tag{4-35}$$

式中 α——置信度，且 $0 < \alpha < 1$。

[**例 4-6**] 某面粉加工厂，每月小麦需求量（t）的概率密度函数估计为：

$$f(m) = \begin{cases} \dfrac{1}{1000} e^{-m/1000} & m \geqslant 0 \\ 0 & m < 0 \end{cases}$$

每月每 t 小麦的库存费 5 元，缺货费 12 元，试求该厂对小麦的最佳订购量。

解 已知：$c_1 = 5$ 元，$c_2 = 12$ 元。

由式（4-33），得：

$$P(M \leqslant Q^*) = \frac{c_2}{c_1 + c_2} = \frac{12}{5 + 12} = 0.706$$

又因

$$P(M \leqslant Q^*) = \int_0^{Q^*} \frac{1}{1000} e^{-m/1000} \mathrm{d}m$$

故

$$\int_0^{Q^*} \frac{1}{1000} e^{-m/1000} \mathrm{d}m = 0.706$$

积分得

$$1 - e^{-Q^*/1000} = 0.706$$

$$e^{-Q^*/1000} = 1 - 0.706 = 0.294$$

取自然对数：$-Q^*/1000 = \ln 0.294$

最佳订购量 $Q^* = 1224$（t）

（三）（s、S）库存策略

一般来讲，由于需求是随机变量，事前难以知道需求的准确数值，因此无法拟定库存策略。从库存的角度考虑，我们假设在开始时原有一定的库存量为 I，如供不应求时，则需承担缺货费；如供过于求时，则多余的部分仍需库存起来。由于存在着这种不确定性，就需计算随机变量的期望值，从而求得最佳库存量（或最佳订购量）。

1. 假设条件

（1）原有库存量为 I（为某个常数）；

（2）需求量 M 是离散性随机变量，其概率分布为 $P(m)$，且已知，$m = 0$，1，2，…

$$\sum_{m=0}^{Q} P(m) = 1;$$

（3）库存物单价为 K，每次订购费为 c_3。当订购批量为 Q 时，所需订购费用为 $c_3 + KQ$；

（4）单位产品单位时间库存费为 c_1，单位产品缺货费为 c_2；

（5）订货点（安全点）s，最大存贮水平为 S。

2. 期望费用分析

若订购（生产）批量为 Q，则库存量达到 $Q+I$，所需各项期望费用如下：

（1）订购（生产）费用 $c_3 + KQ$；

（2）期望库存费用 当 $M < Q+I$ 时，则为 $E[c_1(Q)] = \sum\limits_{m=0}^{Q+I} c_1(Q+I-m)P(m)$；

（3）期望缺货费用 当 $M > Q+I$ 时，则为 $E[c_2(Q)] = \sum\limits_{m=Q+I+1}^{\infty} c_2(m-Q-I)P(m)$；

（4）期望总费用 期望总费用等于上述各项费用期望值之和，即

$$E[C(Q+I)] = c_3 + KQ + \sum_{m=0}^{Q+I} c_1(Q+I-m)P(m)$$
$$+ \sum_{m=Q+I+1}^{\infty} c_2(m-Q-I)P(m) \tag{4-36}$$

式中 $Q+I$——库存达到的水平，即最大存贮水平。

令 $S = Q+I$，则式（4-36）改为

$$E[C(S)] = c_3 + K(S-I) + \sum_{m=0}^{S} c_1(S-m)P(m) + \sum_{m=S+1}^{\infty} c_2(m-S)P(m) \tag{4-37}$$

3. 最佳订购（生产）批量

要求最佳订购（生产）批量 Q^*，必须求解下列极值问题，即

$$\min_{S} E[C(S)]$$

求解方法，与前述的离散型随机存贮问题的求解方法类似，分别得出下列结果

$$E[C(S+1)] = E[C(S)] + (c_1+c_2)\sum_{m=0}^{S} P(m) - c_2 + K$$

$$E[C(S-1)] = E[C(S)] - (c_1+c_2)\sum_{m=0}^{S-1} P(m) + c_2 - K$$

若取 $S = S^*$，则有 $E[C(S^*+1)] > E[C(S^*)], E[C(S^*-1)] > E[C(S^*)]$。

联立求解不等式，有

$$(c_1+c_2)P(M \leqslant S^*) - c_2 + K > 0$$
$$-(c_1+c_2)P(M \leqslant S^*-1) + c_2 - K > 0$$

得

$$P(M \leqslant S^*-1) < \frac{c_2 - K}{c_1 + c_2} < P(M \leqslant S^*) \tag{4-38}$$

只要最大存贮水平 S 满足式（4-38），即可得出最佳的最大存贮水平为 $S = S^*$。

最佳订购批量 Q^* 为

$$Q^* = S^* - I \tag{4-39}$$

4. 订购点 s 的确定

设最大存贮水平为 S，初始库存量 I。

当 $I > S$ 时，可以不订购；当 $I \leqslant S$ 时、则要订货，使其达到存贮水平 S，则订货量 $Q = S - I$。

计算 S 值的方法，可以采用列举法，并检查下述不等式是否成立，即

$$KS + \sum_{m<S} c_1(S-m)P(m) + \sum_{m>S} c_2(m-S)P(m) \leqslant c_3 + KS$$
$$+ \sum_{m<s} c_1(S-m)P(m) + \sum_{m>s} c_2(m-S)P(m) \tag{4-40}$$

因存贮水平只能从离散需求 m_0，m_1，m_2，…，m_i，…中取值，一般以最小需求值 $\min\{m_i\}$ 为订购点 s。当 $s < S$ 时，上式左端缺货费期望值虽会增加，但订购费和库存费期望值则会减少，一增一减可使式（4-40）成立；在最不利的情况下，因 $s = S$ 时，不等式不能成立。综上所述，一般可由最小需求量，并检查式（4-40）是否成立，来确定订购点 s。

[例 4-7] 某食品厂用牛肉作原料制成产品出售，已知每箱牛肉购价 $K = 800$ 元，订购费 $c_3 = 60$ 元，库存费每箱 $c_1 = 40$ 元，缺货费每箱 $c_2 = 1015$ 元，原有库存量 $I = 10$ 箱，工厂对牛肉原料需求的概率是：

$$P(M = 30箱) = 0.2, \quad P(M = 40箱) = 0.2,$$
$$P(m = 50箱) = 0.4, \quad P(M = 60箱) = 0.2。$$

试求该厂订购牛肉的最佳订购量和最佳订货点。

解：

① 计算临界值

$$\frac{c_2 - K}{c_1 + c_2} = \frac{1015 - 800}{40 + 1015} = 0.204$$

② 最佳订购量 Q^*

最佳库存水平应满足以下不等式，即：

$$P(M \leqslant S^* - 1) < 0.204 < P(M \leqslant S^*)$$

解上述不等式组：

$$P(30) = 0.2 \not> 0.204$$
$$P(30) + P(40) = 0.2 + 0.2 = 0.4 > 0.204$$

故 $$S^* = 40 \text{ 箱}$$

最佳订购量 $Q^* = S^* - I = 40 - 10 = 30$（箱）。

③ 最佳订货点 s

已计算出 $S^* = 40$ 箱，则可作为 S 的 m 值，而 m 值只有 30 或 40 两个值。我们就将 30 作为 S 值代入式（4-40）的左端得：

$$800 \times 30 + 1015[(40 - 30) \times 0.2 + (50 - 30) \times 0.4 + (60 - 30) \times 0.2] = 40240$$

又将 40 作为 S 值代入式（4-40）的右端得：

$$60 + 800 \times 40 + 40[(40 - 30) \times 0.2] + 1015[(50 - 40) \times 0.4 + (60 - 40) \times 0.2] = 40260$$

经验算可知式（4-40）不等式成立，因 30 是 m 值的最小值，故最佳订货点 $s = 30$ 箱。

第二节 食品物流设计

一、食品物流系统定义和特点

（一）食品物流系统的定义

食品物流系统可定义为：在一定的时间和空间里，由所需位移的食品（食品、油料、蔬菜、水果、畜禽肉、蛋类、水产品、乳制品等 11 大类主要农产品和其他食品）、包装设备、装卸机械、运输工具、仓储设施、流通加工、配送、信息处理等若干相互制约的动态要素，所构成的具有特定功能的有机整体。通过这些要素的相互配合、协调工作，完成食品物流系统特定的目标，实现食品的空间效益和时间效益，最终较好地服务于人们的生活。

食品物流系统之所以这样定义，是基于我国食品物流面临的新环境，要解决与食品物流密切相关的食品多样快捷化要求、食品安全控制、食品规模效益等问题，需要利用系统的思想把物流中的各个环节与信息融为一体，以最低的物流费用、最好的服务质量，达到以提高社会经济效益为目的的综合性组织管理技术。需要引进先进的物流供应链管理思想，将生产链的上下源头有机结合起来，以其先进体系提高我国食品企业的竞争力，为食品企业打造全方位的物流体系和增值服务。

这里强调一下食品整体物流的概念。食品的整体物流，即食品工厂车间内的加工过程也是食品物流中的一个不可忽视的环节。①"从田头到餐桌"的流送过程中，经过了若干个环节，每个环节都与食品的加工、保存、条件维护、装备性能、成本、操控人员的素质、各阶段的标准要求相关；②要建立各阶段的标准、要求、包括检验标准系统；③在整个物流系统中要维护过程的稳定和安全，可追溯系统方法的建立、可追溯系统执行是很重要的，同时也是获得数据的重要过程，大数据的引入在这里有着最重要的应用。

（二）食品物流的特点

食品物流与其他物流相比具有特殊性，表现为食品物流对产品交货时间即前置期有严格标准，对外界环境有严格要求（如适宜的温度和湿度），要求高度清洁卫生，必须有合适的冷链，某些食品的特殊要求（如不同品种的水果不能混装以免催熟，水产品鲜货与陈货不能混装，生熟食品要分开）等。这些是属于食品本身对物流提出的要求。

为了应对新环境所带来的机遇和挑战，需要物流业有效解决食品多品种小批量的流通问题、前置期最小化问题、与电子商务的配套合作问题、绿色食品消费的流通问题、与世界接轨的标准化问题等。而食品行业面临的众多问题，恰恰就需要物流软件的管理思想和硬件的物质支持。将物流引入食品行业，是我国食品行业势在必行的改变和趋势。物流可以缓解食品行业的众多压力和尴尬，是我国食品行业提高竞争力、满足顾客需求的出路。其具体目标如下：

（1）现代物流"多品种、小批量"的配送方式可以满足顾客现有的消费模式，运输的快捷和安全是物流业提供服务的特色，其 JIT（Just in Time）配送体系可以保证食品的新鲜和运送的及时，其先进的联营方式可以保证食品大量空间位移的实现。因此，物流为我国食品行业"多品种、大批量"的生产和顾客"多品种、小批量"的需求提供了坚实的物质基础和支持。

（2）现代物流业的设备和技术可以满足食品行业苛刻的保藏条件和保鲜程度的要求，冷冻食品供应链已经成为我国物流发展所关注的课题，最近，又有一些大型企业进军冷藏物流，实力雄厚的企业可以为食品行业提供先进的设备和技术，从而可以大大降低我国食品行业在仓储和运输方面的损耗。

（3）先进的管理思想和硬件设备可以降低食品的终端价格。

（4）物流业可以提高我国食品行业的综合竞争力。构建我国食品行业的现代物流平台，通过变革将传统的基础物流向食品供应链物流转变，改变传统的作业模式，是现在食品企业面临的主要课题。物流供应链系统就是通过将供应链上下游的原料提供商、生产者和零售商等联合起来，使企业间的关系由传统的"杀价"转为"双赢"，从全局化的角度来找到最优的方案。同时，物流供应链还可以将顾客与企业紧密结合，快速反映市场的需求和变幻，从而全面提高食品行业综合竞争力。

（三）食品物流系统的功能要素

食品物流系统的功能要素指的是食品物流系统所具有的基本能力，这些基本能力有效地组合、联结在一起，便成了食品物流的总功能，便能合理、有效地实现食品物流系统的总目的。食品物流系统的功能要素一般认为由运输、储藏、包装、装卸搬运、流通加工、配送、物流信息等组成。

（1）运输功能　运输是物流的核心业务之一，也是食品物流系统的一个重要功能。选择何种运输手段或线路对于物流效率具有十分重要的意义。在决定运输手段时，必须权衡运输系统要求的运输服务和运输成本，可以运输机具的服务特性作为判断的基准，如运费、运输时间、频度、运输能力、食品的安全性、时间的精准性、适宜性、伸缩性、网络性和信息等。

（2）仓储功能　在食品物流系统中，仓储和运输是同样重要的构成因素，包括了对进入食品物流系统的食品进行储藏、保鲜、保质、监测、管理等一系列活动。仓储的作用主要表现为：一是最大程度地保证食品的质量、食用价值和营养价值；二是为将食品配送给用户，在物流中心进行必要的加工活动而进行的保藏。对于食品物流系统现代化仓储功能的设置，以生产支持仓库的形式，为有关企业提供稳定的食品原料或食品供给，将企业独自承担的安全储备逐步转为社会承担的公共储备，减少企业经营的风险，降低物流成本，实现储存物的不同而分开储藏（如生鲜食品仓储、干制食品仓储、水产品仓储、乳制品仓储、饮料仓储等），使企业逐步形成零库存的生产物资管理模式。

（3）包装功能　为使物流过程中的食品按质、按量地运送到用户手中，并满足用户和服务对象的要求，需要对大多数食品进行不同方式、不同程度的包装。包装分工业包装和商品包装两种。工业包装的作用是按单位分开产品，便于运输，并保护在途食品。商品包装的目的是便于最后的销售。由于食品的安全性要求极为严格以及食品市场实行的准入制度，包装的同时还要贴安全标志。因此，包装的功能体现在保护商品、单位化、便利化和商品广告等几个方面。前三项属物流功能，最后一项属营销功能。在食品包装方面，应该提倡包装绿色化。

（4）装卸搬运功能　装卸搬运是随运输和保管而产生的必要物流活动，是对运输、保管、包装、流通加工等物流活动进行衔接的中间环节，以及在保管等活动中为进行检验所进行的装卸活动，如货物的装上卸下、移送、拣选、分类等。对装卸搬运的管理，主要是对装卸搬运方式、装卸搬运机械设备的选择和合理配置与使用以及装卸搬运合理化，尽可能减少装卸搬运次数，避免食品受到装卸设备、外界环境的污染和引起食品变质，同时节约物流费用，获得较好的经济效益。

（5）流通加工功能　流通加工指在流通过程中继续对流通中商品进行生产性加工，以使其成为更加适合消费者需求的最终产品。相对其他行业来说，食品的流通加工显得更为广泛和重要。可以通过流通加工来保持并提高食品保存功能，使其提供给消费者时保持新鲜。食品流通加工主要包括：冷冻食品；分选农副产品；分装食品，重新包装；精制食品。流通加工的内容有袋装、定量化小包装、贴标签、配货、挑选、混装、刷标记等。流通加工功能其主要作用表现在：进行初级加工，方便用户；进行精加工，提高品质；充分发挥各种运输手段的最高效率，最终提高经济和社会效益。

（6）配送功能　食品配送一般是直接从生产地或生产厂大批购进产品，经过初加工或分装，按客户需求按时送至客户手中。配送的食品一般是经过加工和消毒杀菌的，可以免洗、直接生食或直接烹调，配送机构集中清洗果蔬，不仅水的利用率高、清洗质量高，而且分选去除的下脚废弃物可统一处理。消费者食用免洗粮和菜，可大大减少废水和垃圾的排放量，促进城市环境保护。

（7）信息服务功能　现代物流是需要依靠信息技术来保证物流体系正常运作的。食品信息服务功能的主要作用表现为：缩短从接受订货到发货的时间，库存适量化，提高搬运作业效率，提高运输效率，使接受订货和发出订货更为省力，提高订单处理的精度，防止发货、配送时出现差错，调整需求和供给，提供信息咨询等。

二、食品物流设计

（一）食品物流设计的目标

（1）服务目标　食品物流产业涉及多个组成单位，从开始的农产品种植、原料运输、食品加工生产到运往配送中心，直至零售商，最后被消费者消费。而食品物流系统联结着食品生产与再生产、生产与消费，因此要求有很强的服务性。食品物流系统采取送货、配送等形式，就是其服务性的体现。目标就是给顾客提供更好的质量、更大的柔性、更多的选择、更高的价值和更低价格的服务。在技术方面，近年来出现的"准时供货方式""柔性供货方式"等，也是其服务性的表现。

（2）快速、及时目标　及时性不但是服务性的延伸，也是流通对物流提出的要求。快速、及时既是一个传统目标，更是一个现代目标。其原因是随着社会大生产的发展，这一要求更加强烈了。食品行业有其特殊性，食品的原材料多是需要保鲜或者再加工的，物流过程所花费的时间越长，其风险就越大。在物流领域采取的诸如直达物流、高速公路、铁路快运、航空快运、时间表系统等管理和技术，就是这一目标的体现。

（3）节约目标　节约是经济领域的重要规律，在物流领域中除流通时间的节约外；由于流通过程消耗大而又基本上不增加或提高商品使用价值，所以通过节约来降低投入，是提高相对产出的重要手段。由于食品物流的特殊性，节约的目标就更为重要。因为除部分干制食品外，大多数食品原料或食品（如生鲜食品、乳制品等）在流通过程中较易受环境的影响，随时间的延长而发生变质损耗，甚至受到污染。流通时间越短，成本节约的可能性就越大。

（4）规模化目标　以物流规模作为物流系统的目标，以此来追求"规模效益"。在物流领域以分散或集中等不同方式建立物流系统，研究物流集约化的程度，就是规模优化这一目标的体现，如：如何合理利用机械化与自动化的程度，情报系统的集中化所要求的电子计算机等设备的利用等。食品供应链属于典型的功能性产品供应链，供应链的设计主要着眼于各环节综合成本最小化，通过采购、生产、配送的平稳运作来降低成本。强调规模经济，如产能利用率、库存周转率等物质效率指标。

（5）库存调节目标 库存过多则需要更多的仓储场所，而且会导致库存资金积压而浪费。必须按照生产与流通的需求变化对库存进行控制。在食品物流系统中利用"延迟"技术可有效地利用总体预测的信息，缩短交货期和有效降低食品生产、销售成本。增加订单生产中库存生产的比例，减少为满足客户订单中的特殊需求而在设计、制造及包装等环节中增加的各种费用。所谓"延迟"技术就是通过设计食品和生产工艺，可以把制造何种食品和差异化的决策延迟到开始进行生产时，使一类或一系列产品延迟区分为专门的产成品，这种方法称为延迟产品的差异，即食品生产的通用工序和特色化工序进行分离。

（二）食品物流系统模式

食品物流系统与其他物流系统一样，具有输入、处理（转化）及输出三大功能。通过输入和输出使系统与系统所处环境进行交换，使系统和环境相依存。

输入就是将食品原材料（如油料、蔬菜、水果、畜禽肉、蛋类、水产品、乳制品等11大类主要农产品）和其他食品、资金、信息、劳动力、能源等提供给食品物流系统，并对系统发生作用，统称为外部环境对系统的输入。处理或转化就是指从输入到输出之间所进行的物流业务活动，如物流管理、业务活动、设施建设、信息处理、物流技术创新等。输出指的是系统通过自身的功能对环境的输入进行各种处理与转化后所提供的物流服务，如食品能及时、准确、安全地进行位置转移；各种劳务如合同的履行及其他服务；信息反馈等。但由于食品的特殊性，其具体的物流模式与食品种类密切相关。现对几种模式作简要介绍。

（三）食品供应链物流管理模式

要解决与食品物流密切相关的食品消费多样快捷化要求，食品安全卫生控制等问题，我们需要将传统的基础物流向整合物流模式——供应链物流管理模式转变。所谓供应链管理（Supply Chain Management，SCM），是在满足服务水平需要的同时，为了使系统成本最小而采用的把供应商、制造商、仓库和商店有效地结合成一体来生产商品，并把正确数量的商品在正确的时间配送到正确地点的一套方法。一般而言，农产品供应链由不同的环节和组织载体构成：产前种子、饲料等生产资料的供应环节（种子、饲料供应商）—产中种养业生产环节（农户或生产企业）—产后分级、包装、加工、储藏、销售环节—消费者。在国外，这个供应链被形象地比喻为"种子—食品"，在我国通常被称之为"田头—餐桌"。图4-6所示为食品供应链系统物流模式，图中每一环节代表一个组成单位。我国传统物流是由分散的各成员各自进行物流运作，而供应链物流是将上下游企业作为整体，相互合作、信息共享，提高物流的快速反应能力，降低物流成本的管理模式。

这样，通过食品供应链物流的整合管理，可使物流活动的每一环节为了共同的目标，保持协调一致，可有效提高食品物流的效率和服务水平，通过食品原料的源头卫生安全控制，可确保食品安全质量体系的良好运行。通过食品供应链物流的整合管理，不但可以达

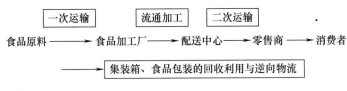

图 4-6　食品供应链系统物流模式

到资源配置的合理化，增强企业自身的竞争能力，还可以有效提高食品物流的效率和服务水平，通过对食品原料进行监控，从源头确保食品安全质量体系的良好运行。我国世界500 强企业中国粮油食品进出口公司在这方面已做了初步尝试，如对普通玉米油的提炼，从培育种子开始到最后的提炼以及销售、出口都在进行研究和建立管理体制。但我国物流基础设施落后，物流水平远远落后于美国、日本等发达国家，这样的食品供应链有待于逐步试验和实现。由于供应链上各物流机构在整合的过程中往往存在利益冲突，应该注意选择整合渠道，建立共同的供应链物流效益最大化目标。

（四）农产品物流系统模式

1. 以生产为中心的农产品一体化物流系统

我国是农业大国，农产品物流不仅受国内诸因素的影响，而且还面临经济全球化的挑战。据国家计委统计，中国每年有总值 750 亿元人民币的果蔬在运送过程中腐坏，一些容易腐坏食品的售价中有七成是用来补贴在物流过程中的支出。农副产品流通量很大，其中80％以上的生鲜食品是采取常温保存、流通和初加工手段。据统计，常温流通中损失果蔬20％～30％、粮油 15％、蛋 15％、肉 3％，加上食品的等级间隔、运输及加工损耗，每年造成经济损失上千亿元。这是当前农业面临的一个非常紧迫的重大课题。中国入世后的农产品物流将纳入世界农产品物流一体化体系之中，国内农产品物流一体化的滞后发展，是中国农产品在国际竞争中存在的重要问题，主要表现在以下两个方面：①农业和农产品市场管理体制的制约，使农产品物流系统分散割裂；②农产品物流的地方割裂，市场竞争无序。地方农产品物流的人为割裂以及农产品市场竞争的无序，是国内农产品市场缺乏整合的重要表现，是市场体系不健全造成物流一体化程度低的又一重要原因。

农产品一体化物流系统的建立将有利于这一问题的解决。农产品物流是指以生产、商业或顾客为中心的一系列农产品和相关物品从供应方至接收方的实体流动过程及其相关的技术、组织和管理等活动。它包括农产品生产资料的供应物流、生产物流、销售物流等。具体包括运输、储存、生产要素调配和管理、加工、装卸、包装、配送和信息处理等方面的有机结合。农产品物流链则主要指农产品的产前、产中和产后的流动过程。农产品一体化物流系统主要是把各个环节有机地结合，形成产供销的一体化。由于在完全竞争的观念下产生的传统农产品物流系统的实践过程中，系统成员间是一种交易关系且各自相互独立，因而产生了为自身利益进行的激烈竞争。由于传统物流系统各成员间的过度竞争带来的高成本和低效率，便产生了为协调竞争关系的系统领导者对其他成员的控制，形成了以生产、商业和其他形式为主的一体化合作体系，即垂直一体化物流系统。下面简单介绍垂直一体化物流系统的一些优、缺点。

垂直一体化物流系统的优点：

（1）能够保证生产活动的稳定性　如资金、技术和生产资料等由公司为农户提供帮助，同时企业在加工原料的供应上获得了保证。

（2）生产规模扩大，便于降低成本　公司可以通过契约来规定双方权利和义务，以较少的投入拥有稳定的原料供应基地，与建立新生产基地所需成本要小得多。

（3）减少农户市场风险　农户通过契约与公司签订收购合同，避免市场价格起伏的风险。

（4）有利于提高生产者参与市场能力　单个农户很难在市场中体现竞争能力，通过公司为主的联合，使更多的农户共同参与市场竞争，大大提高了竞争能力。特别是改变过去那种单个农户在农产品市场中存在的信息不对称、谈判能力不对称等情况。

垂直一体化物流系统的缺点：

（1）垂直一体化使公司规模扩大化、运作复杂化　与从市场直接购买加工原料相比，由过去只通过洽谈和订单两个环节就能解决的问题变成了既要管理生产（产品标准要求），又要从事种子开发等技术研究和推广，还要进行农产品收购和仓储等。这种物流职能（或任务）的内部化，如果不能有效地进行科学管理，很容易造成规模不经济。

（2）系统中领导者是农产品加工公司　在系统内部，公司与各农户相比，农户的组织度低，在信息和其他实力方面存在着不对称。因而在利益分配上，农户往往分不到农产品在市场流通中的平均利润，容易造成农户与公司间的矛盾冲突。

（3）以生产为中心的垂直一体化物流系统，重心在生产，往往在农产品市场流通方面缺乏经验，容易出现产与销的脱节。

在上述基础上，出现了以生产者和商贸为中心的垂直一体化农产品物流系统模式。

2. 以商贸为中心的垂直一体化农产品物流系统

以商贸为中心的垂直一体化农产品物流系统通过"企业办市场"创建了一条以商业企业为主的垂直一体化物流系统。通过"企业办市场，市场企业化"，实现了农产品物流系统创新。

以商业企业为主的垂直一体化物流系统包括三方面内容：

（1）建立以批发市场为中心，多种渠道的农产品物流模式，通过规范化的管理来实现农产品物流渠道的畅通。具体流程：生产者—中介商—批发市场—批发商—零售—消费者。其中中介商负责产品的分类、分级和包装；批发市场提供价格信息和市场供求信息，并提供拍卖、期货等交易平台；批发商选购和再批发；零售购买组织可直接进入批发市场（指零售合作组织）。

（2）政府的作用体现在运作政策、法规、税收等宏观调控上，对农产品在渠道中的流通过程不加具体干预。

（3）企业管理主要是培育和完善批发市场的商品集散功能、信息功能、价格形成功能和其他服务功能，并负责渠道成员间的协调和仲裁。企业管理内容包括该公司所属企业的管理和进入物流渠道系统的其他成员实行企业内部化的管理。由于进入批发市场的其他渠道成员将会成为该公司的一部分，公司将会运用制度权力规范其交易行为。

（五）菜篮子工程流通系统模式

菜篮子工程流通系统由集贸市场，批发市场，各种蔬菜、副食品贮藏库及生产基地组成。系统的各级之间存在着一定的相互联系、相互制约的关系。一般来说，以消费者逐级向上直到生产基地存在着产品需求关系，而从生产基地逐级向下直到消费者存在着供应货品、满足需求的关系。在各级之间，自然会形成错综复杂的物资、资金和信息的流动，它们整个构成动态流通系统。其中物流主要表现为副食品生产、副食品库存、副食品运送以及出售副食品，信息流则是由消费者逐级向上的需求信息反馈。物流和信息流的各个阶段都需占有一定时间，也即产生一定的时间延迟，如蔬菜生产、畜牧养殖、副食加工、冷冻贮藏及运转、集市买卖等所造成的时间延迟系统的各个部门都有相应的物流和信息流的输入和输出。它们即形成整个系统的复杂动态变化。如果将此动态变化做一系统模拟，然后在深入分析各环节的定性关系和定量关系的基础上，提出恰当的模型以正确地表达这些关系，进行动态模拟，即可探索较优的流通管理决策。

（六）生鲜食品冷链物流系统模式

所谓生鲜食品是指在 $0\sim10℃$ 温控条件下加工上市的各类营养保全、洁净卫生、又未经烹调加工的生制食品和调味半制食品。生鲜食品冷链物流是指农副产品在加工、储存、运输、销售等各个环节中，保持其恒定的温度（如畜禽产品在销售过程中应保持 $0\sim40℃$），这样既保证品质新鲜，又可延长保鲜期。它们大多以托盘包装的形式出现在市场上。生鲜食品冷链物流工程是一场食品行业中的革命，也促进了食品生产、批发及零售业的改革。另外，生鲜食品冷链物流不仅仅限于生鲜肉，在目前的市场中还有生鲜蔬菜、鲜水果、鲜净蔬菜等多种形式的生鲜食品，它们对保存的温度、湿度的要求各有不同。因此，在加工销售各环节中最应引起注意，它们是保证生鲜食品质量的关键因素。

在生鲜经营中才有冷链技术后，为生鲜食品的新品开发和加工提供了有力的技术保障，有效提高了产品质量，提高了产品在市场上的竞争能力。

除此之外，大力构建绿色农产品物流体系，实现运输绿色化、流通加工绿色化、包装绿色化；以高新科技手段建设现代化的绿色农产品供应链，并通过实施 HACCP 认证以确保食品安全，这对于解决"三农"问题意义重大，是提升我国农业生产技术与管理水平、实现农产品与市场的高度对接、发展农村经济、提高农民收入、迎接全球经济一体化挑战的必然选择。

今后必须加快食品物流标准化体系的构建，建立起食品物流质量安全保障体系，发展食品物流配送的网络化，以提高效率、降低成本、保障食品安全。

三、食品物流中的标准制定和实施

食品"从田头到餐桌"的物流过程中，经过了若干个环节，每个环节都与加工、保存、条件维护、装备性能、质量控制、成本、操控人员的素质、各阶段的标准要求相关，所以食品物流中的标准制定和实施尤其重要。

标准可以由企业、行业协会、国家标准机构等起草并制定。自 2000 年以来，我国商务部、发改委多次颁布通知和意见对食品物流进行规范和约束，冷链物流兴起后针对冷链物流的公告也时常颁布，一系列标准的颁布说明国家对食品物流越来越重视。任何标准的制定一定是遵循本行业的基本原则，比如食品物流，就需遵循先进先出、标识完整清楚等基本原则；另外，标准的落地执行也需要相关文件支撑。

食品物流标准制定，先需要对整个物流过程进行危害分析，随后制定每一个环节的作业指导书，最后制定检验检查表，以某电商的鸡蛋物流为例：鸡蛋是易碎食品，所以在进入物流环节前，需要考虑运输方法需要怎样的包装才能保护鸡蛋不会破碎；随后需要根据运输时间和运输距离来制定物流条件，如果运输时间较长、天气较炎热，就需考虑冷链运输；运输的温湿度标准是多少，谁来负责检验检查记录等。以上所有的文件都可称为食品物流标准制定。

食品物流标准的实施是食品物流的关键，大型贸易企业甚至会设置质量安全专员对食品物流、仓储进行监督管理，在实施过程中，需要培训上岗并设置专员监督并对实施效果负责。

产品的可追溯是现代食品物流的基本要求之一，追溯体系是通过采集记录产品生产、流通、消费等环节信息，实现来源可查、去向可追、责任可究，强化全过程质量安全管理与风险控制的有效措施。为完善食品物流追溯体系，规范食品物流市场，2015—2016 年，国务院及各地方政府发布了《关于加快推进重要产品追溯体系》的相关政策，其中重点提到了食品追溯体系的建设。

追溯分为追溯环节和环节内追溯，追溯环节指从生产到终端的整个链条的追溯。环节内追溯是指本环节和上下环节之间的追溯。而对于食品物流主要是环节内追溯，是指从产品的入库、在库、出库、运输、配送等各个环节的不断链，记录可查询并最少保留 2 年以上。

如何有效搭建食品物流追溯体系，更需要组织、人员、信息化、设施设备以及作业环节的全面支撑。以食品冷链为例，有三个非常重要的步骤，首先是产品测温点的选择，其次用准确的方法测温，最后对测量的温度准确的记录下来。测温点如图 4-7、图 4-8 所示，这样才能保障追溯的准确性和完整性。

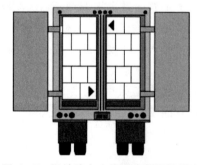

图 4-7　运输途中产品温度测量取样点

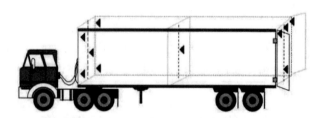

图 4-8　卸车时产品温度测量取样点

第三节　物流过程中的食品质量控制

在食品加工和保藏过程中，食品质量控制要从三个角度来考虑，即原料到产品加工角度、消费角度和食品物流角度。原料到产品加工的角度要考虑：食品的物理属性、化学属性和保藏属性三个方面，从而确保食品的品质及其质量控制。但是从消费的角度来考虑，食品应具有三个基本属性：①基本属性，也就是食品要即营养又安全；②修饰属性，也就是具备色、香、味、形，能使人产生食欲和满足的愉悦感；③功能属性，也就是对机体的生理机能有一定的良好调节作用。

而本节重点从食品物流角度来分析食品所处的环境条件，如温度、湿度、气体、光线、微生物、运输、包装、装卸、销售以及消费过程中对食品质量变化的影响，如何强化物流过程中食品质量控制的理念和具体措施。

一、环境对食品流通的影响

环境对食品质量的影响，主要是温度、相对湿度和气体成分。温度是影响食品在流通中稳定性的最重要因素，它不仅影响食品的化学变化和酶促反应和呼吸作用等，还影响微生物的生长繁殖、食品中水分变化及其他物理变化。相对湿度对食品质量的影响，是因为它直接影响食品的水分含量和水分活度。在气体成分中，氧气对食品质量变化具有重要影响。正常空气中含有21％的氧气，会使食品的许多成分发生氧化反应，导致食品质量发生劣变。此外，光线和异味在食品流通过程中对产品质量也会造成一定的影响，如紫外线可以诱发化学反应，破坏各种物质的化学结构。食品原有的良好香气逸散、变质产生的气味变化和环境异味的吸附等都会使食品失去原有诱人的风味，从而失去食品的商品价值。

（一）温度对食品流通的影响

一般来讲，温度升高，微生物的繁殖速度加快，导致食品质量下降速度加快。温度主要通过下列因素来影响食品质量。

1. 生物引起的变质

几乎所有的微生物都在常温下生长，10℃以下或50℃以上其生命活动减慢甚至停止。如霉菌的最高生长温度为40℃，最适温度为20～35℃，但青霉的某些菌株可在0℃以下慢慢生长。酵母菌的最高生长温度是40℃，最适温度为25～32℃，但有些在5℃以下也能增殖。细菌生长的最适温度随种类不同而显著不同，高温菌55～60℃是最适生长温度，最低40℃左右；中温细菌在20～40℃生长，最适温度为37℃左右；低温细菌即使在0℃两周内也会增殖。

另外，谷类及其加工制品容易受到害虫的侵害，食品害虫种类很多，其生长温度也不同，多数虫子的最适温度在25～30℃。一般55℃以上的热风，数分钟也可得到较好的杀虫效率，小麦粉在气力输送过程中利用热风杀死赤拟谷盗，在日本大酱、酱油的酿造过程中，利用热蒸汽驱除果螨。另外，低温冷冻、冷藏也是防止和清除虫害的重要方法。

2. 生物化学反应引起的变质

果蔬变色、软化、产生异臭等品质下降等不少是酶作用的结果。酶与底物结合，在反应中形成酶与底物复合体，其形成的机会随温度的上升而增加，酶在最适反应温度条件下会使食品很快变质。因此，通过加热使酶失活或将食品置于能使酶反应速度下降的低温条件下，可以防止由酶作用而引起的变质现象。

3. 低温引起的伤害

热带、亚热带果蔬在0～15℃低温会受到伤害，出现小孔、褐变，产生异臭、催熟效果不良等现象。因此，低温耐性弱的果蔬在流通时，在不受低温伤害的温度范围内，要尽可能在温度低的条件下流通。

（二）湿度对食品流通的影响

食品腐败变质与环境湿度条件有很大关系，食品流通中要求保持适宜的湿度条件。如芹菜等鲜嫩蔬菜所需的相对湿度为90％～95％，瓜类为70％～85％。一些散装食品、干燥或焙烤食品的运输则需要非常干燥的环境，如果湿度过大，则食品吸湿性增强，质构发生改变，有利于细菌、霉菌等微生物的增殖。对于此类产品应采用较好阻湿性的包装材料，并要求运输时环境进行适当干燥。

对于果蔬来说，新鲜度和品质的保持需要较高的湿度条件。如果产品在流通过程中储藏条件好，产品堆码高度密集，运输过程中车厢密封性能好，新鲜果蔬装入普通纸箱，在1d以内，箱内空气的相对湿度可达到95％～100％，短时运输不影响果蔬品质和腐烂率。但纸箱易吸潮、抗压强度低，易使果蔬受伤，可采用塑料箱外罩塑料薄膜的方式运输。

食品在贮藏和运输等流通环节中采用冷藏手段时，合适的空气循环有助于使食品表面的热量移向冷却盘管和冷却板，但是循环的空气不得过干或过湿。高湿空气易凝结在食品表明滋生微生物；但空气过干会导致食品过度脱水。具体的果蔬贮藏和运输适宜的相对湿度可根据食品贮藏的适宜湿度来选择。产品贮藏时可以通过码垛方式或者加湿装置来控制环境湿度。

（三）气体对食品流通的影响

气体环境对食品的腐败速度和程度产生很大的影响。由好氧性细菌、霉菌等微生物引起的腐败，以及有氧呼吸作用、脂肪氧化、色素褪色、非酶褐变等化学变化引起的食品变质，都会受到食品所处环境氧浓度的影响。另外，二氧化碳是果品、蔬菜和微生物等呼吸生成的低活性气体，如果在贮运时，适当降低氧气的浓度，提高二氧化碳的浓度，可以大幅度降低果蔬及微生物的呼吸作用。

运输中空气成分变化不大，但运输工具和包装不同，也会产生一定的差异。密闭性好的设备使二氧化碳浓度增高，振动使乙烯和二氧化碳增高，所以要加强运输过程中的通风和换气，勿使有害气体积累产生伤害作用；另外在运输过程中要轻装轻卸，防止食品的包装破损，破坏包装物内的气体组分，从而引起食品的腐败变质。

（四）光线对食品流通的影响

油脂是众多食品的重要组成成分，也是形成食物的口感和风味的重要物质。油脂中常含有不饱和脂肪酸，这些脂肪酸易发生氧化导致油脂酸败食物变质。食品中的一些芳香族氨基酸也会在紫外线照射下，发生变化产生一些异味物质或色素。另外，食品中含有的各种维生素在光敏剂存在时，在光的照射下也会发生光敏氧化。食品中的一些色素物质也会吸收光线，发生褪色或褐变情况，例如光与氧气作用就会导致叶绿素不可逆的褪色；可见光还能使火腿、香肠等肉类腌制品发生褐变。

影响光氧化的因素有很多，比如光照时间和强度、光的波长范围、包装中的残氧量及包装材料等。有大量的研究发现，如果将食品存放在黑暗条件下，几乎不会发生光氧化反应。因此，在食品的生产、存储和销售过程中，通过包装减少光线直接照射食品，同时防止水分和氧气透过包装材料。此外，通过添加抗氧化剂猝灭单线态氧，抑制自由基反应的物质，可以抑制光敏氧化反应，现在的一些研究发现类胡萝卜素、维生素 E、迷迭香等能有效地抑制油脂的光敏反应。

二、食品在物流过程中的质量安全控制

食品流通领域包括运输、贮藏等环节，食品特别是蔬菜、水果、茶叶、畜产品、水产品等鲜活产品由于是自然、人工养殖形成的产品，具有品种复杂、易腐败变质、保鲜难的自然属性，同时生产规模小而疏散，主要分布在城郊及农村，而消费市场集中在城市。流通渠道多规模小，流通路线有长有短，因此食品在流通过程中的质量控制非常重要。

（一）食品品质在物流过程中的变化趋势

食品的原料主要来源于生物界，当这些生物体被采收或屠杀之后，它们就不能再从外界获得物质来合成自身的成分。虽然同化作用已告结束，但是异化作用并没有停止。食品内部各种各样的化学变化和物理变化都以不同的速度在进行着，引起蛋白质变性、淀粉老化、脂肪酸败、维生素氧化、色素分解，有的变化还产生有毒物质等，新鲜食品的水分散失或干燥食品吸附水分也会导致食品质量的下降；含有丰富水分和营养物质的食品是微生物生长活动良好的培养基，当其他环境条件适宜时，微生物就会迅速生长繁殖，引起食品腐败、霉变和"发酵"等各种劣变现象，从而使食品的质量急速下降。

（二）食品在运输过程中的质量控制

1. 运输前的预冷

预冷主要指运输前将易腐食品，例如肉及肉制品、鱼及鱼制品、乳及乳制品，特别是果品、蔬菜等的品温降到适宜的运输温度。这样可以降低食品内部的各种生理生化反应，减少养分消耗和腐烂损失，尤其对果蔬来说可以尽快除去田间热和呼吸热，抑制生理代谢，最大限度地保持食品原来的新鲜品质。例如刚挤出的牛乳温度是 37℃，很容易受到微生物的污染，而将其快速降到 4℃ 以下，微生物的生长和繁殖就非常缓慢，28h 内微生物保持初始水平，而在 15℃ 以上温度，微生物总数会快速增加。

在低温运输系统中，运输工具所提供的制冷能力有限，不能用来降低产品的温度，只能维持产品的温度不超过所要求保持的最高温度。所以一般食品是在运输前采用专门的冷却或冷冻设备，将品温降低到最佳贮运温度，这样可减少运输工具的冷负荷，并保证冷藏设备的温度波动不至于过大，更有利于保持贮运食品的质量。经过彻底预冷的果蔬，用普通保温车运输，就能够达到低温运输的效果。不经过预冷将不能发挥冷藏车的效能，例如未经预冷的广东香蕉装入火车冷藏箱中，果箱内温度为 27～28℃，火车运行 5d 后，车厢内温度为 11～12℃，而果箱内温度尚为 14℃；而经过预冷的香蕉在入箱经 14h 后就可以将品温降到 12℃。

因此，如果低温贮藏或长距离大量运输，预冷是必不可少的一项措施。食品的预冷方法主要有真空预冷、空气预冷和水预冷三种。考虑到我国目前食品的产销实际状况和预冷

效果，遇冷设备和方式可结合现有的冷库采用强制冷风遇冷方式，也可采用差压冷风预冷方式。

2. 装载与堆码

食品在运输车内正确地堆码和装载，对于保持食品在流通中的质量有很大作用。易腐食品在冷藏车中低温运输时应当合理堆放，让冷却空气能够合理流动，使货物间温度均匀，防止因局部温度升高而导致腐败变质。食品的装载首先必须保证食品运输的质量，同时兼顾车辆载重力和容积的充分利用。

食品运输的装车与堆码方法基本上可分为两类：

一是紧密堆码法，适用于冬季短途保温运输的某些怕冷货物、热季运输的某些不发热的冷却货物或者夹冰运输的鱼、虾或蔬菜等。

冻结货物必须实行紧密堆码，车内空气不能在货件之间流通，货物本身所积蓄的冷量就不易散发，有利于保持货物温度的稳定并有效地利用车辆载重力和容积。对于本身不发热的冷却货物，例如夹冰鱼，也可采用较紧密的装载方法，但不应过于挤压，以免造成机械伤害影响货物质量。

二是留间隙的堆码法，此法适用于冷却和未冷却的果蔬、鲜蛋等的运输，以及外包装为纸箱或塑料箱的普通食品的装载码垛。采用这种码垛方法应当遵循堆垛稳固、间隙适当、布风、便于装卸和清洁卫生等总原则，使得车内各货件之间都留有适当的间隙，各处温度均匀保持货物原有品质。目前国内运输易腐食品多用托盘，在装车前将货物用托盘码好，用叉车搬运装载，各托盘之间留有间隙供空气循环。这种方法简便易行而且堆码稳固。

3. 食品运输中的卫生要求

食品运输污染历来在食品污染中占较大比例，尤其是近年来，由于物流频繁，运输过程中因车体装运不当造成食品污染现象突出。

为了保证食品卫生质量，贮存、运输和装卸食品的包装容器、设备等必须安全无害，保持清洁，防止食品污染。一般应装备专用食品运输工具，装运直接食用食品的运输工具每次用前必须消毒。专用仓储货位要防雨、防霉、防毒，尽量做到专车专用，特别是长途运输粮食、蔬菜、鱼等食品的运输工具更要防止货位污染。

此外，在食品的运输过程中，尽量不要将生熟食品、有特殊气味和易吸收气味的食品、食品与非食品等同车装运，更不能将农药、化肥等物资与食品同车装运，以免污染食品。长途运输还要具备防鼠、防蝇、防蟑螂和防尘措施。

4. 软体气密包装在食品物流过程中的应用

软体气密包装主要实现产品的隔热保温、气调保鲜、防碰撞、可充气堆叠、可折叠、重复使用等多种功能，同时需选用材质轻、耐用性强的材料制作。减少损耗、经济环保，主要是适用于食品、水果、蔬菜、肉类、水产海鲜、鲜花等农副产品的物流及储存。

软体气密包装产品功能场景的设想：

（1）第一类 应用于农产品田头预冷的软体气密库主要建在农产品的田头，让刚采摘后的蔬菜、水果、鲜花能在最短的时间内进行预冷保存保鲜，水产海鲜等产品现场冷冻保存。设计要点：具有冷藏、冷冻功能，保温功能（配备制冷机设备），气密性，隔气袋（防止相互串味），恒温车间（可进行农产品的分拣分装的操作）。

（2）第二类　用于农产品产地至销地的干线物流运输软体气密包装袋　主要适用于普通货车运输冷链农副产品。将农副产品外面套上保温气密包装袋，起到冷链保温效果。设计要点：具有冷藏，冷冻功能，保温性（具有 3～5d 的保温功能），大小不同（最好能容纳 1～5t 体积），适用不同产品，不同温区，不同气调的要求。

（3）第三类　一级批发市场物流运输到二级市场、三级市场、超市等终端零售店的软体气密包装袋　主要适用于普通货车装载运输冷链农副产品。设计要点：具有冷藏功能，保温（具有 1～2d 的保温效果），大小不同，适用不同产品，不同温区，不同气调的要求。

（4）第四类　软体周转库　适用于各类批发市场农副产品快速流转时保温保鲜的储存要求。设计要点：具有冷藏，冷冻功能，保温性，气调性等功能。

（5）第五类　适用于快递公司、电商平台、外卖配送公司的软体气密包装袋进行农副产品配送。设计要点：具有冷藏，冷冻功能，保温性（具有 8～72h 的保温功能）和保鲜功能。要能重复利用，以减低成本。

（三）食品在销售过程中的质量控制

食品在运输到销售地点后，有时候需要在销售场所临时贮藏一段时间，包括一级、二级或三级批发市场、仓储市场、超级市场、零售商场、零售商店等。在销售过程中，为了保证食品的质量，需要把食品放在一个温度、湿度、气体等环境条件适宜的贮藏场所，大中型商场、正规水产和果蔬批发市场的冰箱、冰柜或冷藏库等一般都可以保证食品适宜的温湿度条件，而普通零售商店则可能没有这些保障措施。为了保持食品质量，向消费者提供色、香、味、形俱佳的产品，应注意加强对食品在销售中的保护。

销售过程中，食品由于温度波动次数多、幅度大，被污染机会多，食品的质量往往得不到保证。为保持食品的安全性和应有品质，要求在销售过程中实施低温控制。这就要求食品销售部门在进行销售时具有贮藏食品的条件，如冷藏食品需具有恒温冷藏设备，冷冻食品需具有低温冷藏设备。目前主要设备是销售陈列柜，食品中对陈列柜要求具有制冷设备，有隔热处理，在保证冷冻和冷藏食品处于适宜的温度下，能很好的展示食品的外观，具有一定的贮藏容积，且安全、卫生、无噪音，动力消耗小。

此外，食品销售过程中的质量控制，还需从以下几个方面加强管理。

（1）进货要有质量确认制度　对于生鲜易腐食品要确认其在运输和贮藏过程中始终保持在 0～4℃环境中，速冻食品在 -18℃以下。如果进货时食品升温较高，那么势必会影响食品质量，难以保证销售过程中的食品安全。

（2）适宜的温度下销售　保持食品的安全性和食品出厂时的品质，要求销售过程必须在较低的温度下进行，经营销售冷藏和冷冻食品的商店和超市、食品专营店，必须具备冷库和冷冻设备，使冷藏食品中心温度控制在 0～4℃，冷冻食品的中心温度控制在 -18℃以下。

（3）销售柜中的食品周转要快　冷藏产品一旦被运送到零售商店，在被放到零售冷藏柜之前往往要先在普通仓库进行短暂的贮存周转，陈列的商品要经过事先预冷。冷冻和冷藏食品在销售商店滞留的时间越短越好，陈列柜内的食品周转要快，决不能将销售柜当作冷藏或冷冻库使用，否则升温过高或温度波动频繁会严重影响食品质量。一般来说，速冻食品可在销售柜中贮藏 15d 左右。

（4）防止温度波动　产品从冷藏库转移堆放到陈列柜时，在室温下停放的时间不能太长。产品在陈列柜中的存放位置对温度也有重要影响，位置之间的温度差异可达 5℃ 左右，最靠近冷却盘管和远离柜门的地方温度最低。零售陈列柜的另一个主要目的是给消费者提供可见和易取的方便性，故陈列柜大部分时间都是敞开的，其冷量会不断损失，另外柜中的照明也需要消耗额外的冷量。因此制冷系统必须满足冷量的损失和照明所消耗掉的冷量，对陈列商品的灯光照明要适宜，不宜过强，且要尽量防止温度波动。

（5）保证销售出去的食品具有一定时间的保质期　要注意食品的保质期：一方面不要销售超过保质期的食品；另一方面销售出去的产品应具有一定时间的保质期，以避免消费者购回食品后因不能及时食用而造成损失。贮存在冷藏柜中的产品要经常轮换，要实行产品先进先出的原则，让较早放入的食品首先被消费者买走，这样确保产品在冷藏柜中的存放时间不超过最佳保质期。

（6）注意食品销售过程中的卫生管理，防止商品污染　食品从业人员的健康直接关系到广大消费者的健康，所以必须按规定加强食品从业人员的健康管理。食品从业人员不仅要从思想上牢固地树立卫生观念，而且要在操作中保持双手的清洁卫生，这是防止食品受到污染的重要防护手段之一。

（7）加强对销售陈列柜的管理　食品展卖区要按散装熟食品区、散装粮食区、定型包装食品区、蔬菜水果区、速冻食品区和生鲜食品区等分区布置，防止生熟食品、干湿食品之间的污染。从业人员应当按规范操作，销售过程中应该轻拿轻放，不要损坏食品的销售包装；冷藏柜不能装得太满；定期除霜、检查柜内的湿度；及时清扫货柜；把温度计放在比较醒目的位置，让消费者容易看到陈列柜中的温度显示。速冻陈列柜一般标有堆装线以保持品质，不要让食品超过堆装线。

（四）食品消费中的质量控制

食品流通的最后一个环节是消费者的消费，在食品消费过程中，为保持食品的质量和安全，仍然要注意将食品放在适宜的环境条件下，另外消费者要学会正确的消费，保证食用营养、安全、健康的食品。

（1）购买新鲜优质的食品　购买时要仔细观察存放食品的货柜温度是否在食品适宜的温度下；要选择形状完整、包装完好、新鲜的食品，对速冻制品要选择速冻坚硬、包装不破损，包装袋内侧冰、霜少的食品，千万不能买解冻后的食品。另外，要看清食品的生产日期，购买日期不易距生产日期过长，还要验看产品检验合格证。

（2）把食品放在适宜的温度下　食品购买后应将其放在适宜的环境下，特别是冷藏或冷冻食品必须将它们分开，并快速放入冰箱或冰柜中，产品被带回家的运输过程及将产品放入冰箱、冰柜之前存放的时间较长，会在很大程度上影响到产品的货架期。冰箱中的温度一般都在 0～5℃，不过通过格力设计可以形成不同的储存区，而保持不一样的温度。

家用冰箱的温度管理对于维持食品质量有着重要的作用，但即使在 −18℃ 的低温下冻结贮藏的食品，不同的种类其贮藏期也各不相同，而且随着贮藏时间的延长，食品的品质也会发生变化。要加强对冰箱的温度管理，要尽量减少冰箱门开启的次数，防止温度的过大波动。

（3）勿让食品超过保质期　在食品消费阶段，因为冰箱本身温度不很均匀，所以只是作为临时贮藏，不做长期贮藏。冰箱中的食品要分类，要先进先出，一次进入冰箱、冰柜的食品不要太多，如果发现有超过保质期的食品千万不要使用，冰箱中超过保质期的鲜乳、酸乳、开盖后冷藏超过 7d 的果汁饮料等都不能食用。

对于食品的贮藏期，不能看的太机械。因为贮藏期的长短不但受食品本身的品质、种类的限制，也受冰箱等因素的限制，如冰箱的制冷能力、冻结时温度、冰箱内食品的堆装方式、箱内温度的变动状况、冰箱门的密封性能等都会对食品贮藏期的长短产生影响。所以为了使冰箱中贮藏的食品能有好的味道和营养成分，贮存时要记住食品的贮藏期限，尽早在贮藏期内食用，脂肪多的食品最好在 1 周内食用，维生素 C 含量高的食品宜在 2 周内食用。

（4）一次未消费完的食品的再贮藏　食品尽量一次消费完，如果消费不完，如番茄酱、大桶装饮料、茶叶等，最好还是保持原有包装，放到适宜的贮藏条件下以保持其原有品质。对于易变质的乳粉等散装食品，在开袋或开罐消费过程中，要注意对开封的食品进行适当的密封，以防止在空气中的氧化变质，贮存温度最好在 25℃ 以下，相对湿度 75% 以下。

（5）经常消毒杀菌以保证冰箱、冰柜内清洁卫生　家用冰箱、冰柜由于放置的食品种类很多，所以常会带入很多微生物和病菌，因而我们要定时清洗和消毒，以防止相互间的交叉污染。没有包装的散装食品一定要给予适当的包裹，比如没有包装的各种蔬菜或肉品等，以防止串味和相互之间产生不良的影响。

（6）勿损坏食品的包装　食品在购买之后、消费之前尽量不要损坏食品原有包装，以防止食品遭受微生物的污染，腐败变质。鲜切食品、方便菜肴等易腐食品大多采用了贴体保鲜包装，购买后尽量尽快食用，食用前切勿损伤包装，以免加快其腐烂变质。

三、大数据时代下的食品安全追溯系统

（一）食品安全管理

长期以来，国内农业生产一直处于"农民种什么，市场就只能卖什么""市场卖什么，消费者就只能吃什么"的状况。在互联网高速发展的今天，任何一条捕风捉影的不实报道，都有可能毁掉一个地区的支柱产业。与此同时，对于消费者来说，由于无法知晓食品生产过程，对消费食品的质量安全时常会产生"无力感"。

食品安全与否极大地影响当今社会稳定和政府形象。同时，食品安全又是一个复杂的问题，从生产到流通，涉及食品链的各个环节，这些环节的关键点可组成各种庞大的数据模型，有效、适时的大数据应用能够让我们从这些数据中分析出很多有价值的信息，从而正确应对食品安全问题。

（二）食品安全溯源方法

追溯系统是为保证产品质量而建立的有效质量监督体系。通过食品追溯系统建立有效的食品追溯体制，做到食品从生产、加工到销售各环节的全方位透明监督可以有效地消除食品安全隐患保证食品安全。然而食品是大众消费品，很多食品公司的食品年产量往往达到百万乃至千万级，要做到对这些食品的信息追溯需要处理大量的生产细节数据，而这些数据往往因为数据量大、结构复杂等特点而成为处理难题。因此，如何稳定而高效地处理追溯数据成为解决追溯问题的关键。

建立食品安全电子追溯系统，统一追溯编码，制定每件食品独立的"身份证"。通过物联网技术的运用，食品安全追溯体系对食品的生产、仓储、分销、物流运输、市场巡检及消费者等信息，以及产品名称、执行标准、配料、生产工艺、标签标识等数据，进行采集、跟踪、分析。这样，可帮助监管部门实现产品种养、生产、销售、流通、公众服务、物流等环节的整个生命周期的监管，也可把这些信息通过互联网、终端查询机、电话、短信等途径实时呈现给消费者，理论上做到对食品"从农田到餐桌"全过程的全知晓。

无线二维条形码技术（RFID）是一种将条形码的信息空间从线性的一维扩展到平面的二维技术。它是在传统条形码基础上发展来的，它的特点：成本低、准确性高、编码方式简单、保密性强、信息容量大等。我国在该领域进行了大量的研究，该技术非常适合应用在食品追溯系统，发现有几方面的优点：一是它能更加适宜应用在信息密集度高的地方，其编码方案增强了对条码技术信息输入的功能；二是在它的周边发展大量的、高质量的硬件和软件，这也使其应用性更强；三是该技术与其他技术进行相互融合，通过多种技术的配合使用，扩展了条码系统的应用范围，也改变了传统产品的结构和性能。

（三）大数据处理

所谓大数据，其实是指无法利用目前主流软件工具处理的资料量规模巨大的数据。大数据主要是分析数量的三大特征：海量、多样和实时分析，这些特征与食品追溯系统正好一一对应。首先海量数据是食品追溯系统的要点，在研究的食品追溯系统中，它的 RFID 存储数据需要保存相当长的一段时间，用以给用户查询，这样积累的数据量就非常大；食品流通环节很多，包含了生产、流通、运输、零售等，这就导致了数据的多样性；食品追溯系统，需要的都是能对相关信息进行实时查询，从大数据的角度去分析食品追溯系统，能够提高该系统的运行效率与操作性。

大数据处理主要从四个方面入手：

（1）大数据的集成 对相关数据种类进行分析，在了解数据种类的基础上进行整合。在追溯系统中主要是处理来自交易系统的机构化数据和来自 RFID 读卡器的感应数据，并对相关数据信息进行优化处理，然后对相关读取的数据进行有效管理，并给出分析方案。

（2）保障数据的权威、可信性 在数据的应用研究中，安全性是最重要的一个标准，需要在追溯系统中保障数据的真实与严谨，才能体现追溯系统的价值。保障数据安全、一致是追溯系统的追求目标，这样才能使系统具有生存意义。

（3）实现数据的自助式服务 通过自助式服务的操作特点，开发人员可自由地进行部署，能较大地提高开发效率、减少错误，由于分析员能直接对源到目标进行定义和校验，这样就能极大地保证数据从生成到应用的客观性。

（4）自适应服务 通过该服务能加强对追溯系统的总体分析能力，这样可以对多协议数据进行配置，并对读取的数据进行有效使用。

（四）质量安全追溯系统信息转化

食品供应链中搜集到食品从种养、生产加工、流通、销售等各环节的数据，需要通过信息转化呈现给消费者，才能做到对食品"从农田到餐桌"全过程的全知晓。下面以生猪屠宰线为例，介绍一下畜产品的质量安全追溯系统。

生猪进入屠宰线后，需要二维码智能终端等设备将生猪的二维码耳标进行识读，将生猪的 ID、养猪场的 ID 等信息进行读取，然后提交到后台屠宰系统，后台屠宰系统将信息存储后生成并返回"屠体号码"，这时"生猪号码"转换成了"屠体号码"，RFID 读写器内容写入 RFID 芯片脚标。在整个生猪屠宰过程中，RFID 读写器将采集重要工序中的相关信息，并通过无线方式与后台系统相连，把采集到的数据信息及时写入屠宰加工系统。

经过自动化流水线屠宰完成后，生猪的胴体将进入加工流水线，这时将会对胴体进行初步的分切，在这一环节中将会根据猪的不同部位、质量、大小进行分类、分级包装成半成品，与此同时利用屠宰环节记录并传递过来的生猪标识信息进行 EAN-UCC 标签的生成。按照包装的种类不同，此时可以生成箱/盒标签和托盘两种标签，生成的标签要具有：批号、包装日期、屠宰加工厂代码、原产地、养殖场代码等，此标签将会贴在生猪制品包装盒上用于物流和销售。

因此，在追溯体系中的屠宰环节，在同步检疫线上使用移动智能识读器读取牲畜耳标二维码信息，并进行从牲畜耳标编码向标准商品编码的转换和信息绑定工作。从猪肉胴体转移来的绑定信息通过网络实时传输到种养数据库，监督管理部门或畜产品的生产、经营和消费者可以通过追溯体系提供的查询窗口（互联网、手机、移动智能识读器）查询牲畜从出生到屠宰，从饲养地到餐桌的全过程质量安全监督管理信息，实现畜产品的质量安全可追溯。

大数据时代是全球化、个人化、个性化的大数据时代。食品安全大数据需要整个社会的全员关注，主动反馈各类数据和信息，形成信息逆流，让民意成为执法监管的辅助利器。这样，食品安全问题才能得到全民、全社会的关注，人们才能够有渠道得到可信、可用信息，并负责任地上传这些信息，使大数据对食品安全信息不对称问题得以实现。消费者在购买任意一种食品时，可以通过手机终端进行"身份验证"和"信誉验证"，当然，在发现有食品质量问题时，也可用手机进行便捷投诉，而这些投诉的数据又可被"大数据食品安全网络舆情指数检测平台"监测和分析，从而形成一个良好的闭环数据循环。

总之，大数据不仅能带来商业价值，亦能产生社会价值。通过运用大数据技术构建食品安全信息的汇集与分析平台，可为政府监管部门、企业、消费者提供全面、准确的食品安全信息，从而促进食品安全监管模式转变升级，伴随着大数据时代带来的发展契机，大数据必将为食品安全撑起有力的保护伞。

第四节　物流成本与物流成本管理

一、物流成本

（一）物流成本的含义

物流成本分为宏观物流成本和微观物流成本。宏观物流成本是指社会再生产总体的物流活动成本，是从社会再生产角度认识和研究的物流活动，宏观物流即社会物流总成本。与宏观物流相对应，微观物流成本是指企业所从事的具体物流活动成本，微观物流成本即为企业的物流成本。

企业物流成本是指企业在生产经营过程中，为完成物流活动，实现商品在空间、时间上的转移，从原材料供应开始，经过生产加工到产成品销售，以及伴随着生产和消费过程所产生的废物回收利用等过程所发生的全部费用。它一般有广义和狭义之分：狭义的企业物流成本仅指企业由于物品移动而产生的运输、包装、装卸等费用；广义的企业物流成本则包括生产、流通、消费全过程的物品实体与价值变化而发生的全部费用，如订货费、订单处理及信息费用、运输费、包装费、装卸搬运费、出入库费用、储存费、库存占用资金的利息和商品损耗、分拣和配货费用，以及由于交货延误造成的缺货损失等。

（二）物流成本的构成

1. 物流成本的一般构成

从不同角度考察物流总成本，其构成是不同的。一般来说，物流成本由直接成本和间接成本构成，而直接成本又可分为直接材料、直接人工。直接材料指的是在物流活动中直接耗费掉的、用以完成物流服务的材料成本支出，如燃料费用等；直接人工指在物流活动中直接参与完成物流服务所耗用的人工成本，如企业仓储服务人员的工资福利等。所以，直接成本实际上就是那些完成物流工作而直接支出的费用，如运输、仓储、原料管理以及订单处理等方面可以从传统的财务会计资料中获取的成本。物流成本的间接费用指在企业的物流活动中耗费的，但不能直接归入某一项物流活动的所有其他成本支出，相当于会计中的期间费用，主要包括组织管理物流活动的管理人员的工资和福利费，用于物流活动的固定资产折旧费、经营租赁费、维修费、低值易耗品摊销、水电费、差旅费等。具体说，企业物流总成本主要由以下7个部分构成：

（1）作业人工费用　从事物流活动（仓储、装卸、搬运、运输等）工作人员的工资、奖金及各种形式的补贴等。

（2）物质消耗费用　如折旧费、能源消耗费、包装材料以及物资在运输、保管等过程中的合理损耗等。

（3）营运费用　指作业现场的管理费和企业物流管理部门的管理费，如办公费、差旅费、保险费、劳动保护费等。

（4）财务费用　用于保证物流顺畅的资金成本，属于再分配项目的支出，如支付银行贷款的利息等。

（5）延期或缺货费用　是指由于库存供应中断而造成的损失，包括原材料供应中断造成的停工损失、产成品库存缺货造成的延迟发货损失以及紧急外购成本等，还包括直接惩罚和丧失销售机会、商誉损失、市场损失等间接的惩罚等。

（6）维护费用　如信息系统及有关设备和仓库的维修费、保养费等。

（7）管理费用　是指进行物流的规划设计、调度、调整、控制所需要的费用。

2. 企业订单物流成本

订单成本是指按照订单履行过程中所经历的各个环节实际的、因订单而产生的所有能够对象化在订单上的费用。每一笔订单（单个订单或组合订单）成为成本核算和管理的对象，从订单所包含的物流种类和项目，进行全过程的成本测算，包括订单处理、储存、运输等相关环节。每笔订单的独立性和产品的多变性以及每笔订单所独占的服务耗费都促使一个订单作为一个整体来进行决策，而不必（有时也不能）分解为单位产品来计量。当然这是在决策阶段，企业以此为标准考虑是否接受订单阶段。在具体执行阶段，必要时（特别是同类产品订单）可以将订单成本分解为单位产品来计量，特别是在核算和比较同一行业不同企业间物流成本时，多采用单位产品物流成本。

以订单作为成本核算对象，就可以将一些虽然不能按会计准则计入产品的相关成本但直接或间接与订单有联系的服务性耗费计入订单成本（如订单处理费用等），从而避开产品生产成本在成本计入范围的限制。订单成本核算和管理方式也只是作为一种核算思路存在，它的最终核算和管理单位可能是更小或更大范围的对象。按订单进行生产和物流运作的企业，不仅可以直接把实际订单（单个订单或组合订单）作为成本核算和管理对象，而且可以将一定时期内企业发生的物流成本较全面地核算出来并合理分摊到相应的对象；还可以根据实际需要将同一类型的订单或同一客户的订单组合在一起进行核算和管理，避免不同客户或不同产品间物流成本的相互转移，客观反映产品或客户间的物流成本数量，实现以成本管理物流的目的。因此，应用订单成本就使成本核算范围扩大，它更适合企业物流成本核算和分配，也可以作为企业物流运营绩效考核的标准。

（三）物流成本的影响因素

物流成本既发生在物流作业部门，又发生在物流管理部门，即发生在采购、仓储、制造和销售部门以及物流运作的组织、协调、控制过程。作业部门主要消耗有形的物质资料即显性成本，而管理部门主要是由流程的过程产生的成本，即隐性成本。所以物流成本主要产生于物流作业和物流流程时间两部分。

企业物流系统构成复杂、范围广泛，控制物流成本，构建"高效率、低成本"的现代物流系统，已成为行业上下关注的焦点。要真正控制物流成本，必须认真分析物流成本的几个主要影响因素。

1. 竞争性因素

（1）客户服务水平　企业所处的市场环境充满了竞争，企业之间的竞争除了产品的价格、性能、质量外，从某种意义上讲，优质的客户服务是决定竞争成败的关键。因此，物流成本在很大程度上是由于日趋激烈的竞争而不断发生变化的，企业必须对竞争作出反应。

（2）订货周期　企业物流系统的高效必然可以缩短企业的订货周期，降低客户的库存，从而降低客户的库存成本，提高企业的客户服务水平，提高企业的竞争力；

（3）库存管理　无论是生产企业还是流通企业，对存货实行控制，严格掌握进货数量、次数和品种，都可以减少资金占用、贷款利息支出，降低库存、保管、维护成本。并且良好的物品保管、维护、发放制度，可以减少物品的损耗、霉变、丢失等事故，从而降低物流成本。

（4）运输　不同的运输工具和方式，成本高低不同，运输能力大小不等。运输工具和方式的选择，一方面取决于所运货物的体积、重量及价值大小；另一方面又取决于企业对某种物品的需求程度及工艺要求。所以，选择运输工具和方式即要保证生产与销售的需要，又要力求物流费用最低。

2. 产品因素

产品的特性不同也会影响物流成本，主要有：

（1）产品价值　一般来讲，产品的价值越大，对其所需使用的运输工具要求越高，仓储和库存成本也随着产品价值的增加而增加。高价值意味着存货中的高成本，以及包装成本的增加。

（2）产品密度　产品密度越大，相同运输单位所装的货物越多，运输成本就越低。同理，仓库中一定空间区域存放的货物也越多，库存成本就会降低。

（3）易损性　物品的易损性对物流成本的影响是显而易见的，易损性的产品对物流各环节如运输、包装、仓储等都提出了更高的要求。

（4）特殊搬运　有些物品对搬运提出了特殊的要求。如对长大物品的搬运，需要特殊的装载工具；有些物品在搬运过程中需要加热或制冷等，这些都会增加物流费用。

3. 空间因素

空间因素是指物流系统中企业制造中心或仓库相对于目标市场或供货点的位置关系。进货方向决定了企业货物运输距离的远近，同时也影响着运输工具的选择、进货批量等各方面。若企业距离目标市场太远，则必然会增加运输及包装等成本；若在目标市场建立或租用仓库，也会增加库存成本。因此，空间因素对物流成本的影响是很大的。

4. 管理因素

管理成本与生产和流通没有直接的数量依存关系，但却直接影响着物流成本的大小，节约办公费、水电费、差旅费等管理费用相应可以降低物流成本总水平。另外，企业利用贷款开展物流活动，必然要支付一定的利息，资金利用率的高低，影响着利息支出的大小，从而也影响着物流成本的高低。

在管理因素中，信息处理成本也是物流成本的一个重要方面，影响信息处理成本的因素主要是信息系统的信息化程度，因为对订单的处理、物流系统的协同等主要都是通过信息系统实现的，信息系统越先进，信息化程度越高，订单处理就越及时、准确，部门之间越协调。但先进的信息系统其初期投入很大，维护成本也高，日常处理成本相对较低，出错率也较少，所以企业要根据自身条件和发展需要建立合适的信息处理系统。

二、物流成本管理

（一）物流成本管理的含义及作用

1. 物流成本管理的含义

在了解物流成本管理时，首先必须从明确其含义着手。因为许多人一提到物流成本管理，就认为是"管理物流成本"。成本就其本身含义来说是用金额评价某种活动的结果。成本是可以计算的，但却不能成为被管理的对象，能够成为管理对象的只能是具体的活动。所以，在经营过程中，物流成本管理不是管理物流成本，而是以成本作为手段来管理物流活动，将计算了的物流成本用于物流活动管理中，以降低物流成本，提高物流活动的经济效益。

2. 物流成本管理的作用

物流成本管理的最终目标是要在保证一定物流服务水平的前提下实现物流成本的降低。其意义在于，通过对物流成本的有效把握，利用物流要素之间的背反关系，科学、合理地组织物流活动，加强对物流活动过程中费用支出的有效控制，降低物流活动中的物化劳动和活劳动的消耗，从而达到降低物流总成本，提高企业和社会经济效益的目的。物流成本管理的作用主要体现在宏观与微观两个方面。

首先，从宏观角度看，体现在以下几个方面。

（1）如果全行业的物流效率普遍提高，物流费用平均水平降低到一个新的水平，那么，该行业在国际上的竞争力将会得到增强。对于一个地区的行业来说，可以提高其在全国市场的竞争力。

（2）全行业物流成本的普遍下降，将会对产品的价格产生影响，导致物价相对下降，这有利于保持消费物价的稳定，相对提高国民的购买力水平。

（3）物流成本的下降，对于全社会而言，意味着创造同等数量的财富，而在物流领域所消耗的物化劳动和活劳动得到节约。以尽可能少的资源投入，创造出尽可能多的物质财富，减少资源消耗。

其次，从微观角度看，有如下作用。

（1）物流成本在产品成本中占有较大比重，在其他条件不变的情况下，降低物流成本意味着扩大了企业的利润空间，提高了利润水平。

（2）物流成本的降低，增强了企业在产品价格方面的竞争优势，企业可以利用相对低廉的价格在市场上出售自己的产品，从而提高产品的市场竞争力，扩大销售，以此为企业带来更多的利润。

（3）根据物流成本计算结果，制订物流计划，调整物流活动并评价物流活动效果，以便通过统一管理和系统优化降低物流费用。

（4）根据物流成本计算结果，可以明确物流活动中不合理环节的责任者。

总之，通过准确计算物流成本，管理者就可以运用成本数据，改进工作从而大大提高物流管理的效率。

（二）当前中国企业物流成本管理存在问题

自从 20 世纪 70 年代我国引入物流概念以来，大家已认识到物流在国民经济发展过程中对促进资源合理配置，改善国家基础设施建设，降低社会总成本，提升国民经济平均水平以及加速物资在时空上的流动等方面起着至关重要的作用，但我国物流业的现状与发达国家水平相比还有不小的差距，其中在物流成本管理方面存在的问题主要有以下三点。

（1）对物流成本没有单独记账　物流在企业财务会计制度中没有单独的项目，一般采取的是将企业所有的成本都列在费用一栏中，因而，较难对企业发生的各种物流费用做出明确、全面的计算与分析。

（2）对于物流费用的核算方法没有固定的标准，不能把握企业实际的物流　在通常的企业财务决算表中，物流费核算的是企业对外部运输业者或第三方物流供应商所支付的运输费或向合同共用仓库支付的商品保管费等传统的物流费用。相反，对于企业内与物流相关的人工费、设备折旧费以及有关税金则是与企业其他经营费用统一归集核算。因而，从现代物流管理的角度来看，企业难以从外部准确把握实际的企业物流成本。现代先进国家的实践经验表明，除了企业向外部支付的物流费用外，企业内部发生的物流费用往往要超过外部支付额的 5 倍以上。

（3）对物流成本的计算和控制分散进行　对物流成本的计算和控制，各企业通常是分散进行的，也就是说，各企业根据自己不同的理解和认识来把握物流成本。这样就带来了一个管理控制上的问题，即企业间无法就物流成本进行比较分析，也无法得出行业平均物流成本值。

（三）物流系统总成本分析

物流系统管理是以物流成本—效益为核心，按最低物流成本的要求，考虑如何推进物流的合理化、系统化。在达成企业整体物流资源配置的最优与物流效率的极大化的基础上，追求整个物流系统部门的最佳效率和效益。在物流成本管理系统分析中主要对物流系统总成本进行分析。

物流总成本分析法是 1956 年在美国一份研究航空运输经济学的报告中首次提出的概念。该报告试图解释采用航空运输这种高成本运输方式的合理性。报告指出，物流总成本指完成一项特定物流任务所需要花费的所有物流成本。报告通过例子说明，高额的空运费用可以通过降低在途库存量，减少仓储运作成本得到弥补。报告最后得出的结论为"最低的物流总成本运作方法可能是采用空运的运作方式"。物流系统的总成本是由物流系统的要素成本组成的，采用物流总成本分析法，就是要考虑在完成一个特定的物流活动时所需要的所有要素的成本，而不是只计算其中一两项成本。这一方法的科学性今天已经得到承认，因而物流系统的总成本分析法也是制定物流系统目标时要采用的一种重要方法。

物流系统的总成本可以用下式表示

$$D = T + FW + VW + S$$

式中　D——系统的总成本；

　　　T——系统的总运输成本；

　　FW——系统的总固定仓储成本；

　　VW——系统的总变动仓储成本；

　　　S——由于此系统的平均运送延误所损失的总成本。

可见，管理物流活动的关键是总成本分析。在一个既定的客户服务水平上管理者应该使总物流成本最小，而不是试图减少某一环节活动的成本。

三、物流成本控制

成本控制，是企业在成本形成过程中为了使各项生产费用不超出目标成本而进行的控制。它是企业成本管理的重要手段之一。成本的可控性在于成本的发生出于人为，因而就整个企业来说一切成本都是可控的。

（一）物流成本控制的基本程序

对成本的控制，历来为商品生产者和经营者所重视。成本控制由"成本"与"控制"

两个词复合而成，成本是为实现特定经济目的而发生的资本耗费，控制是通过改变控制对象的构成要素或其构成要素之间的联系方式，使其按一定目标运行的过程。物流成本控制是企业在物流活动中依据物流成本标准，对实际发生的物流成本进行严格地审核，发现浪费，进而采取不断降低物流成本的措施，实现预定的物流成本目标。进行物流成本控制，应根据物流成本的特性和类别，在物流成本的形成过程中，对其事先进行规划，事中进行指导、限制和监督，事后进行分析评价，总结经验教训，不断采取改进措施，使企业的物流成本不断降低。

物流成本控制应贯穿于企业生产经营的全过程。一般来说，物流成本控制应包括以下几项基本程序。

1. 制定成本标准

物流成本标准是物流成本控制的准绳，是对各项物流费用开支和资源耗费所规定的数量限度，是检查、衡量、评价实际物流成本水平的依据。物流成本标准应包括物流成本计划中规定的各项指标，但物流成本计划中的一些指标通常都比较综合，不能满足具体控制的要求，这就必须规定一系列具体的标准，确定这些标准可以采用计划指标分解法、预算法、定额法等。在采用这些方法确定物流成本控制标准时，一定要进行充分的调查研究和科学计算，同时还要正确处理物流成本指标与其他技术经济指标的关系（如和质量、生产效率等的关系），从完成企业的总体目标出发，进行综合平衡，防止片面性，必要时还应进行多种方案的择优选用。

2. 监督物流成本的形成

这就是根据控制标准，对物流成本形成的各个项目，经常地进行检查、评比和监督。不仅要检查指标本身的执行情况，而且要检查和监督影响指标的各项条件。如物流设施、设备、工具及工人技术水平和工作环境等。所以，物流成本日常控制要与企业整体作业控制等结合起来进行。物流成本日常控制的主要方面：物流相关直接费用的日常控制、物流相关工资费用的日常控制和物流相关间接费用的日常控制。上述各种与物流相关联的费用的日常控制，不仅要有专人负责和监督，而且要使费用发生的执行者实行自我控制，还应当在责任制中加以规定。这样才能调动全体职工的积极性，使成本的日常控制有群众基础。

3. 及时揭示并纠正不利偏差

揭示物流成本差异即核算确定实际物流成本脱离标准的差异，分析差异的成因，明确责任的归属。针对物流成本差异发生的原因，分别情况，分清轻重缓急，提出改进措施，加以贯彻执行。对于重大差异项目的纠正，一般采用下列程序。

（1）提出降低物流成本的课题　从各种物流成本超支的原因中，提出降低物流成本的课题。这些课题首先应当是那些成本降低潜力大、各方关心、可能实行的项目。提出课题的要求，包括课题的目的、内容、理由、根据和预期达到的经济效益等。

（2）讨论和决策　课题选定以后，应发动有关部门和人员进行广泛的研究和讨论。对重大课题，要提出多种解决方案，然后进行各种方案的对比分析，从中选出最优方案。

（3）确定方案实施的方法、步骤及负责执行的部门和人员。

（4）贯彻执行确定的方案　在执行过程中也要及时加以监督检查。方案实施以后，还要检查方案实施后的经济效益，衡量是否达到了预期的目标。

4. 评价和激励

评价物流成本目标的执行结果，根据物流成本控制的业绩实施奖惩。为了有效地进行物流成本控制，必须遵循以下原则。

（1）经济原则　这里所说的"经济"是指节约，即对人力、物力和财力的节省，它是提高经济效益的核心，因而，经济原则是物流成本控制的最基本原则。

（2）全面原则　在物流成本控制中实行全面性原则，具体说来有如下几方面的含义。

① 全过程控制。物流成本控制不限于生产过程，而是从生产向前延伸到投资、设计，向后延伸到用户服务成本的全过程。

② 全方位控制。物流成本控制不仅对各项费用发生的数额进行控制，而且还对费用发生的时间和用途加以控制，讲究物流成本开支的经济性、合理性和合法性。

③ 全员控制。物流成本控制不仅要有专职物流成本管理机构和人员参与，而且还要发挥广大职工群众在物流成本控制中的重要作用，使物流成本控制更加深入和有效。

（3）责、权、利相结合原则　只有切实贯彻责、权、利相结合的原则，物流成本控制才能真正发挥其效益。显然，企业主要负责人在要求企业内部各部门和单位完成物流成本控制职责的同时，必须赋予其在规定的范围内有决定某项费用是否可以开支的权利。如果没有这种权利，也就无法进行物流成本控制。此外，还必须定期对物流成本业绩进行评价，据此实行奖惩，以充分调动各单位和职工进行物流成本控制的积极性和主动性。

（4）目标控制原则　目标控制原则是指企业管理主要负责人以既定的目标作为管理人力、物力、财力和完成各项重要经济指标的基础，即以目标物流成本为依据，对企业经济活动进行约束和指导，力求以最小的物流成本，获取最大的盈利。

（5）重点控制原则　所谓重点控制，简言之，就是对超小常规的关键性差异进行控制，旨在保证管理人员将精力集中于偏离标准的一些重要事项上。企业日常出现的物流成本差异成千上万、头绪繁杂，管理人员对异常差异重点实行控制，有利于提高物流成本控制的工作效率。重点控制是企业进行日常控制所采用的一种专门方法，盛行于西方国家，特别是在对物流成本指标的日常控制方面应用得更为广泛。

为了做好成本控制工作，还应注意下列要点。①企业成本的日常管理应坚持统一领导和分级、归口管理相结合；②以财会部门为中心，使财会部门与运输、仓储、配送、装卸搬运、包装、流通加工等部门的日常成本管理相结合，做到何处有成本、费用发生，何处有人负责；③要有利于物流的发展，以提高企业经济效益为目的；④做到一般控制与重点控制相结合；⑤严格执行成本开支范围，防止乱挤成本的现象发生。

（二）物流成本控制目标

1. 从物流系统的角度来降低物流成本

企业物流成本控制是一个系统，具有整体性、相关性、目的性、层次性和环境适应性等特点。这个系统由许多独立的单位组成，各个单位的本身机能和相互之间的有机联系，统一和协调于系统的整体之中，为系统目标服务。

（1）从物流全过程的角度来降低物流成本　物流成本控制应该从物流全过程的角度来控制物流成本，考虑从原材料的购买、产品制成到送到最终用户整个供应链过程的物流成本效益，要求企业能有效地缩短商品周转时间，做到迅速、准确、高效地进行商品管理。

这要求企业自身的物流体制高效率化，还要企业协调好与其他企业以及顾客、运输业者之间的关系，实现整个物流供应链活动的效率化。这就要求企业中物流部门、生产部门、经营部门以及采购部门协同，将降低物流成本的目标贯彻到企业的所有职能部门。

（2）大系统整体优化　利润是物流成本控制的最终目的。随着物流功能的大范围、纵深化发展及物流需求的高度化延伸，带来物流量的急剧膨胀，对社会和周围环境产生负面影响。因为，一方面，巨大的物流量在没有有效管理和组织的情况下，极易推动运输、配送车辆的增加，而车辆、运行次数的上升导致城市堵车、交通阻滞的现象；另一方面，巨大的物流量还会破坏整个社会环境。因此，企业不能限于物流系统或相关企业的效益，要从关注追求小系统局部最优转向追求大系统整体最优，还要从全社会的宏观社会经济效益方面来认识。

2. 物流成本控制系统的顾客驱动观念

物流系统直接联结着生产与再生产、生产与消费，采取送货、配送等形式，就是其服务性的体现。这种服务性表现在本身有一定从属性，要以顾客为中心，树立顾客第一的观念。物流成本控制系统向顾客驱动转变，越来越多的公司在管理会计系统中明显地采用以顾客推动为中心的策略，其利润的本质是让渡性。在技术方面，近年来出现的准时供应方式、柔性供应方式等，也是其服务性的表现。

另外，物流质量管理要树立全面质量管理的观念。没有高质的物流，无法实现物流系统的经济效益。质量管理的范围不仅包括物流对象本身，还包括管理工作的质量和工程质量，质量管理的范围应该包括物流对象的运输、储存、装卸、搬运、包装、配送和物流加工等若干环节。只有对物流的所有环节进行全过程的质量管理才能达到保证最终的物流质量，提高对顾客的物流服务质量是确保企业利益的重要手段。

（三）物流成本控制方法

1. 目标成本法概述

目标成本法是战略成本管理所用的新工具之一。所谓目标成本，是根据市场调查，预计可实现的物流营业收入，为了实现目标利润而必须达成的成本目标值。换句话说，即生命周期成本下的最大成本容许值。

目标成本法从本质上看，就是一种对企业的未来利润进行战略性管理的技术。目标成本法使得"成本"成为产品开发过程中的积极因素，而不是事后消极结果企业只要将待开发产品的预计售价扣除期望的边际利润，即可得到目标成本，后面的关键便是设计能在目标成本水平上满足客户需求，并可投产制造的产品。

与传统的成本管理思想相比，目标成本规划所体现的成本管理思想主要反映在以下几个方面。

（1）传统成本管理的范围将注意力集中于生产制造过程的控制，目标成本法的实施意味着成本管理的范围得以向产品的整个生命周期扩张。

（2）目标成本法中所确定的各个层次的目标成本都直接或间接地来源于激烈竞争的市场，按照这种目标成本进行成本控制和业绩评价，明显有助于增强企业的竞争地位。

（3）整个目标成本法的枢纽部分是确定产品层次的目标成本。从国外的经验来看，该目标成本是由产品的联合开发设计小组根据市场信息、内部潜力和供应商的潜力的挖掘而确定的。这意味着成本管理的重点将由传统观念下的生产制造过程转移到产品的开发设计过程。

（4）目标成本法改变了为降低成本而降低成本的传统观念，取而代之为战略性成本管理的观念。战略性成本管理所追求的是在不损害企业竞争地位前提下降低成本的途径。一方面，如果成本降低的同时削弱了企业的竞争地位，这种成本降低的策略就是不可取的；另一方面，如果成本的增加有助于增强企业的竞争实力，则这种成本增加就是值得鼓励的。

2. 目标成本的确定

传统产品设计和售价决定方法与目标成本法有所不同，传统法是先做市场调查后设计新产品，再计算出产品成本，然后再估计产品是否有销路，并根据成本再加上所需利润计算出产品售价。

目标成本法在产品企划与设计阶段就先做市场调查，制定出目标售价（最可能被消费者接受的售价），其次根据企划中的长期计划制定出目标利润，最后以目标售价减去目标利润，即为产品的目标成本，其计算公式如下：

$$目标成本＝目标售价－目标利润$$

目标成本的确定一般包括制定目标售价、确定目标利润和确定目标成本三个步骤。

（1）制定目标售价　目标售价的制定通常可运用下列两种方法：

① 消费者需求研究方法。新产品推出前要先做市场研究，以回答一些问题。例如，市场目前和将来需要的是什么样的产品，消费者需要具有哪些功能与特色的产品，这些产品的需求量如何，客户能付的价格是多少？

- 市场主要对以下问题进行调查研究；
- 对经济、政治、人口、产业等宏观或总体性资料进行收集与预测；
- 对过去、目前和将来的顾客作系统的消费者需求调查；
- 选取特定消费者样本群体对他们的需求作深入研究。

② 竞争者分析方法。收集竞争对手及其产品的资料与将来计划，这些资料及分析可回答一些问题。例如：竞争对手现有哪些产品？将来可能有哪些产品？竞争对手产品品质、服务水准如何？竞争对手产品有哪些功能及特性，价格水准如何？

在确定目标售价时，应时刻牢记，销售价格能否提高主要取决于顾客对产品追加价值的看法，这些追加价值或来自产品的功能或性能的提高，或来自产品质量的提高。企业开发设计的新产品只有在功能或质量上，不但超过了旧产品，而且超过了竞争者的同类产品时，才可以提高售价。另外，考虑到目标定价在整个目标成本规划中的重要性，企业也应十分谨慎地制定尽可能切实可行的目标售价。

（2）确定目标利润　每种产品可能因不同市场需求，售价政策、成本结构、所需投入资本、品质等因素的不同，其利润目标也会有所不同。

确定目标利润可采用目标利润率法：

$$目标利润＝预计服务收入×同类企业平均营业利润率$$

或　　　　$$目标利润＝本企业净资产×同类企业平均净资产利润率$$

或　　　　$$目标利润＝本企业总资产×同类企业平均资产利润率$$

［例 4-8］　运输企业的平均营业利润率为 15%，运输作业的市场价格为 1 元/(t·km)，

某运输企业预计运输作业的作业量为 500 万 t・km，则：

$$目标利润＝预计营业收入×同类企业平均营业利润率$$
$$＝(500×1×15\%)＝75（万元）$$
$$目标总成本＝营业收入－目标利润$$
$$＝(500×1－75)＝425（万元）$$
$$目标单位成本＝目标总成本÷作业量$$
$$＝425÷500＝0.85[元/(t・km)]$$

（3）制定目标成本　目标成本为目标售价减去目标利润，按上述方法计算出的目标成本，只是初步的设想，提供了一个分析问题合乎需要的起点。它不一定完全符合实际，还需要对其可行性进行分析。

目标成本的可行性分析，是指对初步测算得出的目标成本是否切实可行作出分析和判断。分析时，主要是根据本企业实际成本的变化趋势和同类企业的成本水平，充分考虑本企业成本节约的潜力，对某一时期的成本总水平作出预计，看其与目标成本的水平是否大体一致。经过测算，如果预计目标成本是可行的，则将其分解，下达到有关部门和单位。如果经反复测算、挖潜，仍不能达到目标成本，就要考虑放弃该产品，并设法安排剩余的生产能力，如果从全局看不宜停产该产品，也要限定产量，并确定亏损限额。

一种产品的总目标成本确定后，可按成本要素如直接材料成本、直接人工成本、其他直接成本和间接成本等细分制定每一成本要素的目标成本，也可按产品的各部分功能分别制定各部分功能的目标成本。

3. 目标成本—供应链物流成本管理

合作竞争时代的到来，竞争无国界与企业相互渗透的趋势越来越明显，市场竞争实质上已不是单个企业之间的较量，可是供应链与供应链之间的竞争，这对传统企业管理思想产生了巨大的冲击。面对变化反复无常、竞争日趋激烈的市场环境以及客户需要多样化与个性化，消费水平不断提高的市场需求，一方面，企业越来越注重利用自身的有限资源形成自己的核心能力，发挥核心优势；另一方面，充分利用信息网络寻找互补的外部优势，与其供应商、分销商、客户等上下游企业构建供应链网链组织，通过供应链管理，共同形成合作竞争的整体优势。

为了更有效地实现供应链管理的目标，使客户需求得到最大限度的满足，成本管理，应从战略的高度分析，与战略目标相结合，使成本管理与企业经营管理全过程的资源消耗和资源配置协调起来，因而产生了适应供应链管理的目标成本法。

供应链管理的目标是通过成员企业的共同努力，创造供应链的整体竞争优势。而传统成本管理方法的目标是达到本企业最优，要求企业及单个部门的成本最低和客户满意的最大化，从而损害供应链的整体绩效。为了适应供应链管理模式，企业必须剔除传统成本法，实施目标成本法，以有效提高客户满意程度，增强整个供应链的竞争力。目标成本—供应链物流成本管理方法追求供应链总成本的合理化，而不是单个企业功能成本的最小化。

目标成本—供应链物流成本管理是一种全过程、全方位、全人员的成本管理方法。全过程是指供应链产品从生产到售后服务的一切活动，包括供应商、制造商、分销商在内的各个环节；全方位是指从生产过程管理到后勤保障、质量控制、企业战略、员工培训、财务监督等企业内部各职能部门各方面的工作以及企业竞争环境的评估、内外部价值链分析、供应链管理、知识管理等；全人员是指从高层经理人员到中层管理人员、基层服务人员、一线生产员工。

4. 目标成本—供应链物流成本的确定

供应链成员企业间的合作关系不同，所选择的确定目标成本的方法也不一样。一般说来，目标成本—供应链物流成本的确定主要有三种形式，即基于价格的目标成本法、基于价值的目标成本法和基于作业成本法的目标成本法。

（1）基于价格的目标成本法　这种方法最适用于契约型供应链关系，而且供应链客户的需求相对稳定。在这种情况下，供应链企业所提供的产品或服务变化较少，也就很少引入新产品。

目标成本法的主要任务就是在获取准确的市场信息的基础上，明确产品的市场接受价格和所能得到的利润，并且为供应链成员的利益分配提供较为合理的方案。

（2）基于价值的目标成本法　基于价值的目标成本法以所能实现的价值为导向，实行目标成本法，即按照供应链上各种作业活动创造价值的比例分摊目标成本。这种按比例分摊的成本成为支付给供应链成员企业的价格。一旦确定了供应链作业活动的价格或成本，就可以运用这种目标成本法来识别能够在许可成本水平完成供应链作业活动的成员企业，并由最有能力完成作业活动的成员企业构建供应链，共同运作，直到客户需求发生进一步的变化，需要重构供应链为止。

基于价值的目标成本法适用于市场需求变化较快，需要供应链有相当的柔性和灵活性，特别适用于交易型供应链关系的情况。

（3）基于作业成本法的目标成本法　目标成本法的作用在于激发和整合成员企业的努力，以连续提升供应链的成本竞争力。因此，基于作业成本法的目标成本法实质上是以成本加成定价法的方式运作，供应链成员企业之间的价格由去除浪费后的完成供应链作业活动的成本加市场利润构成。这种定价方法促使供应链成员企业剔除基于自身利益的无效作业活动。当然，供应链成员企业通过"利益共享"获得的利益，必须足以使它们致力于供应链关系的完善与发展，而不为优化局部成本的力量所左右。

为有效运用基于作业成本法的目标成本法，要求供应链能够控制和减少总成本，并使得成员企业都能由此而获益。因此，供应链成员企业必须尽最大的努力以建立跨企业的供应链作业成本模型，并通过对整体供应链的作业分析，找出其中不增值部分，进而从供应链作业成本模型中扣除不增值作业。以设计联合改善成本管理的作业方案，实现供应链总成本的合理化。

基于作业成本法的目标成本法适用于紧密型或一体化型供应链关系，要求供应链客户的需求是一致的、稳定的和已知的，通过协同安排实现供应链关系的长期稳定。

思考题

1. 存贮问题的基本要素有哪些？并分别简述之。

2. 常见的确定型连续需求的物资流动存贮策略主要有几种形式？分别简述之。

3. 随机型的连续需求的物资流动与存贮策略主要有几种形式？分别简述之。

4. 什么是库存？什么是需求？

5. 缺货损失费的定义。

6. 食品物流系统的定义

7. 食品物流系统有哪些特点？

8. 食品物流系统的功能要素有哪些？并分别简述之。

9. 简述食品物流系统的目标。

10. 简述食品物流系统有几种模式，并分别简述之。

11. 预冷、追溯系统、大数据处理的定义。

12. 物流过程中哪些环境因素会影响食品质量？并简述之。

13. 简述食品在物流过程中的变化趋势，以及如何进行质量控制。

14. 简述食品安全追溯系统的重要性。

15. 简述大数据处理在食品追溯系统中的应用。

16. 什么是企业物流成本，由哪几部分构成。

17. 简述物流成本的影响因素。

18. 简述物流成本管理的含义。

19. 简述物流成本管理的作用。

20. 简述物流系统总成本分析。

21. 简述物流成本控制的基本程序。

22. 简述物流成本控制的目标。

23. 简述物流成本控制方法。

参考文献

[1] 刘助忠. 物流学概论 [M]. 北京：高等教育出版社，2015.

[2] 陈锦权. 食品物流学 [M]. 北京：中国轻工业出版社，2007.

[3] 宋志兰，冉文学. 物流工程 [M]. 武汉：华中科技大学出版社，2016.

[4] 张少华. 存储论在农业生产中的应用 [J]. 安徽农业科学，2011（19）.

[5] 魏国辰. 电商企业生鲜产品物流模式创新 [J]. 中国流通经济，2015，29（1）.

[6] 吴瑶，马祖军. 时变路网下带时间窗的易腐食品生产—配送问题 [J]. 系统工程理论与实践，2017，37（1）.

[7] 张国庆. 企业物流成本管理 [M]. 合肥：合肥工业大学出版社，2008.

[8] 赵钢，周凌云. 物流成本分析与控制 [M]. 北京：北京交通大学出版社，清华大学出版社，2011.

[9] 孙安妮. 我国鲜活农产品流通模式创新研究 [D]. 北京：首都经济贸易大学，2016.

[10] 吴建华. 现代成本管理方法在企业物流成本管理中的应用 [D]. 成都：西南财经大学，2005.

[11] 王玉狮，黄伟. 大数据下的食品追溯研究 [J]. 科技信息，2014（6）.

[12] 蔡滔，袁旭等. 可追溯的农产品质量安全 [J]. 上海信息化，2017（4）.

[13] 王浩，孔丹. 大数据时代背景下食品供应链安全风险管理研究 [J]. 管理观察，2018（3）.

第五章

工业区位论——厂址选择

━━ 学习指导 ━━

　　熟悉和掌握韦伯的工业区位论、区位选择的原则和导向、食品企业集聚的区位形态、企业总部的区位选择与特点等众多影响区位选择的因子，了解并理解区位与产业链的空间概念与形态、食品工厂厂址选择的原则和方法、食品工业园的类型及其系统规划在工业区位论中的应用。

第一节　区位选择与众多影响因子的偶合

一、区位概述

（一）区位

　　一般认为，区位（Location）是指某一主体或事物所占据的场所。具体可标识为一定的空间坐标。其实，对区位一词的理解，严格的说还应包括以下两个方面：①它不仅表示一个位置，还表示放置某事物或为特定目标而标定的一个地区、范围；②它还包括人类对某事物占据位置的设计、规划。区位活动是人类活动的最基本行为，是人们生活、工作最基本和最低的要求。例如：农业生产中农作物种的选择与农业用地的选择，工厂的区位选择，公路、铁路、航道等路线的选线与规划，城市功能区（商业区、工业区、生活区、文化区等）的设置与划分，城市绿化位置的规划以及绿化树种的选择，房地产开发的位置选择，国家各项设施的选址等。

　　区位论作为人类征服空间环境的一个侧面，是为寻求合理空间活动而创建的理论，如果用地图来表示的话，它不仅需要在地图上描绘出各种经济活动主体（农场、工厂、交通线、旅游点、商业中心等）与其他客体（自然环境条件和社会经济条件等）的位置，而且必须进行充分地解释与说明，探讨形成条件与技术合理性。由于其实用性和应用的广泛性，使区位活动成为人文地理学基本理论的重要组成部分。

（二）区位选择

　　区位选择是指区位决策主体的区位选择过程，也是区位决策主体寻找特定地域空间位置以实现预期目标的过程，这个过程受区位因素的影响和制约。当区位单位与区位决策主体一致时，区位单位的区位选择是自主的；反之，如果区位单位与区位决策主体不一致时，则区位单位的区位选择由外部决策所决定。

　　事实上，企业区位选择不仅影响企业的生产活动，还影响企业的市场需求和消费者的消费行为偏好。一般而言，由于优势区位利益的存在，在其他条件相同的情况下，优势区位企业比劣势区位企业可以获得更高的产出，其单位产品成本相对较低，利润相对较高。

优势企业所产生的交易费用的节约有利于消费者或产品需求企业市场支付能力的提高，区位利益能为消费者或产品需求企业带来额外的效用满足，还有利于消费者货币收入的提高。

工业区位问题是经济学和地理学共同研究的对象。食品工厂的厂址选择就是一个区位选择问题。

二、韦伯的工业区位论

近代工业区位理论的奠基人是德国经济学家阿尔弗雷德·韦伯（Alfred Weber 1868—1958 年）。他 1909 年发表的《工业区位理论：区位的纯粹理论》，提出了工业区位论的最基本理论，是世界上第一部关于工业区位的比较系统和完整的理论著作。之后他又于 1914 年发表《工业区位理论：区位的一般理论及资本主义的理论》，对工业区位问题和资本主义国家人口集聚进行了综合分析。

韦伯认为，任何一个理想的工业区位，都应该选择在生产和运输成本的最小点上。从这一思想出发，他运用数学方法和因子分析法，对当时的德国鲁尔区作了全面系统的研究，得出了工业区位理论的核心内容——区位因子决定生产区位。

（一）韦伯的若干假定条件

韦伯的目的并不是想叙述在近代资本主义社会中工业区位的移动情况，而是试图寻找工业区位的移动规律，判明影响工业区位的各因素及其作用的大小。他认为这是一种纯理论上的探讨。为了理论演绎的需要，他作了以下假定：

第一，在纯理论的探讨中，他只讨论影响工业区位的经济因素，而假定其他因素（例如政策、政治制度、民族、气候、技术发展差别等）不起作用，从而不在讨论之列。他把影响工业区位的经济因素称为区位因素。

第二，他把影响工业区位的区位因素分为两类：一类是"区域因素"，另一类是"位置因素"。区域因素是指影响工业分布于各个区域的因素，也是形成工业区域概貌的因素。位置因素是指促使工业集中于某几个区域而并非另外一些区域的因素。在区域因素和位置因素中，他再分别区分出普通因素和特殊因素。普通因素是指对一般工业都有影响的因素，如运输成本、工资、租金等；特殊因素是指对特定的工业有影响的因素，如在制造过程中需要一定湿度的空气或一定纯度的水等。韦伯所探讨的主要是区域因素的普通因素。他假定可以按照这种因素分析方法来确定工业区位的原则，只有在工业布局不依这些原则进行时，才去研究区域因素的特殊因素。至于位置因素，则是在工业集中倾向的情况下才予以探讨。

第三，构成区域因素的主要是成本项目。韦伯认为，一般有 7 个重要的成本项目：①地价；②厂房、机器设备和其他固定资本的费用；③原料、动力和燃料的成本；④运输成本；⑤工资；⑥利息；⑦固定资本折价。但韦伯认为，这七个成本项目中只有第 3 项（原料、动力和燃料的成本）、第 4 项（运输成本）、第 5 项（工资）是区域因素的普通因素，其余各项都不是。

第四，在上述区域因素的普通因素中，韦伯认为，实际上起作用的只有第 4 项（运输成本）和第5项（工资）。在他看来，第3项（原料、动力和燃料的成本）的差别可以归为运输费用的差别和各地区产品价格的差别，而各地区产品价格的差别也可以看成是运输费用的差别。例如，他把价格高的原料看成是生产地与工厂距离较远，从而运输费用大；把价格低的原料看成是生产地与工厂距离较近，从而运输费用少。

第五，为了考察运输成本与工资这两项实际上起作用的因素对工业区位的影响，韦伯还假定：原料的所在地是已知的；消费地与范围是已知的；劳动力没有流动性，每一个可能发展工业的地区，有一定的劳动力供给地，而每类工业的工资率是固定的，在这个工资率下，劳动力可以充分供给。

（二）关于运输成本

关于运输与工业区位之间的关系，韦伯认为，单就运输关系而言，假定没有其他因素影响工业的区位，那么工业自然会选择原料产地与消费地二者的总运输费用为最小的区位。决定运输费用大小的基本因素是距离和货物的重量。工业区位的理想位置就是使生产和分配过程中所需要运输的里程和货物重量为最小的地方。韦伯认为，绝对重量的影响固然重要，而原料重量与成品重量之间的比例关系更重要。按照韦伯的看法，原料可以细分为"地方性的原料"和"遍布性的原料"，也可以细分为"纯原料"和"损重原料"。"地方性原料"是指该种原料只产自于少数地方；"遍布性原料"是指到处都可以得到的原料，它对工业区位没有什么影响。"纯原料"是指经过加工以后，其重量可全部转移到成品之上的原料；"损重原料"是指生产过程中损失部分或全部重量，仅剩余部分重量或根本没有重量转移到成品之上的原料。由此，韦伯提出了"原料指数"的概念，即需要运输的地方性原料的重量与成品重量的比例。原料指数和区位重量是与原料运费相关的工业生产区位决定因子。

（三）关于工资成本的区位趋势

按照韦伯的分析，实际上对工业区位起作用的因素，除运输成本以外，还有工资成本。韦伯提出，以运费来说，如果以某地为中心，可以找出到达该地运费相等的各点，连接这些地点的轨迹，就是一种等高运费曲线。由于运费高低不同，所以可以有若干条不同的等高运费曲线。任何一个工资成本较低的地方，总是处在某一条以该地为中心的等高运费曲线上。韦伯还提出，一种工业究竟是应该以工资成本来决定区位还是以运输成本来决定区位，还需要考虑工业的性质和工厂所处的社会环境。

工业的性质涉及两个问题：一是该种工业生产所需运输的原料和成品的总重量；二是"劳工成本指数"，即每个单位重量产品的平均工资成本。如果这一指数大，表明单位重量产品的工资成本高，则该种产品的生产就越容易被工资低廉地区所吸引。反之，如果这一指数小，表明单位重量产品的工资成本低，则该种产品的生产就越不容易被工资低廉地区所吸引。韦伯综合考虑上述两个因素，他使用了"劳工系数"这个概念。"劳工系数"是"劳工成本指数"与所需运输重量之比。在同样的社会环境的条件下，"劳工系数"越大，生产越容易被工资低廉的地区所吸引。

社会环境涉及以下几个方面：一是根据运输成本这一单项因素所决定的区位与根据工资成本这一单项因素所决定的区位相距的远近。如果相隔的距离较近，则工业区位迁移的机会较多；如果相隔的距离较远，则迁移的机会较少；二是运费率。如果运费率是下降的，工资成本的影响将增大；如果运费率是上升的，运输成本的影响将增大；三是人口密度。如果人口稀疏，各地工人劳动生产率的差距不会很大，工资率的差距也不会很大，因此，工资成本对区位迁移的影响较小；反之，如果人口稠密，各地工人劳动生产率和工资率的差距增大，工资成本对区位迁移的影响也会增大。

（四）关于集中因素与分散因素的分析

位置因素分为集中因素（Agglomerative Factors）与分散因素（Dispersion Factors）。集中因素指促使工业集中到一定地区的因素，包括特殊的集中因素和通常的集中因素。交通便利，以及原料丰富，也会使工业集中。例如，交通枢纽可以成为工厂集中地点；煤矿中心也可以吸引许多工厂。但这些是特殊的集中因素，而不是通常的集中因素，在讨论工业区位时，可以不注意那些特殊的集中因素，只注意通常的集中因素。通常的集中因素有两种：一是一个工厂规模增大能给工厂带来利益并降低生产成本；二是若干个工厂集中于一个地点能给各工厂带来利益且降低生产成本。例如，在工业区内，有专门的机器修理与制造业可以为各工厂服务；有专门的劳动力市场可以向各工厂提供所需要的劳动力；各厂购买原材料很方便；公用事业和道路也很便利等。

分散因素是指与集中因素相反的因素，即不利于工业集中于一定地区的因素。例如，若干工厂集中于一个地点会使各工厂的租金支出增加，因为地租和房租都会上涨。由于分散因素的作用，一些工厂宁肯远离工业集中的地点，迁往工厂较少的地方，或者在工厂较少的地方设立新工厂。集中因素和分散因素是相互影响的。一般而言，一个地区的工业集中程度越高，分散因素的影响也就越大。一个地区的工业集中程度正是集中因素和分散因素这两方面的力量相互消长的结果。

韦伯提出，虽然集中因素有促使工厂节省成本的优势，但工厂迁往工业集中地区以后，也有可能多付运费。这样，以工厂原来的区位为中心，找出到达此地所需运费相等的各个地点，把它们连接起来，形成等高运费曲线，其中必定有一条曲线是决定性等高费用曲线，这条曲线表示所增加的运费与集中所节省的成本恰好相互抵消。因此，工厂要迁址，必须使工业集中所节省的成本大于由此增加的运费。

三、区位选择遵循的原则

如何合理的选择区位，这是人们在进行生产活动时首先要解决的问题。国内外（主要是国外）的许多区位理论都从多个角度对各种情形下的区位活动进行了探索。本书尝试从哲学的角度，对区位选择提出一些应遵循的原则，以有利于学生或从业者对区位活动的理解，为合理的应用分析打下奠基。

（一）因地制宜原则

区位理论发展至今，依然存在着许多明显的不足之处。例如假设条件过于理想化、一些理论注重理论推导，如一些经典的与实际相距甚远的区位论：杜能的农业区位论、韦伯的工业区位论、克里斯泰勒的中心地理论和廖什的市场区位论等。因此，我们在选择区位时，不应死搬硬套区位理论，而应根据具体的经济活动和具体的地点，仔细考虑当地影响区位活动的各种因素，如气候、地形、土壤、水源等自然因素，市场、交通、劳动力的素质和数量、政策等社会经济因素，以使我们的区位活动能充分而合理地利用当地的各种资源，从而降低生产成本，获得经济效益。总之，我们在进行区位选择时，我们所运用的理论必须与实际相结合，因地制宜。

（二）动态平衡原则

影响区位选择的因素有很多，如果从运动变化的角度，影响区位选择的因素可以划分为静态因素和动态因素。静态因素如土壤、地形、气候、原料资源等，主要为自然因素；动态因素如市场、交通、政策、技术等，主要为社会经济因素。在各因素中，由于动态因素在不断的发展变化，因而我们应更多地考虑其对区位选择所产生的影响。

例如，交通运输条件的改善和农产品冷藏保鲜技术的发展，使市场对农业区位的影响在地域上大为扩展；由于工业所用原料的范围越来越广、可替代原料越来越多，加上交通运输条件的改善，原料对工业区位的影响逐渐减弱，与此同时，市场对工业区位的影响正在逐渐增强；影响城市的区位因素中，有些因素如军事、宗教等对现代城市区位的影响已很弱；有些因素如交通、自然资源等自古到今一直对城市区位产生巨大影响，在现代社会中，有些新的因素如旅游、科技等成为影响一些城市区位的主要因素；由于科学技术的发展，在现代铁路建设中，经济、社会因素对铁路区位的影响，已经超过自然因素而成为决定性因素……从中我们可以看出，各区位因素在不同时空的发展和变化。我们应用矛盾的观点认识和改造世界，应坚持用联系的、发展的、全面的观点看问题，这也就是我们在区位选择中用动态的观点思考，并综合考虑各因素影响这一动态平衡原则的基本出发点。

从系统论的角度，我们在区位选择时，也应遵循动态平衡的原则，对影响区位选择的各因素进行动态的分析，并对各因素的变化及其可能会产生的影响做出充分的预测，从而在一定的时空范围内做出最合理的区位选择。

（三）统一性原则

区位论产生于产业革命后的资本主义时期，并随着社会分工的发展而不断深化，它是经济发展和经济分工的产物。产业革命后，生产社会化程度提高，现代工业迅速发展，新的交通工具被广泛使用，社会分工普遍得到加强，企业间竞争趋于激烈，迫使工厂企业寻求最佳区位，以减少生产成本，获得最大利润，区位论就是在这种社会大背景下产生的。这就使得从区位论诞生开始，经济效益便成为它最关注的对象。环境作为一个整体、一个系统，它的良性发展来自于内部各组成要素（各子系统）的相互协调与统一。区位作为一个开放的、复杂的、动态的环境子系统，它要求我们在区位选择（也就是建立区位系统）时，不仅要保持系统内各部门的协调统一，同时也要保持系统（区位系统与地理系统）之间的协调与统一；在区位活动中不仅关注经济效益、同时要保持经济效益、社会效益和环境效益的统一。这一点对我们社会的可持续发展至关重要。

区位论从点、线、面等区位几何要素进行归纳演绎，从地理空间角度提示了人类社会经济活动的空间分布规律，揭示了各区位因子（因素）在地理空间形成发展中的作用机制，对人文地理学理论的建树和应用领域的拓展起了非常重要的作用。当我们在运用具体的区位理论来指导具体的区位选择时，应当坚持理论与实际的统一、坚持人类活动与环境的协调与统一，用发展的眼光来看待区位选择这一问题。

四、区位选择的导向

生产活动包括农业生产和工业生产，尤其是食品工业，其生产场地都需要合适的自然环境条件，与农业相比，工业生产除场地和水源外，对自然环境的依赖不大，这使工业生产在区位选择上比农业灵活得多，也复杂得多。工业区位是指工业企业的经济地理位置以及工业在生产过程中与相关事物的联系，从经济效益的角度来看，理想的工业区位应有充足的原料、动力，质高价廉的劳动力，前景广阔的市场和便利的交通，实际上很少有这样理想的场所，因此，决策者应根据不同企业不同的生产成本构成，选择具有明显优势的地方，即是花费最低、获得最高利润的地方。在工业企业的生产过程中，往往会对空气、水、土壤等造成污染，有空气污染的工业，其区位应考虑当地风向，风向的判断主要依据区域位置，此外还需考虑热力环流。所以，不同的工业部门，生产过程中投入的要素不同，生产成本的构成也不一样，造成工业区位选择时考虑的主导因素也各不相同。

（一）工业区位因素导向

1. 资源导向

韦伯认为，在生产活动中，特别重要的是工业或制造业的生产活动，所以工业区位问题是他所研究的中心问题。他认为：影响工业区位的因素实际上只有运输成本和工资两项，原料、动力和燃料成本的差别可以归因于运输费用的差别和各地区产品价格的差别，而各地区产品价格的差别仍可以看成是运输费用的差别。

食品企业在生产过程中，需要运进、运出的各种原料、产品数量巨大。它们的生产成本的地区差异主要是运费造成的。但随着工业化程度的提高，越来越多的食品工业企业的生产成本中，运费所占的比重逐渐下降，这种工厂配置在运费最低点不可能对生产总成本的降低产生多大影响。对这些食品工厂的布局起主导作用的可能是劳动力费用或其他方面费用的节约。简言之，资源导向可包括原料导向、动力导向和劳动力导向。

（1）原料导向　原料导向是指原料不便于长途运输或运输原料的成本较高的工业，如制糖工业、水产品加工业、水果罐头加工业等，应接近原料产地。

（2）动力导向　动力导向是指在生产、加工过程中需要消耗大量能量的工业，企业为降低成本，把工厂建在能源供应量大的地方，应建立在电力生产成本低的大小电站附近。

（3）劳动力导向　劳动力导向是指需要投入大量劳动力的工业，技术要求不高，工人很快可以掌握生产要求，这类产业的劳动者工资低，对生产成本增加不多，而对利润的比例提高有很大作用。例如，苹果加工生产的前端如苹果产业园——苹果树的压袋和剪枝、苹果的套袋、卸袋和摘果等都需要大量的人工，应接近具有大量廉价劳动力的地方。

一般来说，一个工业企业的劳动费用指数越大，也即是劳动力导向型工业，则通过降低劳动费用来降低生产成本的可能性就越大，因而这类企业在布局上更要求指向劳动力廉价的区域。

　　无论是原料、材料、燃料，还是劳动力，区位和一些约束企业的限制条件，都是企业生产经营必不可少的资源。但各类企业区位选择的指向都是从资源约束角度提出的，都是从资源采集的难易程度和成本费用的高低是工业企业最重要和最终的约束提出的。因此，我们可以把这种企业区位的理论看作是资源约束的区位理论。

　　企业区位的最终约束条件在第二次世界大战以后逐步由资源约束转为市场约束，主要的表现和原因有以下几个方面。

　　（1）由于交通和运输条件的改善以及电网覆盖面的扩大和管道运输新技术的广泛采用，电、原油、天然气和煤炭已经比较普遍实行长距离输送，方便、快捷的运输使因区位距离而带来的原材料、燃料对企业的约束程度大大降低。人力资源的情况也发生了很大的变化，现在的企业对人力资源不只是简单地要求费用低廉，随着科学技术的进步和企业有机构成的提高，企业对人力资源素质的总体要求越来越高，高素质的人力资源，投入的费用高，带来的效率和效益也高。因此，对很多企业来说，用单纯地考虑原材料运输费用和劳动力费用低廉的标准来确定企业区位就不足取了。

　　（2）随着工业化进程的加快，经济结构优化和产业不断升级，初始原材料在工业企业中使用的比重越来越小，企业在生产过程中力求深加工和精加工，力求对资源的综合利用。尽量减少资源的消耗，尽量增加产品的附加值，这样大量企业都减少了对原材料的消耗，降低了对其依赖的程度。当今世界，科学技术的长足发展，特别是以信息技术为代表的高新科技革命，极大地改变了传统的时间和空间以及视觉等界限，促进了世界经济全球化进程，并为人类开拓新的生产和生活空间提供了可能，为解决人口、资源与环境之间的固有矛盾提供了可能。

　　（3）自然资源极其重要，但同时，在当今市场经济日趋成熟的条件下，资本市场、信息、市场网络、创新环境以及商标品牌和专利技术等又成为另一类很重要的人为的资源，即市场条件。除了区位的硬环境外，区位的软环境，包括政府的区域政策和管理。区位的市场化程度和社会化程度，对企业发展的约束都大大增加了。这一类市场条件和区位环境，对企业生产和经营的约束在某种程度上要超过自然资源的约束。因此，在继续重视合理利用自然资源的同时，要更加重视在市场经济中对企业区位有更大影响的市场因素方面的条件。

2. 市场导向

　　市场导向是指产品不便于长途运输或运输产品成本较高的工业。例如，啤酒应接近市场。企业区位选择有两个层次：一是经济区域的选择；二是在区域确定以后，在区域内确定具体位置通常称之为确定厂址。其实，现代企业区位选择绝不仅仅限于一个工厂厂址的选择。厂址的选择是企业区位选择中的第二个层次的问题，它有一些具体要求。企业一旦选定了建厂的区域，就应当从这一区域可供建厂的几个具体的地点中，通过详细的比较分析，确定工程项目所在的位置，即所谓定址。确定区位，既可以是确定工厂的位置，也可以是确定商业流通、研发机构和公司总部的所在地位置。这里我们仅以确定工厂位置为例。厂址的选择是在确定了企业区位的基础之上来进行的，因此是在区位因素确定的情况下。分析比较厂址条件的优劣，而且更多地是从工程技术的角度来分析确定厂址的因素。这些因素主要有以下几方面。

　　（1）占地面积和所处地势　　选择厂址，虽然一般都希望有一个平坦的地形，但为了不占良田、少占耕地，应尽量使用贫薄土地、坡地和山地。同时，厂址占地要满足生产建设的需要，包括厂房、各种建筑物布局和生产工艺流程的需要，四周还应有适当的扩展余地。能源和原料消耗量大的投资项目，还应该考虑有足够的空间来堆放和储备原材料、燃料以及排放废弃物。

（2）工程的地质条件　厂址的工程地质、水文地质等方面的条件应符合项目的要求。在评价工程地质时，首先应研究是否有不宜建厂的工程地质，比如有活动断层或发展断层等。工程地质条件如能满足工程对天然地基的要求，可以大大减少基建工作量和基建投资。

（3）交通运输条件的衔接　在确定企业区位时，一定要考虑运输条件，在决定厂址时，一定要衔接好具体厂址与车站、码头或机场的通路连接。当以铁路运输为主时，必须了解铁路对货物流向的要求，只有通过能力和运输能力及装卸能力的状况、运载方案可行，厂址方案才能成立。当厂房设立专用铁路线时，还需要考虑厂址所在地能否与临近的车站接轨。当以水运为主时，应了解运输河道的通航季节、通航的能力和河道的情况以及码头的装卸能力。

（4）环境保护　建设工厂或其他工程项目，必然会对周围的环境产生影响，因此，在可行性研究和厂址选择的过程中，必须对环境的影响进行评价。厂址的选择要有利于项目所在地的环境保护，严禁在自然保护区和风景名胜区建厂。对排故的废水、废气和废渣要有切实可行的治理方案。

此外，市场还可以分为有形市场和无形市场。我们所说的市场约束更多地是指无形市场发育的程度，特别是指市场环境和市场机制，就是指一个区域的市场化程度。一个区域市场化程度的高低受许多因素的制约，也包含许多内容。主要有以下几个方面。

（1）拥有较为完备的能源、交通和通讯等基础设施，协作配套的社会化程度高；

（2）技术和人才易于集中；

（3）良好的社会公共服务体系；

（4）区域政策环境好；

（5）法制社会和廉洁高效的政府。

3. 技术导向

20世纪80年代后，区位选择理论的研究视野不断被拓宽，产生了许多新的发展方向。着眼于技术导向型企业的区位选择行为不仅是以降低成本、增加收益为导向的对空间地理位置的选择，更是对高新技术、知识型人才等创新要素的选择，很大程度上是由技术导向型企业的人才特征与流动规律决定的，变现为知识型企业家团队的区位选择对企业本身区位选择的一种替代。与既有的区位理论不同，创新要素的获取、风险的规避，特别是企业家社会资本成为更为关键的决定因素。

技术导向指企业业务范围限定为经营以现有设备或技术为基础生产出的产品。技术导向把所有使用同一技术、生产同类产品的企业视为竞争对手。对照企业业务范围导向的4项内容（产品导向、技术导向、需要导向和顾客导向）来看，技术导向指生产技术是确定的，而用这种技术生产出何种产品、服务于哪些顾客群体、满足顾客的何种需求却是未定的，有待于根据市场变动去寻找和发掘。

技术导向的区位选择是特殊的产业集聚，是伴随着产业集群的过程，这个动态的过程既体现了产业集群的一般规律，也具有特殊性。其特殊性主要表现为：

（1）人才集聚优于其他要素成为产业集群的首要条件　技术导向型企业以知识工作者的团队生产为主要运作方式，以知识性产品和服务为主要产出。知识产品的生产从投入要素、生产流程、提供方式等与传统产品都存在显著不同，基于此，知识工作者之间的分工与协作关系也与一般劳动者之间的关系存在根本性差异，人才资源的集聚效应强烈地影响着企业效率，技术导向型企业园区本质上就体现为知识型人才的集聚。因此，在人才相对比较集中、以提供知识性产品和服务、以创新为发展动力和源泉的知识型企业集聚中，人才要素的集聚优于土地和资本等其他要素。

（2）企业家作用更加突出　企业家的创新力是推动技术导向型企业形成的关键，技术导向型企业中的企业生产成本效应体现了影响企业区位选择的生产成本因子与区域所拥有的有利于降低成本的资源禀赋条件的有机结合；技术导向型企业集聚的衍生或孵化效应是基于企业家行为和区域丰富企业家资源而产生的。产业集聚的交易成本效应表明，为降低交易成本，提高交易效率，一些内在联系密切、相互依赖性大的企业家趋向于集聚在一起形成网络，网络的形成又对新生企业和外部企业产生强大的吸引力，促进新企业的产生和外部企业的加入，最终导致产业集聚。

技术导向型企业的区位选择，主要有创新要素的易获程度、风险的可规避程度和创业型企业家社会资本的积累程度等因素决定。即认为，技术导向型企业的决策主体知识型企业家在进行区位选择时，主要考虑技术资源的可获得性、发达通信网络设施的可达性、优美的自然和生活环境、良好的创新环境及其他因素。

综上所述资源导向、市场导向和技术导向这三个方面是目前国内食品加工业所面临的最主要的现象。归根到底，资源和劳动力两个因素对现代食品工厂来讲并不是最根本的，或者说并不是很重要的。最重要的两个因素是市场和人才。有市场企业才会有资金流，企业才会有效益，有人才才会有现代无人化工厂的建立。这些现象都要求现代食品工厂对区位的选择要靠近城市，这样才会有系统配套，譬如热能供应、供水排水、三废处理、人才聚集、机械、自动化配套、运输快速等综合条件。

（二）区位因素导向的变化

随着社会生产力发展，市场需求的变化，科技水平的不断提高，工业区位因素以及各因素所起的作用在不断变化，原料地、运输能力对工业区位的影响减弱，市场对工业区位的影响渐强；劳动力数量对工业区位的影响减弱，劳动力素质（人才）对工业区位的影响渐强；而信息通信网络的通达性成为工业区位选择的新因素。一个区位因素及其作用的变化，会导致其他区位因素及其作用发生变化，进而直接影响工业的区位选择。

近年来，科学技术进步很快，工业的区位选择越来越重视科学技术因素。科学技术的进步使得交通条件改善和动力提高、工业生产机械化和自动化水平提高、工业产业对信息的依赖程度提高，导致区位的选择对动力与原料地依赖减弱，缩短了生产地和消费地之间的距离，区位选择更灵活、促进生产规模扩大与工业集聚、对市场信息依赖加强。例如，由于交通和科技的发展，一些原料导向型工业的区位选择，降低了对原料、动力等区位因素的依赖程度，逐渐靠近市场，以大城市为依托，充分利用大城市及其周围的工业城市的市场、人力资源和科学技术。

（三）影响区位选择的其他因素

区位的选择应实现经济效益、环境效益、社会效益的统一。工业区位的选择越来越重视科学技术因素。除此之外，环境质量、政策、企业决策者的乡土情感、理念和心理因素也成为重要的工业区位因素。

随着人们环境意识的增强，环境质量已成为重要的工业区位因素。一些污染严重的工业，区位选择应非常慎重。而对环境十分敏感的一些高技术产品及食品等企业，则应以优质环境为区位选择的主导因素。

政策也成为重要的工业区位因素。在优惠政策的影响下，用地、交通、基础设施等区位因素都会发生有利于投资办厂的变化。例如，20世纪80年代实行改革开放政策，沿海地区经济迅猛发展，20世纪末国家为谋求缩小东西部地区经济发展水平的差异，加大了在西部地区发展工业的力度。

企业决策者的理念和心理因素，也成为重要的工业区位因素之一，有时甚至会成为主导因素。例如，改革开放以来，广大台港澳同胞、海外人华侨纷纷回国、回乡投资建厂，除了政策方面的原因外，还有乡土情感方面的因素。

五、食品企业集聚的区位形态

按企业的功能可把企业分为生产型与贸易型两种类型，对其区位的特别形态作一简单的分析。

（一）食品企业集聚的区位形态——产业带

产业带是某一类产业集中地布局在相连的地带上，形成比较专门化的企业区位，它既有产业的内涵，又有区域的地域走向。近年来，高新技术产业在我国一些区域比较密集地布局，形成了不少高新技术产业带。因此，研究产业带对企业正确选择区位很有帮助。产业带在我国经济理论研究中是近几年的事情，对产业的研究也不过是20世纪80年代中期以后的事情。一般而言，产业就是指国民经济的各行各业，它不仅指生产性部门，而且也指提供服务非生产性部门。这些年来，我国的产业理论主要局限于产业结构和产业组织方面，而对某些产业比较集中的布局在一些区域上而形成的产业带还缺乏研究。

中国既是农业大国，也是食品生产大国，更是食品消费大国。当前，大量的食品跨国集团和全球知名品牌主要集聚于欧美等发达国家，中国尚未形成国际知名品牌。因此，在全球化趋势下，如何建设国际知名食品城，成为中国急需研究的重要课题。

随着可持续发展思想在世界范围的传播，可持续发展理论也开始由概念走向行动，人们对生态环境质量的要求越来越高，故建设生态城市已成为下一轮城市竞争的焦点。对国际食品城而言，健康食品必须以健康的环境为依托，食品城"大健康"的形象需要大片的绿色奠定基调。因此，如何实现生态良性循环、资源永续利用、产业健康发展、城市幸福、宜居，是国际食品城规划设计中需重点考虑的问题。以中国食品谷为例（图5-1）。

中国食品谷是山东省潍坊市在2012年提出的一项食品产业战略，目前该项目已完成国际注册。基地位于潍坊中心城区北部边缘，南邻潍坊经济开发区、寒亭经济开发区，北

图 5-1　中国食品谷总部基地图

接滨海新城，是潍坊中心城区与北部滨海新城衔接的重要节点（图 5-2）。中国食品谷概念所涵盖的是整个潍坊市食品产业发展要素，它包括"一核、五区、多点"。"一核"即占地 45km² 的食品谷核心区，是承载产业高端要素聚集的平台；"五区"则汇聚了寿光、安丘、峡山、诸城、昌乐等地的优势产品资源，作为产品配套区；"多点"则是指全市现代农业、食品加工、流通园区和企业。在这个布局中，

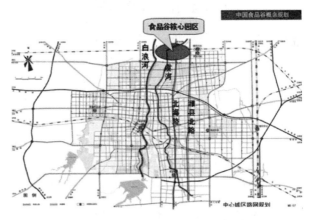

图 5-2　中国食品谷在潍坊中心城区中的位置图

核心区是承载食品产业汇集升级的平台。在这里，中凯智慧物流园一期已经投入运营，20 万 t 的冷库容量吸引了近 300 家食品企业租用，而该园区要规划建成 60 万 t 的冷库容量，还拥有冷链物流、食品交易云平台等功能。

食品谷总部基地项目内，一期 7 栋办公楼已进入最后的装修阶段（图 5-3），二期 4 栋办公楼也将进行主体封顶（图 5-4）。在这里建有中美食品与农业创新中心、中荷（农业）

图 5-3　中国食品谷一期规划图

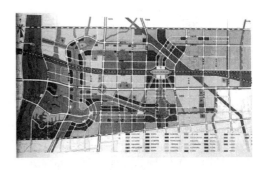

图 5-4　中国食品谷二期规划图

创新暨人才创新中心等顶尖的食品研究机构；入驻了食药、农业、畜牧、粮食、水产品等检测实验室，形成了功能齐全的检测中心。中国食品谷还与美国加州大学戴维斯分校、荷兰赫宁根大学、以色列特拉维夫大学、北京大学、中国农业大学、江南大学、中国农科院等国内外知名食品类院校实现了深入合作，意在将中国食品谷打造成一个集食品安全、可持续农业、食品生产研发、教育培训、成果转化、人才引进为一体的国际化高水平开放平台。

在未来发展中，"生态食品谷"的建设将同步推进。按照绿色、低碳、生态、可持续的理念，协调城市空间、土地资源和产业集群布局，在经济社会发展、城乡土地利用、生态环境保护等方面，做到了规划"多规合一"。推动北辰中央休闲区的规划建设。同时，在中国食品谷核心区内，食品小镇、食品农产品电商小镇、高铁小镇等特色小镇规划编制也在大力推进中。一个功能完善，特色鲜明，宜居宜业的生态食品小镇即将映入人们眼帘。

（二）企业集聚的一种特殊形态——企业簇群

所谓企业簇群是一些在地理位置上互相靠近、在技术和人才上互相支持并具有竞争力的同行业的企业，以及相关企业和配套企业所形成的企业群体。这种企业群体在空间区位上十分集中，它缩短了同业之间相互沟通的渠道，使同业能够快速地相互学习，不断地进行创新和观念交流，并不断扩大其专业人才队伍和专业研究力量，形成了企业群落内部的一种自加强的机制，而其所形成的竞争优势难以被其他地区的企业夺走，因而具有持续竞争力。

企业簇群有其重要的经济特色，主要体现在：①企业簇群依托市镇区域的发展；②专业化是企业簇群的成因；③企业簇群带来的效益十分明显。

（三）关于企业簇群的发展问题

第一，企业簇群一般产生于经济发达地区，而且多见于制造业和劳动力密集型行业，这就需要正确的产业发展定位，加快技术密集型产业和高新技术产业的发展，加快产业结构升级的国际挑战。但巨大的就业压力要求我们在相当一段时间内还要把发展劳动力密集型产业放在重要位置，在产业结构升级中注意发展技术——劳动密集型产业。

第二，企业簇群要适应国内外激烈竞争格局的变化，要适时加快产业升级，即由轻型制造业适度向重型制造业转移。企业簇群的生存和发展必须适应国际国内产业的调整变化趋势。

我国在推进工业化进程中出现的产业带、商圈、企业簇群以及近些年出现的高新技术产业区和经济开发区等一系列产业集聚区，都是产业集聚的新形式。它们中的某些部分也可以称之为新产业区。20 世纪 70 年代以来，新产业区的形成与发展，与科技迅速发展所推动的制造业生产方式的转变有密切的关系。新产业区的理论是在 19 世纪末著名剑桥大学经济学家 Alfred Marshall 提出的产业区理论的基础上发展起来的。他把专业产业集聚的特定地区成为"产业区"，但只为节约空间成本即区位成本，或共同利用基础设施，或被优惠政策吸引所产生的企业的集聚仍是传统意义上的产业区，而不是新产业区。

目前，中国食品工业与食品科学正处在快速发展的前期，食品产业已经成为国民经济第一产业，科学地加工与生产食品产品，已成为民生第一需求。而且，中国城乡居民收入水平的提高和生活方式的变化引导着食品消费方式急剧变化，营养、健康与安全的矛盾冲突和压力，产生了迫切的科学需求。我国食品产业园区顺势蓬勃兴起，如山东省莱阳食品工业园、银川德胜工业园区、重庆市綦江食品工业园、扬州市食品产业园、滁州绿色食品工业园等。

以扬州市食品产业园为例，它是基于"华东唯一、国内一流、国际知名"的发展定位，突出"转型、升级、创新"，"谋划、策划、规划、细化"园区产业发展路径，秉承"立足专业，融合产业，构建核心"理念，形成以食品产业为特色，走出制造业与服务业相互结合、相互促进、共同发展的新型工业化发展之路，争创国家食品产业现代化复合型产业园区；致力于将园区打造成产城融合体，不断实现城市与产业发展之间的相互促进作用，成为助推扬州市乃至江苏省经济发展的新生力量。

园区在发展的同时不断将科技创新力量注入其中，由原来单纯的食品加工制造向食品检测研发、冷链物流及都市旅游方向不断延伸，从而实现将产业功能、城市功能、生态功能融为一体，以达到产业、城市、人之间有活力、持续向上发展的模式，向建设"产、城、人"紧密融合的现代化复合型特色园区迈进。

"绿色、生态、人文、效益"是扬州市食品产业园区兴旺发达的不竭动力。一是着力建设科技综合体项目——食品科技园。规划建设展销展示、检验检测、科技研发、总部基地、星级酒店等五大中心。主要承担企业孵化器、食品安全监管、专业人才培育、信息发布交流等功能；二是加大企业推陈出新力度。对扬州三和四美酱菜有限公司、扬大康源乳业有限公司第一批"退城进园"企业，积极实施项目节能监察改造，淘汰落后产能设备；江苏亲亲集团有限公司、扬州欣欣食品有限公司等一批传统食品企业相继成立研发机构，新产品开发数逐年递增；三是推进政产学研合作进程。围绕引领培育新兴产业、支撑支持优势产业的要求，园区通过与江南大学、南京中医药大学、上海理工大学、扬州大学等高校合作，积极寻求智力资源的全方位合作，引进国内外高等院校、科研院所的优质科技资源，建立健全把研发植入产业的良性机制，精心打造科技产业化的"桥头堡"；四是建立中小企业创业扶持基金——扬州（赛伯乐）绿科股权投资基金，解决小微企业融资难问题，提升园区综合竞争力和发展。

"培植载体产业升级"，有关数据显示，我国各类食品的年产量达到 10 亿 t，占世界食品总量的 15%，其中肉类、水果、水产类等产量均为世界第一。然而，我国食品工业产品每年在运输和储存方面的损失却高达数百亿人民币。由此产生两个直接后果，一是易腐食品，特别是初级农产品的大量损耗，给国家和人民利益带来极大损失；二是食品安全方面存在巨大隐患，给人民群众的健康造成极大的威胁。同时，与欧美一些发达国家相比，在冷链物流系统的建设和管理方面，我国食品冷链系统建设存在一定的差距。因此，打造冷链物流基地，是食品产业园产业链延伸的重要载体，是食品安全的重要保障，是促使整个食品加工产业提档升级的重中之重。

"都市旅游创新转型"，扬州市食品产业园以工业旅游为着力点，以"美食美刻，乐品扬州"为品牌定位，围绕"食品、科技、欢乐"三大元素，按照"特色化、平台化、品牌化"发展思路，规划建设休闲旅游与产业相融合的食品产业文化创意旅游区，打造三大核心项目：一是打造食品文化游览公园；二是打造食品科技体验场馆；三是打造食品文化创意乐园。

六、企业总部的区位选择与特点

随着现代企业向大型化、国际化趋势的发展，公司跨地区、跨国家的经营活动日益频繁，要对跨越若干地区或国家的众多公司下属生产经营单位进行有效的管理，公司总部的区位选择十分重要。公司总部的职责主要是决策和协调组织所属公司的运行。公司二级总部，即地区总部的职责除了对地区重大事务进行决策之外，还要负责辖区内公司的资金调度和经营监控。近几年来，不断有一些著名食品大公司重新选择和调整公司总部区位，从中我们可以看出一些公司总部的区位选择特点。

由于高层行政管理、财政、法律以及研发等职能集中在公司总部。因此一些大公司都把总部放在大城市特别是首府城市。一般来说，大公司总部区位选择取向的变迁是与国家的经济发展水平紧密联系在一起的，公司总部变迁要经历四个阶段。在初级阶段，由于基础设施特别是交通、通讯条件的限制，大公司总部一般集中在全国性的支配中心，这一支配中心往往是一个国家的首都或大城市的首府；在第二阶段，随着国家经济的发展和交通条件的改善，除了首位城市之外，逐步形成了一些区域性的支配中心；第三阶段，代表区域开始成熟，各地区已不存在真正的支配中心，公司总部的区位逐步出现分散化的趋势；第四阶段，则以国家经济均匀发展为特点，这时已不存在国家或区域性的支配中心，公司总部最大限度地分散在全国各地。无论怎样变化，大公司的总部总是趋向于城市特别是大城市。

（1）大城市一般是国际国内的交通中心，发达、快速的交通网络特别是航空网络，为加强公司总部与分布在世界各地的子公司之间的人员往来提供了方便。

（2）由于公司总部每天都要发送或接收来自海内外子公司和其他经济组织的大量信息，并对这些信息进行处理、加工和传递，因此，大公司的总部一般需要建立一个高效畅通的全球信息网络。大城市尤其是首位级城市一般具有较发达的信息产业和完善的通讯设施，同时，大公司相对集中在大城市地区，为工商业者提供了面对面交流的机会，这些都为大公司总部信息网络的建立创造了条件。

（3）公司总部需要一批高素质的管理技术人才。特别是经营管理、投资、财务、律师、广告策划和研究开发人员，而大城市一般是这些高级管理技术人才相对集中的地方。这样，大公司就可以根据自己的需要随时招聘到一些最优秀人才。同时，大城市的各种社会文化设施也满足了公司高层管理技术人员的需要。

（4）大城市一般是政府的行政管理中心，也是众多金融机构的所在地。因此，大公司把总部设在这里，既可以加强与政府部门之间的交往，及时掌握政府决策的动向，又可以凭借地理优势改善与金融机构之间的关系，同时迅速对金融市场的变化作出反应。

（5）大公司相对集中在大城市，为工商业者提供了面对面打交道的机会，这样可以更为有效地进行经营管理，增进信任，并且使他们的思想得以自由交流。

公司总部的区位由集中走向分散，主要是由以下几个方面的原因引起的：一是交通通讯设施的迅速发展尤其是航空和通讯条件的改善，为公司总部的分散创造了条件，目前许多大城市都能满足公司总部的区位要求；二是自 20 世纪 60 年代以来，一些工业发达国家相继出现了大城市郊区化的趋势。人口、制造业继而第三产业的活动不断由大城市中心区迁移到郊区以及周围的中小城镇，促使一些公司的总部也开始出现分散化的趋势；三是企业特别是大企业之间的相互购并也导致公司总部和控制中心的转移。特别是当那些迅速增长的企业大量购并或兼并其他企业时，公司总部的分散化趋势将进一步加剧。随着交通通讯特别是电子信息技术的迅速发展，公司总部向大城市集中的趋势正在逐步减弱。在世界最大的 100 家公司中，也有一些公司的总部并没有设在大城市。这种区位变化主要是由公司总部的迁移以及企业间的购并引起的。

第二节　区位与产业链

产业链描述的是厂商内部和厂商之间为生产最终交易的产品或服务所经历的增加价值的活动过程，它涵盖了商品或服务在创造过程中所经历的从原材料到最终消费品的所有阶段。随着社会分工的细化，没有任何一种产品或服务可以由一家企业完全提供。一个企业所能向顾客提供的价值，不仅受制于其自身的能力，而且还受上下游企业的制约，因为产业链条中的企业是相互依存的。

一、产业链的空间概念

以生产同种最终产品为目的的产业可以存在多条产业链，这些产业链之间的关系可以说是错综复杂（图 5-5、图 5-6 和图 5-7）。

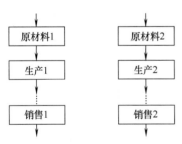

图 5-5　无关产业链

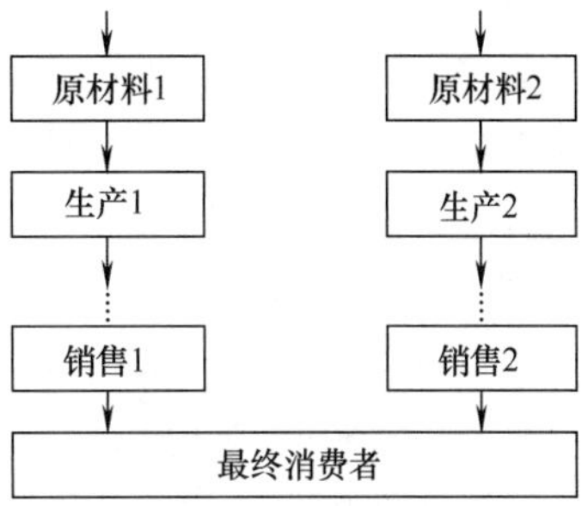

图 5-6　竞争产业链

（一）无关产业链

在某些情况下，特别是在不同的国家和地区存在相似的独立产业链，从原材料直至最终消费环节都是没有关联的。

当两条产业链在最终消费群体重合的情况下，产业链之间一般而言就会展开激烈的竞争，竞争成败关键在于从原材料直至最终消费的相互协作程度。

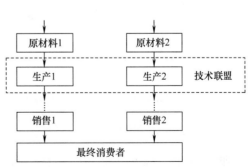

图 5-7　竞合产业链

（二）竞合产业链

世界在进入 21 世纪以后，产业链之间的竞争更多表现为交融的关系，即在产业链的某些环节以竞争为主，在某些环节则以合作为主，最为典型的就是生产环节的技术联盟等合作形式。这种形式在技术不断进步的当今已是非常普遍。

随着分工的不断深化，产业链迂回的环节不断增多。产业链迂回一是因为生产活动需用更多的加工工序来完成，借助不同的设备经由多道工序不断进行功能积累，而不是一次性将功能目标实现；二是不在企业内部进行所有的生产活动，而是在社会上对生产进行细致的分工，实现高效率的生产，保证每个阶段的分工优势，由此形成产业链的迂回。

现代产业的一个突出特点就是产业链不断迂回，当产业链的迂回在同一个空间发生时，如果产生了有利于提升竞争力的外部经济性，那么就形成了具备产业集群特征的空间组织形式。

二、产业集群的空间形态

Michael Poter 认为，产业集群是指在某一特定领域内相互联系的、在地理位置上集中的公司和机构的集合。集群包括一批对竞争起重要作用的、相互联系的产业和其他实体。例如，它们包括零部件、机器和服务等专业化投入的供应商和专业化基础设施的提供者。集群还经常向下延伸至销售渠道和客户，并从侧面扩展到辅助性产品的制造商，以及与技能技术或投入相关的产业公司。最后，许多集群还包括提供专业化培训、教育、信息研究和技术支持的政府和其他机构，如大学、标准的制定机构、智囊团、职业培训提供者和贸易联盟等。

荷兰学者范迪克认为，产业集群是一群企业在一定区域内的聚集，这种聚集给企业带来积极的外部经济性效果，具有以下六个特征：

（1）企业彼此在空间上的接近。根据在欧洲各工业区的实际调查，企业之间相距从 1km 到 500km 不等。

（2）由于许多相同或相近行业的企业在该区域内的相对集中（大约每平方千米 50 家企业），经济活动因而高度密集。

（3）该区域内的企业从事相同（竞争性）的、相似的和辅助性的生产和经营活动。

（4）由于上下游企业间的转包合向（纵向分工）和企业之间的专业化合作（横向合作），该区域内各企业在生产和经营上紧密联系。

（5）企业之间在生产和经营上有相互联合的历史和背景。

（6）该区域内生产商与供应商、经销商和其他生产商之间的联系不断发展，并完善成为企业网络。

以内部市场结构为标准，产业集群的空间形态可以分为下列几类。

（一）轴轮式产业集群

轴轮式集群是指众多相关中小企业围绕一个特大型成品商形成的产业集群。在一个处于中心地位的大企业的带动下，各中小企业一方面按照它的要求，为它加工、制造某种产品的零部件或配件，或者提供某种服务。另一方面又完成相对独立的生产运作，取得自身的发展。内蒙古的蒙牛和伊利产业集群是轴轮式集群的典型代表。轴轮式集群的主要特点亦于：

（1）有一个大型企业构成集群的核心，带动周围的中小企业发展；

（2）核心企业凭借自身雄厚的技术支持和强大的品牌优势，掌握着整个系统的运转，并给周边企业以指导；

（3）整个集群的运作以核心企业的生产流程为主线；

（4）众多小企业能够提供比集群外企业更低运输费用和更符合要求的配套加工产品。

（二）多核式产业集群

多核式集群是指众多小企业围绕三五个大型成品商形成的产业集群。这种模式在形成初期往往只有一个核心企业和一些相关配套企业，随着产业的发展，出现多个核心企业，形成同一集群内多个主体并存的局面，如韩国国家食品产业园。这种集群模式的主要特点在于：

（1）以几个企业为核心进行运营；

（2）围绕不同的核心企业形成了多个体系，同一体系内部密切合作，体系间又存在着明显的竞争；

（3）集群中的竞争一方面表现为核心企业之间的竞争，即选择外围合作企业，如供货商、服务机构和争取顾客等；另一方面表现为生产同类产品的配套企业间的竞争，即外围企业竞争对自己企业发展更有利的核心企业。

（三）网状式产业集群

网状式集群是指众多相对独立的中小企业交叉联系，聚集在一起形成的产业集群。如马寨工业园区。网状式集群的主要特点：

（1）集群中企业的规模小，雇员的人数很少，企业的类型大都属于雇主型企业；

（2）由于生产工艺较为简单，流程较少，企业能够独立地完成，所以相互之间较少有专业化分工和合作；

（3）生产经营对地理因素的依赖性较强；

（4）生产的产品具有明显的地方特色，大多是沿袭传统生产方式形成的；

（5）供应商和顾客群比较一致，竞争较为激烈；

（6）在对外销售方面具有较强的合作性。

（四）混合式产业集群

混合式集群是由多核式与网状式混合而成的产业集群。集群内部既存在几个核心企业及相关的小企业，又存在着大量没有合作关系的中小企业。如厄勒食品产业集群和荷兰"食品谷"。混合式集群的主要特点：

（1）多核式与网状式集群并存；

（2）核心企业不仅带动了配套企业的发展，也为散存的中小企业提供了机会；

（3）核心企业与配套企业依靠品牌为核心竞争力，散存的中小企业主要以低成本为竞争优势；

（4）技术创新是集群中企业生存和发展的关键。

（五）无形大工厂模式

无形大工厂模式的集群是由诸多在生产流程上相连接的小企业所构成的产业集群。如江苏省银杏产业集群。无形大工厂集群模式的主要特点：

（1）规模较小，但有弹性，由于小企业生产和家庭生活连成一体，当订货增加时，家庭成员转化为工人，企业的职工人数和工作时间自动增加。反之，当订货减少时，企业职工又恢复为家庭成员，因而形成了一个可伸缩性的生产体系。

（2）商业中介和服务组织较为活跃，发挥着重要的作用。

（3）专业化程度较高，分工较为明显，企业间的合作较为密切。

（4）整个集群犹如一个巨大的工厂，其中各个小企业相对独立的经营共同维持着整个体系的运转。

如果说前述分析是基于国家为了促进落后地区发展而催生了从"区位"到"区域"的转变的话，与此相伴随的是发达地区同时出现了大量人员、企业的集聚现象，而单纯从运输成本、市场需求的角度进行的企业区位选择研究并不能对这种现象做出合理或者完整的解释，因此集聚现象的出现也导致了"区位"研究向"区域"研究的转向。

第三节　食品工厂厂址选择

一、区位条件和区位因子

（一）区位条件

在区位论研究中，究竟什么条件为区位条件呢？根据区位主体要求不同，区位条件也不尽相同。中立项目适于各类地区，一般可称为区位条件项目。评价区位条件项目主要考虑经济性、社会性及人类的满意性。

为了满足人类的区位选择要求，要在特定产业和特定地域中确定中立的区位条件项目。区位条件项目又分为当地条件和地域关系条件。当地条件主要与生产设备、工程设施和操作有关，地域关系条件主要与原材料获取和商品贩卖有关。

复杂的区位条件项目往往左右人类的区位选择。当然，区位主体和选择区位的种类的差别对区位条件的影响和作用也很大。

（二）区位因子

所谓区位因子（又称区位因素）是指影响区位主体分布的原因。最早明确地规定区位因子概念的是德国的 A. Weber，他认为："所谓区位因子，就是经济活动在一定地点，或者一般来说在一定种类的场所营运所产生的明确限定的利益。这个利益表示在这个场所营运费用的节约，工业区位论中制造一定生产物的这个特定场所有比其他场所支出较少的费用的可能性。正确地说，一定工业生产物全体的生产过程以及贩卖过程在什么地点进行比其他场所价格低廉"。简言之，他所追求的区位为生产费用最小地点，节约费用最大地点。

区位论提出，在研究工业布局中，要研究 6 个基本因子。它们是自然因子、运输因子、劳力因子、市场因子、集聚因子、社会因子。显然，区位论对于工厂选址有着重要的指导意义。在应用过程中，应根据工厂的性质、规模、生产工艺要求、地区条件等不同因素，确定要研究的基本因子数目。

二、食品加工业区位选择

食品加工业是采用先进的工业化生产方式，把农牧渔副产品加工成比较精细的、营养卫生的、便于贮藏和调节余缺的各种食品。食品工业还可以与商业、餐饮业、快餐业相结合，相互促进，共同发展。经过 50 多年的发展，我国的食品工业已经发展成为一个门类齐全的工业行业。主要门类有粮食加工、食用植物油、制糖制盐、烟草、酿造、制革、罐头食品、乳制品、饮料、肉制品等 20 多个行业。

衡量一个国家的食品加工业的发展水平，主要看食品加工业对农副产品的加工深度。粮油加工、肉类加工基本上属于简单的初加工生产，一般要接近原料产地。

制糖是一个很特殊的产业。首先原料生产的地域性很强；其次，原料消耗大，不宜长途运输，制糖企业选择区位具有很强的原料地指向。另外，制糖的季节性很强，其原料不能长时期贮存，尤其是甘蔗，成熟了就地收割，收割下来就地加工，否则除了糖分损失外，还有霉变的危险。所以制糖工厂的生产一般都是季节性的。制糖工厂在原料供应半径、种植品种比例、糖厂加工能力、榨季长短之间寻求一个最优的组合。目前，国际上的糖厂日益向大型化发展，很多国家采取了合并小厂、改造老厂、兴建大型厂等措施。新建糖厂一般都建在原料产区中心，并按最优化原则确定原料供应半径，建立配套的运输网，以便按生产进度将原料直接运进糖厂，无须两次倒运，减少损耗和成本费用。

罐头食品、乳制品工厂的发展，在很大程度上取决于原料的供应，因此一般应有比较稳定的原料基地。

三、厂址选择

厂址选择是指在相当广阔的区域内选择建厂的地区，并在地区、地点范围内从几个可供考虑的厂址方案中，选择最优厂址方案的分析评价过程。

食品工业布局，涉及一个地区的长远规划。一个食品工厂的建设，离不开当地资源、交通运输、农业发展等因素。

厂址选择是企业基本建设中的关键问题之一，涉及这个地区的工业布局和长远规划。食品工厂的厂址选择是否得当，对当地资源的利用、交通运输的合理建设、农业发展的多样性以及生态环境的保护等都有着密切的关系，也直接影响到工厂的投资费用、基建进度、基地建设。对建成投产后的生产条件、卫生环境、产品质量、运行成本和经济效果起着决定性的影响。同时，对职工的居住条件、生活环境、子女教育等也都有着十分密切的关系。因此，厂址的选择确定，必须要全面研究建设条件和影响厂址确定的各种因素，结合工厂性质、规模和生产工艺要求，进行综合分析和多方案比较，最后取得最优方案，达到较好的企业经济效益和社会效益。

厂址选择工作，应当由筹建单位负责，会同主管部门、设计部门、建筑部门、城市规划部门等有关单位，经过充分讨论和比较，选择优点最多的地方作为建厂地址。在选择厂址时，设计单位应充分发表意见，一个食品工厂的合理布局和地区经济文化的发展具有深远意义。

（一）厂址选择原则

厂址选择是一项包括社会关系、经济、技术性很强的综合性工作。选择厂址时，按国家方针政策、法律、法规以及 GMP 等规范要求，从生产条件和经济效果等方面出发，满足区域性有特色的产品品种以及绿色食品、有机食品对厂址的一些特殊要求。还应充分考虑环境保护和生态平衡。具体要求分述如下。

1. 应符合国家的方针政策

必须遵守国家的法律、法规，符合国家和地方的长远规划和行政布局、国土开发整体规划、城镇发展规划。应尽量设在当地的规划区或开发区内，以适应当地远近期规划的统一布局，正确处理工业与农业、城市与乡村、远期与近期以及协作配套等各种关系，并因地制宜、节约用地、不占或少占耕地及林地。注意资源合理开发和综合利用；节约能源，节约劳动力；注意环境保护和生态平衡；保护风景和名胜古迹；并提供有多个可供选择的方案进行比较和评价。

2. 应从生产条件方面考虑

（1）原料供应和市场销售方面考虑　根据我国具体情况，食品加工多数是以农产品为主要原料的生产企业，一般倾向于设在原料产地附近的大中城市之郊区，因此选择原料产地附近的地域可以保证获得足够数量和高品质的新鲜原材料。同时食品生产过程中还需要工业性的辅助材料和包装材料，这又要求厂址选择要具有一定的工业性原料供应方便的优势。另外从食品工厂产品的销售市场看，食品生产的目的是提供高品质、方便的食品给消费者，因此主要的消费市场是以人口集中的城市为主。因此厂址选择在城乡结合地带是生产、销售的需求。但由于食品工厂种类的复杂性，在选择厂址的时候可以根据具体情况是以选择原料的便利性为主，还是以销售的方便性为主，不能一概而论。个别产品为有利于销售亦可设在市区。这不仅可获得足够数量和质量新鲜的原料，还有利于加强工厂对原料基地生产的指导和联系，便于组织辅助材料和包装材料，有利于产品的销售，同时还可以减少运输费用。

（2）从地理和环境条件考虑　地理环境要能保证食品工厂的长久安全性，而环境条件主要保证食品生产的安全卫生性。

① 所选厂址必须要有可靠的地理条件，特别是应避免将工厂设在流沙、淤泥、土崩断裂层、放射物质、文物风景区、污染源存在的地区；尽量避免特殊地质如溶洞、湿陷性黄土、孔性土等；在山坡上建厂则要注意避免滑坡、塌方等；同时厂址不应选在受污染河流的下游；还应尽量避免在古墓、文物区域上和机场附近建厂，并避免高压线、国防专

用线穿越厂区；同时厂址要具有一定的地耐力，一般要求不低于 $200kN/m^2$。

② 厂址一般选择设在原料产地附近的大中城市的郊区，个别产品为有利于销售也可设在市区。这不仅能够获得足够数量和质量新鲜的原料，还有利于加强工厂对原料基地生产的指导和联系，并便于辅助材料和包装材料，对产品的销售大大起到有力作用，同时还能减少运输的费用。

③ 厂址所在地区的地形要尽量平坦，以减少土地平整所需工程量和费用；也方便厂区内各车间之间的运输。厂区的标高应高于当地历史最高洪水位约 $0.5\sim1m$，特别是主厂房和仓库的标高更应高于历史洪水位。厂区自然排水坡度最好在 $0.004\sim0.008$。建筑冷库的地方，地下水位更不能过高。

所选厂址附近应有良好的卫生条件，避免有害气体、放射性源、粉尘和其他扩散性的污染源，特别是对于上风向地区的工矿企业、附近医院的处理物等，要注意它们是否会对食品工厂的生产产生危害。

所选厂址面积的大小，应在满足生产要求的基础上，留有适当的空余场地，以考虑工厂进一步发展之用。

绿色食品对其加工过程的周围环境有较高的要求。绿色食品加工企业的场地其周围不得有废气、污水等污染源，一般要求厂址与公路、铁路有 $300m$ 以上的距离，并要远离重工业区，如在重工业区内选址，要根据污染情况，设 $500\sim1000m$ 的防护林带；如在居民区选址，$25m$ 内不得有排放烟（灰）尘和有害气体的企业，$50m$ 内不得有垃圾堆或露天厕所，$500m$ 不得有传染病院；厂址还应根据常年主导风向，选在有污染源的上风向，或选在居民区，饮用水水源的下风向。特别是会排放大量污水、污物的屠宰厂、肉食品加工厂等，要注意远离居民区和风向位置的选择。

对绿色食品加工企业本身，其"三废"应得到完全的净化处理，厂内的生产废弃物，应就近处理。废水经处理达标后排放，并尽可能对废水、废渣等进行综合利用，做到清洁化生产。附近最好有承受废水流放的地面水体，不得成为周围环境的污染源，破坏生态平衡。

3. 应从投资和经济效果考虑

(1) 运输条件　所选厂址应有较方便、快捷的运输条件（靠近公路、铁路及水路）。若需要新建公路或专用铁路时，应选最短距离为好，以减少运输成本和投资成本。

(2) 要有一定的供电、供水条件　以满足生产需要为前提，在供电距离和容量上应得到供电部门的保证。同时必须要有充足的水源，而且水质亦应较好（水质起码必须符合卫生部所颁发的饮用水质标准）。在城市一般采用自来水，均能符合饮用水标准。若采用江、河、湖水，则需加以处理，若要采用地下水，则需向当地了解，是否允许开凿深井，必须注意水质，是否符合饮用水要求。水源水质是食品工厂选择厂址的重要条件，特别是饮料厂和酿造厂，对水质要求更高。厂内排出废渣，应就近处理；废水应经处理后，在一定的排放口排放。若能利用废渣、废水作饲料或肥料就更好。

(3) 厂址如能选择在居民区附近，便可以减少宿舍、商店、学校等职工的生活福利设施。

（二）厂址选择工作

厂址选择一般分为三个阶段：即准备阶段、现场调查阶段和厂址选择方案比较阶段。

1. 准备阶段

根据上述的要求进行比较分析，从中选出最适合作为定点。厂址选择工作由项目建设的主管部门会同建设、工程咨询、设计及其他部门的人员共同组成，收集同类型食品工厂的有关资料，根据批准的项目建议书拟出选厂条件，按选厂条件收集设计基础资料，建厂条件主要有以下几点。

（1）根据项目建议书提出的产品方案和生产规模拟出工厂的主要生产车间、辅助车间、公共工程等各个组成部分，估算出生产区的占地面积。

（2）根据生产规模、生产工艺要求估算出全厂职工人数，由此估算出工厂生活区的组成和占地面积。

（3）根据生产规模估算主要原辅料的年需要量、生产产量及其所需的相应设施，如仓库、交通车辆、道路设施布局等。

（4）根据工厂的排污预测，（包括废水、废气、废渣）排放量及其主要有害成分，预计可能需要的污水处理方案及占地面积。

（5）根据上述各方面的估计与设想，包括工厂今后的发展设想，收集有关设计基础资料，包括地理位置地形图、区域位置地形图、区域地质、气象、资源、水源、交通运输、排水、供热、供汽、供电、弱电及电信、施工条件、市政建设及厂址四邻情况等。勾画出所选厂址的总平面简图并注出图中各部分的特点和要求，作为选择厂址的初步指标。

2. 现场调查阶段

通过广泛深入的调查研究，取得现场建厂的客观条件，建厂的可能性和现实性，其次是通过调查核实准备阶段提出的建厂条件是否具备和收集资料齐全与否，最后通过调查取得真实的直观形象并确定是否需要进行勘测工作等。这阶段的工作主要有以下几点。

（1）根据现场的地形和地质情况，研究厂区自然地形利用和改造的可能性，以及确定原有设施的利用、保留和拆除的可能性。

（2）研究工厂组成部分在现场有几种设置方案及其优缺点。

（3）拟定交通运输干线的走向及厂区主要道路及其出入口的位置，选择并确定供水、供电、供汽、排水管理的布局。

（4）调查厂区历史上洪水发生情况，地质情况及周围环境状况，工厂和居民的分布情况。

（5）了解该地区工厂的经济状况和发展规划情况。

现场调查是厂址选择工作中的重要环节，对厂址选择起着十分重要的作用，一定要做到细致深入。

3. 厂址选择方案比较

这阶段的主要工作内容是对前面两阶段的工作进行总结，并编制几个可供比较的厂址选择方案，通过各方面比较论证，提出推荐厂址选择方案，写出厂址选择报告，报请相关主管部门批准。

（三）厂址选择报告

在选择厂址时，应尽量多选几个点，根据以上所描述的几个方面进行分析比较，从中选出最适宜者作为所选厂址，而后向相关部门呈报厂址选择报告。厂址选择报告的内容大致如下：

1. 概述

（1）说明选址的目的与依据；技术勘测是在收集基本技术资料的基础上进行实地调查和核实，通过实地观察和了解获得真实和直观的形象为目的。

（2）说明选址的工作过程。

2. 主要技术经济指标

（1）总投资（其中固定资产所占比例，设备及安装所占比例，土建所占比例）；

（2）全厂占地面积（m^2），包括生产区、生活区面积、厂内外配套设施等；

（3）全厂建筑面积（m^2），包括生产区、生活区、厂前区、仓库区的面积；

（4）全厂职工计划总人数；

（5）用水量（t/h，t/a）、水质要求；

（6）原材料、燃料用量（t/a）；

（7）用电量（包括全厂生产设备及动力设备的定额总需求量）（kW）；

（8）原材料及成品运输量（包括运入及运出）（t/a）；

（9）三废处理措施及其技术经济指标等；

（10）收集相关资料的提纲，包括（地理位置地形图、区域位置地形图、区域地质、气象、资源、水源、交通运输、排水、供热、供汽、供电、弱电及电信、施工条件、市政建设及厂址四邻情况等）。

3. 厂址条件

（1）厂址的坐落地点周围环境情况（厂址所在地理图上的坐标、海拔高度、行政归属等）；

（2）地质与气象及其他有关自然条件资料（土壤类型、地质结构、地下水位、全年气象风速风向等）；

（3）厂区范围、征地面积、发展计划、施工时有关的土方工程及拆迁民房情况，并绘制 1/1000 的地形图；

（4）原料、辅料的供应情况；

（5）水、电、燃料交通运输及职工福利设施的供应和处理方式；

（6）给排水方案，水文资料，废水排放情况；

（7）供热、供电条件，建筑材料供应条件等。

4. 厂址选择的比较方法

依据选择厂址的自然、技术经济条件，分析对比不同方案，尤其是对厂区一次性投资估算及生产中经济成本等综合分析，通过选择比较，确认某一个厂址是符合条件的。

（1）方案比较法　通过对项目不同选址方案的投资费用和经营费用的对比，作出选址决定。它是一种偏重于经济效益方面的厂址优选方法。其基本步骤是先在建厂地区内选择几个厂址，列出可比较因素，进行初步分析比较后，从中选出两三个较为合适的厂址方案，再进行详细的调查、勘察。并分别计算出各方案的建设投资和经营费用。其中，建设投资和经营费用均为最低的方案，为可取方案。如果建设投资和经营费用不一致时，可用追加投资回收期的方法来计算。

（2）评分优选法　可分三步进行，首先，在厂址方案比较表中列出主要判断因素；其次，将主要判断因素按其重要程度给予一定的比重因子和评价值；最后，将各方案所有比重因子与对应的评价值相乘，得出指标评价分，其中评价分最高者为最佳方案。

（3）最小运输费用法　如果项目几个方案中的其他因素都基本相同，只有运输费用是不同的，则可用最小运输费用法来确定厂址。最小运输费用法的基本做法是分别计算出不同选址方案的运输费用，包括原材料、燃料的运进费用和产品销售的运出费用，选择其中运输费用最小的方案作为选址方案。在计算时，要全面考虑运输距离、运输方式、运输价格等因素。

（4）追加投资回收期法　通过对项目不同选址方案的投资费用和经营费用的对比，计算追加投资回收期，作出选址决定。它是一种偏重于经济效益方面的厂址优选方法。

5. 厂址方案比较及推荐

概述各厂址的地理环境条件、社会经济条件、自然环境、建厂条件及协作条件，列出厂址方案比较表，内容包括：技术条件比较，建设投资比较，年经营费用比较，社会、环境影响比较等。

对各厂址方案的优劣和取舍进行综合论证，并结合当地政府及有关部门对厂址选择的意见，提出选址工作组对厂址选择的推荐方案。

6. 有关附件资料

（1）各试选厂址总平面布置方案草图（比例 1/2000）；

（2）各试选厂址技术经济比较表及说明材料；

（3）各试选厂址地质勘探报告；

（4）水源地水文地质勘探报告；

（5）厂址环境资料及建厂对环境的影响报告；

（6）地震部门以厂址地区震烈度的鉴定书；

（7）各试选厂址地形图及厂址地理位置图（比例 1/50000）；

（8）各试选厂址气象资料；

（9）各试选厂址的各类协议书，包括原辅料、材料、燃料、交通运输、公共设施等。

7. 厂址选择报告的审批

由国家主管部门或省、直辖市、自治区等相关部门审批。

第四节　食品工业园及其系统规划

随着改革开放的深入，现代科学技术的进步，对有关工厂进行组群配置，实现工厂专业化协作，可大大节约用地和建设投资，有效地实现原料和"三废"的综合利用，并便于采用先进的生产工艺和科学管理方式，使劳动生产率大幅度提高，也为采用现代的建筑规划处理方法创造条件。

一、食品工业园的类型

工厂之间是可以采用多种形式实现协作和联合的。不同方式形成的工业园可按其组合的工业企业性质分类，食品加工工业园若以协作关系分类则可分为以下主要类型。

1. 产品生产过程具有连续阶段性的工厂进行联合

这是以一种工业部门为主，把原料粗加工、半成品生产、以及成品生产的各阶段加以联合，并组成工业园。如稻米加工、果蔬产品、米麦面制品、肉制品及鱼制品加工等都可以采用这种形式的联合。

把生产上有密切联系的工厂配置在一起的组合方式可减少物料运输距离及半成品的预加工设施，利于能源综合利用，提高劳动生产率，降低成本，还可使工业用地面积缩小10%～20%，各工厂的工业场地面积缩小 20%～30%，交通线缩短 20%～40%，工程管道减少 10%～20%。

2. 以原料的综合利用或利用生产中的废料为基础进行联合

如为了对资源进行综合利用，可将互相利用副产品和废料来进行生产的工厂布置在一个工业园内。例如，面粉厂、淀粉糖厂、谷朊粉厂、稻米加工厂、米糠油厂、大米淀粉厂、大米蛋白厂，他们之间有密切的副产品综合利用深加工的协作关系，就可将其配置在工业园内或联合建厂。

3. 以各个专业化工厂生产的半产品、个件产品组装成最终产品进行协作

如罐头食品加工就可在制罐、若干个不同的罐藏内容物制造专业化的基础上进行协作。在某个以牛蒡为原料的制造工业园，可把速冻原料牛蒡厂、包装材料厂、牛蒡罐头厂、牛蒡脱水制品厂、牛蒡酱菜厂与原料基地和技术中心配置在一起。这种协作形式的发展，有赖于按专业化协作原则的统一指导。

4. 经济特色的新兴工业园

这是一种新的以协作生产和销售为主的类型。园内分别建有不同或相同的通用工业厂房及某些配套工程。有不少对原料不很依赖、生产过程对环境基本无污染的食品加工行业进入，它不需要重大的机器设备，不占用过多的用地，又能分层在室内生产，各成一家。对原料进行预处理时有大量废弃物的加工可放在原料基地附近进行，而产品为了贴近市场可放在这种市郊的工业园内进行，各得其所，是一种对原料、市场因素较合理的分配形式。也可达到节约投资，提高设备利用率、降低成本、提高产品质量的效果。

5. 共用公共设施

在工业园内，共同组织和修建厂外工程（工业编组站、铁路专用线、道路网线、给排水工程、变电所及高压线、污水处理站等），动力设施（热电站、煤气发生站、锅炉房、机具维修加工等），厂前区建筑（办公楼、食堂、商务会所、卫生所、消防站、工人宿舍等）；以及与城镇配合共同建设生活区和配备较齐全的商业服务和文化生活设施，不但能使工业园的规划布置合理，而且还能节约用地和投资。

6. 综合性协作和联合

前 5 种都是以某一种协作内容和形式所组成的工业园。在工业园布局实践中，工业协作的内容却往往难以严格区分。如以第一种联合形式所组成的工业园，常辅之以综合利用项目和共同组织和建设的项目，故一般工业园的协作和联合都具有综合性。但由于各种工厂的性质、规划和协作要求，以及工业的组织方式不同，它的综合性程度也有所差异。如围绕一个大型企业配套发展了一些有关的工厂和设施，由此而建立的工业园，其综合性较一般的工业园强。若由几个大型企业分别配套协作而形成的大工业园，实际上包括几个工

业园，它是把有一定联系的工业园，配置在同一地段或相邻地段（中间有所间隔）内。如山东寿光工业园就是由十几个行业和几百个企业组成，主要包括蔬菜种植、加工、调运批发和物流四大部分，这类工业园的综合性是很强的。

二、食品工业园区发展策划的原则

食品工业园区发展策划是在规划的宏观指导和控制下，以满足市场需求为目标，应用相关理论和实践经验对区域生产要素资源进行发现、创新和重组，解决园区建设过程中的企业集聚、产业集聚及后续发展问题。工业园区发展策划通过提供一种方案或者决策建议，使政府及其他园区经济主体在实施工业园区具体建设中更加具有计划性、选择性和针对性，有利于避免工业园区的盲目建设和混乱发展，高效、快捷的构建工业园区竞争优势，发挥园区经济在区域经济发展中的重要作用。

1. 立足现实、着眼未来原则

工业园区发展策划必须立足于园区或企业自身的资源优势，既符合实际，又具有超前性。园区经济具有资源的供给和目标市场需求的双重含义，工业园区发展策划要根据园区发展实际和长远战略眼光寻求园区建设和资源、市场间的平衡，这样才能实现经济、社会和环境的协调可持续发展。工业园区产业定位既要充分考虑现实情况，又要着眼于资源情况与产业变化，从而确定发展方向，随着招商引资和政策变化，主导产业定位也应实时进行调整。

2. 与城镇发展布局相协调原则

工业园区发展策划要依托城镇建设，实现与城镇互动、协调发展。工业园区要充分利用城镇的公共服务和管理、基础设施配套，全面提升园区建设质量，并在发展到一定规模的时候承担部分城镇功能，通过加大区域生产要素的整合力度，促进区域经济一体化，特别是城乡一体化，改善城乡二元结构，促进城市化进程。

3. 产业集群化发展原则

产业集群为工业园区的发展提供了新的方向和途径，在工业园区内培育和发展企业集群，将为中小企业发展创造新的空间优势。传统工业园区发展上，企业多是单纯集中，产业协同与关联少，园区发展缺乏竞争力，影响了工业园区的发展进程。因此，工业园区发展策划要积极培育和发展专业化分工突出、协作配套紧密、规模效应显著的产业集群。通过产业集群的形成和带动，促进生产要素向工业园区集聚，引导中小企业走向联合，从而推进区域产业的整合。

4. 可持续发展原则

工业园区发展策划必须要优化、整合区域生产要素资源，在满足区域资源环境承载力的前提下统筹产业布局与城镇发展，以科学的产业支撑带动区域产业结构调整，发展环保友好型、资源集约型产业，提高资源利用效率，实现人口、资源和环境的协调发展。

5. 比较优势原则

工业园区发展策划要依托园区的区位条件和资源优势，策划好源头项目，带动相关项目的启动实施，并以此促进区域经济增长极的形成与发展，实现区域经济的合理分工与协作、差异竞争、优势互补、共同发展。

三、食品工业园的规模及其配置

城市工业园是以地域联合为基础来配置企业及有关协作项目的，它是城市的有机组成部分。目前国内以食品为特色组成工业园的情况还较少，主要原因是某个地区以食品加工为特色的行业相对比较少，而且多以小型工厂居多，实践证明，采取工业园的形式组织食品工业企业生产，不仅有利于现代化工业的生产和发展，有利于食品加工的规范性，协调性，也是城市建设中经济合理的组织城市用地的重要方式。有利于改善当地人民群众的食品供应质量、价格、品种，这是任何一个城市都不能忽视的基本问题。

（一）工业园的组成

工业园主要由生产厂房、各类仓库、动力设施、运输设施、管理设施、绿地及发展备用地等组成。

1. 生产厂房

生产厂房一般包括生产车间和辅助车间，它是工业园的主要组成部分。我国一般工业园内，生产厂房用地面积约占总用地的 26％～50％。

2. 仓库

它包括原料、燃料、备用设施、半成品、成品等仓库。除了工厂单独设置的仓库外，还有为了共同使用码头或站场而联合设置的仓库和货场。

3. 动力设施及公用设施

动力设施及公用设施包括热电站、煤气发生站、变电所、压缩空气站、水厂、污水处理厂及各种工程管线等。它们在工业园内设置的项目和数量，要取决于工业园的性质、规模以及所处的地区条件。大型联合企业一般单独设置，中小型工厂则联合设置或合用大企业的设施。

4. 运输设施

主要供各工厂运送原料、辅料、包装材料、燃料、成品、废弃物等，并可密切各工厂之间的各种联系。它包括铁路专用线、道路以及各种垂直、水平的机械运输设施。

5. 厂区公共服务设施

包括行政办公、食堂、医院、商务会所、俱乐部、幼托设施、停车场等。一般要求按统一规划、联合修建。

6. 科学实验中心

包括设计院、研究所、实验室、大专院校、技校等。随着近代工业的发展，在工业园内设置科研教育机构已成为不可缺少的内容，在这里除进行科研外，还为培训技术骨干创造了条件。

7. 绿化地带

它由工业园绿地和卫生防护带组成。

8. 发展备用地

有的工业园根据本区的地域条件，工业的发展情况，适当地留有一定数量的发展备用地。

（二）食品工业园的规模

工业园的规模一般是指工业园的职工人数和用地面积。工业园规模过小，不利于工业园内工业生产及工厂之间的协作；工业园规模过大，则会造成交通阻塞，有害物大量浓集，城市的市政工程负担大。关于工业园的规模，我国城建部门曾提出：用地面积不超过 $700 \sim 800 hm^2$，职工人数不超过 5 万～6 万人，工业园中项目则以 10～15 个为宜。食品工业园在确定规模时，与原料资源品种、原料供应量及半径、产品销售范围等有密切的关联，要视具体情况因地制宜。

（三）食品工业园的配置

食品工业园在城市的配置，按组成工业园的主体工业的性质、三废污染情况、货运量和用地规模的大小以及它们对城市的影响程度，大体上可分为三种配置情况。

1. 在城市内配置

对于污染小或没有污染、占地小、运输量不大的食品工业，如饮料、焙烤、休闲食品、以及某些方便快餐食品等，可配置在市内街坊地段，并以街坊绿化或城市道路绿化与住宅群分隔。

对于有噪声、有燃物和微量烟尘的中小型工业，如粮食加工厂、中央厨房、乳制品加工厂、糖果厂、罐头厂、焙烤食品厂等则不宜配置在居住区内，而应将其配置在市内单独地段，并采取有效的环境保护措施和一定的防护绿带。

2. 在城市边缘配置

对城市有一定污染、用地较大、运输量中等或需要采用铁路运输的工厂，宜配置在城市边缘地带。这类工厂的原料或产品多直接与城市发生关系，如大型罐头食品厂、淀粉厂、酿造厂等。它们与居住区的卫生防护地带，视工厂对城市环境的污染程度而定。

3. 远离城市配置

对原料依赖性很强，有大量有机废弃物，运输量大或有特殊要求的工厂，如水果、蔬菜加工厂，肉类联合加工厂，特大型乳制品加工厂，大型白酒厂，黄酒厂，啤酒厂等，远离城市配置是适宜的。有的工业园还形成独立的工业卫星城镇，居住区之间应保证足够的卫生防护地带。

举例：就罐头食品厂和软饮料生产厂而言，对其分别进行厂址选择，在考虑外部情况时，有所不同。

（1）罐头食品厂　原料：厂址要靠近原料基地，原料的数量和质量要满足建厂要求。关于"靠近"的尺度，厂址离鲜活农副产品收购地的距离宜控制在汽车运输 2h 路程之内；劳动力来源；季节产品的生产需要大量的季节工，厂址应靠近城镇或居民集中点。

（2）软饮料生产厂　要有充足可靠的水源，水质应符合 GB 5749—2006《生活饮用水卫生标准》。天然矿泉水应设置于水源地或由水源地以管路接引原料水的地点，其水源应符合 GB 5378—2018《食品安全国家标准　饮用天然矿泉水》的国家标准，并得到地矿、食品工业、卫生（防疫）部门等的鉴定认可。要有方便的交通运输条件；除浓缩果汁厂、天然矿泉水厂处于原料基地之外，一般饮料厂由于成品量及容器用量大，占据的体积大，均宜设置在城市或近郊。

（四）食品工业园景观地域文化的表达

随着人们对自然生态环境和工业文化价值保护意识的提高，工业园的景观建设已经日益引起重视。在当今设计领域日趋国际化和同质化的趋势下，增强文化特质、提升文化品味与内涵，愈发成为当下景观设计中的重要议题。地域文化是园林景观设计重要的创作素材，是一定地域的人民在长期的历史发展过程中通过体力和脑力劳动创造的，并不断得以积淀、发展和升华的物质和精神的全部成果和成就。在工业园景观建设中通过凸显地域文化，旨在营造一个更加符合时代要求、人性需要，更能发挥个人和企业创新潜力的优美、高效、舒适、健康的工作、生活和娱乐场所。根据工业园地域特色，把握由传统工业园向旅游型工业园转型发展的契机，通过挖掘园区地域文化资源，强调地域文化在工业园景观设计中的体现，塑造园区特色，突显企业文化，提升园区景观价值和园区形象，并有效增强工业园景观的吸引力。

现代工业园的景观建设已不再停留在满足生态绿化的基本需求上，融合地域文化特征的乐居、乐游、乐业的综合新型园区是发展的趋势潮流。景观设计中应充分利用当地的特征作为设计过程和设计构图中的主题，以产生独特的与文脉相关的设计思路。

思考题

1. 什么是区位？什么是区位选择？

2. 什么是集中因素？什么是分散因素？两者之间的关系是什么？

3. 区位选择的原则是什么？

4. 区位选择的导向包括哪些内容？相互之间有什么关联？

5. 简述食品企业集聚的区位形态。

6. 产业链的空间概念。

7. 什么是产业集群？产业集群的空间形态包括哪些内容？

8. 区位因子的定义。

9. 厂址选择的原则是什么？主要方法有哪些？

10. 如何进行食品工厂厂址选择？如何写厂址选择报告？

11. 食品工业园的类型有哪些？

12. 食品工业园区发展策划的原则有哪些？简述之。

13. 食品工业园的配置原则是什么？主要包括哪些内容？

参考文献

[1]　王磊. 天津滨海新区主导产业选择研究. [D]. 天津理工大学，2010.

[2]　Rosenthal，S. S.，Strange，W. C.，Evidence on the nature and sources of agglomeration e-conomies. [J]. In：Handbook of Regional and Urban Economics. 2004（4）.

[3]　曼纽尔·卡斯泰尔. 信息化城市. [M]. 南京：江苏人民出版社. 2001.

[4]　孙旭光，祁丽艳，房艳. 健康生态的国际食品城规划设计探析——以中国食品谷为例.

[J]. 规划师. 2016.32（12）：129-135.

[5] 邱慧芳. 从韦伯的工业区位论看企业跨国投资的动机及地点选择. [J]. 经济师. 2002（7）：83-84.

[6] 王士君，宋飏. 论经济地理学的区位观. [C]. 中国法学会经济法学研究会. 2005 年年会专辑. 2005.

[7] 赵送机. 厂址选择的运输指向分析. [J]. 有色冶金设计与研究. 1994（4）：15-18.

[8] 王如福. 食品工厂设计. [M]. 北京：中国轻工业出版社，2001.

[9] 陈振汉，厉以宁. 工业区位理论. [M]. 北京：人民出版社，1982.

[10] 张燕生. 现代工业区位理论初探. [J]. 世界经济. 1986（4）：21-27.

[11] 陈守江. 食品工厂设计. [M]. 北京：中国纺织出版社，2014.

[12] 张国农. 食品工厂设计与环境保护. [M]. 北京：中国轻工业出版社，2015.

第六章

现代食品加工工艺与工程设计基础

学习指导

熟悉和掌握食品加工主要单元操作中的关键技术及加工过程中的原理，了解并理解当前食品工业加工过程中存在的问题及未来食品工业发展的方向，了解现代食品加工业的现状，以及食品资源开发利用生态产业链的概念及食品资源综合利用新思路开发之间的关系。

设计一个食品工厂或组建一条食品生产线要把握好两个最基本的、也是最重要的条件，一是成熟的食品加工工艺，二是经过放大验证的工程设计。在这两个条件中，食品加工工艺是工程设计的前提，没有成熟的加工工艺，就不存在工程设计，实验室研究的工艺再好，若没有经过模拟的工程设计的数据支撑，就不可能形成规模化的工业生产，二者相辅相成，缺一不可。

成熟的食品加工工艺，是将各类食品原料通过各种相应的加工技术和装备制成消费者认可的产品或配料。许多新产品最初的开发、研制大多是在实验室里完成的。不同研究方向的实验室，从事着揭示食品原料组分性质、分离方法、各种加工过程中营养成分变化及其对产品性质影响，包括对人食用后的影响等规律的研究，不断获得新产品、新知识、建立新理论等以"发现"为显著特点的工作，往往会形成各种"碎片化"的食品科学知识和理论。对于这些新产品研制的非成熟性的食品加工工艺需要研究在不同加工规模条件下的规律和重现性，还需同步解决在加工过程中食品原料的综合利用，从而避免资源浪费、控制转化过程中的品质变化，还要考虑各种法律法规对加工过程的边界约束以及转化过程对环境的污染等问题，才能获得食品加工工业的经济效益和社会效益。

工程设计，是根据食品原料的特性、市场认可的目标产品、采用合适的装备将原料按程序加工成制品的工艺技术，对其所涉及的技术（物理技术、化学技术、生物技术、信息技术、装备技术等）、经济、人力、管理、市场、辅助资源、环境等条件进行综合分析、整合、优化、论证，编制成可具体实施的规范的设计文件的活动。食品工艺的工程设计应简洁明了、论据充分，"清洁化加工"与"安全"理念要贯穿始终，且能表征或体现出某类或某个最终产品色、香、味、形的品质和综合的营养特点，充分体现食品工业生产技术原理及方法、贮藏与物流、加工过程工艺参数在线监控以及清洁化生产、节水节能等的综合技术集成的最新理念和要求，使食品加工实现多组分分层多级集成利用，建立起食品原料开发利用的生态产业链。

这里需要强调的是，食品工业领域的知识和技术，一定要进行系统的研究，从实验室小试到中试放大。首先要进行可行性和可操作性研究，从中试再放大到工业化生产，还需进一步进行规模化生产可行性及经济合理性等方面的研究，通过这些递进式的研究，将基础理论的知识创新转化为实际生产过程的工程技术创新，才能逐步建立起一个专门化的食品工程项目可操作系统。

本章从食品系统工程学的角度出发，将食品工业中制造各类产品所常见的加工关键技术、共性技术、开发案例进行了系统归纳，在食品加工工艺的基础上，配合食品工程的运筹、设计所必须掌握的成熟技术以及可用于食品工厂设计集成的、分类的典型工艺和工程技术，充分体现出现代食品加工工艺与工程设计基础的原理的可依性、数据的可靠性、技术的成熟性、分类加工的代表性。

第一节　食品加工过程关键技术发展现状及问题分析

一、食品加工过程主要单元操作的关键技术

食品加工是将食品原料转化为食品的过程，包含物理加工、质量传递以及生物和化学反应过程。就操作原理而言，可以归纳为若干个单元操作，如流体输送、搅拌、沉降、过滤、热交换、制冷、蒸发、结晶、蒸馏、粉碎、乳化、萃取、吸附和干燥等。本节从食品加工工艺的角度出发，将以上单元操作归纳为预处理、组分分离、能量交换（热交换）3个关键过程（物理作用、化学作用或生物作用），在此对这些过程的基本原理和进展作简要介绍。

（一）预处理

食品原料加工过程中的预处理最常见的主要包括筛选分级、输送和清洗、粉碎等。

1. 分级操作

筛选分级是物理加工，主要是为了将性质相同、粒度相近、外形一致的原料进行分类，以得到品质相近的半产品，便于在加工时采用统一的工况进行处理。例如果蔬原料的拣选与分级，按照大小、品质进行分级，以便于后续加工过程中实现标准化和机械化，也可以使原料在同一工艺条件下加工时制得品质一致的加工品，提高商品价值。果蔬原料的分级可采用手工分级，也可根据原料性质不同使用分级机（如震动分级机、条带分级机、转筒分级机、品质分级机等）进行分级。

2. 洗涤操作

洗涤主要是除去食品原料表面的尘土、泥沙、微生物等。根据各种果蔬在种植、采收、运输和贮存过程中被污染的程度，耐压、耐磨能力以及表面状况不同，洗涤可采用不同的方法。洗涤方法有水洗、风洗、微波脉冲洗涤等，目前最简单的方法是手工水洗，工厂多采用机械洗涤。如适宜洗涤组织柔嫩果实的浆果洗涤机，适宜洗涤含泥沙较多原料的转筒洗涤机，适宜多种原料洗涤的震动喷洗机，柑橘类自动刷果设备的刷洗机。

3. 粉碎操作

粉碎技术是指利用机械力的方法克服固体物料内部凝聚力，使之破碎的操作技术。一般将大块物料分裂成小块的操作称为粗粉碎技术，将小块物料粉碎成细粉的操作称为研磨或超微细化粉碎技术，两者可统称为粉碎技术。粉碎技术作为食品工业中重要的单元操作，既可满足某些食品消费和生产的需要，又可增加固体表面积，利于后道工序处理的顺利进行。当粉碎的目数达到一定程度时，物料的属性会发生相当的变化。

物料的微细化过程，即物料的粉碎过程。根据被粉碎物料和成品粒度的大小，可分为

粗粉碎、中粉碎、微粉碎和超细微粉碎 4 种：①粗粉碎。原料粒度在 40～1500mm 范围内，成品颗粒粒度约 5～50mm；②中粉碎。原料粒度 10～100mm，成品粒度 5～10mm；③微粉碎（细粉碎）。原料粒度 5～10mm，成品粒度 100 μm 以下；④超细微粉碎（超细粉碎）。原料粒度 0.5～5mm，成品粒度 10～25 μm 以下。粉碎前后的粒度比称为粉碎比或粉碎度，它主要指粉碎前后的粒度变化，同时近似反映出粉碎设备的工作状况。一般粉碎设备的粉碎比为 3～30，而超微粉碎设备粉碎比大于 300。对于一定性质的物料来说，粉碎比主要与确定粉碎作业程度、选择设备类型和尺寸等方面有关。对于大块物料粉碎成细粉的粉碎操作，若只通过一次粉碎完成粉碎操作，则粉碎比太大，设备利用率较低。因此，可分成若干次，即分级粉碎操作，每级完成一定的粉碎比。这时物料的粉碎比可用总粉碎比来表示，是物料经几道粉碎步骤后各道粉碎比的总和。

物料的力学性质，如硬度、强度、脆性、韧性等，与粉碎操作中采用的粉碎方式和所要求的粉碎比有着直接的关系。一般来说，物料的强度越强、硬度越小、脆性越小而韧性越大，则其所需的变形能就越多，即粉碎越难。食品原料的粉碎方式包括挤压、弯曲折断、剪切、撞击和研磨 5 种。采用各种不同方法对物料进行粉碎的作用过程是复杂的，对其能耗的研究也是较困难的。一般来说，粉碎中至少需要两方面的能量：一是断裂发生前的变形能，二是断裂发生后出现新表面所需的表面能。因为物料在受到各种不同粉碎力作用后，首先要产生相应的变形，并以变形内能形式而积蓄于物料的内部。当局部积蓄的变形能超过临界值时，断裂就发生在脆弱的断裂线上。

食品原料的粉碎技术主要包括干法粉碎和湿法粉碎两类。干法粉碎设备有机械破碎、气流粉碎。机械破碎主要是通过机械元件与物料之间的撞击、剪切、撕拉等使其粒度发生变化的，此类的设备有锤式粉碎机、齿爪式粉碎机等，一般都带有颗粒分级筛网。气流粉碎是以空气、蒸汽或其他气体为介质，高速气流加速物料，使颗粒加速到比较高的速度，再撞击阻尼板上被破碎，粗颗粒被加速时有撕裂、剪切作用，冲击到阻尼板上时有强烈的撞击作用。气体在一定压力和流速下经喷嘴喷射入设备中，当物料加入粉碎设备时，物料颗粒在高速气流作用下悬浮输送，相互间发生剧烈的冲击、碰撞和摩擦，加上高速喷射气流对颗粒的剪切冲击作用，使得物料颗粒在气流中被充分地粉碎成细小粒子。常见的气流粉碎设备主要有环形喷射式气流粉碎机、叶轮式气流粉碎机等。

食品加工的湿法粉碎主要设备是胶体磨和高压均质机。胶体磨主要是通过调节自身的两个磨体之间的微小空隙来控制粉碎物料的粒度大小。当物料进入转子的高速旋转间隙时，附着于转子面上的物料速度最大，而附着于定子面上的物料速度为零，两者产生了急剧的速度梯度，从而使物料受到强烈的剪切、摩擦和湍动，对物料产生超微粉碎作用。胶体磨的特点是可以对悬浮液中的固形物进行超微粉碎，成品粒径可达 1 μm，同时兼有混合、搅拌、分散和乳化的作用。胶体磨有卧式胶体磨和立式胶体磨，前者适合黏性相对较低的物料，后者适应于黏度相对较高的物料。对于热敏性物料或黏稠物料的胶磨，必须将胶磨中产生的热量及时排出。在食品工业中适于胶体磨加工的品种有，红果酱、胡萝卜酱、橘皮酱、果汁、食用油、花生蛋白、巧克力、牛乳、豆乳、山楂糕、调味酱料和乳白鱼肝油等。

高压均质机的原理是使物料在高压的推动下，以高速流过狭窄的缝隙，因而物料受到强大的剪切力、与金属部件高速冲击而产生的强撞击力以及因静压力突降与突升而产生的空穴爆炸力等综合力，最终使得悬浮液或乳浊液中原先比较粗大的颗粒被粉碎成非常细微颗粒的悬浮液或乳浊液的过程。物料经过均质可进行混合、粉碎和均质乳化，从而可以提高物料的匀细度，防止或减少液状食品物料的分层、沉淀，改善外观、色泽及香味，提高食品质量。一般而言，均质机在粉碎乳化的微细化作用效果比胶体磨更好。所以在乳品、果汁、豆浆等食品加工中广泛应用。目前有超声波均质机，它是通过将频率为 $20 \sim 25 \text{kHz}$ 的超声波发生器放入料液中，利用声波和超声波，在遇到物体时会迅速地交替压缩和膨胀的原理实现的，还有高剪切均质机等。

球磨、研磨方法近年来在食品加工中的应用越来越广泛，可以有多种功能化的组合：低温、超细纳米化、间歇、连续、超声等，对于一些含有部分粗纤维的物料、蛋白质类的韧性物料、一定脂肪的或多糖的物料均可以破碎到比较低的目数。当物料的目数降低到一定程度以后，其物理性质、化学性质、生物学特性都会发生相当程度的变化，其属于物理加工方式，制品的安全性更高。

（二）组分分离

食品原料组分分离是从各种食物中把功能不同的组分分离出来。它的意义在以下三方面。首先，采用先进的食品分离技术从食品原料中去粗取精，为食品工业的发展提供优质的基础原料；其次，在天然食品原料中，食用物料与不可食用的材料构成一个复合的整体，传统的简单分离工艺只是提取其主要成分，使原料中不少有用的物质得不到充分的利用而增加了产品成本，而组分分离采用先进的分离技术进一步实现物料中各组分的全利用，实现变废为宝；最后，通过分离技术，可以达到食品中有害物质或含量较低的贵重食品成分材料的最大限度分离，而且耗能要最低。

食品原料分离这一单元操作可从固体中分离固体，如果蔬的去皮、去壳、去核等；或从液体中分离固体，如各种过滤单元操作；或从固体中分离液体，如果蔬汁的压榨等；或从液体中分离液体，如水、油的离心分离；或从固体、液体中脱除气体，如真空包装等。常用方法有以下四类。

① 机械分离。重力沉降与离心沉降、离心分离、旋风分离、浮选分离、过滤、压榨、静电沉降、磁性分离和超离心分离等；

② 相变分离。蒸发、蒸馏、结晶、固体干燥和冷冻干燥等；

③ 介质分离。吸收、萃取、沉淀与絮凝、吸附、离子交换、纸层析、亲和层析、泡沫分离和超临界流体萃取等；

④ 速率分离。电渗析、电泳、反渗透、超滤、分子蒸馏和液膜分离等。根据食品及其组分的性质，选择合适的分离单元操作，实现食品原料中各组分的高效分离，并且尽可能地保持各组分原有的性质不发生变化。

食品原料的组分分离可以从多个尺度进行分离，从器官尺度来说包括皮、核、壳、鳞、毛等的分离；从化学组成尺度来说包括原料中各种有效成分之间的分离，如水的分离、蛋白质与油脂的分离、活性成分与目标产品的分离等。下面就从不同的角度介绍几种食品加工工业中组分的分离方法。

1. 果蔬去皮

果蔬去皮的方法包括机械去皮、碱液去皮、热力去皮、真空去皮、酶法去皮及冷冻去皮等。其中碱液去皮是果蔬原料中应用最广的去皮方法，主要是利用碱液的腐蚀性来使果蔬表面的中胶层溶解，从而实现果皮分离；缺点是存在碱液污染问题。热力去皮是对果蔬进行短时间保温处理，果蔬表皮迅速升温而松软、膨胀破裂，从而与内部果实组织分离。

2. 压榨分离

从果蔬原料中如葡萄、沙棘果、枇杷、芦荟、木薯渣、杨梅、石榴、生姜、菠菜、药材、茶叶等含纤维较多的水果和蔬菜等榨取果汁和蔬菜汁，从种子、果仁、皮壳中榨取油料，或从糟粕、滤饼中将残留液体进一步分离出来等。以双螺旋式压榨机为例来说明其工作过程，输送螺旋将进入料斗的物料推向压榨螺旋，通过压榨螺旋的螺距减小和轴径增大，并在筛壁和锥形体阻力的作用下，使物料所含的液体物（果汁）被挤压出，挤出的液体从筛孔中流出，集中在接汁斗内，压榨后的果渣，经筛筒末端与锥形体之间排出机外，锥形体后部装有弹簧，通过调节弹簧的预紧力和位置，可改变排出阻力和出渣口的大小，用来调节压榨的干湿程度。产能为 5、10、20t/h 的压榨机为双螺杆旋转，旋转方向相反，对物料的压榨力大而均匀，出渣口锥形体由液压缸控制，调节油压可改变对物料的施压效果，调整出汁率。

3. 过滤

过滤是一大类单元操作的总称，是在推动力或者其他外力作用下悬浮液（或含固体颗粒气体）中的液体（或气体）透过特殊装置，固体颗粒及其他物质被截留，从而使固体及其他物质与液体（或气体）分离的操作。

过滤既可以应用于含大量不溶性固体的悬浮液，如低聚糖液中脱去糖渣、葡萄糖脱色后滤去活性炭、硅藻土等；还可以应用于除去少量不溶性固体，如啤酒、果汁、牛乳、色拉油的过滤等；或从汽水、果汁中除去少量的微生物。近年来，许多新兴过滤技术应用到食品加工中，如超滤已经应用在食品加工水处理，果蔬汁的过滤，酒类、各种天然色素和食品添加剂的分离等方面。

过滤方法根据过程的推动力不同，可分为①重力过滤。操作推动力是悬浮液本身的液柱静压，一般不超过 50kPa，此法仅适用于处理颗粒粒度大、含量少的滤浆；②加压过滤。用泵或其他方式将滤浆加压，可产生较高的操作压力，一般可达 500kPa 以上，能有效处理难分离的滤浆；③真空过滤。在过滤介质底侧抽真空，所产生的压力差通常不超过 85kPa，适用于含有矿粒或晶体颗粒的滤浆，且便于洗涤滤饼；④离心过滤。操作压力是滤浆层产生的离心力，便于洗涤滤饼，所得滤饼的含液量少，适用于晶体物料和纤维物料的过滤。过滤设备的种类很多，通常将实施重力过滤、加压过滤和真空过滤的机器称为过滤机；将实施离心过滤的机器，称离心过滤机。

4. 离心分离

离心分离是借助于离心力，使比重不同的物质进行分离的方法。离心分离是食品加工最常用的分离方法，不同的物料有不同的体积和密度，在不同离心力的作用下沉降，如制糖工业的砂糖糖蜜分离，制盐工业的精盐脱卤，淀粉工业的淀粉与蛋白质分离，油脂工业的食油精制，啤酒、果汁、饮料的澄清，味精、酵母分离、淀粉脱水、脱水蔬菜制造中的预脱水过程、回收植物蛋白等。

对于两相密度相差较小，黏度较大，颗粒粒度较细的非均相体系，在重力场中分离需要很长时间，甚至不能完全分离。若改用离心分离，由于转鼓高速旋转产生的离心力远大于重力，可提高沉降速率，只需较短的时间即能获得大于重力沉降的效果。

5. 萃取分离

萃取指利用化合物在两种互不相溶（或微溶）的溶剂（食品中常用的溶剂是水）中溶解度或分配系数的不同，使化合物从一种溶剂转移到另外一种溶剂中，经过反复萃取，将绝大部分的化合物提取出来的方法。萃取又称溶剂萃取或液液萃取（以区别于固液萃取，即浸取），是一种用液态的萃取剂处理与之不互溶的双组分或多组分溶液，实现组分分离的传质分离过程，是一种广泛应用的单元操作。食品工业中广泛采用萃取进行组分分离，主要涉及化学组分的分离，如甜菜制糖过程中用水将糖分浸出；油脂分离采用有机溶剂抽取油脂；香花香气物质分离采用正丁烷做萃取溶剂等。但是溶剂萃取存在脱除溶剂的问题，目前油脂工业选用低温脱溶，但是存在溶剂损失较大，渣的脱溶比较困难，萃取速度较慢等问题。新型超临界流体萃取虽然克服了这些问题，但是设备投资大，限制了其工业化应用。

分配定律是萃取方法理论的主要依据，物质对不同的溶剂有着不同的溶解度。同时，在两种互不相溶的溶剂中，加入某种可溶性的物质时，它能分别溶解于两种溶剂中。实验证明，在一定温度下，该化合物与此两种溶剂不发生分解、电解、缔合和溶剂化等作用时，此化合物在两液层中之比是一个定值。不论所加物质的量是多少都是如此，属于物理变化。用公式表示为：

$$c_A/c_B = K$$

式中　c_A、c_B——分别表示一种化合物在两种互不相溶地溶剂中的量浓度，

　　　　K——常数，称为"分配系数"。

6. 层析分离

层析分离法，简称层析法，是一种应用很广的分离分析方法。1903 年，俄罗斯植物学家 M. C. UBeT 在研究分离植物色素的过程中，首先创造了色谱法，根据化合物不同的结构、物理与化学特性，具有不同的吸附性能，是分离混合物中的化学成分的一种物理化学分离方法，最初用于有色物质，之后应用于大量的无色物质。层析法和其他分离方法比较，分离效率高，操作简单。在制药、化工、农业、医学等方面都有着广泛的应用。

层析法分类如表 6-1 所示。

表 6-1　　　　　　　　　　　　　　　层析法分类

分类原则	类　型	特　征
据溶质分子与固定相相互作用的机制不同	吸附色谱	吸附力不同
	离子交换色谱	各物质与固定相之间的离子交换能力不同
	疏水作用层	各物质与固定相之间的疏水作用的强弱不同
	金属螯合色谱	各物质与固定相上的金属离子的络合能力不同
	共价作用色谱	巯基化合物的巯基与固定相表面的二硫键作用力不同
	分配色谱	各物质在两液相间的分配系数不同
	凝胶过滤	各物质的分子大小或形状不同
	亲和色谱	利用生物大分子与各种配基的生物识别能力不同
据实验技术	低压色谱	操作压力小于 0.5MPa
	中压色谱	操作压力在 0.5~5MPa
	高压色谱	操作压力在 5~40MPa
	电泳	溶质分子在电场中的移动速度不同

续表

分类原则	类型	特征
据固定相的形状不同	柱色谱	固定相装在玻璃、不锈钢或有机玻璃柱中
	纸色谱	固定相为以氢键与纤维素羟基结合的水
	薄层色谱	固定相在玻璃平板上铺成薄层
据流动相的物态不同	气相色谱	流动相为气体
	液相色谱	流动相为液态
	超临界流体色谱	流动相为液态
按操作方式不同	迎头法	将混合物溶液连续通过固定相，只有化学亲和力最弱的组分以纯粹状态最先流出，但其他各组分都不能达到分离
	顶替法	利用一种化学亲和力比各被结合组分都强的物质来洗脱，这种物质称为顶替剂。此法处理量大，且各组分分层清楚，但层与层相连，故不能将组分分离完全
	洗脱法	将混合液尽量浓缩，使体积缩小，引入固定相的一端，然后用溶剂洗脱，洗脱溶剂可以是原来溶解混合物的溶剂，也可选用另外的溶剂

吸附分离主要是利用吸附剂庞大的比表面积使样品中某些组分以不同的方式吸附到固体表面上，以达到分离目的。在食品工业中吸附分离常用于杂质分离、脱色脱臭等。层析分离是将混合物通过吸附层，由于各组分的结构不同，对吸附层吸附能力不同，于是吸附层上就出现不同层次，从而将各组分分离，主要包括吸附层析、分配层析、离子交换层析、凝胶层析及亲和层析等。如孜然挥发油的提取及化学成分研究中，多采用有机溶剂萃取、水蒸气蒸馏和微波萃取等方法得到孜然精油。

7. 膜分离

膜分离是以天然或人工合成的高分子薄膜为介质，以外界能量或化学位差为推动力，对双组分或多组分的溶质和溶剂进行分离、分级、纯化和富集的过程。膜分离技术是一门新兴的多学科交叉的高新技术，具有高效、节能、过程简单、易于自动化控制等特性，其核心部分就是膜元件。常用的膜分离方法主要有微滤（MF）、纳滤（NF）、超滤（UF）、反渗透（RO）。

（1）微滤分离　以微滤膜为核心部件，以压力差作为推动力的膜分离过程，微孔滤膜孔径一般在 $0.01 \sim 10\mu m$，对大小为 $0.1 \sim 1\mu m$ 颗粒有拦截作用，主要应用于截留颗粒物、液体澄清、除菌以及工业中产生的 PM2.5 的捕集。

（2）超滤分离　在压力差作用下进行的筛孔分离过程，超滤膜孔径一般在 $2 \sim 100nm$，能截留分子直径为 $5 \sim 10\mu m$、分子质量在 $500 \sim 10^6 u$ 的分子，压力差为 $0.1 \sim 1.0MPa$，主要应用于大分子和胶状物质等溶液的提纯、分离，也用于气体的分离。

（3）纳滤分离　以压力差为驱动力的膜分离过程，纳滤膜的孔径大约为 1nm，分子截留量为 $300 \sim 500u$，主要用于无机盐和有机小分子的过滤；具有对单价离子截留量小、高价离子有较大截留量的特性。

（4）反渗透分离　以压力差为推动力的膜分离过程，渗透与反渗透都是通过半透膜来完成，在溶液侧方施加一定压力 P 大于溶液的渗透压 π 时（$P > \pi$），使得溶剂分子从溶质浓度高的溶液侧透过膜流向溶剂侧的数量大于溶剂分子向溶液侧透过的数量，该过程称为反渗透。反渗透是目前最重要的、被广泛认可的从盐水制备淡水的一项技术。膜分离技术与传统的分离相比，具有无相变、设备简单、操作容易、能耗低和对处理物料无污染等优点。近年来，膜分离技术发展快速，反渗透、超滤在食品工业中的干酪生产、乳清加工、果汁加工、发酵液脱水脱盐、酶的回收和浓缩及海水淡化等领域具有广泛的应用。但是膜分离的主要问题是膜的浓差极化问题、膜的结垢问题以及膜的降解问题和膜的成本问题。

8. 微胶囊技术

微胶囊技术是将微量物质包裹在聚合物薄膜中的技术，是一种储存固体、液体、气体的微型包装技术。微胶囊的粒径通常在 $0.1\sim1000\mu m$，而壳层厚度在 $0.01\sim10\mu m$。微胶囊技术具有改变物料状态、隔离物料、降低挥发性和毒性、包覆率高等优点，成为开发水产品、改善传统工艺和产品质量的一种新技术。

微胶囊通常由壁材和芯材组成，被包裹在微胶囊内的物质为芯材，其物理状态可以是固态、液态甚至气态；包覆在外层的成膜材料为壁材，可以是天然的或者合成的高分子化合物，也可以是小分子无机化合物。考虑到壁材与芯材的相互选择性，一般来说，油溶性的芯材需要水溶性的壁材，水溶性的芯材需要油溶性的壁材。

微胶囊技术已经应用于医药、农药、食品、化妆品、建筑、生物工程等领域，但在国内水产品加工方面的研究较少，主要应用在鱼油、微藻油的微胶囊中，可防止其氧化变质，延长贮藏期。利用鱿鱼鱼肝油为芯材，辛烯基琥珀酸淀粉酯为主要壁材，包埋率达到94.09%，经微胶囊化后抗氧化能力、贮藏稳定性明显高于未经处理的鱿鱼鱼肝油和添加抗氧化剂 2-叔丁基对苯二酚的鱿鱼鱼肝油。

但微胶囊技术还存在一些问题，如性能优良、价格合理的微胶囊壁材选用，微胶囊制备工艺的研究等，这些将导致利用微胶囊技术加工的水产品品质及贮藏期有所不同，需要结合不同的水产品品种及微胶囊壁材等物理条件进行综合考虑并进行优化。

（三）热交换

食品加工过程的热交换主要包括灭菌、浓缩、干燥和保鲜等，可以分为加热和冷却两种类型。就食品原料的热处理而言，包括预热、预煮、蒸发、干燥、排气、杀菌和油炸等方法。在热处理过程中，食品原料直接或间接与热的介质（热水、热油、热空气、蒸汽等）进行热交换。

1. 热力杀菌

食品热力杀菌的主要目的是杀死食品中的致病菌、产毒菌、腐败菌，并抑制有可能残存微生物的再繁殖，使食品能够在室温下保藏较长时间不腐败，确保食用安全性。热力杀菌是把食品密封在容器中再放入杀菌设备，加热到一定温度并保持一段时间，杀死食品中所污染的致病菌、产毒菌及腐败菌，并破坏食品中的酶，尽可能保持食品内容物原有的风味、色泽、组织形态及营养成分等，并达到商业无菌的要求。"商业无菌"定义为，经热力杀菌后的食品要达到以下状态①食品在非冷冻的常温条件下储运分销，没有再繁殖能力的微生物；②无有害公众健康的活性微生物（包括它的芽孢）存在。

目前食品主要采用热力杀菌，其杀菌方式归为以下几种：①按杀菌温度来分。巴氏杀菌、低温杀菌、高温杀菌、高温短时杀菌；②按杀菌压力来分。常压杀菌、加压杀菌；

③按罐装食品容器在杀菌过程中的进罐方式来分：间歇式、连续式；④按加热介质来分。蒸汽杀菌、水杀菌、汽/水混合杀菌；⑤按容器在杀菌过程中的运动状况来分。静置式、回转式杀菌。

热力杀菌是罐头食品最主要的杀菌方式，但热杀菌也会影响罐头中营养物质的变化。如对柑橘罐头进行杀菌，温度100℃时所需时间为80℃的一半，温度越高杀菌所需时间越短；但相同温度下杀菌时间越长，营养成分损失越多。

2. 浓缩

在食品加工中，一些液态原料或半成品，如果蔬汁液及牛乳等，一般都含有大量的水分（75%～90%），而有营养价值的成分，如果糖、有机酸、维生素、盐类和果胶等只占5%～10%，这些成分对热敏感性都很强。在生产中，为了便于贮藏运输或作为其他工序的预处理，往往要进行浓缩处理。浓缩过程中既要提高其浓度，又要使食品溶液的色、香、味尽可能地保存。所以，浓缩是一个比较复杂的过程，是除去食品原料或半成品中部分溶剂（通常是水）的单元操作。

食品浓缩的目的为①作为干燥的预处理，以降低产品的加工热能消耗，如制作乳粉时需使用鲜乳，其含水率由88%降至3%，若用真空浓缩，每蒸发1kg水分，只需要消耗1.1kg的加热蒸汽；而用喷雾干燥，每蒸发1kg水分需要消耗3～4kg蒸汽，故先浓缩后干燥，可以大大节约热能；②提高产品质量，如鲜乳经浓缩再喷雾干燥，所得乳粉颗粒大、密度大，复原性、冲调性和分散性均有很大提高；③提高制品浓度，增加制品的贮藏性。用浓缩方法提高制品的糖分或盐分，可降低制品的水分活度，达到微生物学上的安全要求，延长制品的有效贮藏期，如将含盐的肉类萃取液浓缩到不易产生细菌性腐败；④减少产品的体积和质量，便于运输。如在水果产地，就地制成浓缩果汁，然后运往销售地，稀释加工后出售；⑤用做某些结晶操作的预处理；⑥提取果汁中的芳香物质。

浓缩方法从原理上讲，分平衡浓缩和非平衡浓缩两种物理方法。平衡浓缩是利用两相在分配上的某种差异而获得溶质和溶剂分离的方法，蒸发浓缩和冷冻浓缩即属此法。其中，蒸发浓缩是利用溶剂和溶质挥发度的差异，从而获得一个有利的气液平衡条件，达到分离的目的；冷冻浓缩是利用稀溶液与固态冰在凝固点下的平衡关系，即利用有利的液固平衡条件。以上两种浓缩方法都是通过热量的传递来完成的。不论蒸发浓缩还是冷冻浓缩，两相都是直接接触的，故称平衡浓缩。非平衡浓缩则不同，它是利用固体半透膜来分离溶质与溶剂的方法，两相被膜隔开，分离不靠两相的直接接触，故称为非平衡浓缩，利用半透膜不但可以分离溶质和溶剂，还可以分离各种不同大小的溶质，膜浓缩过程是通过压力差或电位差来完成的。

在食品工业中最普通的浓缩方法是蒸发浓缩和膜浓缩。蒸发浓缩是食品工业中应用最广泛的一种浓缩方法。膜分离技术在乳品工业，用于从乳蛋白中分离水和其他相对分子质量小的分子，其他应用包括果汁、调味剂和糖浆等的浓缩。食品工业中应用较为成功的膜浓缩主要有以压力差为推动力的反渗透浓缩和超滤浓缩，以电力为推动力的电渗析浓缩。冷冻浓缩是使食品中的部分水被冻结，在浓缩产物中产生一种含冰晶的浆状物，然后再将冰晶洗涤分离。冷冻浓缩适于热敏性食品原料，但是其成本远高于蒸发浓缩或膜浓缩，所以缺乏竞争力，此外在低温下从高黏度、高浓度的物料液中分离和清洗冰晶异常困难，这会导致产品固形物损失大和效率降低，冷冻浓缩受到一定的限制。

　　不同的物料应选择不同的浓缩工艺，如采用蒸发（EC）、超滤＋反渗透（UF＋RO）、超滤＋蒸发（UF＋EC）、反渗透（RO）浓缩工艺分别进行绿茶、红茶、乌龙茶汁的浓缩试验，并进行理化分析，四种工艺对三种茶浓缩汁中主要的化学成分保留率及感官品质的影响是明显不同：UF＋RO 和 RO 浓缩工艺保留主要的化学成分及香味品质最佳；UF＋RO 和 UF＋EC 工艺从茶汁中去除蛋白质和果胶的效果及茶汁的澄清度最佳；因此 UF＋RO 浓缩工艺是几种浓缩工艺中对茶汁最佳的。

3. 干燥

　　食品工业的许多原料均含有大量水分，在生产过程中同样也产生不少潮湿半成品。食品干燥是降低食品水分活度、延长食品货架寿命的一种加工过程。食品干燥指食品物料在加热状态下以蒸发或升华形式脱去水分变成固体的单元操作过程。其本质是水分从湿物料表面向气相中转移的过程，得以进行的先决条件是使被干燥物料表面上的蒸汽分压超过气相中的蒸汽分压，而正由于表面水分汽化，物料内部水分方可继续扩散到表面。

　　食品湿物料由于其自身的特殊性导致干燥过程中具有复杂性和不均匀性。食品中的蛋白质、脂肪、糖类、维生素、酶和无机盐具有较强的持水性，其所含的水分并非单一成分，而是以固体的溶液、凝胶、乳化或同各种成分结合的形式存在。此外，动植物组织均由细胞组成，这就进一步影响其干燥特性。干燥食品物料时，在干燥过程中明显特征是可溶性固形物迁移，如果水分由湿物料内部向表面扩散，那么水分将作为载体携带各种可溶性成分，一些可溶性化合物的迁移或许受阻于具有半透膜性的细胞壁。湿物料干燥时的收缩导致内部各部分之间的形成，也有利于各种可溶性成分的迁移，最终结果是可溶性成分随着水分的蒸发富集在干物料表面。

　　食品干燥可分常压干燥和真空干燥。常压干燥下，气相主要为惰性气体（空气）和少量水蒸气的混合物，通常称为干燥介质，它具有在干燥时带走汽化水分的载体作用。但是在真空干燥下，气相中的惰性气体（空气等不凝结气体）为量甚少，气相组成主要为低压水蒸气，借真空泵的抽吸而除去。根据热能传递方式的不同，食品干燥可以分为以下 4 种方法。

　　（1）热风干燥　此法亦称对流干燥，以高温的热空气为热源，借对流传热将热量传给湿物料，例如喷雾干燥、热传导干燥等。热空气既是载热体，又是载湿体。一般热风干燥多在常压下进行，在真实干燥的环境中，由于气相处于低压，其热容量很少，不可能直接以空气为热源，必须采用其他的热源。

　　（2）接触干燥　此法是间接靠间壁的导热将热量传给与壁面接触的物料。热源可以是水蒸气、热水、燃气和热空气等。接触干燥可以在常压下进行，也可以在真空下进行。在常压操作时，物料与气体间虽有热交换，但气体不是热源，气体起着载湿体的作用，即对气体的流动起着加速排出汽化水分的作用。主要是滚筒式干燥器，其优点是干燥速率快、热能利用率高，但是有相对较高的资本投入，通常只用于热敏性非常强的物料，仅能用于承受高温短时（2～30s）的液体或浆状食品物料。

　　（3）辐射干燥　此法是利用红外线、远红外线、微波等热能源，将热量传给物料进行干燥。主要有红外辐射干燥和微波干燥。20 世纪 70 年代我国就开始利用远红外加热技术干燥谷物等农作物，特别是远红外烘干粮食的技术在设备和操作等方面都较为成熟。由于它升温快、吸收均一、加热效率高、化学分解作用小和食品原料不易变性等优点，非常适合热敏性食品原料的干燥，已被广泛用于果蔬、水产品等的干燥。

（4）冷冻干燥　此法是利用食品中水分预先冻结成冰，然后在极低的压力下，使之直接升华而转入气相达到干燥目的。冷冻干燥在食品工业上，常用于肉类、水产类、蔬菜类、蛋类、速溶咖啡、速溶茶、香料和酱油等的干燥。冷冻干燥具有独特的优势，低温下操作，能最大限度地保存食品的色、香、味，如蔬菜的天然色素保持不变，各种芳香物质的损失可减少到最低限度，对保存含蛋白质的食品要比冷冻效果好；物料中水分存在的空间，在水分升华以后基本维持不变，故干燥后制品不失原有的固体框架结构；物料中水分在预冻结后以冰晶形态存在，原来溶于水中的无机盐被均匀地分配在物料中，而升华时，溶于水中的无机盐就会析出，避免了一般干燥方法因物料内部水分向表面扩散所携带的无机盐析出而造成的表面硬化现象。因此，冷冻干燥制品复水后易于恢复原有的性质和形状；因在真空下操作，氧气极少，因此一些易氧化的物质（如油脂类）得到了保护，使产品能长期保存而不变质。但缺点是成本过高，主要是因为冷冻干燥是在高真空和低温下进行的，需要一套获得高真空的设备和制冷设备，故投资费用和操作费用都较大。目前，随着研究工作的深入，加工材料及制造技术的改进，冷冻干燥在食品工业中已用于肉糜、水产、果蔬、禽蛋、咖啡、茶和调味品等的干燥。

4. 食品原料冷处理

新鲜食品原料含有丰富的营养，利于微生物的生长繁殖，酶的分解作用，是造成新鲜食品原料腐败变质的主要原因。因此，对新鲜食品原料通常需要采用冷处理的方法抑制微生物及酶的活力。冷处理操作包括冷却、冷冻、冻藏等。

食品冷却的目的是快速排出食品内部的热量，使食品温度降低到冰点以上（一般为0~8℃），从而抑制食品中微生物的活力及酶的分解作用，使食品的良好品质及新鲜度得以很好地保持，延长食品的保质期。对于肉类原料，冷却过程同时伴随着成熟过程，使肉变得柔软，增加风味物质的生成，提高香气、滋味、肌肉组织的持水性、弹性，使其更易于人体消化吸收。食品冷却的主要方法：①空气冷却法，指利用低温冷空气流过食品表面使食品温度下降，是一种最常用的冷却方法。这种方法常被用来冷却水果、蔬菜、鲜蛋及肉类、家禽等冻藏食品冻结前的预冷处理；②冷水冷却法，多用于鱼类、禽畜的冷却，包括喷淋式和浸渍式。缺点是循环冷却水易造成食品的污染；③真空冷却法，主要适用于叶类蔬菜的快速冷却降温。真空冷却方法的优点是冷却速度快、冷却均匀，特别对菠菜、生菜等叶菜效果好，能降低包装的成本费用。真空冷却的设备投资和操作费用较高，在国外一般用在离冷库较远的蔬菜产地。

食品原料在冻结点以下较之在冻结点以上有更长的保藏期。在−12℃以下的低温条件，通常能引起食品腐败变质的腐败菌基本不能生长，可引起食品品质劣变的酶促反应和非酶反应也都在较低的水平上进行。工业上在−18℃条件下，食品原料可以存放数月之久。食品在冻藏以前首先要进行快速冻结处理，使食品中的热量快速排出，迅速达到食品冻藏温度。

二、食品加工过程的新技术应用

（一）夹点技术

英国曼彻斯特大学 Bodo Linnhoff 教授及其同事于 20 世纪 70 年代末在前人研究成果

的基础上提出了换热网络优化设计方法，并逐步发展成为化工过程能量综合技术的方法论，即夹点技术（Pinch Point Technology）。采用这种技术对于新装置设计而言，比传统方法节能 30%～50%；同时，近几年逐渐应用于老装置的节能改造中，其改造投资少，却能取得较好的节能效果。

夹点技术是一种全新的、强有力的设计方法，它立足于严格的热力学与数学规则，计算简单、可靠，方法灵活、实用，为工艺设计提供良好的指导，使设计者根据自己的实际情况进行适当调整。

1. 夹点的定义

食品加工工艺过程中存在多股冷、热物流，冷、热物流间的换热量与公用工程耗量的关系可用温—焓（$T—H$）图表示。温—焓图以温度 T 为纵轴，以热焓 H 为横轴。热物流线的走向是从高温向低温，冷物流线的走向是从低温到高温。物流的热量用横坐标两点之间的距离（即焓差 ΔH）表示，因此，物流线左右平移，并不影响其物流的温位和热量。多股冷、热物流在 $T—H$ 图上可分别合并为冷、热物流复合曲线，两曲线在 H 轴上投影的重叠即为冷、热物流间的换热量，不重叠的即为冷热公用工程耗量。当两曲线在水平方向上相互移近时，热回收量 Q_x 增大，而公用工程耗量 Q_c 和 Q_H 减小，各部位的传热温差也减小。当曲线互相接近至某一点达到最小允许传热功当量温差 ΔT_{min} 时，热回收量达到最大（$Q_{x,max}$），冷、热公用工程消耗量达到最小（$Q_{c,min}$，$Q_{H,min}$），两曲线运动纵坐标最接近的位置叫作夹点。

2. 夹点的确定

确定夹点位置的方法主要有两种：$T—H$ 图法和问题表法。

（1）$T—H$ 图法

物流的热特性可以用温—焓图（$T—H$ 图）来很好的表示。温—焓图以温度 T 为纵轴，以热焓 H 为横轴。热物流线的走向是从高温向低温，冷物流线的走向是从低温到高温。物流的热量用横坐标两点之间的距离（即焓差 ΔH）表示，因此，物流线左右平移，并不影响其物流的温位和热量，见图 6-1。

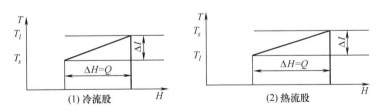

图 6-1　无相变的物流 $T—H$ 图

从 $T—H$ 图上可以形象、直观地表达过程系统的夹点位置。为确定过程系统的夹点，需要给出下列数据：所有过程物流的质量流量、组成、压力、初始温度、目标温度、以及选用的冷热物流间匹配换热的最小允许传热温差。用作图的方法在 $T—H$ 图上确定夹点位置的步骤如下：

① 根据给出的冷、热物流的数据，在 $T—H$ 图上分别作出热物流组合曲线及冷物流组合曲线；

② 热组合曲线置于冷组合曲线的上方，并且让两者在水平方向相互靠拢，当两组合

曲线在某处的垂直距离刚好相等时，该处即为夹点。

（2）问题表法

当物流较多时，采用复合温焓线很烦琐，且不够准确，此时常用问题表法来精确计算。问题表法的步骤如下：

① 以冷、热流体的平均温度为标尺，划分温度区间。冷热流体的平均温度相对热流体，下降 $\Delta T_{min/2}$，相对冷流体上升 $\Delta T_{min/2}$，这样可保证在每个温区内热物流比冷物流高 ΔT_{min}。

② 计算每个温区内的热平衡，以确定各温区所需的加热量和冷却量，计算式为：

$$\Delta H_i = (\sum CP_C - \sum CP_H)(T_i - T_{i+1}) \tag{6-1}$$

式中　　　ΔH_i——第 i 区间所需加入的热量，kW；

$\sum CP_C$，$\sum CP_H$——分别为该温区内冷、热物流热容流率之和，kW/℃；

T_i，T_{i+1}——分别为该温区的进、出口温度。

③ 进行外界无热量输入时的热级联计算，即计算外界无热量输入时各温区之间的热通量。此时，各温区之间可有自上而下的热通量，但不能有逆向的热通量。

④ 为保证各温区之间的热通量≥0，根据第 3 步计算结果，确定所需外界加入的最小热量，即最小加热公用工程用量。

⑤ 进行外界输入最小加热公用工程量时的热级联计算。此时所得最后一个温区流出的热量，就是最小冷却公用工程用量。

⑥ 温区之间热通量为零处，即为夹点。

由上述的计算步骤可见，根据问题表可以精确地确定夹点温度、最小加热公用工程和最小冷却公用工程的量，并可看出热流量沿温位的分布。

3. 夹点技术的基本设计原则

夹点把网络系统分成两个在热力学上相互分离的两个子系统。夹点上方的子系统是热阱系统，热公用工程向其输入热能，而没有任何热能流出，夹点下方的子系统是热源系统，由冷公用工程从系统带走热能，而没有任何热能从外界流入。为了达到最小公用工程消耗，实现最大能量回收，利用夹点技术对换热网络进行设计时，需遵循三个基本原则和二条经验规则。

三个基本原则：

（1）不应有跨越夹点的传热；

（2）夹点之上不应设置任何公用工程冷却器；

（3）夹点之下不应设置任何公用工程加热器。

二条经验规则：

（1）每个换热器的负荷应与匹配的冷、热流股中负荷最小者相同；

（2）选择热容流率相近的流股匹配换热。

4. 夹点技术发展前景

在食品和饮料行业，一个早期的且与工艺集成技术的应用完全相关联的节能案例是1986 年由 Clayton 代表英国能源部节能办公室提出的。该项研究是英国 Warrington 啤酒厂，在现行的啤酒工艺中，主要的热回收包括两个方面：一是来自热麦芽汁和酿造液的热量传递给进料给水；二是麦芽汁煮沸锅二次蒸汽的热量传递给锅炉给水。第一个修改是回收麦芽汁煮沸锅二次蒸汽的热量；第二个修改是从麦芽汁和啤酒液中回收额外的热量；第三个修改是从锅炉烟道气中回收热量，提高能源效率。在乌克兰已经有很多涉及食品和饮料行业的最新案例研究，如在生产黄油、人造黄油和蛋黄酱过程中应用了工艺集成技术。加拿大也有好几个夹点集成技术的案例，如①Saputo 乳清加工厂，该厂利用干酪制造的副产品来生产浓缩乳清蛋白粉、浓缩乳清蛋白液和乳糖粉。该工厂在膜处理、蒸发器、干燥器和结晶器的加工操作装置中，使用了许多换热器和一个复杂的制冷系统。经过对该厂加工中夹点技术的研究，找到了 13 个节能机会，能源使用量减少了 20％ 左右。同时还能实现减少 3800t/年的温室气体排放量。②生产 1300 万 L 酒精/年的酒厂，项目实现了 3年投资回收期，每年可节能约 40％，温室气体排放量减少 12000t/年。主要工程项目改进包括：锅炉给水预热系统、蒸煮工艺中蒸馏副产品的部分再利用、一个与三效蒸发器相关的二次蒸汽的机械再压缩。③炼制动物油的炼油厂，项目投资回收期不到 2 年，最主要的节能是，将蒸发器的废热用来预热加工过程使用的热水、锅炉燃烧空气和锅炉补水，其他项目与锅炉省煤器有关，可进一步降低烟道气的温度等。

工业生产中存在着大量的需要换热的工段，如果能合理设计换热网络系统，就可最大限度地减少公共供热或供冷，减少设备投资，达到节能的目的。换热网络综合设计技术常用的方法是以 Linnhoff 教授为首的研究小组提出的"夹点技术"，利用该方法设计可以合成公共供热或供冷最小的换热网络，达到节能的目的。

总之，当前能源供应短缺已成为经济增长的制约因素之一，对于石油、化工等典型的过程工业，用夹点分析的方法对过程系统的用能、用水状况进行诊断，找到过程系统的用能的制约因素所在，为国民经济的发展带来巨大的经济效益和社会效益。夹点技术不仅用于节能、改造，也逐渐应用于减少投资，环境保护和水循环优化等方面。

（二）热泵干燥技术

干燥是一个复杂的传热传质过程，不仅受物料特性和干燥介质参数的影响，还与干燥工艺有关，不仅是一个物理过程，还是一个化学和生物化学过程。农产品的干燥不仅要去除物料中的水分，还要保持它的色、香、味及质地，甚至保留农产品的生物活性。热泵技术作为当前一种有效的新能源技术，其特点是一种能从自然界的空气、水或土壤中获取低位热能，经过电能做功，提供可被人们所用的高位热能的技术装置。伴随着经济的发展和节能意识的提高，热泵技术成为当前主流的高位能源获取的途径之一。

热泵技术最大的优点是热效率高、节能效果显著。与其他类型的供热装置相比，热泵装置只需损耗少量的电能、热能、机械能，就可以获得较多的热能。热泵还可以利用较低温的余热，有利于减少热损失和热污染。热泵还可与干燥相结合，热泵干燥已广泛应用于木材、谷物、果蔬、水产品及种子等热敏感性物料的干燥。热泵装置根据工作原理可划分为：蒸汽压缩式、蒸汽喷射式、吸收式和电子式 4 大类，在食品工业中应用的通常只有前三类，以蒸汽压缩式热泵最为常见。

热泵除湿干燥在温度小于 60℃ 和空气相对湿度大于 30％ 时能达到最理想的效果，正好适合大部分食品物料的干燥条件，如水果、蔬菜、肉类、鱼类及具有生物活性的产品。绝大多数此类产品（特别是水果）适合于高湿度的干燥条件，以防止干燥速度太快带来的表面硬化及糖分的析出。热泵低温干燥的另一大优点是干燥过程不受气候变化的影响。因此，要求在密闭条件下采用高湿干燥工艺的物料，如坚果、栗子、草药、生姜和鱼类等，都适合采用密闭式循环热泵除湿干燥来进行烘干。热泵除湿干燥同样适合于要求采用"加热—排湿—再加热—再排湿"工艺的食品和物料的干燥，因为采用这样的高湿度干燥条件的烘干工艺干燥时间长、能耗高，如果采用一般的热风干燥能效较低。另外，热泵除湿干燥适合于热带及岛屿地区，这些地区常年处于高温高湿的气候条件中。

热泵干燥的潜在优势是可较好地保持干燥产品的质量。传统的对流干燥得到的食品，通常是芳香类挥发性物质保留少，耐热性差的维生素保留少，颜色变化大。对于挥发性成分的热泵干燥，在起始阶段物料成分损失最大，因为干燥的初始阶段挥发性物质的含量在干燥介质（空气）中的浓度较低。由于热泵干燥采用封闭式的结构，任何挥发性成分都保留在干燥箱内不会逸出，逐步地建立起某种成分的分压，阻止了该种成分进一步从物料向外挥发。例如用热泵干燥工艺得到的生姜，其生姜素的保持率为 26%；而用滚筒干燥机得到的产品，其生姜素的保持率为 20%。采用低温循环的热泵除湿干燥减轻了产生非酶褐变的程度，缩短了时间，例如在对水分含量高的澳大利亚坚果进行干燥时，即使是在 50℃ 的温度下，采用热泵干燥澳大利亚坚果也不会产生褐变现象。

生鲜水产品的水分含量一般为 75%～80%，脂肪和蛋白质含量丰富，容易腐败。水产品是热敏性物料，干燥温度过高，时间过长都会使其品质下降。热泵干燥技术可实现在 −20～100℃ 条件下对物料进行干燥，且湿度、风速等条件易于控制，整个干燥系统处于密闭状态，可避免水产品中不饱和脂肪酸的氧化和表面发黄，减少蛋白质受热变性，物料变性、变色和风味物质的损失；另外，可模拟自然风干，物料表面水分的蒸发速度与水分从内部向表面迁移的速度比较接近，保证被干燥物料品质好、产品等级高。石启龙等以竹荚鱼为试验材料，对热泵干燥过程中鱼片的内部温度分布和水分迁移特性进行了研究，指出热泵干燥过程的大部分时段中（干燥中、后期），竹荚鱼片内部温度分布比较均匀，基本未呈现出整体性的温度梯度。干燥过程中，竹荚鱼片沿厚度方向存在含水率梯度，并且随着干燥温度、风速的变化而变化。热泵干燥前期，鱼体干燥速度取决于鱼体表面水分蒸发的速度；干燥后期，干燥速度取决于鱼体内部水分移动的速度；热泵干燥过程中，竹荚鱼片的水分迁移主要是含水率梯度的作用。目前，干燥技术在水产品中可应用到各种鱼类（如罗非鱼、竹荚鱼、鲢鱼、鳕鱼等）、虾、海参和贝类等。

果蔬类食品原料为水分含量高又富含维生素的热敏性物料，干燥时间长，干制品的品质难以保证。果蔬干制品加工中，干燥工艺是决定产品质量的关键，而常用的热风循环干燥箱因温度较高、能耗大，无法达到生产高品质制品的水平。采用冷冻干燥产品质量虽好，但设备价格昂贵，生产成本过高。热泵干燥具有独特的优势。例如，大蒜热泵干燥后，其脱水蒜片的复水率可以达到 91.66%，合格率达 90% 以上，并较好地保持了新鲜大蒜固有的色泽及口感；采用低温热泵-热风联合干燥胡萝卜片，低温脱水环境既可防止胡萝卜片表面结壳，又可以避免类胡萝卜素、维生素 C 的热破坏，短时的高温有利于胡萝卜片内部水分升温、蒸发，内部水汽分压增大，有利于增大内部水分向表面扩散的干燥速率。尽管低温干燥技术和热泵干燥技术应用于食品干燥具有明显的优势，但也存在局限性，主要表现在以下三个方面：①低温干燥限制了干燥的速度和产量，增加了微生物繁殖的可能性；②热泵除湿干燥的本质也是对流干燥，应用范围局限于颗粒或片状物料，不适合液体或粉状物料的干燥；③热泵干燥适宜采用分批式作业，干燥效率受到限制。目前热泵干燥在食品工业中的应用还是十分有限的。

　　未来，热泵干燥技术推广应用到食品工业中有着广阔的前景。

（三）超高压技术

　　超高压技术（Ultra High Power Technology，UHP），是在密闭容器内，用水或其他液体作为介质对食品或其他物料施以 $100 \sim 1000MPa$ 的压力，达到灭菌、改性、加工和保藏的目的。超高压处理具有压力均匀传递、瞬时、高效、耗能低、污染少，对维生素、色素和风味物质等小分子化合物无明显影响等优点。超高压技术的出现虽然有 100 多年的历史，但在 20 世纪 80 年代以后才在食品工业开始商业化。超高压加工技术是当前备受各国重视、广泛研究的一项食品高新技术，其作为一种非热力杀菌技术，在食品行业中具有广阔的发展前景。

　　超高压技术是以水或其他液体介质为传递压力的媒介物，将进行真空密封包装的被加工食品放入其中，在一定温度下对其进行加压处理的技术。超高压可以杀菌以及抑制酶活性，因而可以用作食品杀菌保藏。超高压状态下水的冰点会降低，并且压力施加均匀，可快速冰冻或者解冻食品；超高压可以破坏细胞膜结构，加速细胞内物质外流，可以用来辅助提取某些物质。

　　超高压作用于食品时主要破坏的是非共价键，而对共价键是几乎不起作用的，因此食品中的一些物质如氨基酸、维生素、风味或者香味物质不会被破坏，从而能够保持食品的风味、营养物质，并且具有节约资源、保护环境等优点。

　　在肉制品中，超高压技术可以保持肉品原有的风味、成分、营养价值和色泽，并可杀死食品中常见的酵母菌、大肠杆菌、葡萄球菌等而达到商业无菌的要求，同时，采用 $300 \sim 400MPa$ 的超高压可使肌纤维断裂而提高肉的嫩度。高压作用下，肌肉细胞结构中的肌质网和溶酶体受损，从而使 Ca^{2+} 从肌质网、内源蛋白酶从溶酶体中释放出来进入胞浆。这些变化使 ATP 酶、钙激活酶系统和组织蛋白酶的活性加强，由于 Ca^{2+} 激活 ATP酶，促进肌肉提前完成收缩，引发一系列反应使肌肉成熟过程缩短，这是嫩化机制之一。压力处理引发了两个蛋白酶体系，一个是由于 Ca^{2+} 浓度增加激活了钙激活酶体系，另一个是溶酶体释放出组织蛋白酶，参与蛋白质水解使肌肉超微结构破坏，致肉变嫩，这也是一种嫩化机制。

　　在水产品加工中，超高压技术可以改善水产品品质，提高对病毒、致病菌的灭活率和牡蛎的脱壳率。有研究表明，在 $400MPa$ 的条件下，10min 便可有效减少牡蛎中的总菌落数。实验表明，超高压处理对刺参的功能成分影响不大，但与鲜刺参相比，多糖含量和胶原蛋白的含量差异较小；与水发刺参相比，多糖和胶原蛋白含量均明显提高，说明超高压处理能减少有效成分的损失。超高压还可以提高水产品的膨化率。水产品膨化利用微波膨化产生的高压，使物料内部迅速升温产生大量蒸汽，内部蒸汽往外冲出，形成无数的微孔道，从而使物料组织膨胀。王灵玉等以白鲢鱼为主原料加工成鱼果，发现高真空度可以保持适当水分，使膨化率和松脆度提高，避免鱼果松脆度不够或出现僵片。超高压技术基本是一个物理过程，可以利用超高压技术开发出质地和外观不同的新型产品，在水产品贮藏和加工中也得到了广泛应用。

（四）超微粉碎技术

超微粉碎，是指利用机械或流体动力的方法克服固体内部凝聚力使之破碎，将直径 3mm 以上的物料颗粒粉碎至 $10\sim25\mu m$ 的超微粉体的过程。颗粒的微细化使表面积和孔隙率增加，并具有独特的物理化学性能。例如，良好的分散性、吸附性、溶解性和化学活性等。随着现代食品尤其是保健食品工业的不断发展，以往普通的粉碎手段已越来越不适应生产的需要，于是超微粉碎技术得到了迅猛发展。超微粉碎食品可作为食品原料添加到糕点、糖果、果冻、果酱、冰淇淋及酸乳等多种食品中，改善食品的品质，增加食品的营养，增进食品的色香味，丰富食品的品种。对一些具有特殊功效的食品和广泛食用的食品，进行微粒化处理，可使其比表面积成倍的增加，其活性、吸收率提高，并使食品的表面电荷、黏着力发生奇妙的变化。

超微粉碎技术在食品加工中的应用具有两个方面的重要意义，一是提高食品的口感，且利于营养物质的吸收；二是原来不能充分吸收或利用的原料被利用、配制和深加工制成各种功能性食品，开发新食品材料，增加食品新品种，提高资源利用率。食品超微粉碎广泛应用于调味品、方便面、饮料、冷食品、焙烤食品、罐头及保健食品等方面。

1. 改善食品原料的加工特性和品质

超微粉碎有助于对粮食原料中膳食纤维的持水力、膨胀力以及全粉水溶性的改善。陈存社等发现超微粉碎后麦胚中膳食纤维的持水力和膨胀力均有所增加，而阳离子交换能力却因超微粉碎而降低。玉米皮膳食纤维不仅持水力、持油力等有所增加，其阳离子交换能力也显著增加。在超微粉碎过程中，随着糯米粉粒径的减小，粉体的堆积密度、溶解度逐渐增大，糊化温度降低；冻融稳定性、酶解性质、高温持水能力、透明度、沉降性能和流动性能得到显著改善。这表明，超微粉碎技术可以改善糯米粉的粉体性质和加工特性。张慧等利用气流粉碎机对谷朊粉进行超微粉碎，对制备的 8 种不同粒径的谷朊粉的理化和功能特性进行研究，发现经超微粉碎处理能改善谷朊粉的某些特性，而且不同粒度的谷朊粉的理化特性、功能特性也有一定的差异。随着谷朊粉平均粒径的减小，大量水分缺失；在500 目以下谷朊粉的吸水率随粒径的减小而增大，在 $500\sim900$ 目吸水率随粒径的减小而减小，超过 900 目吸水率基本保持不变；谷朊粉的白度值、起泡性能、乳化性能、持水力以及持油力随粒径的减小都有不同程度的提高。超微粉碎还有助于提高粮食原料中功能性成分的溶出率，如以超微粉碎处理苦荞麸，苦荞麸的总黄酮溶出率显著提高，并且其加工性能也得到改善。超微粉碎还可以改善食品原料的贮藏稳定性。在比较、分析蒸青绿茶超微粉碎前后和贮藏过程中水分及主要成分变化时，发现超微粉碎后，300 目、800 目茶粉水分含量均明显下降；茶多酚、叶绿素的含量均略有下降，并随目数的增大而降低；氨基酸、咖啡因的含量均略有下降，但目数大的反而降低较少；可溶性总糖、水浸出物含量均明显增加，并随目数的增大而上升。比较两种贮藏方式（常温、低温冷藏），贮藏过程中对 300 目的茶粉茶多酚含量影响不大，但对 800 目来说，低温贮藏方式的茶多酚含量基本保持平稳。

2. 增加食品原料中有效成分的溶出率

茶叶经过超微粉碎加工后，由于超微粉体比表面积和孔隙率的增加，常具有独特的物理化学性能，如良好的分散性、吸附性、溶解性、化学活性等。超微粉碎可以大大简化传统速溶茶生产方法中茶叶有效成分萃取出来后浓缩、干燥制成粉状速溶茶的工艺过程。高彦祥等研究了红茶叶和超微茶粉可溶性固形物含量的萃取动力学过程，结果发现，茶汤可溶性固形物含量随萃取温度升高而增加，超微茶粉的等级常数是红茶叶的 1.22～2.22 倍。超微粉碎技术大幅提升了香菇柄中活性多糖的利用率，显著改善了其膳食纤维的功能特性，经超微粉碎后，香菇柄粉平均粒径降至 8.05μm，多糖溶出率提升了 1 倍多，总膳食纤维含量由 43.23% 提高到 48.91%，可溶性膳食纤维含量由 5.66% 提高到 15.64%，持水力、持油力和膨胀力分别提高了 37%、46% 和 109%。而采用高效液相色谱法分析比较油菜花粉超微粉与普通粉（65～100 目）中斛皮素和山奈素的溶出差异。结果发现，油菜花粉超微粉中斛皮素和山奈素的溶出率比普通粉分别提高了 45.16% 和 27.86%。

3. 有助于实现食品原料中各成分的清洁、 高效综合利用

超微粉碎技术不仅可以对食品原料加工过程中产生的废弃物、副产物资源进行完全开发利用，处理过程不引入任何化学溶剂，可有效避免化学残留和环境污染，是一种新型、安全的食品开发思路和途径。超微粉碎能够改善食品原料中的皮、籽、壳等副产物中表皮的纤维素结构，提高其有效成分的溶出率。例如与普通粉碎葡萄籽粉对比，经超微粉碎处理后葡萄籽粉中的原花青素含量达到 8.74mg/g 以上，增加了 28.5%。Hemery 等在超微粉碎麦麸的试验中也发现超微粉碎促进了多酚的溶出。畜禽原料加工后产生大量的畜禽骨，是钙质含量丰富的副产物，采用超微粉碎技术加工成骨粉，可以作为天然的补钙剂。

（五）超临界萃取技术

超临界萃取（SFE）是一种新型的萃取分离技术，以超临界状态下的流体为萃取剂，利用该状态下具有的高渗透及高溶解能力，萃取分离混合物质的一种新技术。流体在超临界状态时，其密度与液体密度非常接近，并随着流体压力和温度的改变发生显著变化，而在超临界流体中溶质溶解度随密度的增大而增大。在高压力下，超临界流体萃取正是利用这种性质，将溶质溶解在流体中，然后通过降低或升高流体溶液的压力或温度，使溶质析出，从而达到特定溶质的萃取。

超临界萃取利用流体在临界点附近某区域内原料中的目标物质有独特的溶解能力和传质速率等特点，通过对压力和温度的调控，将原料中的目标物质进行选择性的提取与分离，生产中常用的萃取剂是 CO_2。该法与传统方法相比，具有提取率高、操作温度低、有效成分不被破坏、无有机溶剂残留和工艺简单且无污染等优点。最适合于提取分离亲脂性、相对分子质量较小的热敏性物质，如叶绿素和胭脂树色素橙的提取。

目前，超临界 CO_2 萃取技术已经在天然食用色素方面取得显著成绩，主要集中在对四吡咯类（如叶绿素）、类胡萝卜素（如胡萝卜素、辣椒红色素、番茄红素、枸杞红素、玉米黄、栀子黄、沙棘黄等）、多酚类（如可可色素、葡萄色素、色素和红曲色素）等色素的提取和精制中。其中类胡萝卜素占有很大比例，该类又以辣椒红素和番茄红素（如紫苏色素等）、二酮类（如姜黄色素）、醌类（如紫草）研究居多，有的已经实现了工业化生产。例如类胡萝卜色素的超临界萃取原料有胡萝卜、辣椒粗提物、番茄、玉米质原料、枸杞、螺旋藻等，主要提取 β-胡萝卜素、辣椒红素、番茄红素、枸杞红素等色素。

在水产品加工中，主要应用于高附加值营养成分，如二十碳五烯酸的萃取、测定水产品中农药残留等。通过超临界 CO_2 流体萃取大马哈鱼籽中 DHA 和 EPA，使不饱和脂肪酸含量增加了 13.82％，DHA 含量增加了 0.912mg/g，EPA 含量增加了 32.39mg/g。超临界萃取还可以优化水产品加工工艺，获得更好的产品品质。采用超临界萃取技术提取扇贝内脏脂质，与采用索氏提取法相比较，超临界萃取法更适合不饱和脂肪酸的提取，而且提取时间短。利用超临界 CO_2 萃取内脏油，传统的隔水蒸煮法得到的内脏油颜色深、气味浓、含水量高、易酸败，而超临界 CO_2 萃取得到的鱼油呈浅黄色、微鱼腥味、无酸败味。

与传统化学分离提取方法相比，超临界萃取技术具有许多优点，但也存在一些问题，主要是处理成本高、设备生产能力低、对有些成分提取率低，另外还有能源的回收、堵塞、腐蚀等技术问题有待解决，但它作为一种国际上公认的绿色提取技术，其本身特性显示巨大生命力。超临界萃取技术发展和应用日趋成熟，其分离效率高、能耗低，越来越受到人们的关注。将该技术应用于发酵法酒精生产过程中，不仅提高了产品的质量，增加了产品的附加值，而且有利于实现酒精酿造过程的清洁生产。目前，超临界萃取技术和设备由于投资和操作成本等问题，在发酵法酒精生产过程的应用还受到一定的限制，随着超临界 CO_2 萃取技术和装备的不断拓展与完善，超临界萃取技术和酿酒生产中的应用有可能实现较大的突破。

（六）固定化酶技术

酶的固定化是用一定的材料将活性酶束缚或限制于一定的区域内，但仍能进行酶所特有的催化反应，并可回收及重复使用的一种新技术。固定化酶（Immobilized Enzyme）是通过物理的或化学的方法，将酶分子束缚在载体上，使其既保持酶的天然活性，又便于与反应液分离，可以重复使用，它是酶制剂中的一种新剂型。与液态酶相比，固定化酶在保持其高效、专一、温和及酶的活性可调节控制等酶催化反应特性以外，还有分离回收容易、可重复使用、操作连续和可控、工艺简便等优点。近年来，固定化酶在食品、制药、化学分析、环境保护等方面的应用越来越广泛。现有已用于固定化的酶主要有以下几种。

（1）葡萄糖异构酶　固定化葡萄糖异构酶是世界上生产规模最大的一种固定化酶，1973 年就已应用在工业化生产中，它可用来催化玉米糖浆和淀粉，得到含果糖 55％ 的高果糖浆。

（2）乳糖酶　有一部分人体内缺乏乳糖分解酶，喝牛乳会引起腹泻等不适，以三乙酰纤维素膜包埋乳糖酶生产无乳糖牛乳，可缓解由于饮用牛乳后导致的腹泻等症状，该方法酶稳定性高，可以连续生产 80d 以上。

（3）脂肪酶　脂肪酶可以催化酯交换、酯转移、水解等反应，所以在油脂工业中有广泛应用，如 1,3-特异性脂肪酶可酶促酯交换反应，将棕榈油改性为代可可酯。Rao 等研究用固定化 Rhizomucor miehei 的脂酶 Lipozyme IM60 催化酸解鳕鱼肝油，制备富含 ω-3 或 ω-6 多不饱和脂肪酸的酯。

（4）果糖基转移酶　蔗果低聚糖（Fructooligsacccharids，FOS），又称低聚果糖，是以蔗糖为原料，通过生物技术转化而成的一种功能性低聚糖，为国际新兴的功能性养生食品及新型糖源。目前低聚果糖的生产采用的是液体深层发酵法，其缺点是对产酶的菌体只能利用一次，酶的利用率低，后处理的除杂质、脱色和过滤等工艺较为烦琐，生产成本高。采用固定化的方法将微生物所产的果糖基转移酶以壳聚糖固定，固定化后的果糖基转移酶比游离酶的适宜温度范围宽，且其酸碱稳定性、热稳定性和储存稳定性明显提高，间歇式生产时，固定化酶的使用半衰期为 54 次，这大大提高了生产效率。发酵法、固定化果糖基转移酶只能生产含量 50％～55％的 G 型低聚果糖，其中不具备生理功能的葡萄糖和蔗糖含量分别占 35％和 15％左右，致使糖尿病人不能服用。如采用双固定化酶法，即固定化葡萄糖氧化酶和固定化过氧化氢酶将酶促反应中的副产物葡萄糖从反应体系中分离出去的方法，减少了葡萄糖对果糖基转移酶的反馈抑制，使蔗糖的转化率尽可能提高，制备出含量高达 80％的低聚果糖，然后利用偶联纳滤技术，再除去部分葡萄糖，使产品的低聚果糖最终含量达到 90％以上。

（5）谷氨酸脱羧酶　利用固定化酶法柱反应生产 γ-氨基丁酸（γ-Aminobutyric Acid，GABA）的方法，即固定化谷氨酸脱羧酶，并将固定化的酶珠置于特定设计的柱反应器中，在适宜的缓冲条件下，将谷氨酸或钠盐转化成为功能因子 γ-氨基丁酸，用这种方法生产出的 γ-氨基丁酸经后期纯化处理等工艺后，可用在食品、医药、饲料等多个领域，安全可靠。例如，王筱婧等利用海藻酸钠固定化的米糠谷氨酸脱羧酶，酶活力回收率达到 51％。

（6）β-葡萄糖苷酶　β-葡萄糖苷酶可水解结合于末端非还原性的 β-D-葡萄糖苷键，同时释放出 D-葡萄糖和相应的配基。伍毅等通过固定化 β-葡萄糖苷酶水解银杏黄酮苷制备黄酮苷元，提高银杏黄酮的生物活性，在最佳反应条件下：反应温度 40℃，pH5.0、时间 7h，酶浓度 0.1g/mL（以海藻酸钙凝胶珠计），黄酮苷转化为苷元型黄酮的转化率可达 90％。固定化酶储藏 50d，其相对酶活保持在 80％以上；连续使用 15 次，相对酶活能维持在 60％以上。从而，通过 β-葡萄糖苷酶固定化解决了游离酶容易失活和不能重复使用的问题，可以更加有效制备银杏黄酮苷元，具有工业应用前景。

由于自然界中的糖苷大多数为 β-糖苷，故用 β-葡萄糖苷酶处理食品，可以增加、再生、强化、改变食品的风味，为食品增香的重要途径之一。从黑曲霉发酵液中提取 β-葡萄糖苷酶酶液，用丝素蛋白将其固定，将固定化酶膜应用于果汁、果酒、茶汁等食品的增香，经感官鉴评，样品间存在显著差异，进一步经色谱-质谱联用仪分析，发现酶解后的样品，原有香气物质有不同程度的增加。有研究以海藻酸钠为载体，采用交联—包埋—交联的方法共固定化了单宁酶和 β-葡萄糖苷酶，并应用于茶饮料的除浑和增香处理。另外 β-葡萄糖苷酶还与食品原料中的纤维素水解相关，以海藻酸钠固定 β-葡萄糖苷酶，固定率达到 65％，重复分批利用 20 次仍能保持 90％以上的酶解得率，且固定化后的 β-葡萄糖苷酶有助于降低纤维素酶用量，减少这类食品原料的处理成本。

（7）木瓜蛋白酶　长期放置的啤酒会由于多肽和多酚物质发生聚合反应而变得混浊。为防止出现混浊，目前主要是采取在啤酒中添加蛋白酶来水解啤酒中蛋白质和多肽的方法，用戊二醛交联将木瓜蛋白酶固定化制成反应柱，生产所得啤酒可长期保持稳定。温燕梅等以化学共沉淀法制得的磁性聚乙二醇胶体粒子为载体固定胰蛋白酶，该磁性酶对啤酒澄清、防止冷浑浊有明显效果。Stepanova 等研究用 DEAF-纤维素固定 β-葡萄糖苷酶和多聚半乳糖醛酸酶，并用于樱桃、李子的果酒生产。

固定化酶技术在食品检测中已经有了较广泛的应用。它不仅使对食品成分的快速、低成本、高选择性分析测定成为可能，而且生物传感器技术的持续发展将很快实现食品生产的在线质量控制，降低食品生产成本，并给人们带来安全可靠及高质量的食品。Volpe 等曾以黄嘌呤氧化酶为生物敏感材料，结合过氧化氢电极，通过测定鱼降解过程中产生的肌苷-磷酸（IMP）、肌苷（HXP）和次黄嘌呤（HX）的浓度评价鱼的鲜度。由固定化蔗糖转化酶（INV），葡萄糖变旋酶（MUT）及葡萄糖氧化酶（GOD）的复合酶膜组成的过氧化氢双电极系统，可同时测定样品中蔗糖和葡萄糖的含量，蔗糖电极的葡萄糖干扰用差分法消除。

固定化技术在食品工业中的应用还有很多，如固定化氨基酰化酶生产 L-谷氨酸，固定化淀粉酶和葡萄糖淀粉酶以淀粉为原料生产葡萄糖，固定化酶法酿造调味品等。随着固定化技术的发展，将会有更多的固定化酶应用于食品原料加工中，并改善和提升食品的风味、品质。

（七）仿生技术

仿生技术是通过研究生物系统的结构和性质，以此来为工程技术提供新的设计思想及工作原理的科学。仿生技术一词是 1960 年由美国科学家斯蒂尔提出的。

仿生技术的问世开辟了独特的技术发展道路，也就是人类向生物界索取蓝图的道路，它大大开阔了人们的眼界，显示了极强的生命力。仿生技术的光荣使命就是为人类提供最可靠、最灵活、最高效、最经济的，最接近于生物系统的技术系统，为人类造福。

生物自身具有的功能比迄今为止任何人工制造的机械都优越得多，而仿生技术就是要在工程上实现并有效地应用生物的功能。在信息接收（感觉功能）、信息传递（神经功能）、自动控制系统等方面，生物体的结构与功能在机械设计方面都给予了人们很大启发。

仿生技术是一门模仿的科学，研究模仿生物系统方式，或以具有生物系统特征的方式，或以类似于生物系统方式的系统科学。仿生学作为一门独立的学科，于 1960 年 9 月正式诞生。食品仿生是食品工程学、仿生学、生物化学、生物物理学、生物控制论、生物工程和现代实验技术等学科相互渗透而成的一门科学，其主要研究内容有：食品的模拟合成、食用资源的开发与利用、食品生产过程调控优化、食品品质感官评价、生物材料、新装备的仿生设计等。仿生食品是仿生技术在食品工业上应用的新成果，是仿生学对食品工程的贡献，它从营养、风味或形状上模拟天然食品，使产品具有风味独特、食用方便、营养健康等特点而颇受消费者喜爱，也有"人造食品"之称。近年来，世界各国学者对仿生食品的研究越来越深入，目的是为了扩充食物资源、减少营养损失和避免人类面临的"食品危机"。仿生海洋食品是以海洋资源为主要原料，利用食品加工手段制得的风味、口感与天然海洋食品极为相似且营养价值不逊于天然海洋食品的食品。仿生海洋食品是以低值鱼类、虾类为主要原料，再加入豆类、鸡蛋清和乳酪等原料，以调味料、色素和黏合剂等辅料，通过对原料鱼的处理、蛋白质的物理化学处理、调味、成型等工序加工而成。

1. 制造仿生食品

制造仿生食品时仿生技术从营养、风味或形状上模拟天然食品，使产品具有风味独特、食用方便、营养健康等特点颇受众多消费者喜爱，也有"人造食品"之称。

模拟食品又称人造食品，即用科学手段把普通食物模拟成贵重、珍稀食物。仿生模拟食品不是以化学原料聚合而成的，它是所仿天然食品所含的营养成分，选取含有同类成分的普通食物做原料，制成各种各样的仿生模拟食品。模拟特点包括功能模拟仿生、制作方法模拟仿生、风味模拟仿生、外形模拟仿生等。我国的仿生食品已从简单的外形仿生、风味模拟仿生发展到功能仿生和加工过程的仿生研究阶段。已进入市场的仿生食品有海洋仿生食品（如人造鱼翅、人造海蜇皮等）、仿生肉（如人造瘦肉、人造牛肉干等）以及人造大米、人造苹果、人造咖啡、人造菠萝、蜂花粉产品等。

2. 生物反应器的仿生设计

生物反应器的设计依据生物学本身特点，应用灵敏生物传感器在线监测生物生命活动过程，用微机控制，满足代谢需要，保持生命活动最佳状态。生物反应器就是使生物反应得以实现的装置，并获得人们所需要的产品。

利用动植物集体特性研究的各种生物反应器，生产食品、药用和其他有用产品的研究与开发方兴未艾，并逐渐会形成一个低投入、高产出的新兴生物技术产业。

3. 生物材料的仿生研究

生物材料已被应用于医学、农业、日常生活等领域，且随着环境污染问题的日益严重，生物材料的市场应用将更加广泛。如：生物膜的研究借鉴了动植物体表面皮层有价值的皮层结构；丝素蛋白是一种性能优良的动物纤维蛋白质；美国科学家采用植物和谷物淀粉制造出生物技术塑料；昆虫产物及昆虫体作为工业原料和生物材料具有广阔的应用前景；纳米材料已被应用于各个领域，仿生酶和纳米材料完美的结合在一起，制成新一代抗菌过滤网。

4. 食品品质感官评定的仿生研究

在食品品质感官评定的仿生科学研究中，嗅觉和味觉，鲜度和食品其他性质检测仪器的研制，都离不开生物传感器。电子鼻、电子舌、肉腐败程度的检测仪等食品品质检测的仿生设备相继研制成功，充分说明了仿生食品工程学在食品品质感官评价中的作用。

5. 各种生物反应、提取方法的仿生研究

在生物反应、物质提取方面，仿生学主要应用于：①用电化学方法结合谱学手段来模拟研究生物体内的某些重要生化反应；②半仿生提取法和仿生提取法已在中药有效成分的提取中使用，避免了高温煎煮导致中药有效成分的损失；③仿生提取的食品原料——抗性淀粉，是指不被健康人体小肠所吸收的淀粉及其分解物的总称，仿生人体小肠的消化系统，在体外建立模拟系统提取抗性淀粉。

（八）近红外技术

近红外光（NIR）是波长介于看见光（VIS）与中红外光（IR）之间的一种电磁波，美国材料试验协会（ASTM）将其谱区定义为 $780 \sim 2526nm$，是在吸收光谱中的第一个非可见光区。近红外光具有光的"波粒"二象性，物质中红外活性分子的键能与近红外光子发生相互作用，产生近红外光谱吸收。近红外区的光谱吸收带是有机物质中能量较高的含氢基团。近红外光谱技术具有快速、高效、不破坏样品的优点，被广泛应用于食品品质鉴定、分析检测等领域，在食品产地溯源中的研究是近年的研究热点。

1. 近红外技术在食品品质鉴定方面的应用

现代近红外光谱分析技术是从农业分析开始的。20 世纪 60 年代，美国的 Norris 等首先开始研究应用近红外光谱分析技术测定谷物中的水分、蛋白质、脂肪等含量，并致力于其他农产品品质的研究。此后，学者们开始应用近红外光谱分析技术对农产品/食品品质进行研究。在食品品质鉴定方面的应用主要包括以下几个方面。

（1）苹果内部品质的在线检测及自动分级　利用近红外技术可非破坏性地测定完整苹果中的可溶性固形物含量、总糖、蔗糖、葡萄糖和果糖以及果汁中的糖和酸的含量，成分分析效率较高，从而提高了对水果品质的无损伤、在线检测的效果。例如，对水果中干物质含量的在线测定、水果内部褐心面积的百分比的无损检测。利用近红外的特性还可以快速识别果面缺陷和梗蒂区，大大提高了缺陷检测的速度和精度。另外，近红外技术还被应用于果蔬类原料的自动分级，使分级标准更加合理，避免了手工分级中出现的人为误差，保证了统一标准下水果质量的一致性，有利于水果的加工和销售。

（2）鱼、畜肉类品质的在线检测　指对不同肉类的成分含量在线测定及肉制品品质的检测，如水分含量等，Tugersen 等建立了猪肉和牛肉的脂肪、水分、蛋白质含量联合模型以及猪肉和牛肉各自的脂肪、水分、蛋白质含量模型。冷冻和解冻对肉的品质有较大的影响，利用近红外技术可以将经过冷冻的肉鉴别分离出来，同时还可以测定肉的保水性及渗透性，肉汁的失落率及固形物含量。

（3）乳品品质的在线检测　Kawamura 等对乳牛个体的牛乳质量进行了在线检测，检测的指标主要有牛乳成分（脂肪、蛋白质、乳糖）、体细胞数量、牛乳尿素氮。

（4）谷物类品质的在线检测　Long 等在装有近红外分析器、GPS 和产量监控器的联合收割机上对小麦的蛋白质浓度进行在线检测；Engel 等对农田谷物的蛋白质分布的测量进行了研究，在实验室条件下建立了春小麦的预测模型，并应用该模型对农田中春小麦的蛋白质含量进行了在线预测；Montes 等对玉米的干物质、天然蛋白质以及淀粉含量进行在线检测。除了蛋白质含量、水分和干面筋外，Wehrle-K 还比较了近红外测定小麦角质率、矿物质含量、降落值和黏度的结果与常规测定结果的差异，发现两者具有较强的相关性，且近红外方法费用低，完全适合面粉生产过程中原料与产品的品质评价及质量控制。

国内外很多学者研究利用近红外光谱技术区别物质品种，如咖啡品种、草莓品种、瓜类品种、大豆品种、道地山药、茶叶品种等。

2. 近红外检测技术在食品分析与检测中的应用

如前所述，近红外技术可以根据对食品中的主要成分建立模型，用于食品品质鉴定及分级。其实，采用近红外检测技术可以实现对所有食品化学成分及品质的分析，并实现食品加工过程的实时检测。下面介绍近红外检测技术对不同食品中成分的检测参数。①小麦、大麦和菜豆。主要检测小麦、大麦和菜豆中的蛋白质、纤维、水分、硬度；②面粉。主要检测面粉中的水分、灰分、蛋白质、面筋、硬度、颜色、脂肪和淀粉；③水果和蔬菜。主要检测水果和蔬菜中的酸度、含水量、粗蛋白、膳食纤维、还原糖、维生素 C、β-胡萝卜素、维生素 E、干物重、总糖、有机酸、柠檬酸、苹果酸、琥珀酸、葡萄糖、果糖、蔗糖、硝酸盐和可溶性固形物等，以及对品质的分级；④鱼类。主要检测鱼中的蛋白质、脂肪、水分含量、盐分含量、热量、氨基酸、脂肪酸、纤维素以及新鲜、冷冻程度、产品种类、真伪鉴别；⑤豆腐干。主要检测豆腐干中的总酸、蛋白质和水分含量；⑥饮料。主要检测饮料中的咖啡因、葡萄糖、果糖、蔗糖、酸度和有机酸等，以及真伪鉴别；⑦咖啡。主要检测咖啡中的咖啡因、绿原酸、水分、产地鉴别，以及品质分级；⑧茶叶。主要检测茶叶中的总氮、游离氨基酸、水分、茶多酚和咖啡因等，以及对品质的分级；⑨面包和饼干。主要检测面包和饼干中的蛋白质、脂肪、水分、淀粉和面筋值；⑩食用油。主要检测食用油中的碘值、酸值、黄色素、红色素、黏度、盐、氮、酒精、乳酸、谷氨酸和葡萄糖;⑪转基因食品。主要检测转基因食品中的监测蛋白质或 DNA 的变化,以及标记基因的转变。

(九)食品组分的工业色谱分离技术

工业规模制备色谱是适应科技和生产需要发展起来的一种新型、高效、节能的分离技术。按操作方式,色谱分离工艺过程可分成间歇操作、半连续和连续操作色谱分离过程;按固定相的状态,可分成固定床、移动床和模拟移动床色谱分离过程。在制药、生物和化工生产过程中,工业高效制备色谱对于迎接产品成本、质量标准、生产效率方面的挑战是有效的工具。

工业色谱分离技术利用待分离组分和固定相之间作用力的差异,在两相间(气-液、液-液、液-固界面)经过反复的动态传递、分配及平衡,使待分离组分的固定相上的停留时间有所差异,从而实现分离。伴随食品种类的增多以及食品相关技术的发展,食品中成分分析检测越发吸引着食品企业、卫生监督部门、消费者的目光,特别是如糖、食品添加剂以及食品中的风味物质等。目前食品成分分析中有 80% 使用气相色谱和液相色谱的检测方法。进入 21 世纪以来,色谱技术以其高效、快速、准确的技术优势已经成为食品、药品及其他行业分析检测不可缺少的重要工具。

色谱分离的主要特点是分离能力强,能够分离很难分离的混合物。但是,色谱分离单位设备的处理量相对较小,技术比较复杂,所以目前只用于常规分离方法(精馏、萃取、吸收、结晶等)。但是,随着对大型工业色谱的理论、设备和操作的进一步深入研究,随着人们对一些常规方法难以纯化和分离的物质和食品中具有生物活性的肽、蛋白质等功能性添加剂和天然药物中有效成分的纯化的需求不断增加,其应用前景将越来越广阔。

(1)液相色谱的应用 大型液相色谱应用成功的例子很多。例如,已成功地应用于果糖、葡萄糖的分离及对二甲苯与乙苯的分离。

(2)气相色谱的应用 某些体系的大型气相色谱分离已经工业化。苏联已有高纯溶剂、噻吩和氮茚采用气相色谱分离法来生产。在美国,大型气相色谱已成功地用于香料的纯化。

(3)离子交换色谱的应用 很多水法冶金过程中的溶液就采用离子交换色谱法提纯。蛋白质和肽是两性物质,改变 pH 可改变其对离子交换树脂的吸附能力,因而可以用离子交换色谱来纯化。例如,人血蛋白、胰岛素、蛋白溶菌酶的钝化等。应用较大规模的离子交换色谱纯化分离功能性短肽 CPP 已取得成功。

(4)亲和色谱的应用 亲和色谱通常称吸着解吸色谱,也称亲和层析,主要用于生物物质的分离。所用固定相由对生物物质有特殊亲和力的配位体附在惰性固体上构成。例如,将酶的足迹附在琼脂上。文献中已有很多用 1L 或更小的柱子生产少量酶的报道,大型亲和色谱的应用正在努力发展中。

(5)排阻色谱的应用 目前大型排阻色谱还主要应用于大分子物质(蛋白质)的脱盐,如人血浆脱盐。

(十)统属于现代工业的微化工技术

微化工技术是 20 世纪 90 年代初顺应可持续发展和高技术发展的需要而兴起的多学科

交叉的科技前沿领域，集微机电系统设计思想和化学化工基本原理于一体，并移植集成电路和微传感器制造技术的一种高新技术，涉及化学、材料、物理、化工、机械、电子、控制学等各种工程技术和学科。为化学工程着重研究时空特征尺度在数百微米和数百毫秒以内的化工微型设备和并行分布系统的设计、模拟、生产和应用等过程的基本特征和规律。微化工技术的发展将是对现有化工技术和设备制造的重大突破，也将会对化学化工领域产生相当大的影响。

与传统的化工系统相比，微化工系统有很多优点：高传递速率（传热、传质速率较常规尺度化工设备提高 1～3 个数量级）；快速、易于直接放大（模块结构、并行放大）；环境安全和过程可控；过程连续和高度集成；分散生产与柔性生产；科学研究工具。微反应系统最具吸引力的优点之一在于可以实现从实验室到工业过程的直接放大，工业反应器和实验室反应器完全相同，二者差别仅在于数量的不同。

微化工技术最有希望的应用领域包括高效传热传质设备，精细高值化学产品生产，基于微反应技术的新工艺与新过程，易燃易爆的反应过程，强放/吸热快速反应的控制（直接氟化、氯化、硝化、氧化、加氢与脱氢等），有毒害、易燃易爆危险品的就地生产等；国家安全所涉及诸如化学激光武器用的微型换热器、野外、极端恶劣环境使用的微换热器、微热泵；载人空间探索所用的高效"微化工厂"等，应用微化工技术能大幅度提高相应系统的效率并减少其体积和重量；燃料电池及其车载燃料发生系统的微型化将对燃料电池汽车工业的发展具有重大的推动作用。

目前我国的应用研究主要包括以下几个方面。

（1）微型氢源系统　氢源技术是质子交换膜燃料电池技术商业化的瓶颈之一。由于目前氢气储存、输送、分配及加注等环节尚存在诸多技术难点，因而无法满足各种规模的燃料电池对分散氢源的需求。而己醇类、烃类等富氢燃料通过重整的方式移动或现场制氢为燃料电池提供氢源具有能量密度大、能量转换效率高、容易运输和携带等特点，在经济性和安全性方面也具有优势，是近期乃至中期最现实的燃料电池氢源载体之一。

（2）微混合技术　许多化工过程为强放热快速反应过程，主要受传热和传质过程控制。利用微混合技术的快速高效混合特性，可以实现过程强化和微型化。

中国科学院大连化学物理研究所微化工技术组，开展了单微通道内的流动、混合、传质等，多通道的多尺度结构和流体均匀技术的设计及微混合系统的放大与集成、制造与封装等基础与应用基础研究，开发了 5kt/年的微混合系统，并成功地进行了工业侧线实验（液氨稀释过程）。与工厂现有的混合和换热技术相比，微混合系统具有无振动、无噪音、混合、换热效果好、操作稳定等现有工艺所无可比拟的优越性。该项目的成功实现工业应用必将促进微反应技术在新的化工过程的推广应用。

（3）芳烃硝化反应　化学工业中的许多反应过程属强放热反应过程，普遍存在着爆炸的危险，对人类生命和自然环境等危害极大。我国化学工业由于技术和装备落后，特别是在设备放大和过程调控方面存在许多问题，化工生产的安全性较差。例如，前几年发生的中国石油吉林石化分公司双苯厂"11·13"爆炸及其所引发的松花江重大水污染就是一起沉痛的悲剧事件。而采用微反应技术实现反应过程强化与微型化，可大大提高过程效率和安全性，将化工生产的危害降到最小。

有机物硝化是一强放热的快速反应。如果生成的热量不及时移除体系，极易引起爆炸。传统的硝化反应通常是在带冷却夹套的搅拌釜式反应器内进行的，由于换热面积小，传热速率有限，只能通过降低反应速率来避免热量积累导致的反应失控。因而不仅反应釜的体积庞大，而且反应所需时间也很长。由于微反应器的良好传递性能，且主体体积小，具有内在安全性，因此，可以实现强放热（吸热）反应、受传质控制的反应、易爆和有毒物质的现场生产等过程的连续操作。

（4）膜分散式微结构混合器　清华大学化学工程联合国家重点实验室借鉴膜乳化技术，按照多个微通道并联和串联的原理，设计了膜分散式微结构混合器，开展了均相及非均相（液-液，气-液）体系的微尺度混合与分散、微尺度传质及微反应过程的应用基础研究。新型微结构设备具有混合尺度易于控制、结构简洁、高效、低能耗和大处理量的特点。如以孔径 $5\mu m$ 的不锈钢烧结膜为分散介质，在很大相比的范围内相分离可以在小于 30s 的时间内完成，单级萃取效率达到 95% 以上，设备处理能力可以达到 $1.0m^3/(cm^2 \cdot h)$。对于受传递过程限制的反应体系，提出利用微尺度液滴混合来提高传质速率，实现反应过程的快速和可控的思想。根据这一思想，将微结构膜分散设备应用于超细颗粒材料的制备，成功地实现多种无机纳米粉体材料的连续制备，以及对材料粒径和分散行为的控制。

（5）其他应用案例

① 旋流器系统内部流场中心区域切向速度增加是一段溢流分级效果变好的根本原因；过小的连接口径会使一段旋流器内流场径向震荡加剧，同样，过大的连接口径也会造成旋流器系统内流场切向速度急剧下降，致使流场内部径向窜动剧烈，从而导致系统整体工艺性能下降。

② 加压毛细管电色谱（PCEC），即高效微流电色谱，是液相色谱分离技术发展过程中新兴的高效电动微分离技术。它把毛细管液相色谱和毛细管电泳有机地结合在一起，具有高柱效、高分辨率、高选择性以及环境友好的优异性能。

③ 纳米粉体粒子是粉体材料工业中最富有活力、创新空间最大的一个产业。目前纳米粒子的制备方法一般分为两大类：物理方法和化学方法。物理方法又称为粉碎法，它是将固体饮料由大变小，即将块状物质粉碎制得纳米粉体粒子；化学方法又称构筑法，是由下限原子、离子、分子通过成核和生长两个阶段合成纳米材料。

（十一）　（共挤出）"胶囊"包装技术

共挤出工艺是一种生产多层塑料制品的加工技术，典型的共挤出制品有薄膜和片材。在共挤出工艺中，两种以上的聚合物分别经不同的挤塑机头挤出后在同一口模中进行复合，每一种聚合物在成品薄膜（片材）中各自形成性质不同的树脂层。这种工艺过程与其他生产多层结构制品的工艺方法比较，不仅在生产成本上，而且在制品功能上都具有更多的优越性。

共挤出工艺是一步成型加工技术，一层很薄的高价材料可与其他比较廉价的材料进行复合，省掉了溶剂性黏合剂或底层涂料，降低了生产成本；采用阻隔聚合物连接其他功能性聚合物，从而形成高性能复合薄膜（片材），其综合效应使制品具有优良的机械性能。

近几年共挤出技术已有了惊人的发展，今天已成为生产复合塑料制品的主要技术，由于挤塑加工技术、塑料材料及包装设备的不断进步，使得共挤出技术在包装行业中的应用也有了迅速增长。

共挤薄膜已用于各种各样的包装用途，如用作重包装材料、防腐保香包装、耐热包装、抗冲击包装以及一些层压架构制品中的某些组分等。最近，共挤出技术已用于生产阻隔塑料瓶和阻隔片材，共挤出阻隔片材可用于热成型托盘、器皿和杯子等。总之，共挤出制品之所以发展较快，是因为既能降低包装成本，同时又能有效地满足包装需要。

胶囊包装就是共挤薄膜中的一种技术，目前胶囊包装技术主要应用在咖啡中。胶囊式咖啡是一种新型的咖啡产品，在近 30 年里得到迅速发展，并因其优越的品质及便利性占据了咖啡消费市场中的重要地位。将经过烘焙、研磨后的咖啡粉密封于特制胶囊里制成的胶囊式咖啡具有特殊的风味、持久的品质，配合胶囊咖啡机的冲泡，使冲泡过程简单快捷。

目前复合共挤出技术越来越受欢迎，多层具有不同特性的物料在挤出过程中彼此复合在一起，使制品兼有几种不同材料的优良特性，在特性上进行互补，从而得到特殊要求的性能和外观，如防氧和防湿的阻隔能力，着色性、保温性热成型和热黏合能力及强度、刚度、硬度等机械性能；该方法已成为当代最先进的塑料成型加工方法之一。

（十二）栅栏技术

栅栏技术（Hurdle Technology），是由德国肉类研究中心微生物和毒理学研究所所长 Lothar Leistner 在 1976 年最先提出来的，其作用机制是通过调节食品内各有效因子，利用其交互作用来抑制腐败菌生长繁殖，保证食品的品质，提高食品的安全性和储藏性，后来被王卫（1996）翻译为栅栏技术。

长期以来，栅栏技术在食品加工和贮藏中已被广泛应用，人们只是没有从栅栏技术的概念上来认识问题，而是将多个栅栏因子自觉或不自觉的融汇于经验式的食品加工与储藏中。栅栏技术基本原理在食品防腐保藏中的一个重要现象是微生物的内平衡，内平衡是微生物维持一个稳定平衡内部环境的固有趋势。食品要达到卫生安全性和可贮性，其内部必须存在能够阻止食品所含腐败菌和致病菌生长繁殖的因子，它们临时性或永久性地打破微生物的内平衡，抑制微生物的生长繁殖，保持食品品质，这些因子即被称为栅栏因子。

食品的防腐保鲜是一项综合而复杂的工程，所涉及的栅栏因子有很多种，一般可分为物理栅栏、化学栅栏、微生物栅栏和其他栅栏。到目前为止，食品中栅栏因子有 100 多个，其中常用的栅栏因子见表 6-2。

在实际生产中，运用不同的栅栏因子，科学合理地组合，发挥其协同作用，从不同的侧面抑制引起食品腐败的微生物，形成对微生物的多靶攻击，使食品中的微生物不能克服这些障碍，从而改善食品品质，保证食品的卫生安全性。

栅栏技术在常见食品中的应用如下。

（1）传统低温肉制品中使用的栅栏因子　防腐剂（硝酸盐或亚硝酸盐、其他防腐剂）、蒸煮杀菌、（烟熏）、低温保存。如猪头肉、猪蹄、五香牛肉、烧鸡、扒鸡、熏鸡等。

（2）低温西式肉制品中使用的栅栏因子　防腐剂（硝酸盐或亚硝酸盐、其他防腐剂）、蒸煮杀菌、（烟熏）、低温保存。如低温烤肠、火腿等。

（3）高温肉制品中使用的栅栏因子　防腐剂（硝酸盐或亚硝酸盐、其他防腐剂）、高温杀菌。如高温火腿肠。

表 6-2 食品中常用的栅栏因子

栅栏因子	相应的方法	作　用
高温（H）	高温灭菌	用足够的热量使微生物失活
低温（L）	低温抑菌	低温抑制微生物的生长
水分活度（A_w）	干制、熏制、盐渍等	降低水分活度，明显地降低或抑制微生物的生长
pH	调酸	远离微生物最适 pH，提高其对热敏感性
氧化还原值（Eh）	真空或缺氧气调包装	降低氧分压，抑制专性需氧菌和使兼性厌氧菌生长缓慢
防腐剂（Pres.）	添加各种防腐剂	抑制特定菌属
物理加工	磁场、超声波等	抑制或杀灭微生物
压力	超高压、高密度 CO_2	杀灭微生物、钝化酶
辐照	紫外、微波、放射性辐照	足够剂量射线使微生物灭活
涂膜保鲜	保鲜液涂膜处理	抑制微生物的生长
竞争性菌群	乳酸菌等有益优势菌群	抑制其他有害菌群的生长

（4）肉类罐头中使用的栅栏因子　防腐剂（硝酸盐或亚硝酸盐、其他防腐剂）、高温杀菌。如午餐肉罐头、牛肉罐头。

（5）肉松、肉脯、风干肠、腊肉中使用的栅栏因子　水分活度 A_w（烟熏）。

（6）水果罐头、蔬菜罐头中使用的栅栏因子　pH、高温杀菌。如橘子罐头、菠萝罐头、桃罐头、梨罐头、芦笋罐头、蘑菇罐头等。

（7）发酵食品、调味品中使用的栅栏因子　优势微生物、pH、水分活度 A_w。如豆豉、豆瓣酱、腐乳、酸乳、酱油、醋、泡菜、蒜蓉辣椒酱、东北大酱、虾酱、金华火腿、萨拉米肠等。

（8）半固态食品、调味品中使用的栅栏因子　水分活度 A_w、pH。如芝麻酱、花生酱、牛肉酱、老干妈辣椒酱。

（9）碳酸饮料中使用的栅栏因子　pH、二氧化碳。如雪碧、可乐等。

（10）包装小面包、软蛋糕中使用的栅栏因子　pH、真空充氮。如达利园法式小面包、达利园软蛋糕等。

（11）包装月饼中使用的栅栏因子　水分活度 A_w、脱氧剂。

（12）饼干、糖果、固体饮料、固体调味料、方便面、面粉、干面条、大米、蜂蜜、干果等中使用的栅栏因子　水分活度 A_w。

（13）果酱食品中使用的栅栏因子　pH、水分活度 A_w、加热杀菌。如番茄酱、山楂酱等。

（14）果脯食品中使用的栅栏因子　pH、水分活度 A_w、加热杀菌。如枣脯、冬瓜脯等。

第二节　食品原料的综合利用开发及其生态产业链集成模式

一、食品加工过程存在的关键问题

近年来，随着生命科学、食品科学、现代营养学科的发展，食品原料类生物资源中新的活性物质、新的加工技术不断被揭示，为食品加工关键过程及其产品的开发利用拓宽了思路，展示了广阔的前景。然而当前，对于食品加工过程的研究仍然存在很大的局限性，主要是因为当前食品加工工业仍然是把食品原料当成食用的原料，而忽略了作为生物资源的其他利用价值，从而导致现有食品加工工业存在以下几个关键的问题。

1. 食品加工存在盲目性、资源严重浪费

食品原料是各种成分的复合体，在器官尺度上，粮食原料包括壳、皮等，果蔬原料包括皮、核、籽、果肉等，禽畜原料包括毛、皮、血、骨、肉等，水产原料包括壳、鳞、内脏、骨等。在化学成分尺度上，食品原料都是由水分、蛋白质、糖类、脂质及其他活性成分组成。现今的食品加工，一方面是对不同食品原料器官的浪费严重，现有的食品加工工艺通常是先进行食品加工，加工产生的废渣再考虑进行回收利用，甚至直接丢弃；另一方面是对食品原料的成分组成缺乏深入认知，通常都是先加工得到产品，再考虑如何除去产品中影响品质的成分。这种加工思路，不仅造成了食品原料的浪费，而且增加了单元操作工序和操作成本。

究其根本原因是对食品原料的认识存在盲目性，从而造成了食品原料的浪费，并且相应地增加了环境污染的治理成本。

2. 食品加工产业链短、产品低值化

现有食品加工主要针对的还是其可食用部分，对于其他不可食用部分的利用缺乏相关的综合利用技术或者技术较为落后，从而造成食品原料利用率低，食品加工产业链短，产品的低值化。在食品原料中可食用部分和不可食用部分的比例通常是相当的，例如 1t 稻谷可生产大米 0.6t，同时产生谷壳 0.2t，米糠和米胚约 0.1t，另外还有大量的碎米等资源未能得到有效的开发利用。但是，经日本学者研究证明，这些被丢弃的米糠和米胚含有一种清除体内"二噁英"的有效物质，而且米糠和米胚集中了 64% 的稻米营养素，含有丰富和优质的蛋白质、脂肪、多糖、维生素、矿物质等营养素和生育酚、生育三烯酚、γ-谷维醇、α-硫辛酸及角鲨烯等生理功能卓越的活性物质。其中米糠和米胚不含胆固醇，氨基酸种类齐全，营养可与鸡蛋蛋白媲美，而且米糠和米胚所含脂肪主要为不饱和脂肪酸，必需脂肪酸含量达 47%，还含有 70 多种抗氧化剂。米糠和米胚在国外有"天赐营养源"的美称。联合国工业发展组织（UNIDO）把米糠和米胚称为一种未充分利用的资源。国外研究证明，米糠作为健康食品的原料加以深度开发利用，可增值 60 倍左右。

实际上各类食品原料中都含有大量的生物活性物质，但是由于加工条件剧烈或者在加工过程中造成活性物质的流失。例如粮食作物的薯类中含有丰富的黏蛋白，米糠中含有植酸钙、植酸、肌醇等；豆类坚果等油料作物的花生红衣中能够提取止血药片，油料的皮壳中同样含有丰富的蛋白质；水果蔬菜除了提供维生素、矿物质及食物纤维外，还含有有机酸、含氮物质、色素、芳香物质和糖苷类物质等，可以提取香精油、果胶、有机酸、食用色素、各种酶类等；植物新资源中更是含有丰富的药理成分，例如黄酮、茶多酚、咖啡因、植物多糖、皂苷等；畜禽动物的脏器中同样含有多种活性成分，如胰含有激素、酶、多肽、核酸和氨基酸等；脑中含有脑磷脂、肌醇磷脂、脑苷脂等，肝富含维生素，小肠富含各种酶类，心脏含细胞色素 C、辅酶 Q_{10} 等。这些物质中很多因为传统的加工工艺造成活性受损或者含量降低，或者根本就不被利用，从而造成食品原料加工产品都是低值化的产品。

3. 食品原料深加工设备落后、创新不足

机械设备技术水平是一个行业发展的标志。然而我国食品装备行业起步晚，缺乏与技术发展和市场需求相适应的科研手段和设施，技术资源分散，导致我国食品装备行业技术创新能力不足。

在改革开放前，我国的食品机械除罐头、饼干沿袭了国外 20 世纪 30 年代的技术外，包括主食在内的大部分食品机械长期以来基本上是围绕着"糖油面"进行简单的加工。进入 21 世纪后，食品机械研制、生产水平虽有一定的进步，但内在性能、外观质量等方面仍存在着诸多缺点，整体水平比发达国家落后 20 年左右。我国食品机械之所以落后，主要是以下几方面的原因：

① 食品加工工业生产方式落后，由于大部分传统食品加工的技术含量较低，多为作坊式操作，对食品加工机械的研发较为薄弱。

② 一些关键领域的高技术含量和高附加值的产品主要依赖进口，自主创新能力低，目前，方便面、乳制品的成套生产设备主要依赖进口，更主要的是缺乏食品本身科研成果的基础性支撑。食品机械的研制，除涉及机械原理等基础学科，更涉及多门应用学科和技术，如谷物化学、食品加工工艺、食品品质控制研究等。

③ 食品机械设计人员缺乏对食品原辅料物理、化学性质的深层次了解，对所要加工产品的品质评价等的认知有待进一步提高，难以根据食品原辅料的特点及其食品加工要求进行合理设计加工。近年来，我国食品科技界在西式食品研究方面投入的力度较大，而对传统食品却缺乏系统深入的研究。正因为此，机械研究人员在设计上只求其型、而无其实。

因此，要实现食品加工机械与装备的改进和发展，必须与食品科学成果相结合，根据原料加工特性、产品品质要求，充分利用和整合行业长期积累的自有技术资源，设计开发具有真正自主知识产权的创新型食品加工机械与装备。

二、食品原料的综合利用开发

食品加工中存在的一系列问题，造成了资源严重浪费，产品低值化。因此，在食品加工过程中，对食品原料应尽可能综合利用，提高加工效益，促进经济增长。下面通过果蔬、畜禽、水产品和谷物等原料在加工过程中综合利用的举例来逐一说明。

（一）果蔬类

1. 概述

果蔬原料的组成成分非常复杂，废弃物的含量占果蔬原料的 40％以上，是一种非常丰富的生物质资源，它的高效利用对于提高果蔬原料资源利用率、增加原料附加值具有重要的意义。人们从粮食和动物性食物中获得糖类、蛋白质、脂肪等，以满足人体生命活动所需的热能；果蔬则是维生素、矿物质和有机酸等营养成分的主要来源。在我国粮、棉、油、烟、果、菜等主要农产品中，发展最迅速的是水果，而最早受到市场制约的也是水果。我国生产的主要水果中，苹果、梨、红枣、柿子、板栗的产量已稳居世界之冠。核桃和柑橘类分别为世界第 2 和第 3 位。随着水果生产的快速发展，以苹果和梨为主的水果价

格迅速下跌，最近10多年以来，水果生产和水果贮藏加工业的发展，已经成为水果生产和经营者关注的焦点。

目前，发达国家在果蔬销售与生产，进口与出口等方面基本达到平衡，世界市场已趋于饱和，尤其是苹果、柑橘和香蕉，但从长远来看，世界上大部分国家还处于欠发达和发展进程中。近年来，我国果蔬生产的供给总量和需求总量已接近平衡，同时存在结构型剩余和短缺，但同经济发达国家相比还有较大差距。果蔬加工业仍然是一个新兴的产业，加工和贮运设备落后，采收损耗率高达20%～30%，而发达国家只有5%，我国90%以上的水果用于鲜销，发达国家则用40%～70%的果蔬进行加工。从以上数据可以看出，我国果蔬产量虽然很大，但加工量比例较小，仍以鲜销为主，速食及半成品品种也较少，加工量不到10%，而且很多加工产品用于出口，而发达国家70%以上的果蔬都经过加工，所造成的浪费和污染较小，综合利用的效益较高。

2. 综合利用案例

对果蔬类的综合利用以南瓜为例：南瓜的营养价值可以与西瓜、黄瓜媲美，胡萝卜素含量较高，且具有颇高的药用价值，补中益气，消炎止痛，解毒杀虫，还可以减少肺癌的发病率，降低肺癌的死亡率。因此，进行南瓜综合利用，开发南瓜系列产品，前景诱人。南瓜综合利用及系列产品方案见图6-2。

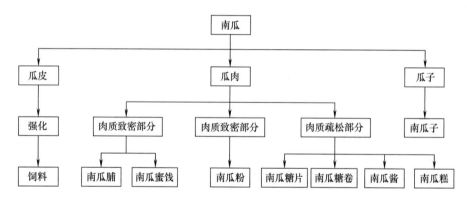

图 6-2 南瓜综合利用及系列产品方案

对南瓜的瓜皮、瓜肉以及瓜子综合利用，其中瓜皮强化后作为饲料使用；瓜肉的致密部分成型后用于加工南瓜瓜脯和南瓜蜜饯；疏松部分和边角料用于加南瓜糖片、糖卷、南瓜酱、南瓜糕等；瓜子可直接加工成南瓜子。进行南瓜综合利用和系列产品加工可使南瓜的经济价值增长十多倍，不但提高了南瓜的利用率，而且对扩大开发和充分利用南瓜资源，促进农副产品加工有一定意义。

南瓜综合利用及系列产品加工工艺路线和技术要点如下。

（1）工艺路线（图6-3）

（2）技术要点

① 对南瓜瓜肉的选择和预处理是综合利用加工中的一项重要内容。将瓜肉的致密部分成型后用于加工南瓜瓜脯和南瓜蜜饯；疏松部分和边角料用于加工、南瓜糖片和糖卷、南瓜糕、南瓜冻和南瓜酱或南瓜粉。为了去除产品中的部分南瓜味（瓜粉除外），研究筛选出一种AB混合液对瓜肉进行预处理，常温下处理20min，瓜肉经选择和处理后，不但

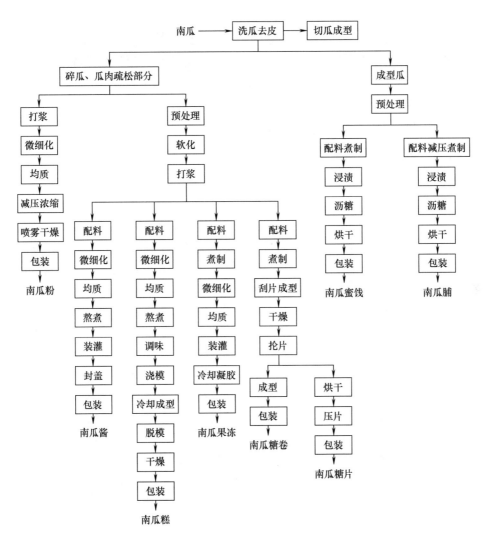

图 6-3　南瓜的综合利用及系列产品工艺流程

提高了南瓜的利用率和产品的成品率，而且从外观上，组织上和色香味上保证了产品的质量。

② 南瓜脯和南瓜蜜饯是成型后的瓜条或瓜块，配糖类等为经煮制等加工后的制品。当瓜条或块与浓糖液接触时，由于其细胞外渗透压存在差异，就发生内外渗透现象，若在煮制中糖液浓度大大超过了瓜肉细胞液的浓度，内外渗透速度就不能保持平衡，这样原料失水快，不易保持其原有形状，因此需分批加糖，逐步提高糖液浓度。为了加速糖分的渗透，缩短煮制时间，提高成品率，采用冷热交叉减压煮制法，对保持原料的营养成分也较有利。

③ 在南瓜糖卷和糖片的加工中，将瓜肉在 0.1MPa 压力下加热，使之在短时间内迅速软化充分。

④ 南瓜糕、南瓜果冻和南瓜酱是瓜肉加糖、酸和凝胶剂熬制而成的糖制品。从本质上说是利用凝胶剂（如海藻胶、果胶、卡拉胶等）、糖类及酸三种成分在一定比例下由溶

胶形成凝胶的过程。该研究在加工南瓜糕时，选用卡拉胶和海藻胶（质量比1∶1）作为凝胶剂，南瓜冻选用琼脂和卡拉胶，质量比3∶2；南瓜酱则选用黄原胶，均达到良好的效果。此外，工艺中增加了用胶体磨对浆料进行微细化处理，用均质机进行均质处理，可更有效地破坏南瓜纤维组织，使产品更均匀细腻，且呈半透明感。

⑤ 为了尽可能不破坏南瓜的营养成分，综合诸方面的因素，将减压浓缩后的南瓜浆料在85～95℃下喷雾干燥制得南瓜粉。

（二）畜禽类

1. 概述

我国是人口大国，也是畜禽类饲养大国，畜禽产量居世界前列。畜禽肉是人类饮食中极富营养的高品质蛋白质的主要来源，对膳食营养平衡起着非常重要的作用。畜禽肉类包括畜肉如猪、牛、羊肉和禽肉如鸡、鸭、鹅肉等，是人体营养的主要来源，此肉类中的铁不仅容易被吸收，而且有助于其他铁源的吸收。畜禽肉类的化学成分中水分占75%左右，其次是蛋白质占20%以上，然后是脂质占4%～5%，剩下的是灰分占1%左右。

2. 综合利用案例

禽畜类以猪的综合利用为例：生肉的加工、肉制品加工及综合利用加工。猪宰杀后，分割的肉大部分可直接售卖，另一部分可用物理或化学方法，配以适当的辅料和添加剂，对原料肉进行加工制成肉制品，根据不同的加工方法，可分为腌腊制品、酱卤制品、熏烤制品、油炸制品、肉干制品等以及午餐肉、西式火腿、扣肉等类制品。

腌腊肉制品指原料肉经过预处理、腌渍、脱水、保藏成熟加工而成的肉制品，代表产品有腊肉、咸肉、板鸭、腊肠、中式火腿、香肠等用食盐或以食盐为主，并添加硝酸钠、蔗糖和香辛料等腌制材料处理肉类的过程为腌制。通过腌制使食盐或食糖渗入肉品组织中，提高渗透压，降低其水分活度，借以有选择地控制微生物的活动，抑制腐败菌的生长，从而防止肉品腐败。腌腊肉制品有四种腌制方法，即干腌法、湿腌法、混合腌制法和注射腌制法。不同的腌腊制品对腌制方法有不同的要求，用盐量和腌制方法取决于原料肉的状况、温度及产品特性。

酱卤制品是将畜禽肉加入调味料和香辛料，以水为加热介质煮制而成的一类熟肉制品，是中国典型的传统熟肉制品。酱卤制品都是熟肉制品，产品酥软，风味浓郁，不适宜保藏，包括白煮肉类、酱卤肉类、糟肉类。白煮肉类是将原料肉经（或未经）腌制后，在水（或盐水）中煮制而成的熟肉类制品，其特点是最大程度地保持了原料固有的风味与色泽，如白切猪肚、南京盐水鸭、白切肉、白斩鸡等。酱卤肉类是在水中加入食盐或酱油等调味料或香辛料一起煮制而成的熟肉制品，其主要特色是色泽鲜艳、味美、肉嫩，具有独特的风味。产品的色泽和风味主要取决于调味料和香辛料，主要产品有糖醋排骨、德州扒鸡、苏州酱汁肉等。糟肉类是将原料肉经白煮后，再用"香糟"糟制的冷食熟肉类制品，其特色是保持了原料肉固有的色泽和曲酒香气。糟肉类有糟肉、糟鸡及糟鹅等。

熏烤制品指畜、禽胴体或肉经配料腌渍或不腌后，以熏烟、高温气体或固体、明火等为介质热加工制成的熟肉制品，包括熏烤类和烧烤类。熏烤是利用燃料没有完全燃烧产品的烟气对肉制品进行加工，烧烤有明烤和暗烤之分，还有电烤和蒸气烤等。主要产品有北京烤鸭、广东烤乳猪、烧鸭、烧鹅等。

　　油炸制品是指调味或挂糊后的肉（生品、熟制品）经高温油炸（或浇淋）而制成的熟肉制品。油炸使用的设备简单，制作方便，具有香、脆、松、酥，色泽美观等特点。油炸除了制熟的作用外，还能杀菌、脱水和增进风味。依据制品油炸时的状态分为挂糊炸肉、清炸肉制品两类，如炸鸡、炸肉丸等。

　　肉干制品是将肉先经过熟制加工后，再成型、干燥或先成型再经过熟加工制成的干熟类制品。这类产品的水分含量较低，水分活度在 0.70～0.75，能有效地抑制细菌、霉菌、酵母菌的生长。干制的原理是通过脱去肉品中的一部分水分，从而抑制微生物和酶的活力，提高肉制品的贮藏期。常用的干制方法有常压干燥、微波干燥、减压干燥等。其代表产品有肉干、肉松、肉脯等。肉干是以精选瘦肉为原料，经煮制、复煮、干制等工艺加工而成的肉制品。肉脯是一种制作考究，美味可口，耐贮藏和便于运输的熟肉制品。肉松是我国著名的特产，猪肉松是大众最喜爱的一类产品，以江苏太仓肉松和福建肉松最为著名。

　　猪的副产物还有血、骨、皮、毛和各种组织器官，开发利用潜力很大，可用于医药、食品、化工和饲料行业。以猪的副产物为原料在生化药物方面也广泛应用，见表 6-3。

表 6-3　　　　　　　　　　　　　　猪副产品在生化药物中的应用

品名	所用原料	主要应用与用途
蛋白质类药物		
胱氨酸	猪毛	制药及食品添加剂
复合氨基酸	猪毛	口服制剂、食品及饲料添加剂
转移因子	猪脾	减轻机体脏器病变，用于制药业
胰岛素	猪胰	降血糖及免疫抑制剂，用于制药业
血小板生长因子	猪血	刺激多种细胞进入分裂增殖周期，对伤口愈合，胆固醇与磷脂的合成调节有重要促进作用，用于制药业
胸腺因子	猪胸腺	免疫抑制剂，用于制药业
酶类药物		
胰酶	猪胰	消化蛋白质、淀粉与脂肪的作用
超氧化物歧化酶	猪血	清降超氧阴离子自由基，有广泛防病作用，还可以用于化妆品
凝血酶	猪血	凝血作用
多糖类药物		
肝素和类肝素	猪小肠	抗凝作用、可治疗冠心病、心绞痛
透明质酸	猪眼球	用于白内障等眼科手术
脂类药物		
胆红素	猪胆	有较强的抗氧化作用

　　猪骨与牛乳粉、鸡蛋白粉相比，具有高蛋白质、低脂肪、高灰分的特点；猪骨中必需氨基酸含量同比高于牛乳、猪肉，除了异亮氨酸和甲硫氨酸外，其他必需氨基酸含量同比都高于鸡蛋，猪骨中还富含 8 种人体必需元素。因此，猪骨被视为宝贵的食物资源。日本 20 世纪 80 年代就开始利用猪骨制作骨泥、骨粉、骨味蛋白肉等食品，还利用猪骨提取营养强化剂。目前，国内外对猪骨的利用主要集中在利用猪骨制备猪骨蛋白、猪骨肽、酶解猪骨制备调味剂，开发猪骨食品、猪骨饲料、还用于灌肠、午餐肉、肉饼、肉馅、肉丸、糕点、糖果等产品，提高了营养和附加值，也有加工成骨胶、骨粉用于医药和饲料行业。

　　猪皮主要由水、蛋白质、少量脂肪及矿物质组成。其中水分含量约 65%，脂肪含量为 2%，矿物质为 0.5%，蛋白质为 33%。猪皮中的蛋白质主要是胶原蛋白，分子质量为

30 万 u 左右，胶原蛋白约占真皮干物质的 98%，猪皮胶原蛋白含有 18 种氨基酸，有较高的营养价值，可以增进皮肤弹性，减少皱纹产生，起到抗衰老、美容作用，猪皮属于高蛋白质、低脂肪且具有一定保健功能的食品原料。还可应用于制革，也有加工成明胶和膨化食品的。

（三）水产品类

1. 概述

水产品的种类繁多，其中鱼类有 3000 多种、虾类 300 多种、蟹类 600 多种、贝类 700 多种、头足类 90 多类、藻类 1000 多种，还包括腔肠动物、棘皮动物、两栖动物和爬行动物中的一些水生种类。水产品是人类优质蛋白质的主要来源之一，富含人体必需的 8 种氨基酸，而且数量和比例符合人体需要，属于完全蛋白质。水产品还能够提供丰富的维生素、矿物质和卵磷脂等营养物质，对人体的健康成长具有重要的意义。

经精心加工后的水产食品具有良好的色、香、味、形和口感，提高食欲，给人以美的享受。众所周知，水产品营养功能好，属于高蛋白质、低脂肪食品，还含有丰富的无机盐、维生素和碳水化合物（包括膳食纤维）。鱼类肌肉部分水分含量 70%~85%、粗蛋白 10%~20%、碳水化合物低 1%、无机盐 1%~2%，脂肪则依据鱼类的不同含量有高有低，但一般都在 10% 以下（除鲥鱼 17.0% 外）；虾蟹类可食部分一般含水分 70%~80%、蛋白质 14%~21%、脂肪低于 6%、碳水化合物都在 1% 以下（除中华绒螯蟹 7.4% 外）；软体动物可食部分含水分 79%~88%、蛋白质 8%~18%、脂肪 0.4%~2.0%、碳水化合物 0.1%~5.0%、灰分 1.7%~2.7%；藻类粗蛋白约占干物质的 10%~20%、脂肪一般都在 4% 以下，还含有丰富的无机盐、维生素和特殊碳水化合物（海藻多糖），而且，鱼类脂肪多为不饱和脂肪酸较多的优质脂肪，对人体健康十分有益。

水产食品大多具有保健功能，对人类的脑血栓、心肌梗死、老年性骨折、缺钙症、癌症等具有特殊的疗效。发挥保健功能的主要成分是生物活性肽、多不饱和脂肪酸、牛磺酸、甲壳质、膳食纤维以及维生素、特殊矿质元素等。动物蛋白中含有丰富的赖氨酸，这正是植物蛋白所缺乏的；由于海洋的特殊环境，如高压、高盐、极地低温等，导致水产食品蛋白质肽链组成中可能含有特殊的、具有各种生理功能的生物活性肽片段，对人类的健康将会产生重要影响。水产食品中含有丰富的牛磺酸，因为新生儿体内的牛磺酸酶活性较低，所以它也被视为新生儿必需的氨基酸。此外，还对人体的肝脏具有解毒功能，调节人体血压，抗心律失常，改善充血性衰竭等广泛的保健功效。

水产品还可以成为美容食品。水产品肌肉中富含胶原蛋白和黏蛋白，能有效保持皮肤光洁，无皱褶与富有弹性，还可防止毛发脱落，使头发富有光泽。鲤鱼头、鳖裙边等软骨中的软骨素，是构成皮肤弹性纤维的重要物质，常食用有利于预防皮肤产生皱纹。不少的水产品还含有较多的超氧化物歧化酶，可减少人体内活性氧，减少脂质过氧化物的产生，延缓人体组织的老化，对预防衰老具有重要作用。因此，水产品与人类的健康、长寿有密切关系。

2. 综合利用案例

目前鱼类加工业中，除了冷冻、冷藏、罐头、腌干、熟食品等食品加工外，对那些食用价值较低的鱼类和食品加工中的下脚料，包括鱼的头、尾、鳞、鳍、骨、皮和内脏等的进一步加工利用，制成各种食用、工业用、医药用等产品，这被称为水产品的综合利用。鱼类下脚料中含有丰富的蛋白质、脂肪、矿物质，综合利用这些原料，将为我国鱼类资源的利用开辟新的途径。鱼的综合利用及系列产品见图 6-4。

（1）蛋白质源的利用　一些低值鱼和鱼加工下脚料含有丰富的蛋白质，而且世界蛋白质缺乏仍然是全人类共同面临的严峻问题。鱼类资源由于量大质优，被誉为是战胜这一困难强有力的武器。最初，人们将不能食用的水产品及其下脚料制成饲料鱼粉，后来又将其制成脱脂食用鱼粉，在鱼粉的基础上先后试制并投产的有工业蛋白胨、试剂蛋白胨和水解注射液等产品，还从鱼精中成功地提取了鱼精蛋白、精氨酸和脱氧核糖核酸。还有试制成功了浓缩鱼蛋白，浓缩鱼蛋白的优点不仅能防止鱼变质，还能将不受人们欢迎的未利用和利用率低的鱼类为人类所食用，是一种完全没有鱼臭、鱼腥味的白色粉末，营养价值很高。

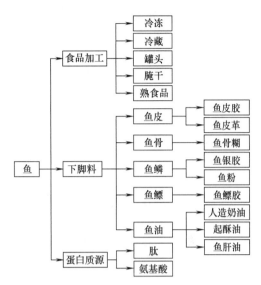

图 6-4　鱼的综合利用及系列产品

由于鱼类蛋白质品质高，所含氨基酸比例与人体肌肉成分极为接近，吸收利用率高，因而开发鱼蛋白质水解物引起了人们的广泛兴趣。鱼蛋白质经酶作用降解通常被分为两大类：完全水解和部分水解，水解程度不同在最后的产品中影响它应用的性质就不同。完全水解的水解产物主要由游离氨基酸组成，将利用率低的鱼水解制备成混合氨基酸，营养丰富，生物效价高，无腥味；也可通过加酶水解，保温发酵生产特殊高档氨基酸调味品——鱼露，含有人体所必需的各种氨基酸，特别是含有丰富的赖氨酸和谷氨酸。

部分水解得到的产物是大量的肽类和少量的氨基酸。现代营养学研究表明：在蛋白质消化期间，以肽形式存在的氨基酸的浓度比游离氨基酸的浓度大，而且小肽的吸收速度也比等量的游离氨基酸快。这揭示小分子肽比等量的游离氨基酸具有更高的生物效价和营养价值。

此外，对小杂鱼和低值鱼生产鱼糜产品进行利用。国外如美国、日本等，鱼糜制品发展较快，鱼糜制品已是大众化的水产加工品。目前，我国也有一些企业生产鱼香肠、鱼丸、冷冻鱼糜、鱼排、鱼糜蟹腿等产品。

（2）鱼油的利用　利用鱼的甘油，特别是鲨鱼鱼甘油中含有丰富的维生素 A 和维生素 D，制成了鱼肝油产品，投放市场后很受欢迎。后来鲨鱼资源下降，鱼肝油产品的生产逐渐由合成维生素 A 和维生素 D 及植物油代替。随着鱼粉工业的兴起，鱼油产量不断上升，将鱼油氢化后制成了人造奶油和起酥油，供食用和食品工业用；其后研究人员利用鱼油不饱和程度高，有降低人体血脂和胆固醇的作用，试制成鱼油降脂丸，经临床试验，有明显降血脂和胆固醇的疗效。

目前对 ω-3 高度不饱和脂肪酸系列（DHA、EPA）的利用最普遍的方法是将精制鱼油制成胶丸、口服液等作为健康食品、营养补助食品来利用。最初人们认为这种不饱和脂肪酸存在于海水鱼中，但研究表明，淡水鱼油在脂肪酸组成上与海水鱼油基本相似，利用加工中废弃的淡水鱼内脏，来提取颇具营养价值且经济价值高的鱼油，以降低淡水鱼加工成本，促进淡水鱼类加工业的发展。

（3）鱼骨的利用　以鱼头、鱼骨刺为原料加工骨糊，过去将其作为动物饲料，后来有鱼骨制品骨松、骨味素、骨味汁、骨肉等产品。鱼骨糊中含有大量人体所必需的常量、微量元素，尤其富含钙，可弥补人体缺钙的状况。鱼骨糊中含有丰富的人体必需氨基酸，还有牛磺酸，不仅对食品呈味有影响，而且对人体健脑、降血压等诸多方面有着极为重要的作用。鱼骨糊中还富含不饱和脂肪酸EPA、DHA，另外，鱼骨糊中还有各类维生素、骨胶原、软骨素等，这些都是对人体健康有益的物质。

（4）其他利用　德国、美国等国家用鱼皮加工成鱼皮革，然后进一步制成鱼皮鞋、鱼皮手袋等。我国也从国外引进部分设备，加工生产鱼皮革；鱼皮中含有大量胶原蛋白，可制备鱼皮胶，应用于食品、医药和照相工业。

鱼鳞中含有相当丰富的蛋白质、维生素、脂肪和钙、磷等营养元素，具有较高的营养、保健价值和止血功效。鱼鳞中富含卵磷脂，能起到增强记忆力和控制脑细胞衰退的功效，鱼鳞中还含有多种不饱和脂肪酸，可减少胆固醇在血管壁的沉积，有防止动脉硬化、高血压及心脏病的作用。因此可用鱼鳞开发生产鱼银胶、鱼粉。

鱼鳔具有滋补作用和药用价值，可补肾、润肺、滋肝、止血。鱼鳔经酶法制成的鱼鳔胶，使鱼鳔的黏性蛋白变为易于吸收利用的多肽、短肽、氨基酸、黏多糖，鱼鳔胶有抗疲劳作用，可作滋补品。

（四）谷物类

谷物加工业是以谷物和杂粮、薯豆类及其加工副产品为基本原料，应用谷物加工学技术、营养学原理生产出各种米、面主食及主餐食品、方便食品、焙烤食品、营养保健食品和婴儿食品及相关的谷物加工装备，提高饮食的营养效价，改善膳食结构，最终提高居民的健康水平和身体素质。

小麦、玉米、马铃薯和水稻是全球四大主要粮食作物。随着我国粮食生产稳健发展，稻米相对富余，但稻米深加工转化率仍然较低，造成了大量的浪费。目前，我国对稻谷资源的深加工与稻谷加工后所产生的副产品的利用率还相当低，稻谷除了加工大米外，还可加工成多功能米淀粉、大米蛋白、米糠油、米糠健康食品和生物降解材料，以及日化、医药等工业的产品。近年来，世界先进国家利用高新技术对稻谷进行深度加工和综合利用，产生了巨大的经济效益。

小麦是世界上最重要的谷物，近90%的小麦加工成各种面粉，如面包粉、饼干粉、面条粉、饺子粉、蛋糕粉、颗粒粉、营养强化粉、自发馒头粉、煎炸粉和预配粉等。其他深加工产品还有小麦淀粉与谷朊粉、小麦蛋白制品、变性淀粉等，广泛应用到食品、化工、酿造、医药、造纸和纺织等行业，产生了高附加值，提高了经济效益。

玉米为全球性主要的粮食作物之一，因其丰富的产出和可再生的资源优势而受到广泛关注，玉米深加工产业被世界誉为"黄金"产业。我国玉米主要用做饲料，但近年来玉米深加工快速发展，随着玉米深加工技术特别是生物化工技术的快速发展，其产品的种类得到了极大的丰富。目前，我国深加工产品已有1000多个品种，主要有淀粉及其衍生物、淀粉糖系列、变性淀粉系列、医药类系列、发酵类系列及副产品系列等几大类。

薯类食品是指以马铃薯、甘薯类为主要原料，经过加工制作而成的食品。薯类除了可加工为淀粉产品，如粉丝、粉条、粉皮、凉粉、木薯粉虾片之外，还可加工为多种食品。目前我国马铃薯全粉的生产企业约有 10 多家，总产能 6 万 t。我国马铃薯加工率只占世界的 5%，整体生产水平低于世界平均水平。因此，亟待发展薯类原料深加工技术，延长产业链，提高附加值。

谷物类以稻米的精深加工与综合利用为例。"稻米加工"有两层含意：一是大米的精深加工；二是稻谷加工产物的综合利用。粮食资源的高效增值全利用，是稻米加工企业的潜力所在，见图 6-5。

（1）稻米产品多元化　稻米产品多元化，如蒸谷米、胚芽米、营养强化米、发芽糙米、糙米、降血糖大米。蒸谷米又称半煮米，其基本加工工序与加工一般大米相同，只是在砻谷前增加对净谷浸泡、蒸煮、干燥等水热处理工序。经过水热处理的稻谷，米粒强度增大，工艺品质提高，碎米率减少。同时在水热处过程中，稻谷皮层的维生素和矿物质等营养成分向米粒内部浸透，使胚乳内的营养成分增加，提高了稻米的营养价值。

胚芽米是指精白米保留米胚的一种大米产品，也称留胚米，留胚率应在 80% 以上。由于米胚中含有维生素 E、维生素 B_1、维生素 B_2 等多种维生素和优质蛋白质、脂肪等丰富的营养成分，因此胚芽米的营养价值比普通大米高。

营养强化米是指添加了某些人体需要的营养物质的大米，产品加工技术主要有两大类：①内持法，即设法保存米粒外层或胚所含的维生素、矿物质等营养成分。我国传统的蒸谷米和上述的胚芽米，也属此类营养强化米。②外加法，即将各种营养成分配成稳定的水溶液或油溶液，以浸渍或喷涂等方式附着于米粒上。

发芽糙米的芽长为 0.5～1mm 时，大米的营养价值处于最高状态，超过糙米，胜过白米。科学家研究发现，发芽糙米有着神奇的健美功效，把发芽糙米作为主食，以增进健康和防治疾病。

糙米实际上是最简单、最廉价的营养米，具有一定的保健、美容功效，是健康生活的理想食品，而且只需经稻谷清理、砻谷即得产品。但糙米食用必须讲究方法：①不可全部食用，否则不仅口感太差而且因粗纤维含量过高可能造成胃肠疾病（如消化不良、便秘等）。②与粳米搭配食用时，比例不宜超过 30%，根据实验以 10% 左右为佳。③煮饭前应先浸泡 6～16h，然后与粳米一起煮，既改善口感，又保持营养，还有利于消化吸收。

降血糖大米，据报道，日本已开发出具有调节血糖功能的转基因大米。这种含有特殊激素的大米，能促进食用者胰岛素的分泌，但不会造成血糖过分降低。专家称，吃一碗这样的米饭，有望产生与注射胰岛素一样的效果，而且该大米的价格可能与普通大米相当。

（2）稻米的精深加工

① 大米淀粉。研究表明，大米淀粉是一种新的脂肪替代物，原因是糊化淀粉具有温和、光滑，类似奶油的口感以及易涂抹开的特性。由于腊质米淀粉除了有类似脂肪的性质外，还具有极好的冷冻—解冻稳定性，因此可作为脂肪替代物用于冷冻甜点心和冷冻正餐的肉汁，以及无脂肪干酪、无脂肪冰淇淋、无脂肪人造奶油、沙司和凉拌菜调味料等；与其他谷物淀粉相比，大米淀粉颗粒非常小，比较均匀，可作为家庭用粉、衣服的上浆剂、纸和相纸的粉末、糖果的赋形剂和药片的糖衣；大米淀粉能被迅速彻底消化，造成较高的

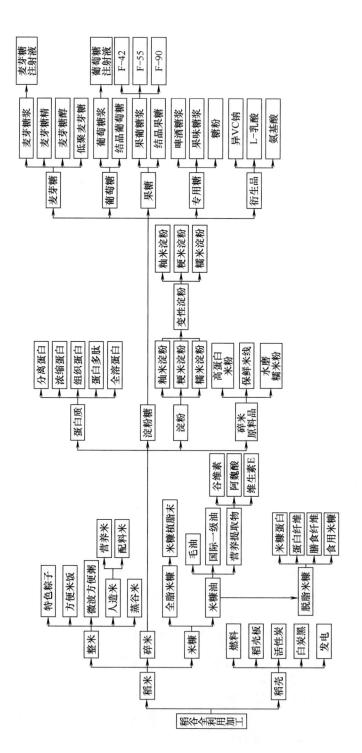

图 6-5 稻谷的综合利用及系列产品

血糖响应和较低的结肠发酵，因此成为理想的婴儿食品和治疗腹泻食品。

利用现代生物技术改性大米淀粉，可以延缓碳水化合物在人体内转化为血糖的速度，达到预防糖尿病患者夜间血糖值下降的效果，成为可以稳定补充人体能源材料的转运者，即所谓可以延缓消化和加快消化的改性淀粉。

② 大米蛋白质。大米蛋白质以营养价值高、免于过敏性检测而著称，其赖氨酸含量高于其他谷类蛋白质。大米蛋白质的效价为 1.4～2.6，因此是极好的食品营养添加剂，非常适于婴儿食品；大米蛋白质是无面筋质的，适合于小麦不耐症、过敏或有腹腔疾病的人群。经深加工精制的蛋白质含量在 80％～90％及以上纯度的大米蛋白质和大米蛋白肽在保健、营养补充、体重管理等方面的功效尤其突出。

③ 新型大米油炸食品。该食品原料为具有适宜的直链淀粉与蛋白质比值的大米。该产品具有柔软的内部结构，易碎的外表面，与普通土豆油炸品相比，少了 25％～50％的脂肪，但具有类似的表观特性和组织性能。作为挤压食品，还可以强化维生素和矿物质。

④ 方便米。方便米又称快餐米，是利用不同的预处理技术把米粒 α 化加工而成，只需略加烹煮或用热水浸泡几分钟便可进食，有些还可直接食用。产品形式上有速煮米、即食饭、风味方便米饭等。其生产工艺主要是采用冷冻、膨化、预蒸煮、烘炒等方法使米粒淀粉 α 化并保持适当程度，使米粒成为米饭状态或均匀的多孔体。国外对速煮米的生产有较成熟的工艺，尤其是日本和美国，每年都有多个专利技术出现。近年我国各地速煮米的开发生产发展较快，广州、北京、上海、济南等地已有多条方便米饭生产线投产。

⑤ 速煮糙米及糙米粉。速煮糙米是一种集营养米、胚芽米、方便米于一身，更具天然保健功能的新型稻米深加工产品。糙米虽有益于健康，但难煮、难食，皮硬且有异味，大多数人都不喜欢食用，改善糙米的适口性尤其必要。美国和日本对速煮糙米已有多年研究，并有多个产品面市，较为成熟的产品是日本的糙米饭罐头。马来西亚等国家则将糙米预处理后磨成粉，经调制后作为营养添加剂或保健食品。我国的糙米食品多限于黑米，如把黑糙米加工成黑米糊等。

（3）大米制品　大米制品主要是指以大米为主要原料开发出来的食品，如米粉丝、米糕点、米粉条（如沙河粉）、米酒等传统产品。近几年来，大米制品的开发正朝着易食、美味、保健等方向发展，如把传统米粉丝（β 化态）的工艺改为 α-化干燥法制成即食米粉；以米或米粉配合其他物料用适当工艺和配方制成米粉，如营养米粉、高蛋白米粉等；采用烘烤或膨化技术生产的米饼（片）等。米制糖浆是又一大米制品，它以精白米、糙米或有机米为原料，用酶水解法制成米制糖浆系列产品。其糖化值（DE 值）在 16～70，从而形成了不同等级和性能的产品。可用于冷冻甜食、糕点、大豆饮料、焙烤类食品、沙司及调味料等食品中。

（4）稻米加工副产品的综合利用

① 米糠榨油。米糠榨油是提高稻米加工企业经济效益的简便、易行且增值率较高（可达 50％）的途径，但前提是米糠产量必须达到一定规模（最好年产米糠万 t 以上）。据了解，米糠毛油销售价可达 3500 元/t 左右，榨油后的糠饼增值 10％～15％，可抵糠本身的价值，故糠油价值即为纯增值部分。米糠出油率按 10％计算，1 万 t 米糠年产油 1000t，产值 350 万元，效益可观。

② 大米胚的开发利用。米糠数量达到规模后，从米糠中分离米胚进一步精深加工成为可能。通常，从米糠中提取米胚得率可达 10％左右。大米胚含蛋白质 10％～22％，脂质 16％～22％，纤维 1％～9％，还含有钙、磷、铁、锌、钾等矿物元素，营养丰富。大米胚可制取胚芽油，用于生产高档化妆品、洗发剂、洗面剂等；还可作为糕饼、面包、粉末汤料、面类食品（米胚面条、米胚饼干等）以及乳制品的营养添加剂。作为副产品的米胚，日本称之为完全营养食品。

③ 米糠制品。国外已研究成功利用米糠制成高强度材料。其系由米糠与酚醛树脂混合，于约 900℃高温烧结而成，具有与淬火铜一样的硬度，耐磨损度却比铜高出近 1000 倍，可用于汽车车轴、机械轴承部件以及电磁波屏蔽材料等。还可用米糠制成环保型饭碗、抗癌保健品、米糠活性物质二十八醇、米糠膳食纤维饼干、米糠脂多糖等。

（5）稻壳的利用　目前稻壳主要用作燃料、饲料、肥料和填充料。近年研究表明，稻壳深加工产品应用前景广阔，包括吸附剂、纳米级二氧化硅（或称低温稻壳灰）、水泥掺合料、绝热耐火砖、糠醛等。

稻壳作燃料，一是直接燃烧，二是气化后燃烧或发电，三是制成稻壳棒替代煤作为燃料。增值效益高的应属气化后带动燃气发电机发电。

稻壳作饲料，主要是用作添加剂载体。近年也有用膨化稻壳喂牛，用微生物处理后作牛饲料。稻壳作肥料与秸秆还田无大的区别。目前国内此方面研究报导并不多，理论上稻壳经粉碎直接还田，或经微生物发酵后作肥料都是完全可行的。微生物发酵的关键是要培养出既能分解稻壳又经济实用的菌种。

三、食品原料生态产业链集成思路

食品原料综合利用的思路主要包括两个方面：通过设计合理的原料分级分离路线，巧妙地设计食品原料加工方案，一方面充分利用现有的食品原料，将其视为生物资源进行深度的开发加工，提高附加值，增加经济效益；另一方面对食品原料加工的废弃物进行综合利用，科学加工，减少环境污染，变废为宝。但是传统的产业发展模式，是一个单独、开放的产业生产系统，产生了大量的废弃物、污染物，给环境造成了很大的危害，使得经济发展与环境保护严重对立起来。

生态产业是基于产业生态学理论兴起的新型产业运作模式，实施循环经济，促进全球经济模式由线性经济向生态型经济转变的有效途径。将工业生态学引入食品工业，提出了"食品工业生态学"的概念，食品工业生态学最核心的理念，就是将食品工业生产活动视为生态系统运动中的一个有机过程——生态环境中的物质元素以资源形式进入工业生产过程，经过各类型的加工转换，再以生产过程中的"废弃物"和消费后的"剩余物"等形式重返生态系统，加入生态物质循环，构成工业生态链。

在这种理念的指领下，食品工业生产包含着三大部分：资源生产——为食品工业生产提供原辅料及能源；加工生产——以低消耗、低污染或无污染为目标，生产人类所需的食品；还原生产——将加工过程中产生的各种副产物再资源化以生产新的产品，这三部分绝非各个分裂，而是根据环境特性和产业项目进行统一规划、统一运作、有机组合而形成一个链式环状体系，即食品工业生态体系。

　　食品工业生态学最突出的特色是以新的眼光来看待食品工业自身的发展。它主张食品工业生产活动模仿自然生态系统的运行状态，通过对传统与现代的工艺技术的集成与整合，来重组和调整自身系统，并将环境因素融入经济过程之中，从而求得自身的可持续发展。换句话说，食品工业的发展必须能促进环境改善、经济增长、社会进步，才是真正的发展。这就决定了食品工业生态学具有 3 个显著特点：非线性、整合性和实践性。非线性是指它不是把食品工业的发展孤立地看作行业一条线的发展，而是将其置于生态链中，与自然环境和人类社会协调发展。整合性不仅体现在它是一门跨学科的边缘科学，而且体现在它把传统的和现代的工艺技术加以组装和优选。

　　食品工业生态学来源于实践，又指导实践。四川沱牌曲酒股份有限公司在 5000 亩酿酒工业生态园上，初步建立了"生产者、消费者、还原者"的工业生态链。在那里绿色原料入窖发酵蒸馏生产出优质酒，酒糟生产饲料和生物活性有机肥（该项技术为国内首创专利成果）；饲料用来养牛、猪、鸭（该公司 5 万头优质肉牛项目已正式启动，可年消耗鲜酒糟 15 万 t）；动物排泄物和其他下脚料作有机肥或沼气发酵，产生沼气用作酿酒能源；畜禽用作食品加工。其副产物及园区内种植的中药材用作生物制药原料；肥料用于生态农业；植物提供无污染酿酒原材料；炭渣制砖；废水 90％回收利用，10％经处理后达标排放，用于园区绿化灌溉。这一系统不仅实现良性循环，达到生态平衡，而且为沱牌酒生产创造了一个极佳的自然发酵环境。这是我国第一个初具特色的酿酒工业生态园区，已在国内外引起人们的关注。又如四川绵竹酒精厂整合多项获奖工艺技术，对资源进行梯次开发，形成了较完善的生态产业链，实现了从原料到成品的等量转化，生产全过程几乎无污染，无废物，有效提高了产品质量，降低了生产成本。

　　食品原料的过程工程是针对物料的化学、物理及生物转化过程，研究过程中物料的运动、传递和化学反应及其相互之间的关系，创建高效清洁的工艺、流程和设备，解决实验室成果向产业化过渡中的关键问题，最终建立生态工业。而食品原料过程工程的研究思路是要从原料源头出发，针对食品原料特点，研究食品加工过程中原料物理性能、化学成分及生物活性物质转化规律，创建适于食品原料清洁高效转化的加工工艺、设备，建立食品原料多联产生态产业链，实现食品原料组分全利用，延长食品原料加工的产业链。食品原料过程工程的实质在于对传统经济进行生态化转型，即将传统产业链进行生态化转型变成生态产业链。生态产业链强调的是产业共生与资源循环利用，通过物质流、能量流和信息流的相互联系，使一个企业的废物作为另一个企业的原料加以利用，达到社会经济和环境效益的最大化。这种生产方式符合循环经济发展的要求，提高了经济活动中物料和能量的利用效率，同时减少了对环境的影响。

　　在生态高值化系统中，各生产过程不是孤立的，而是通过物质流、能量流和信息流互相关联，其目标是实现生物质资源的全利用。每一个生产过程往往由一个或多个反应组成，需要从整体最优的角度对其进行调控，有时需要将一些反应偶合起来，有时又需要将一个反应分成多个步骤。反应的多样性和反应过程的复杂性根本原因还是食品原料自身的复杂性，面对如此众多的反应和过程，要建立食品原料生态高值化系统，就必须进行食品原料高值化反应系统集成，形成各技术之间的最优化模式。一个生产过程的副产物或过程能量可以被另一个过程加以利用，并能互相促进和相互协调，从而实现资源、能量、投资的最优利用。

思考题

1. 简要列举食品加工过程中的主要关键技术。

2. 简述食品加工常用的几种干燥技术及其特点。

3. 什么是夹点技术？夹点的定义是什么？

4. 简述夹点技术的基本设计原则。

5. 超微粉碎有何优缺点？

6. 什么是栅栏技术？简述肉制品保藏中常用的栅栏因子。

7. 目前我国食品加工业存在哪些关键问题？导致这些问题的原因是什么？

8. 列举一个食品资源综合利用的例子，并说明加工的关键技术及关键控制点。

9. 目前食品资源的综合利用的新思路是什么？它们对食品生产有哪些要求？

10. 简述食品加工中的新技术及其具体应用。

参考文献

[1] 纵伟、解万翠. 食品科学概论 [M]. 北京：中国纺织出版社，2015.

[2] 郭妍婷，黄雪，陈曼，冯光炷. 超微粉碎技术在食品加工中的应用 [J]. 仲恺农业工程学院学报，2017，30（3）：60-64.

[3] 李先保. 食品工艺学 [M]. 北京：中国纺织出版社，2015.

[4] 孙慧，林强，李佳佳，秦国彤，魏微. 膜分离技术及其在食品工业中的应用 [J]. 应用化工，2017，46（3）：568，1671-3206.

[5] 陈少洲，陈芳. 膜分离技术与食品加工 [M]. 北京：化学工业出版社，2005.

[6] 吕沛峰，高彦祥，毛立科，袁芳. 微胶囊技术及其在食品中的应用 [J]. 中国食品添加剂，2017（12）：166-174，1006-2513.

[7] 杨式培. 食品热力杀菌理论与实践 [M]. 北京：中国轻工业出版社，2014.

[8] 韩道财，张长峰，段荣帅，杨海莹. 食品快速冷冻新技术研究进展 [J]. 食品研究与开发，2016，37（5）：171-176.

[9] 李云飞. 食品冷链技术与货架期预测研究 [M]. 上海：上海交通大学出版社，2015.

[10] 杨笑梅. 夹点技术在染整行业节能优化的应用研究 [D]. 杭州：浙江大学，2016.

[11] 乔佳璐. 热泵干燥技术在果蔬脱水上的应用研究 [D]. 福州：福建农林大学，2014.

[12] 关志强. 食品冷藏与制冷技术 [M]. 郑州：郑州大学出版社，2011.

[13] 张晓，王永涛，李仁杰，廖小军. 我国食品超高压技术的研究进展 [J]. 中国食品学报，2015（5）：157-165.

[14] 侯鹏飞，傅航. 超微粉碎技术及其在食品加工中的应用 [J]. 黑龙江科技信息，2017，16：63.

[15] 李丹、沈艾斌. 超临界萃取技术在食品工业中的应用 [J]. 宁夏农林科技，2013，1：122-124.

[16] 吴巨贤，石晓艳，黄和，王小明，卓颖斯，韩锐. 固定化酶技术在食品中的主要应用 [J]. 中国食品工业，2010，2：1006-6195.

[17] 高福成，郑建仙. 食品工程高新技术 [M]. 北京：中国轻工业出版社，2009.

[18] 王华，韩金玉，常贺英. 新型分离技术——工业高效制备色谱 [J]. 现代化工，2004，10：63.

[19] 叶振华，宋清，朱建华. 工业色谱基础理论和应用 [M]. 北京：中国石化出版社，1998：23-46.

[20] 李源，于乐祥，张辉. 微化工技术的研究与应用 [J]. 中国石油和化工标准与质量，2018，10：171-172.

[21] 邱岑. 栅栏技术对即食鲜海参保鲜的研究 [J]. 沈阳：沈阳农业大学，2016.

[22] 孙宝国，王静等. 我国农产品加工战略研

究［J］. 中国工程科学，2016，18（1）：48-55.

［23］于新等. 果蔬加工技术. 北京：中国纺织出版社，2011.

［24］曹凯光. 南瓜综合利用及系列产品加工［J］. 江西食品工业，2003（3）：16-17.

［25］郝涤非等. 水产品加工技术. 北京：中国农业科学技术出版社，2008.

［26］王长云等. 水产品加工技术发展现状及展望. 海洋湖沼通报，1996（3）：59.

［27］叶云花等. 淡水鱼的深加工与综合利用研究. 江西食品工业，2005（4）：29-31.

［28］于新，胡林子等. 谷物加工技术. 北京：中国纺织出版社，2011.

［29］孙金堂，孙光华. 稻米的精深加工和综合利用［J］. 食品与饲料工业，2005（1）：1-4.

［30］陈洪章，邱卫华等. 食品原料过程工程与生态产业链集成. 北京：高等教育出版社，2012.

第七章

信息化与食品智能制造

学习指导

　　熟悉和掌握信息、信息论、信息化、控制论、两化融合等的基本概念，信息在控制过程中的作用、"三论"的相互关系、"两化融合"如何改变工业生产方式。了解并理解工业4.0、中国制造2025、智能制造、大数据等的概念、特点、内容及其应用。

第一节　信息化

一、信息

（一）信息的定义

　　信息，指音讯、消息、通讯系统传输和处理的对象，泛指人类社会传播的一切内容。人通过获得、识别自然界和社会的不同信息来区别不同事物，得以认识和改造世界。

（二）信息的特点

　　信息是不确定的，但有办法将它们进行量化。人们根据信息的概念，可以归纳出信息有以下的几个特点：

　　（1）消息 x 发生的概率 $P(x)$ 越大，信息量越小；反之，发生的概率越小，信息量就越大。可见，信息量（我们用 I 来表示）和消息发生的概率是相反的关系。

　　（2）当概率为1时，百分百发生的事，地球人都知道，所以信息量为0。

　　（3）当一个消息是由多个独立的小消息组成时，那么这个消息所含信息量应等于各小消息所含信息量的和。

　　根据这几个特点，如果用数学上对数函数来表示，就正好可以表示信息量和消息发生的概率之间的关系式：$I=-\log_a[P(x)]$。这样，信息不就可以被量化了吗？既然信息可以被量化，那么总得给它一个单位吧？通常是以比特（bit）为单位来计量信息量的，这样比较方便，因为一个二进制波形的信息量恰好等于1bit。

（三）信息的性质

　　信息有以下性质：客观性、广泛性、完整性、专一性。首先，信息是客观存在的，它不是由意志所决定的，但它与人类思想有着必然联系（详见本章第四节）。同时，信息又是广泛存在的。信息的一个重要性质是完整性，每个信息子不能决定任何事件，须有两个或两个以上的信息子规则排布为完整的信息，其释放的能量才足以使确定事件发生。信息还有专一性，每个信息决定一个确定事件，但相似事件的信息也有相似之处，其原因的解释需要信息子种类与排布密码理论的进一步发现。

信息是事物运动的状态与方式，是物质的一种属性。这里，"事物"泛指一切可能的研究对象，包括外部世界的物质客体，也包括主观世界的精神现象；"运动"泛指一切意义上的变化，包括机械运动、化学运动、思维运动和社会运动；"运动方式"是指事物运动在时间上所呈现的过程和规律；"运动状态"则是事物运动在空间上所展示的形状与态势。信息不同于消息，消息只是信息的外壳，信息则是消息的内核；信息不同于信号，信号是信息的载体，信息则是信号所载荷的内容；信息不同于数据，数据是记录信息的一种形式，同样的信息也可以用文字或图像来表述。信息还不同于情报和知识。总之，"信息即事物运动的状态与方式"这个定义具有最大的普遍性，不仅能涵盖所有其他的信息定义，还可以通过引入约束条件转换为所有其他的信息定义。

二、信息论

信息论是运用概率论与数理统计的方法研究信息、信息熵、通信系统、数据传输、密码学、数据压缩等问题的应用数学学科。它主要是研究通讯和控制系统中普遍存在着信息传递的共同规律以及研究最佳解决信息的获限、度量、变换、储存和传递等问题的基础理论。信息系统就是广义的通信系统，泛指某种信息从一处传送到另一处所需的全部设备所构成的系统。

（一）研究范围

信息论的研究范围极为广阔。一般把信息论分成三种不同类型：

（1）狭义信息论是一门应用数理统计方法来研究信息处理和信息传递的科学。它研究存在于通讯和控制系统中普遍存在着的信息传递的共同规律，以及如何提高各信息传输系统的有效性和可靠性的一门通讯理论。

（2）一般信息论主要是研究通讯问题，但还包括噪声理论、信号滤波与预测、调制与信息处理等问题。

（3）广义信息论不仅包括狭义信息论和一般信息论的问题，而且还包括所有与信息有关的领域，如心理学、语言学、神经心理学、语义学等。

（二）基本内容

传统的通信系统如电报、电话、邮递分别是传送电文信息、语声信息和文字信息的；而广播、遥测、遥感和遥控等系统也是传送各种信息的，只是信息类型不同，所以也属于信息系统。

（1）信源　信息的源泉或产生待传送的信息的实体，如电话系统中的讲话者，对于电信系统还应包括话筒，它输出的电信号作为含有信息的载体。

（2）信宿　信息的归宿或接受者，在电话系统中就是听者和耳机，后者把接收到的电信号转换成声音，供听者提取所需的信息。

（3）信道　传送信息的通道，如电话通信中包括中继器在内的同轴电缆系统，卫星通信中地球站的收发信机、天线和卫星上的转发器等。

（4）编码器　在信息论中是泛指所有变换信号的设备，实际上就是终端机的发送部分。它包括从信源到信道的所有设备，如量化器、压缩编码器、调制器等，使信源输出的信号转换成适于信道传送的信号。

（5）译码器　是编码器的逆变换设备，把信道上送来的信号转换成信宿能接受的信号，可包括解调器、译码器、数模转换器等。

当信源和信宿已给定、信道也已选定后，决定信息系统性能就在于编码器和译码器。设计一个信息系统时，除了选择信道和设计其附属设施外，主要工作也就是设计编译码器。一般情况下，信息系统的主要性能指标是它的有效性和可靠性。有效性就是在系统中传送尽可能多的信息；而可靠性是要求信宿收到的信息尽可能地与信源发出的信息一致，或者说失真尽可能小。最佳编译码器就是要使系统最有效和最可靠。但是，可靠性和有效性往往是相互矛盾的。越有效常导致不可靠，反之也是如此。

信息论是建立在概率论基础上而形成的，也就是从信源符号和信道噪声的概率特性出发的。这类信息通常称为语法信息。其实，信息系统的基本规律也应包括语义信息和语用信息。在目前情况下，关于语法信息，已在概率论的基础上建立了系统化的理论，形成一个学科；而语义和语用信息尚不够成熟。因此，关于后者的论述通常称为信息科学或广义信息论，不属于一般信息论的范畴。概括起来，信息系统的基本规律应包括信息的度量、信源特性和信源编码、信道特性和信道编码、检测理论、估计理论以及密码学。

三、信息化

（一）信息化的概念

信息化是指培养、发展以计算机为主的智能化工具为代表的新生产力，并使之造福于社会的历史过程。（智能化工具又称信息化的生产工具，它一般必须具备信息获取、信息传递、信息处理、信息再生、信息利用的功能。）与智能化工具相适应的生产力，称为信息化生产力。智能化生产工具与过去生产力中的生产工具不一样的是，它不是一件孤立分散的东西，而是一个具有庞大规模的、自上而下的、有组织的信息网络体系。这种网络性生产工具将改变人们的生产方式、工作方式、学习方式、交往方式、生活方式、思维方式等，将使人类社会发生极其深刻的变化。

信息化是以现代通信、网络、数据库技术为基础，对所研究对象各要素汇总至数据库，供特定人群生活、工作、学习、辅助决策等和人类息息相关的各种行为相结合的一种技术，使用该技术后，可以极大地提高各种行为的效率，为推动人类社会进步提供极大的技术支持。

（二）信息化的内容

信息化构成主要要素：信息资源、信息网络、信息技术、信息设备、信息产业、信息管理、信息政策、信息标准、信息应用、信息人才等。从内容层次看，信息化内容包括：核心层、支撑层、应用层与边缘层等几个方面。从产生的角度看，信息化层次包括：信息产业化与产业信息化、产品信息化与企业信息化、国民经济信息化、社会信息化。

（1）信息设备装备化　即各级组织、机构、团体、单位主动地将越来越多的计算机设备、通信设备、网络设备等应用于作业系统，辅助作业顺利完成。

（2）信息技术利用化　如利用信息获取技术（传感技术、遥测技术）、信息传输技术（光纤技术、红外技术、激光技术）、信息处理技术（计算机技术、控制技术、自动化技术）等，以改进作业流程，提高作业质量。

（3）信息内容数字化　一方面将设计信息、生产信息、经营信息、管理信息等各类作业系统信息生成和整理出来；另一方面使上述各类信息规范化、标准化或知识化，最后进行数字化，以利于查询和管理。

（4）信息服务完善化　建立起信息服务体系，比如联机服务、咨询服务、系统集成等。通过信息服务将信息设备、信息技术、信息内容形成一个整体，并使其发挥出"整体大于部分之和"的功效。

（5）信息人才递增化　加强对各类信息人才的培养与重视，使信息人才的比重日益增加。信息人才的形成有两方面：一方面是通过原有的信息工作人员能力的自我提升，使其快速掌握现代信息知识，比如计算机操作、联机检索、上网查询等；另一方面是投入资金直接培训新手。同时给全体人员普及信息知识，使人们能逐渐适应信息社会的要求。

（6）信息投资倾斜化　在每年的财政预算或投资计划中，对信息化的投资给予倾斜，重点支持信息人才的培养、信息设备的装备、信息技术的利用、信息内容的开发和信息服务体系的完善，有目的、有计划地快速推进信息化建设。

（7）信息政策封闭化　尽快制定各项规章、制度、条例，并日益使这些政策相互完善，不留漏洞，为各项信息工作提供指导和规范。这样，既可引导信息化建设的步伐，又可确保信息安全，杜绝虚假、有害信息的传播。信息设备装备化、信息技术利用化、信息内容数字化、信息服务完善化等四化，一方面由信息投资倾斜化、信息人才递增化所推动、所实现；另一方面通过自身的发展不断产业化，即信息产业化。而信息政策封闭化则为上述六化的实现与完成提供良好的约束机制和外部环境。

（三）信息化的层次

（1）产品信息化　产品信息化是信息化的基础，含两层意思：一是产品所含各类信息比重日益增大、物质比重日益降低，产品日益由物质产品的特征向信息产品的特征迈进；二是越来越多的产品中嵌入了智能化元器件，使产品具有越来越强的信息处理功能。

（2）企业信息化　企业信息化是国民经济信息化的基础，指企业在产品的设计、开发、生产、管理、经营等多个环节中广泛利用信息技术，并大力培养信息人才，完善信息服务，加速建设企业信息系统。

（3）产业信息化　指农业、工业、服务业等传统产业广泛利用信息技术，大力开发和利用信息资源，建立各种类型的数据库和网络，实现产业内各种资源、要素的优化与重组，从而实现产业的升级。

（4）国民经济信息化　指在经济大系统内实现统一的信息大流动，使金融、贸易、投资、计划、通关、营销等组成一个信息大系统，使生产、流通、分配、消费等经济的四个环节通过信息进一步联成一个整体。国民经济信息化是各国急需实现的近期目标。

（5）社会生活信息化　指包括经济、科技、教育、军事、政务、日常生活等在内的整个社会体系采用先进的信息技术，建立各种信息网络，大力开发有关人们日常生活的信息内容，丰富人们的精神生活，拓展人们的活动时空。等社会生活极大程度信息化以后，我们也就进入了信息社会。

（四）信息化的重要作用

信息化对经济发展的作用是信息经济学研究的一个重要课题。很多学者都对此进行了尝试。比较有代表性的有两种论述：一种是将信息化的作用概括为支柱作用与改造作用两个方面；另一种是将信息化的作用概括为先导作用、软化作用、替代作用、增值作用与优化作用等五个方面。信息化对促进中国经济发展具有不可替代的作用，这种作用主要是通过信息产业的经济作用予以体现。主要有以下几个方面：

1. 信息产业的支柱作用

信息产业是国民经济的支柱产业。其支柱作用体现在两个方面：

（1）信息产业是国民经济新的增长点。近年来信息产业以 3 倍于国民经济的速度发展，增加值在国内生产总值（GDP）中的比重不断攀升，对国民经济的直接贡献率不断提高，间接贡献率稳步提高。

（2）信息产业将发展成为最大的产业。其在国家外贸出口中的支柱地位将得到进一步巩固和提高。信息产业在国民经济各产业中位居前列，将发展成为最大的产业。

2. 信息产业的基础作用

（1）信息产业是关系国家经济命脉和国家安全的基础性和战略性产业。这一作用体现在两个方面：通信网络是国民经济的基础设施，网络与信息安全是国家安全的重要内容；强大的电子信息产品制造业和软件业是确保网络与信息安全的根本保障。

（2）信息技术和装备是国防现代化建设的重要保障；信息产业已经成为各国争夺科技、经济、军事主导权和制高点的战略性产业。

3. 信息产业的先导作用

信息产业是国家经济的先导产业。这一作用体现在以下四方面：

（1）信息产业的发展已经成为世界各国经济发展的主要动力和社会再生产的基础。

（2）信息产业作为高新技术产业群的主要组成部分，是带动其他高新技术产业腾飞的龙头产业。

（3）信息产业的不断拓展，信息技术向国民经济各领域的不断渗透，将创造出新的产业门类。

（4）信息技术的广泛应用，将缩短技术创新的周期，极大提高国家的知识创新能力。

4. 信息产业的核心作用

信息产业是推进国家信息化、促进国民经济增长方式转变的核心产业。这一作用体现在 3 个方面：

（1）通信网络和信息技术装备是国家信息化的物资基础和主要动力。

（2）信息技术的普及和信息产品的广泛应用，将推动社会生产、生活方式的转型。

（3）信息产业的发展大量降低物资消耗和交易成本，对实现我国经济增长方式向节约资源、保护环境、促进可持续发展的内涵的集约型方式转变具有重要推动作用。

第二节　控制论

一、控制的概念

控制是指根据计划的要求，设立衡量绩效的标准，然后把实际工作结果与预定标准相比较，以确定组织活动中出现的偏差及其严重程度；在此基础上，有针对性地采取必要的纠正措施，以确保组织资源的有效利用和组织目标的圆满实现。

能够使机器自动工作，实现自动控制的就是信息，就是人类对信息的认识和掌握。信息正是"控制论"的基本概念。"控制论"所要研究的课题，就是信息在人的活动和机器活动中的作用，以及如何掌握信息，控制和运用信息。在今天的社会里，有了信息，并能控制信息，可以说有了一切。随着信息控制技术的发展，人类正在进入一个"信息时代"和"控制时代"。在未来的具体劳动的形式上，将主要以信息的活动为主。今天的社会正在发生信息革命，它的主要成果就是自动化。

二、控制论研究什么

"控制论"是一门新兴的学科，正在发展着和完善着，人们给它下的定义或给它规定的研究内容众说不一。

有人认为，"控制论"是关于机器的理论。这个观点有正确的一面，但不确切。"控制论"和各种有关机器的理论有密切的关系，它的研究范围也有关于机器的问题，但不能简单地说它就是关于机器的理论。"控制论"是研究机器的功能和行为，也就是研究机器的控制问题。"控制论"的产生和发展同电子技术有着密切的联系，而且现代控制论的发展，主要还是以电子计算机为技术手段。

"控制论"就是要揭示包括机器、生物、社会在内的各种不同的控制系统的共同规律。

"控制论"作为一门科学，它研究的对象从横向看，范围非常广泛，它伸展到客观现实的各个领域，它研究各种系统的共同控制规律，既不限于自然科学，也不限于社会科学，它是横跨各个学科，超出了各个学科的局限性，为各个学科找到了统一的东西，真正是"一桥飞架南北，天堑变通途"。所以有人把"控制论"称为"横断科学"。

"控制论"作为现代科学方法，虽然它原属于自然科学方法，由于研究对象有"横断"的特点，就使这种方法可以适用于科学研究的各个领域，并且与各个学科的具体方法有机地结合起来，具有了普遍的意义。越来越多的人注目于"控制论"，试图用这种近代科学方法，指导自己的实践活动。

三、信息在控制过程中的作用

信息，是控制论的一个基本概念。如果把控制过程中的"同构性"比喻为控制的"骨骼"，那么控制过程中的信息就如同"血液"在控制反馈的网络中流动。

为了能够具体地了解信息在控制过程中的作用，先了解一下机器和人这两种不同的控制活动。

人们怀着各种各样的目的制造了千差万别的机器，比如说发电机、柴油机、汽油机、电动机等动力装置，又如车床、刨床等加工机器。然而，尽管各种机器工作目的和具体的工作过程并不相同，但它们却有一个共同之处，这就是为了使机器运转必须有各种各样的控制和操纵。为了使电动机运转，需要合上电源开关；为了使起重机把货物提升到指定的位置，必须按一定的顺序，借助操纵装置工作。为了使雷达能够始终对准探测的目标，就必须使它的天线跟随目标运动而不断改变自己的方位。所有各类机器，不论采取的是人对机器的操纵和控制方式，还是依靠某种特定装置去控制，如电子计算机操纵的自动生产线，无例外地都有一个操纵和控制的过程。

同样有趣的是，人以及其他的生物体也存在着同样类似的操纵和控制过程。一位女体操运动员在平衡木上起伏腾翻，她的身体必须在这一连串的运动中保持平衡。这种平衡就是由中枢神经发出的指令，而由相应的执行器官，比如手、脚来执行获得。又比如，海豚和蝙蝠以超声波确定自己的位置，家犬以气味辨别生人和熟人。当然，生物体的这种自我控制的能力，随着自然选择的进化，已达到了非常高超的地步，这不是人造的机器所能比拟的。但是从都具有操纵和控制的活动这一点看，生物体与机器的行为是极为相似的。

那么，究竟是什么东西，使尽管在质的方面有着天壤之别的机器和人在行为活动中，有如此相似的过程呢？这正是控制原理所要研究的中心问题。

依据"同构理论"可以知道，机器和人虽然在质上都隶属于不同的运动形式，但在受控的行为上却具有结构的相似性。简单地说，起码是由控制部分和受控部分组成的。要使控制的行为实现，这两个部分就必须发生某种联系。就是说，只要控制部分以某种方式给予受控部分以影响，那么受控部分就会按着影响而变化自己的行为。然而，这种联系和影响是什么呢？机械控制是依靠能量作用改变机械力的支点，而电控依靠电讯号；而人的神经控制依靠生物电脉冲。它们彼此是很不相同的。但如果我们撇开这些控制联系的具体形式，抓住它们的共同点，就会发现，无论是机械力的支点改变，还是电讯号、生物电脉冲，在对受控部分联系上，它们都是具有一定控制内容的消息，这也就是我们今天常说的信息。正是在控制部分和受控部分之间发生了这种信息的联系、信息的运动，控制的过程才得到实现。

控制的过程也可以说成是信息运动过程。拿机器的控制和操纵来说，控制机器去工作，实际上就是以某种方式向机器发出信息，机器接收信息的地方称作输入端，机器接收到控制信息，就产生一系列动作，去完成指定工作。产生这些动作的地方叫执行机构或工作机构。机器完成了指定的工作，产生出工作效果（也称为输出信息）的地方称作输出端。比如，汽车的方向盘就是一个输入端，和方向盘相联结的转动机构就是执行机构，车轮就是输出端。通过确定方向的信息运动，使车辆行走安全自如。再以人取东西为例。人用手来取东西，这时手臂的神经是输入端，手臂和手上肌肉是执行机构，而手指是输出端。由人脑发出的一系列取东西的信息，经过这一连串的信息传递，达到了目的。这些事实说明，无论是机器还是生物，在构成控制系统的前提下，其对信息的接收、传递、处理、加工方面有着共同的运动机制。控制论所研究的课题之一，就是控制系统中信息运动的规律性。

控制的过程就是借助不同形式、不同载体的信息运动去指挥各种物质运动和能量转换。就是说，巨大的质量运动，形象地说，就好像一列火车，单靠我们个人自身的力量去推动它是不可想象的。但是我们依靠智慧和才能，通过驾驭信息的传输方式，却可以几个人或者一个人使它风驰电掣：这样看来，如果控制的机器也具有类似于我们大脑一样的加工、处理、发出信息的功能，机器就会像我们每个人一样"自觉"地去工作。其实，这在现在一些生产和科研领域中已成为现实。如果我们再进一步设想，倘若有足够水平的信息加工、整理、贮存、发出的机器，那么，人的脑力劳动将获得部分的解放。生产过程就可能由今天"我想、我说，机器去做"的方式，发展到由机器自动完成的方式。这也并不是在幻想，而是正在被实现的事实。

四、"三论"的相互关系

（一）"三论"的区别

通过系统论、信息论、控制论这"三论"的一些基本知识，可以使人们感受到，"三论"中你中有我，我中有你，那"三论"到底是一门学问还是三门学问，三者是个什么关系？"三论"是有区别的、它们分别是三种不同的科学理论。它们的区别在于：

（1）"三论"各自来源不同　系统论主要来自对生物学中机械观点的批判和组织管理技术；信息论是从通信科学技术中产生发展起来的；控制论是从自动化技术中产生的。

（2）"三论"研究的侧重点不同　系统论着重于把事物作为有机整体来考察其结构和功能，其任务是找出各个系统的共同方面、一致性和同型性，确立适用于各个系统的一般原则，其目标是为了使系统实现或达到最优的功能状态。信息论主要眼于对信息的认识，着重研究信息的量度方法、信息的传输和变换的理论。控制论着眼于对信息的处理、控制和利用，揭示系统行为的调节和操纵的一般原理。

（3）"三论"的技术应用领域不同　系统论主要应用于系统工程。信息论主要应用于通信工程。控制论主要应于控制工程。正因为它们有这些区别，所以可以认为"三论"是三种不同的科学技术理论。

（二）"三论"的共同点和密切联系

"三论"既有它们的不同点，也有它们的共同点和密切联系。

（1）"三论"产生于同一个历史时期，是适应社会和科学技术发展趋势的同一要求产生的。它们都是20世纪20、30年代开始研究，在40年代末形成的。在这个历史时期，人类开始进入电力时代，电力机械、电子设备已广泛使用，大企业、大工程已相继出现，社会产生着和需要着越来越多的信息，而原有的信息处理方法已不适应社会的需要。这些情况就提出了如何进行系统管理和控制，如何改进信息处理的方法问题。"三论"都是适应同一的历史时代的迫切需要，在这个同一的历史背景下产生的。

（2）"三论"虽各有自己的技术应用领域，但它们都是综合性很强的科学理论，它们的基本原则都具有广泛的适用性，都具有精确定量研究的特征，都起到资料普遍性的方法论作用。把"三论"的理论和观点应用于认识世界和改造世界，就为我们提供了新思路、新方法，这就是系统方法、信息方法和控制方法。

（3）"三论"又是互相包括、互相渗透的，三者谁也离不开谁，是难解难分地交织在一起的，都是从信息的统一观点出发，用信息的方法对系统进行统一的处理和控制的。控制论建筑在信息论基础之上。信息是基础，控制是目的。然而讲信息和控制又离不开系统。系统论要使系统实现或达到最佳功能状态，又不离开对系统的控制与调节的研究。而系统的控制和调节又离不开信息的传递、存贮、转换、处理、加工和利用。

究竟怎样看待"三论"，目前学术界仍然在进行着热烈的讨论，认识尚不统一。但有一点是大家公认的，即"三论"是现代自然科学最新成果，它的产生对科学思想造成根本性的改变，它们具有广泛的应用和一般科学方法论的性质。正因为如此，学习和掌握"三论"的基本知识是很有意义的。

第三节　两化融合

两化融合是信息化和工业化的高层次的深度结合，两化融合是指以信息化带动工业化、以工业化促进信息化，走新型工业化道路；两化融合的核心就是信息化支撑，追求可持续发展模式，它是信息化与智能化的必要基础。

一、基本概念

（一）定义

两化融合是指电子信息技术广泛应用到工业生产的各个环节，信息化成为工业企业经营管理的常规手段。信息化进程和工业化进程不再相互独立进行，不再是单方的带动和促进关系，而是两者在技术、产品、管理等各个层面相互交融，彼此不可分割，并催生工业电子、工业软件、工业信息服务业等新产业。两化融合是工业化和信息化发展到一定阶段的必然产物。"企业信息化，信息条码化"，是国家"物联网十二五规划"中的描述。

（二）四个方面

信息化与工业化主要在技术、产品、业务、产业四个方面进行融合。也就是说，两化融合包括技术融合、产品融合、业务融合、产业衍生四个方面。

（1）技术融合　指工业技术与信息技术的融合，产生新的技术，推动技术创新。例如，汽车制造技术和电子技术融合产生的汽车电子技术，工业和计算机控制技术融合产生的工业控制技术。

（2）产品融合　指电子信息技术或产品渗透到产品中，增加产品的技术含量。例如，普通机床加上数控系统之后就变成了数控机床，传统家电采用了智能化技术之后就变成了智能家电，普通飞机模型增加控制芯片之后就成了遥控飞机。信息技术含量的提高使产品的附加值大大提高。

（3）业务融合　指信息技术应用到企业研发设计、生产制造、经营管理、市场营销等各个环节，推动企业业务创新和管理升级。例如，计算机管理方式改变了传统手工台账，极大地提高了管理效率；信息技术应用提高了生产自动化、智能化程度，生产效率大大提高；网络营销成为一种新的市场营销方式，受众大量增加，营销成本大大降低。

（4）产业衍生　指两化融合可以催生出的新产业，形成一些新兴业态，如工业电子、工业软件、工业信息服务业。工业电子包括机械电子、汽车电子、船舶电子、航空电子等；工业软件包括工业设计软件、工业控制软件等；工业信息服务业包括工业企业 B2B 电子商务、工业原材料或产成品大宗交易、工业企业信息化咨询等。

（三）总体目标

两化融合总体目标就是建立现代产业体系，不是为信息化而信息化；推进两化融合要从三个层次，即行业层、区域层、企业层三个方面考虑：

（1）行业层　非常重要，涉及行业产业群、供应链、标准规范和服务。

（2）区域层　涉及基础设施，不仅仅是网络和信息化的基础设施，也包括工业化的基础设施。

（3）企业层　支撑市场的一体化服务平台化也有很多工作要做。

在企业这个层次，有三个目标：第一个目标是企业提升自己的创新能力，不仅是开发新产品，而是通过两化融合在技术上、商业模式上、资源利用上、扩展企业影响力上建立起创新的体系，这种能力是要建立在信息化的基础上的。第二是提升效率，降低成本。第三是可持续、低碳化、绿色化。

根据上述理念，融合最关键的问题要有好的方法论，用方法论来指导融合的过程，可以保证持续不断，就是说一定要建立一个体系架构，这不是一朝一夕的，而是循环不断的，成为企业发展的常态。

这里要强调的是：大力推进"两化融合"的工作，要围绕调结构、转方式、精细化、规模化地来推进各行业"两化融合"。软件行业不能只是软件的销售，绝对不是软件卖出去后，用户的需求就满足了，必须从单一的软件销售转变为服务的后续延伸。装备制造业是实现工业化的基础条件，装备制造业要做"两化融合"的主力军。

二、物联网加快制造业两化融合

M2M 物联网技术是两化融合的补充和提升，物联网与两化融合也是物联网 4 大技术的组成部分和应用领域之一。

两化融合最基础的传统技术是基于短距离有线通讯的现场总线的各种控制系统，如 PLC、DCS、HMI、SCADA 等。

物联网理念把 IT 技术融合到控制系统中，实现"高效、安全、节能、环保"的"管、控、营"一体化。

物联网在制造业的"两化融合"可以从以下四个角度来进行理解：

1. 生产自动化

将物联网技术融入制造业生产，如工业控制技术、柔性制造、数字化工艺生产线等；

2. 产品智能化

在制造业产品中采用物联网技术提高产品技术含量，如智能家电、工业机器人、数控机床等；

3. 管理精细化

在企业经营管理活动中采用物联网技术，如制造执行系统 MES、产品追溯、安全生产的应用；

4. 产业先进化

制造业产业和物联网技术融合优化产业结构，促进产业升级。

（1）生产自动化　将物联网技术融入制造过程的各个环节，借助模拟专家的智能活动，取代或延伸制造环境中人的部分手工和脑力劳动，以达到最佳生产状态。通过应用整合信息系统、人机界面设备 PLC 触摸屏、数控机床、机器人、PDA、条码采集器、传感器、I/O、DCS、RFID、LED 生产看板等多类软硬件的综合智能化系统，实现布置在生产现场的专用设备对从原材料上线到成品入库的生产过程进行实时数据采集、控制和监控。同时，智能制造系统实时接受来自 ERP 系统的工单、BOM、制程、供货方、库存、制造指令等信息，同时把生产方法、人员指令、制造指令等下达给人员、设备等控制层，再实时把生产结果、人员反馈、设备操作状态与结果、库存状况、质量状况等动态地反馈给决策层。

（2）产品智能化　利用传感技术、工业控制技术及其他先进技术嵌入传统产品和服务，增强产品的智能性、网络性和沟通性，从而形成先进制造产品。所谓智能性，指产品自己会"思考"，会做出正确判断并执行任务。比如智能冰箱能根据商品的条形码来识别食品，提醒你每天所需饮用的食品，商品是否快过保质期等；所谓网络性，指产品之间可以通过网络进行联系。比如智能电表可以同智能家电形成网络，自动分析各种家电的用电量和用电规律，从而对用电进行智能分配；所谓沟通性，指产品和人的主动的交流，形成互动。比如电子宠物可感知主人的情绪，根据判断用不同的沟通方式取悦主人。

（3）管理精细化　以 RFID 等物联网技术应用为重点，提高企业包括产品设计、生产制造、采购、市场开拓、销售和服务支持等环节的智能化水平，从而极大提高管理水平。将 RFID 技术应用于每件产品上，即可实现整个生产、销售过程实现可追溯管理。在工厂车间的每一道工序都设有一个 RFID 读写器，并配备相应的中间件系统，联入互联网。这样，在半成品的装配、加工、转运以及成品装配和再加工、转运和包装过程中，当产品流转到某个生产环节的 RFID 读写器时，RFID 读写器在有效的读取范围内就会检测到编码的存在。EPC 代码将成为产品的唯一标识，以此编码为索引就能实时地在 RFID 系统网络中查询和更新产品的数据信息。基于这样的平台，生产操作员或公司管理人员在办公室就可以对整个生产现场和流通环节进行很好的掌握，实现动态、高效管理。

（4）产业先进化　物联网等信息技术是一种高附加值、高增长、高效率、低能耗、低污染的社会经济发展手段，通过与传统制造业相互融合，可以加快产业不断优化升级。首先，物联网可以促进制造业企业节能降耗，促进节能减排，发展循环经济；其次，推动制造业产业衍生，培育新兴产业，促进先进制造业发展；最后，推进制造业产品研发设计、生产过程、企业管理、市场营销、人力资源开发、企业技术改造等环节两化融合，提高智能化和大规模定制化生产能力，促进生产型制造向服务型制造转变，实现精细管理、精益生产、敏捷制造，实现制造业产业优化升级。

中国制造业经过这些年的信息化发展，已经由初期的 MIS 到 ERP、CRM、SCM，从 CAD/CAM 到 CAPP、PLM，初步达到一定的规模。制造业从以往的产品竞争，到现今的服务竞争，而物联网的引入又将引发技术的竞争，进而引发产业的升级优化。物联网在制造业无论是生产过程性能控制、故障诊断还是节能减排、提高生产效率、降低运营成本都将带来的新的发展。物联网技术的研发和应用，是对制造业"两化融合"的又一次升级换代，能提升企业竞争力，使企业更多地参与到国际竞争中。物联网技术的应用，必将引发制造业行业一场新的技术革命。

三、智能制造：两化融合主战场

"没有信息化就没有现代化""两化融合是'四化'同步发展的引擎"，这是对两化融合重要性的定论。但是近几年社会生产力的发展速度前所未有，信息技术的更新迭代更是日新月异。因此跟多年前相比，两化融合的环境和内涵都发生了很大的变化：发展环境日益复杂，发展条件和动力发生深刻变革。

在全球产业格局面临重大调整的背景下，两化融合发展迎来新空间。以美国工业互联网、德国工业 4.0 为代表，发达国家纷纷实施以重振制造业为核心的"再工业化"战略，对高端制造业进行再调整再布局，从而打造国家制造业竞争新优势。

智能制造作为两化深度融合的集中体现，已成为我国两化融合工作的最主要抓手和突破口。它可以有效带动创新驱动、绿色低碳和服务化发展，并促进产品和技术结构、产业组织结构、产业空间布局和制造业内部结构等四个方面的优化升级，能够逐步实现制造业转型升级，推动工业持续平稳发展，是中国经济在发展中升级、在升级中发展并有竞争力的重要保障。

到 2020 年，信息化和工业化融合发展水平将会进一步提高，提升制造业创新发展能力的"双创"体系更加健全，支撑融合发展的基础设施和产业生态日趋完善，制造业数字化、网络化、智能化取得明显进展，新产品、新技术、新模式、新业态不断催生新的增长点。

利用"互联网＋"，积极发展众创、众包、众扶、众筹等新模式，促进生产与需求对接、传统产业与新兴产业融合，有效汇聚资源推进分享经济成长，从而形成叠加效应和聚合效应，加快新旧发展动能和生产体系转换，助推"中国制造 2025"。

推动制造业与互联网融合的一项核心工作是制造企业互联网"双创"平台的建设。在互联网时代，创新已不再是一个企业的行为，将消费和研发真正结合起来，针对大企业和小企业的不同特点构建"双创"平台，是促进制造业和互联网深化融合的必要条件。

新形势，新需求，新挑战，两化融合工作依然任重道远。其中，协同推动智能制造和"互联网＋制造"，后端和前端同时发力，可以更快更有效更健康地重塑制造业竞争新优势，加快制造强国建设，促进经济社会全面转型发展。

第四节　工业 4.0 和智能制造

一、工业 4.0 离我们有多远

数字科技与工业生产和物流相结合，称为工业"4.0"。这里包含有三样东西：第一个是智能工厂；第二个是智能生产；第三个是智能物流。具体来讲，智能工厂建立在自动化的基础之上。要想实现工业 4.0，先说自动化，要先达到工业 3.0 的程度再说。

未来所有的生产加工都与每个人的个性化需求或者说规模化定制相结合。打个比方，以前工厂生产什么产品，不见得知道卖给谁，而未来会做到，厂家生产的产品要知道卖给谁，要打上买家的烙印、附加上他们的信息。以前的生产厂家看不到买方，而智能化生产知道消费者是谁，他们掌握消费者的数据，这堪称是一次革命。

工业 4.0 的核心就是建立消费者和生产者之间的联系，也就是消费者把信息传送给生产者，生产者带着消费者的个人信息，带着消费者的个性去生产，要使得消费者和生产者之间的联系没有障碍，就需要在他们之间建立一平台，做这二者之间沟通的促进者。把这两者之间的距离拉近，把消费者拉到这个的平台上，再与生产者建立一种联系。这样消费者才能到你这儿来。这个平台必须要具备以下几个特点：

（1）要将平台开发成免费的　建立一个网站或者手机 app 并基本免费。因为只有免费才能让别人选择你；

（2）要便捷　只要有手机号就行，不要太复杂，否则越复杂越糟糕；

（3）平台要开发得好玩　让消费者在你这个平台上要能体验到好玩。

（4）在你这个平台是能够体验到消费者想要的东西。

有了上述特点，才能赢得客户。阿里巴巴的淘宝、天猫店也需要某种形式上的改革。尤其是等到工业 4.0 真正成熟起来之后，只展示产品的网站就会丧失竞争力。一些门户网站、包括当当网、卓越网、京东网等都还停留在工业 3.0 时代，离工业 4.0 还较远，如果没有消费者和生产者链条之间建立连接，就跟潮流离得很远。

工业 4.0 的发展后劲来自教育，未来核心竞争力还是看教育。

二、智能制造信息化助力企业打造智慧工厂

本质来讲，智能制造是一种由智能机器和人类专家共同组成的人机一体化智能系统，它在制造过程中能进行智能活动，诸如分析、推理、判断、构思和决策等。通过人与智能机器的合作共事，去扩大、延伸和部分地取代人类专家在制造过程中的脑力劳动。它把制造自动化的概念更新，扩展到柔性化、智能化和高度集成化。

从广义来讲，MES 系统（制造企业生产过程执行系统）、CIMS（计算机集成制造系统）、敏捷制造等都可以看作是智能自动化的例子。的确，除了制造过程本身可以实现智能化外，还可以逐步实现智能设计，智能管理等，再加上信息集成，全局优化，逐步提高

系统的智能化水平，最终建立智能制造系统。这可能是实现智能制造的一种可行途径。某大型空调产品公司为实现智慧工厂战略的落地，企业信息化从战略上规划了632，主要包括以下内容：

（1）六大核心运营系统　主要包括：产品生命周期管理、高级计划排程、供应商关系管理、企业资源计划、制造执行系统、客户关系管理，支持集团端到端的核心价值链高效运作；

（2）三大管理支持平台　包括财务管理、人力资源管理和决策支持，提高集团管控能力，确保集团分权模式下的高效运作；

（3）两大技术平台　包括企业门户及集成开发平台，减少开发复杂度，提升 IT 信息系统开发效率。

通过以上各点的成功实施，企业信息化拉通了研发、销售、集成供应链、制造、财务、售后、物流等领域，完成对集团级统一的端到端流程的 IT 固化，并达成了"客户、产品、物料、供应商、财务"等企业级核心主数据、基础数据、运营数据统一标准、集中管理的目标。通过采用国际一流的成熟软件产品，完成全集团所有 IT 系统的统一部署，并成功推广至企业各个事业部单位，真正实现支持产品领先、效率驱动、全球经营战略，支持经营透视与管控。

构建一体化的数字智能工厂，打造全价值链拉通体系，主要包含生产执行管控、全流程条码管理、仓储物料管理、物流拉动管理、全制程品质管理、电子行业制程管理、厂内车辆管理、数据采集与监视控制系统（SCADA）、决策支持等模块，通过智造云实现车间价值流拉动生产，实现车间管理透明可视。通过实施企业的智能工厂，打通了制造环节的生产价值链条，通过供应链上下游的生产数据，能从海量数据中获取对企业有用的，关键的信息。并由此构建统一的生产数据平台，实现生产数据的标准化，规范化。通过智造云，从而实现制造过程的透明化、可视化，从而提高制造管理水平，使企业由粗放式管理向精益管理迈进，最后达到降低制造成本、提高生产效率的目的。现阶段，制造行业将以工厂作为核心示范单位，继续完善其用户端到端、产品端到端、订单端到端的智造信息化系统，准确拉通供应商端到客户端的深化应用。

三、中国制造 2025

国务院于 2015 年 5 月 8 日全文发布了《中国制造 2025》，这是中国政府实施制造强国战略第一个十年的行动纲领。

《中国制造 2025》提出，坚持"创新驱动、质量为先、绿色发展、结构优化、人才为本"的基本方针，坚持"市场主导、政府引导，立足当前、着眼长远，整体推进、重点突破，自主发展、开放合作"的基本原则，通过"三步走"实现制造强国的战略目标：第一步，到 2025 年迈入制造强国行列；第二步，到 2035 年中国制造业整体达到世界制造强国阵营中等水平；第三步，到新中国成立 100 年时，综合实力进入世界制造强国前列。

围绕实现制造强国的战略目标，《中国制造 2025》明确了 9 项战略任务和重点，提出了 8 个方面的战略支撑和保障。

（一）背景

制造业是国民经济的主体，是立国之本、兴国之器、强国之基。18世纪中叶开启工业文明以来，世界强国的兴衰史和中华民族的奋斗史一再证明，没有强大的制造业，就没有国家和民族的强盛。打造具有国际竞争力的制造业，是我国提升综合国力、保障国家安全、建设世界强国的必由之路。

新中国成立尤其是改革开放以来，我国制造业持续快速发展，建成了门类齐全、独立完整的产业体系，有力推动工业化和现代化进程，显著增强综合国力，支撑世界大国地位。然而，与世界先进水平相比，中国制造业仍然大而不强，在自主创新能力、资源利用效率、产业结构水平、信息化程度、质量效益等方面差距明显，转型升级和跨越发展的任务紧迫而艰巨。

当前，新一轮科技革命和产业变革与我国加快转变经济发展方式形成历史性交汇，国际产业分工格局正在重塑。必须紧紧抓住这一重大历史机遇，按照"四个全面"战略布局要求，实施制造强国战略，加强统筹规划和前瞻部署，力争通过3个十年的努力，到新中国成立100年时，把我国建设成为引领世界制造业发展的制造强国，为实现中华民族伟大复兴的中国梦打下坚实基础。

（二）意义

《中国制造2025》是在新的国际和国内环境下，中国政府立足于国际产业变革大势，做出了全面提升中国制造业发展质量和水平的重大战略部署。其根本目标在于改变中国制造业"大而不强"的局面，通过10年的努力，使中国迈入制造强国行列，为到2045年将中国建成具有全球引领和影响力的制造强国奠定坚实基础。

（三）原则目标

市场主导，政府引导　全面深化改革，充分发挥市场在资源配置中的决定性作用，强化企业主体地位，激发企业活力和创造力。积极转变政府职能，加强战略研究和规划引导，完善相关支持政策，为企业发展创造良好环境。

立足当前，着眼长远　针对制约制造业发展的瓶颈和薄弱环节，加快转型升级和提质增效，切实提高制造业的核心竞争力和可持续发展能力。准确把握新一轮科技革命和产业变革趋势，加强战略谋划和前瞻部署，扎扎实实打基础，在未来竞争中占据制高点。

整体推进，重点突破　坚持制造业发展全国一盘棋和分类指导相结合，统筹规划，合理布局，明确创新发展方向，促进军民融合深度发展，加快推动制造业整体水平提升。围绕经济社会发展和国家安全重大需求，整合资源，突出重点，实施若干重大工程，实现率先突破。

自主发展，开放合作　在关系国计民生和产业安全的基础性、战略性、全局性领域，着力掌握关键核心技术，完善产业链条，形成自主发展能力。继续扩大开放，积极利用全球资源和市场，加强产业全球布局和国际交流合作，形成新的比较优势，提升制造业开放发展水平。

（四）主要内容

《中国制造 2025》中描述了"一二三四五五十"的总体结构。

"一"，是从制造业大国向制造业强国转变，最终实现制造业强国的一个目标。

"二"，是通过两化融合发展来实现这一目标。党的十八大提出了用信息化和工业化两化深度融合来引领和带动整个制造业的发展，这也是我国制造业所要占据的一个制高点。

"三"，是要通过"三步走"的一个战略。大体上每一步用 10 年左右的时间来实现我国从制造业大国向制造业强国转变的目标。

"四"，是确定了四项原则。第一项原则是市场主导、政府引导。第二项原则是既立足当前，又着眼长远。第三项原则是全面推进、重点突破。第四项原则是自主发展和合作共赢。

"五五"，是有两个"五"。第一就是有五条方针，即创新驱动、质量为先、绿色发展、结构优化和人才为本；还有一个"五"就是实行五大工程，包括制造业创新中心建设的工程、强化基础的工程、智能制造工程、绿色制造工程和高端装备创新工程。

"十"，是十个领域。包括新一代信息技术产业、高档数控机床和机器人、航空航天装备、海洋工程装备及高技术船舶、先进轨道交通装备、节能与新能源汽车、电力装备、农机装备、新材料、生物医药及高性能医疗器械等 10 个重点领域。

（五）食品工业的中国制造 2025

1. 工业是中国成为世界有影响力大国最重要的经济基础

环顾全球，近现代世界经济发展的主题是工业化以及由工业化带来的城市化，这一进程将持续下去。对此，我们需要认清两个典型事实。①中国的工业化是一个意义极其巨大的世界历史事件，引领全球工业化版图发生巨大变化；工业是中国成为世界有影响力大国最重要的经济基础；②中国仍处于并将长期处于社会主义初级阶段，产业层次总体不高，大而不强，工业文明的路还没有走完；发达国家的再工业化战略警示我们，工业不可丢。

目前，中国工业正处在进军世界先进制造业领域的关键阶段。环顾全球，世界上只有少数几个国家能够达到高端制造业强国的地位。工业强国可分为两类：一是全面强势型，在整个工业领域各个方面、各个行业都具有强势地位和重要影响，如美国、德国、日本；二是局部强势型，如英国、法国、瑞士。中国的目标应是全面强势型工业强国。作为工业大国的中国能否成为工业强国，如何在全球化背景下成为工业强国，这是关系到中华民族伟大复兴的基础的问题。

2. 从"用机器生产产品"阶段迈向"用机器生产机器"阶段

我国制造业目前尚处于"用机器＋人力生产产品"的阶段。制造业模式是，引进机器设备生产产品进而出口产品，而"用机器生产机器"的环节在境外。未来时期，我国制造业不仅要维持"用机器生产产品"的世界地位，更要谋求"用机器生产机器"。我们不能局限于某一产业微笑曲线的拓展，更要超越微笑曲线。当然，从"用机器生产产品"阶段迈向"用机器生产机器"阶段，实现机器设备大规模出口来替代产品的大规模出口，将是一个长期的过程。但这一趋势，必须了解和把握，不能犯战略性失误。

《中国制造 2025》，就是要在新工业革命背景下推进制造业的战略升级。对此，我们需要正确认识工业化的理念。工业化的实质是工业文明渗透到经济社会生活的各个环节。工业化理念的实质是工业精神：包含合作精神、契约精神、效率观念、质量意识、科学观和创新精神、持续发展观。欧美国家的工业文明，表面上源自发达的科学技术，内核则是工业精神的引领，重视理性，重视实业，重视科学与创新，提倡合理谋利和多边共赢。工业化的标志之一是产品的标准化，其背后是由一丝不苟的职业文化支撑的，包括：流程的标准化、劳动操作的标准化、使用工具的标准化、工作环境的标准化等。在培育产业运行标准的过程中，亟须培养工匠精神。

3. 食品工业的中国制造 2025

制造业的数字化革命是新工业革命的核心。食品加工是一个特别古老和传统的行业。食品科学理论和工程理论及技术工程的发展相较于其他学科是比较滞后的。这种现象也很正常，一方面它是一个应用型的学科，二是由于涉及人的健康，比较谨慎，加之人对一些新型的技术的适应性有一种惯性，尤其在膳食方面，人对食品的改善有一种"喜好"。可以发现现代食品的加工在向着注重科学化和生产过程的精准控制进步。这就需要加强研究，需要认真地学习吸收和借鉴其他学科已经充分发展起来的管理科学理论和技术方法。

怎样在现代工业发展的背景下能提升食品制造业的智能化发展，跟上时代的步伐和满足消费者的需求，技术差距很大，时间紧迫、任务艰巨、但又必须要实现目标任务。食品工业从生产到销售整个产业链的发展模式正在发生深刻变革，随着新技术的发展，工业机器人、食品智能装备、人工智能应用、大数据分析与营销、智能供应链等日益成为食品工业的发展热点。

（1）食品信息化融合推动我国食品工业产业升级　当前，推动智能制造作为信息技术与食品工业深度融合的重要战略，已经开始深刻影响我国的食品和为之配套的食品装备工业，食品工业产品的品质提升和供给侧改革一直是我们国家非常重视的领域。食品装备智能化水平的不断进步是支撑我国食品品质提升的重要前提。从食品工业未来发展需求的角度来看，食品装备以及信息化融合成为当前推动我国食品工业产业升级的重要支撑。

（2）单机智能成为食品企业重要议题　从我国的食品工业的整体现状来看，单机智能已经成为很多食品领域的主流水平，实施数字化工厂已经成为当前很多主流食品企业的重要议题。国产智能前处理系统、超高温杀菌系统、国产吹瓶系统、国产无菌灌装系统、智能装箱、码垛系统，整线智能优化自适应系统，已经成为主流食品企业单机智能标配。

工业互联网作为智能制造和工业的具体实现路径已经开始发力，系统、追溯系统、生产设备生命周期管理等已经开始探索应用；机器人在食品工业领域的应用越来越广泛；大数据作为智能制造的血液和未来的金矿已经开始体现其行业价值。

（3）大数据技术助力产品决策　工业云、大数据、人工智能等新一代通用技术的成熟和应用在食品行业显示出强劲的生命力，柔性生产、定制生产、智能生产线以云计算和大数据为依托，以消费互联网和工业互联网融合为前提，以大数据技术的应用为条件，生产与消费者之间建立起一对一数据信息传递所表现出的每一件产品的轨迹精准定位，不仅实时反馈每一件产品的运行轨迹，而且可以将消费者地图描绘出来，成为产品决策的最直接的重要依据。

第五节　大数据

数据是与自然资源一样重要的战略资源，大数据技术就是从数量巨大、结构复杂、类型众多的数据中，快速获得有价值信息的能力，它已成为学术界、企业界甚至各国政府关注的热点。本节主要介绍大数据的定义、特点、大数据和云计算的关系以及大数据的应用等。

一、大数据概念

（一）大数据的定义

大数据（big data），或称巨量资料，指的是所涉及的资料量规模巨大到无法通过目前主流软件工具，在合理时间内达到撷取、管理、处理、并整理成为帮助企业经营决策更积极目的的资讯。大数据已成为一种新的自然资源，并成为当前所有行业最热门的话题之一。

角度不同，对大数据定义的表述也有些不同。维基百科对大数据的定义是："大数据是由于规模、复杂性、实时而导致的使之无法在一定时间内用常规软件工具对其进行获取、存贮、搜索、分享、分析、可视化的数据集合"。互联网数据中心将大数据定义为：为更经济地从高频率的、大容量的、不同结构和类型的数据中获取价值而设计的新一代架构和技术。

大数据对于企业来说意味着巨大的经济效益。对 IT 行业，大数据意味着对海量、分散、变化、异构特性数据进行分析和管理的技术挑战。IBM、Oracle、微软、谷歌、亚马逊、Facebook 等都是大数据处理技术的主要推动者。大数据带来的技术挑战涉及数据的收集、存储、检索、共享、分析以及可视化等各个方面。首先，存储能力的增长已经远远赶不上数据的增长，设计更合理、高可扩展性的分层存储架构是数据管理系统的首要任务。数据移动已是数据管理系统最大开销，数据管理系统需要从数据围着处理器转改为处理能力围着数据转。除了数据的采集、数据存储外，新的数据表示方法、非结构化数据的存储和分析、数据的去冗余和高效存储、海量动态数据的实时数据挖掘甚至大数据管理带来的能源消耗都将成为大数据时代的亟待解决的技术挑战。

（二）大数据的特点

和很多新出现的概念或技术一样，关于大数据的特点也有很多种不同说法。百度百科给出的大数据的特点是 4 个 "v"，分别代表：数量巨大（Volume），类型繁多（Variety），价值高（Value），处理速度快（Velocity）。但一般更倾向于 Forrester 分析师布赖恩·霍普金斯和鲍里斯·埃韦尔松在《首席信息官，请用大数据扩展数字视野》报告中给出的大数据的 4 个特点，分别是：海量（Volume）、多样性（Variety）、高速（Velocity）和易变性（Variability）。

1. 海量

IDC 给出了一个估算：2011 年全球数据总量大约为 1.8ZB，如果用 9GB 的 DVD 盘来保存，那么叠加起来这些 DVD 的高度超过 260000km，大约是地球到月球距离的 2/3；如果用 1TB 的 2.5 寸硬盘保存，那么叠加起来的高度将会超过 17000km，接近地球周长的一半。据 IDC 最近的报告预测，到 2020 年，全球数据量将扩大 50 倍。大数据的规模尚是一个不断变化的指标，单一数据集的规模范围从几十 TB 到数 PB 不等。此外，各种意想不到的来源都能产生数据。例如，从巴塞罗那至沙特首府利雅得的单程航行中，一架商用喷气飞机上收集的传感器数据量将超过 1PB，当用一次飞行的数据量乘以每天所有飞行的航班数，数据总量也将非常惊人。

2. 多样性

数据多样性的增加主要是由于新型多结构数据。以及包括网络日志、社交媒体、互联网搜索、手机通话记录及传感器网络等数据类型造成。其中，部分传感器安装在火车、汽车和飞机上，每个传感器都增加了数据的多样性。

3. 高速

高速描述的是数据分析和处理的速度。在网络时代，通过基于实现软件性能优化的高速电脑处理器和服务器，创建实时数据流已成为流行趋势。企业不仅需要了解如何快速创建数据，还必须知道如何快速处理、分析并返回给用户，以满足他们的实时需求。根据 IMS Research 研究机构关于数据创建速度的调查，通过跟踪可联网设备的激活量，发现联网设备增长的第二波浪潮正在加速到来。本轮增长后，将涌现更多新型可联网设备增长的浪潮。据预测，到 2020 年全球将拥有 220 亿部互联网连接设备。

4. 易变性

大数据具有多层结构，这意味着大数据会呈现出多变的形式和类型。相较传统的业务数据，大数据存在不规则和模糊不清的特性，造成很难甚至无法使用传统的应用软件进行分析。传统业务数据随时间演变已拥有标准的格式，能够被标准的商务智能软件识别。目前，企业面临的挑战是处理并从各种形式呈现的复杂数据中挖掘价值。

（三）大数据的趋势

2012 年被称为大数据元年，因为在这一年大数据这个概念引起了人们的空前关注。首先是美国政府公布"大数据研发计划"，紧接着世界各国以及各大商业公司也对大数据给予了极大的关注。中国的计算机学会、电子学会等学术机构以及淘宝、中兴通讯等各企业也给予了积极响应。其实，对大数据相关的技术研究和应用一直在进行，2012 年突然迸发，只是一个量变到质变的结果。Google、IBM、Microsoft、淘宝这些全球重要的企业、机构都有有关大数据的研究、开发、应用。从以下八个方面可以看出大数据的发展趋势。

趋势一：数据的资源化

何为资源化，是指大数据成为企业和社会关注的重要战略资源，并已成为大家争相抢夺的新焦点。因而，企业必须要提前制订大数据营销战略计划，抢占市场先机。

趋势二：与云计算的深度结合

大数据离不开云处理，云处理为大数据提供了弹性可拓展的基础设备，是产生大数据的平台之一。自 2013 年开始，大数据技术已开始和云计算技术紧密结合，预计未来两者关系将更为密切。除此之外，物联网、移动互联网等新兴计算形态，也将一齐助力大数据革命，让大数据营销发挥出更大的影响力。

趋势三：科学理论的突破

随着大数据的快速发展，就像计算机和互联网一样，大数据很有可能是新一轮的技术革命。随之兴起的数据挖掘、机器学习和人工智能等相关技术，可能会改变数据世界里的很多算法和基础理论，实现科学技术上的突破。

趋势四：数据科学和数据联盟的成立

未来，数据科学将成为一门专门的学科，被越来越多的人所认知。各大高校将设立专门的数据科学类专业，也会催生一批与之相关的新的就业岗位。与此同时，基于数据这个基础平台，也将建立起跨领域的数据共享平台，之后，数据共享将扩展到企业层面，并且成为未来产业的核心一环。

趋势五：数据泄露泛滥

未来几年数据泄露事件的增长率也许会达到100％，除非数据在其源头就能够得到安全保障。可以说，在未来，每个财富500强企业都会面临数据攻击，无论他们是否已经做好安全防范。而所有企业，无论规模大小，都需要重新审视今天的安全定义。在财富500强企业中，超过50％将会设置首席信息安全官这一职位。企业需要从新的角度来确保自身以及客户数据，所有数据在创建之初便需要获得安全保障，而并非在数据保存的最后一个环节，仅仅加强后者的安全措施已被证明于事无补。

趋势六：数据管理成为核心竞争力

数据管理成为核心竞争力，直接影响财务表现。当"数据资产是企业核心资产"的概念深入人心之后，企业对于数据管理便有了更清晰的界定，将数据管理作为企业核心竞争力，持续发展，战略性规划与运用数据资产，成为企业数据管理的核心。数据资产管理效率与主营业务收入增长率、销售收入增长率显著正相关；此外，对于具有互联网思维的企业而言，数据资产竞争力所占比重为36.8％，数据资产的管理效果将直接影响企业的财务表现。

趋势七：数据质量是BI（商业智能）成功的关键

采用自助式商业智能工具进行大数据处理的企业将会脱颖而出。其中要面临的一个挑战是，很多数据源会带来大量低质量数据。想要成功，企业需要理解原始数据与数据分析之间的差距，从而消除低质量数据并通过BI获得更佳决策。

趋势八：数据生态系统复合化程度加强

大数据的世界不只是一个单一的、巨大的计算机网络，而是一个由大量活动构件与多元参与者元素所构成的生态系统，终端设备提供商、基础设施提供商、网络服务提供商、网络接入服务提供商、数据服务使能者、数据服务提供商、触点服务、数据服务零售商等一系列的参与者共同构建的生态系统。而今，这样一套数据生态系统的基本雏形已然形成，接下来的发展将趋向于系统内部角色的细分，也就是市场的细分；系统机制的调整，也就是商业模式的创新；系统结构的调整，也就是竞争环境的调整等，从而使得数据生态系统复合化程度逐渐增强。

（四）大数据与云计算的关系

大数据和云计算是关系紧密的两个概念。大数据技术广义来讲涵盖了从数据的海量存储、处理到应用多方面的技术，包括海量分布式文件系统、并行计算框架、NoSQL 数据库、实时流数据处理以及智能分析技术如模式识别、自然语言理解、应用知识库等。狭义来讲则主要指从大量、多样、分散和异构的数据集中提取有用信息的核心技术，包括实时流数据处理以及智能分析技术，如模式识别、自然语言理解、应用知识库等。

云计算之所以一经提出就得到广泛关注，是因为它使得人类"将计算能力作为公共事业设施来提供"的梦想变为现实，而使得"梦想照进现实"的关键技术是 GFS、BigTable 和 Map Reduce。这三项技术是 Google 为了巩固其搜索领域的核心地位而提出的。Google 提出将文件和数据分割成块，以便支持分布式存储和并行处理，实现海量数据存储并提升大数据量下的快速数据处理。因此，云计算的核心是业务模式，本质是数据处理技术。

可以看出，云计算技术是广义大数据技术的一部分，也是狭义大数据技术的基础。可以说，大数据是资产，云为数据资产提供了保管、访问场所和渠道。如何盘活数据资产，使其为国家治理、企业决策乃至个人生活服务，是大数据研究的核心问题。一方面，大数据离不开云计算，正因为有了云计算的超强计算能力，大数据才显示出了堪比黄金钻石的价值。另一方面，大数据处理的兴起也将改变云计算的发展方向，云计算正在进入以分析即服务（AaaS）为主要标志的 Cloud 2.0 时代。

二、大数据生态系统

大数据生态系统实际上就是数据生命周期的另一种叫法，即数据采集、存储、查找、分析和可视化的过程。在这样的生态系统中，每个环节都存在着不同的商业需求，而需求的出现必然会导致创新的产生。所以，在每一个环节都有不少企业在深耕自己所在的领域，试图通过新技术和新方法来实现新的商业模式。

随着大数据生态系统的逐步形成，很多人在尝试绘制和更新大数据生态系统图谱，希望通过对大数据领域的公司、技术、产品进行细分，及时了解到大数据生态系统全貌。在众多图谱当中，比较有代表性的是美国 On Grid Ventures 公司 Matt Turck 等人于 2012 年 10 月绘制更新的大数据生态图谱。

各个图谱的分类方法、全面性、时效性、权威性各不相同，但我们从图谱仍可以了解到：

（1）大数据领域的企业主要集中在数据集市、数据存储（基础设施）、数据分析、数据应用 4 个层面，其中数据应用层面又包含数据服务、数据检索、商务智能，可视分析等。这正符合数据科学中对数据全生命周期管理的描述。此外，很多企业业务覆盖大数据多个层面，有的企业甚至已经建立了完整的大数据栈，成为"大数据应用服务提供商"。

（2）在大数据领域，活跃着的除了 IBM、ORACLE 等众多知名公司外，像 Splunk、Tableau 等专业大数据公司也及时跟上了大数据的浪潮，成功地获得了投资者和业界的关注。

（3）开源软件与大数据的结合迸发出惊人的颠覆性力量，更多厂商开始使用开源大数据工具，以支持其大数据业务。

在中国，数据堂（datatang.com）是目前最为专业的科研数据共享服务平台，该平台致力于为全球科研机构、企业及个人提供科研数据支持，其数据内容主要是科研数据集，同时也提供浮动车历史数据、路况历史数据和车牌数据等，用户也可以上传发布自己的数据。通过该平台不仅使得中国的科研机构、企业、高校和个人之间可以充分共享数据，也促进各类科研数据价值的最大化。在全球范围的大数据热潮中，对于大多数企业来说，大数据与自己有什么关系？如何快速直观地理解和发现大数据中的价值？没有足够"大"数据的情况下如何才能在大数据时代获益？虽然这些问题还没有完美的答案，但许多企业已经进行了积极的尝试，通过数据可视化尝到了大数据的甜头。

三、大数据可视化和可视分析

人们开始意识到大数据中蕴含着丰富的价值。然而，巨大的数量、数据的固有复杂性及未知的分析目标都放大了任务的难度。如果能够有一种简单的方式对数据规律进行直观展现，必将使大数据中的价值得到快速理解和发现，可视化就是这样的方式。

（一）数据可视化、信息可视化和可视分析概述

数据可视化起源于 20 世纪 50 年代，其基本思想是将数据库中每个数据项作为可视化图形中单个元素，同时将数据的各个属性值以多维数据的形式表示，通过从不同维度观察数据而达到对数据深入洞察和分析的目的。

科学可视化是一个典型的交叉学科。科学可视化主要是将具有几何结构的三维数据转换为图像，应用领域涵盖科学和工程的多个方面。信息可视化也是一个跨学科领域，出现于 20 世纪 90 年代，旨在为许多应用领域之中大规模非数值型信息资源的视觉呈现提供支持，这些信息资源可能是软件系统之中众多的文件、大规模并行程序的日志踪迹信息、网站内容等。与科学可视化相比，信息可视化侧重于异质数据集，如非结构化文本当中的点。可视分析起源于 2005 年，它是一门通过交互可视界面来分析、推理和决策的科学，通过将可视化和数据处理分析方法结合，提高可视化质量的同时也为用户提供更完整的大规模数据解决方案。如今，针对可视分析的研究和应用逐步发展，已经覆盖科学数据、社交网络数据、电力等多个行业。

虽然在这几大方向之间的边界还未完全清晰，不过，其相互关系和区别可以总结如下：数据可视化外延不断扩大，可以认为数据可视化包含科学可视化、信息可视化和可视分析；科学可视化处理的是那些具有天然几何结构的数据；信息可视化处理的是异质的抽象的数据结构；可视分析则主要通过意会、推理、互动融合的方式来挖掘数据中的问题和原因。

可视化融合了问题的求解和艺术表现方式两个方面，允许我们同时通过理性和感官方式来感受数据，那么怎样才是成功的可视化？一个称得上"美"的可视化，必须具备新颖、充实、高效和美观 4 个关键要素。新颖性体现在必须从崭新的视角观察数据，传统可视化展现方式（如柱形图）虽易理解，但不够新奇有趣，是不足以激发读者新的理解的；充实性体现在可视化一定要为读者提供获取信息的途径，从而向读者传递信息甚至知识；高效性指成功的可视化须尽可能直截了当，而不允许展示太多与目标和主题无关的信息；美观是指合理的图形构建（坐标轴、布局、色彩、线条等）是实现可视化之美的必要因素。这四要素必须同时具备，否则不能对数据进行有意义的呈现。

（二）数据挖掘技术

数据挖掘技术是一个涉及数据库、机器学习、统计学、神经网络、高性能计算和数据可视化的多学科领域，是计算机模仿人类学习机制和方法，利用数据自动获取知识的一种技术。数据挖掘出现于 20 世纪 80 年代末，在过去的 20 年中得到了广泛的研究和快速的发展，表现在出现了大量的算法，并可以处理各种类型数据。大数据是伴随智能终端的普及和互联网上微博、社交网络等业务的广泛应用而出现的，因此面向大数据的数据挖掘的应用首推 Google、Amazon、Yahoo、阿里巴巴等互联网公司，基于互联网上海量语言材料应用机器学习技术的 Google 语言翻译系统，则是目前为止最为成功的计算机自动翻译系统。

物联网兴起，互联网高速发展，各种信息普遍数字化，PB 级数据广泛出现，云计算和云存储技术都正在改变人们使用计算机使用信息服务的方式，企业依托海量数据学习来解决以往无法解决的问题，互联网企业则利用数据挖掘技术获得高额利润和社会影响力，这些都意味着大数据时代的来临。大数据的获取和应用对企业来讲，意味着经济效益，Google、Yahoo、阿里巴巴等是大数据应用获益的典型代表；对科技界来讲，意味着新的科学研究方法甚至是新的科研范式；而大数据对政府而言则是与人力资源、自然资源一样重要的国家战略资源。

第六节　食品智能制造工厂案例

一、无人水饺工厂

继无人超市、无人餐厅后，现在，速冻行业的无人饺子工厂也出现了。中国秦皇岛某食品企业的水饺生产工厂几千平方米的厂房里，干净整洁，机器 24h 不停歇地工作，可是看不到一个员工，见图 7-1。

从和面、放馅再到捏水饺，是一条完全干净整洁的流水线，见图 7-2。

柔软的气动抓手，连特别柔软的饺子都能安全抓起，而且从抓取到安放都定位精准。－50℃的速冻，流水线上的机器人也能自如应对。

给速冻饺子塑封，电脑记件，见图 7-3。

图 7-1　无人水饺工厂

分拣机器人具有带吸盘的抓手，不会损坏脆弱的速冻饺子包装。码垛机器人，重复简单的动作一刻也不停歇，见图 7-4。

这家震撼视野的无人车间是该企业的速冻水饺工厂的生产车间。用工不足 20 人，且大部分工作在控制室及试验室中完成，工作效率大幅提高。这里没有埋头包饺子的工人，取而代之的是不停往返的机械手以及地表穿插有序的轨道。

图 7-3　速冻饺子塑封，电脑记件

图 7-2　和面、放馅、捏水饺

图 7-4　速冻饺子码垛

以前整个工厂需要 200 个工人，现在生产同样的产品用工却在 20 人以下，这意味着"无人工厂"压缩人工可达 90％。

大家还只是想象中的一个相对遥远的未来概念，事实上却忽如一夜春风来，无人便利店俨然已经成为 2017 年最火热的零售业态。

二、打造智能乳品、饮料工厂

工业 4.0 的智能生产、智能物流和智能工厂这三大块形成了整体的工业 4.0 解决方案。谈到智能工厂，其生产模式也同样涵盖从客户需求、原材料、能源和终端产品的过程。客户的需求往往是即兴的、复杂的、多样化的，智能化工厂将帮助工厂更高效、更有序地运作。

液态食品行业的工业 4.0 比较杰出的是利乐公司，利乐公司不仅能提供丰富的包装解决方案，而且在加工设备方面也能给客户带来很多益处，利乐公司可以帮助食品生产商提高实现整体运营的效率，并且确保产品的质量稳定。利乐（中国）加工系统自动化从控制系统和信息呈现两方面来实现乳品、饮料工厂的智能化。

（一）控制系统

利乐生产线的控制系统是把从原材料的接收到灌装的整体生产控制的流程，通过以太网络接入中控室，设立中控室控制现场的设备，实现完全控制的功能。在工厂投入运营之后，控制系统还会有后续的更新换代的需求。利乐的整体自动化方案可以针对工厂里现有的设备进行改造和扩建，从而提升各个区域的生产能力。在实现了生产控制之后，该如何进一步实现信息化呢？利乐的 HES 自动化平台，由七大功能模块组成，通过提取工厂的生产信息，让管理者在第一时间拿到准确可靠的数据汇总，然后和 ERP 系统以及其他平台对接，实现整体工厂的信息化整合，达到智能化，实现最佳性能。

智能工厂到底智能在哪儿？工厂的一线操作人员气定神闲地坐在中控室，即可保障整线生产的流畅性，这就是一个智能化程度很高的工厂。在接入信息化之后，客户的订单显得更灵活多变，如何去灵活应对生产订单，对于自动化生产也是一大考验。如何规避在添加过程中的人为错误，使操作系统、控制系统可以引导操作工做出正确的操作，这也是自动化生产的一大功能。

智能化将如何确保食品安全和产品质量？如何智能排产？如何防错？通过利乐的方案对一些相应智能化功能展开介绍。

首先，食品、饮料企业最关注的是食品安全和产品质量，做到每一个环节都能实时把控质量。操作工不能既当运动员又当裁判员，一般情况是，操作工在中控室操作，生产了一批浆料以后，需要通知质量检验室，这里有一个从机器到人，人再将信息传递到另外一个部门的过程，不仅降低了效率，也容易产生差错。针对这个现象，提出以下改进方案：中控室的操作工启动质检的功能，直接在质检室打印出条码，然后质检人员进行取样扫码，就可以立即知晓样品来源和需要检测的指标。对于质检人员来说，要求也放低了，不需要靠人脑去记忆需要检测哪些指标，也不会发生漏检的情况。每一条检测记录，参考值都可以一并记录到数据库当中，这些数据对于工厂的整体管理和最终产品来说，都是很重要的信息。

其次，未来工厂产品品种会越来越多，工艺也会越来越复杂，这就需要灵活有效的智能排产来管理生产。现在的排产软件可以在每一台灌装机上安排生产一定数量的产品，信息输入之后，可以自动提示哪些设备应该在什么时候开启，保证产品按时按量生产，同时也确保不会因为过早运行设备而造成能源浪费。比如灭菌机的运行是需要消耗蒸汽的，如果过早开启，就会消耗能源，在正确的时间，在正确的机器上做正确的操作，最后才能把我们所需要的产品正确地生产出来，这就是自动化生产管理带来的好处。当机器发生故障，或者工厂的维护人员需要在相应的时间段里做一项固定维护的工作时，我们可以把这些信息录入排产当中去，以便迅速地重新布置。要在短时间内调整计划，生产出想要的产品，对于一个工厂来说需要很强的应变能力。我们可以进行小批量、多批次的复杂的生产，以提升工厂应对市场需求的能力，更好的应对紧急情况的发生。

再次，在投料环节，智能化工厂如何指导操作员的操作？这方面，由整体的批次去触发配料平台系统，打印出需要的信息去生产。通过条码枪、电子秤，就可以知道是什么，有多少，多少量，通过扫描打印出来的条码，操作工就知道该把这一段料加到哪一个罐里面。在三个点上做把控，程序互锁，出现任何问题都无法进入下一步，加料完成之后操作员可以更新自动化系统的状态，让控制系统知道加料已经完成。就原料管理模块和防错功能来说，把控人工添加过程，包括添加的物料、添加的量、添加的目标罐，就可以更好地指导现场操作员完成正确操作，从而更好地保障生产安全和产品质量。

（二）信息呈现

智能化工厂如何实现信息的呈现，如何通过信息化得到相应的生产信息，如何让生产管理人员第一眼就可以知道这些设备用得是否足够好？首先要看到整体设备的可用率，这个是表现性，也是设备是否以最大速度运行的依据，其次是质量和总产量中的合格品比率。这三个数据综合之后，才可以得知这台机器运行的状态。对于管理人员来说，只需要看设备整体效率就能了解这台设备的状态。

利乐的自动化系统还有一个更具优势的功能——全程可追溯。一个工厂从原物料的接收直到终端消费者，其间每一个生产环节的数据都会完整记录下来，从前处理到灌装到终端消费者，可以实现完整的追溯。在整线生产过程中，物料的使用会从各个环节往下传递，生产过程中的加工参数，质量参数，最后通过标签的方案打印在包装上面。现在国外已经有这样的应用了，直接在每一个包装上打上追溯码，终端消费者就可以在相应网页上输入包装上面的唯一码得到生产过程中的参数和质检结果，很大程度上提升了消费者对该产品的信心。

此外，生产管理人员有必要随时了解工厂的实际情况，他们或许需要在开会的时候，或许不上班的时候，或许在机场候机的时候，都可以随时拿到第一线生产的数据。甚至可以通过 iPhone，iPad 直接查看生产信息，第一时间去做生产安排。

思考题

1. 信息是什么？信息有哪些特点以及信息的性质？

2. 简述信息论的研究范围和基本内容。

3. 信息化的概念是什么？

4. 简述信息化的内容、层次。

5. 简述信息化的重要作用。

6. 简述信息化趋势。

7. 控制论研究什么？

8. 简述信息在控制过程中的作用。

9. 简述"三论"的区别以及"三论"的相互关系。

10. 两化融合的概念是什么？

11. 简述两化融合四个方面的内容。

12. 简述两化融合之路所涵盖的三个方面的内容。

13. 简述工业 4.0 的核心内涵。

14. 简述中国制造 2025 的原则目标和主要内容。

15. 简述食品工业的中国制造 2025 所涵盖的内容。

16. 简述大数据的定义、特点和发展趋势。

17. 简述大数据与云计算的关系。

18. 简述大数据可视化和可视分析的基本内容。

参考文献

[1] 李国纲. 用"三论"科学方法探讨我国现代化企业管理体系的建立 [J]. 数量经济技术经济研究，1985 (11): p. 38-42.

[2] 杨信廷，等. 农产品及食品质量安全追溯系统关键技术研究发展 [J]. 农业机械学报，2014，45 (11): p. 212-222.

[3] 杨春时、邵光远、刘伟民、张纪川. 系统论、信息论、控制论浅说 [M]. 中国广播电视出版社，1987.

[4] 曾广容. 系统论、信息论、控制论概要 [M]. 长沙：中南工业大学出版社，1986.

[5] 马丽扬. 系统论、信息论、控制论的若干问

题［M］.北京现代管理学院，1985.

［6］　张文焕，等.控制论、信息论、系统论与现代管理［M］.北京：北京出版社，1990.

［7］　刘俊杰.打造智能乳品、饮料工厂-液态食品行业的工业4.0［J］.中国食品工业，2015（5）.

［8］　许炼.以中国首个食品无人工厂为例浅析"电子信息＋计算机"技术对于食品机械智能化的影响4.0［J］.中国战略新兴产业，2018（4）：p.82-83.

［9］　于艳华、宋美娜.大数据［J］.中兴通讯技术，2013（1）：p.57-60.

［10］　李学龙，等.大数据系统概述［J］.中国科学，2015，45（1）：p.1-44.

［11］　智能制造信息化助力企业打造智慧工厂［J］.智慧工厂，2017（2）：p.31-32.

［12］　杨佩昌.工业4.0离我们有多远［J］.企业管理，2016（3）：p.36.

［13］　中国制造2025，国务院2015年5月19日发布，发文字号国发〔2015〕28号

［14］　钟义信.信息科学原理［M］.北京：邮电大学出版社，2002.

第八章

美学体验

学习指导

熟悉和掌握科技美学、工程美学、产品美学等基本概念，了解并理解科技美学的特征、工程美学的特征、产品审美构成、食品与美学的关系等理念，理解与体会现代食品与美学的结合及指导意义等理念。

美学是从人对现实的审美关系出发，以艺术作为主要对象，研究美、丑、崇高等审美范畴和人的审美意识，美感经验，以及美的创造、发展及其规律的科学。美学是以对美的本质及其意义的研究为主题的学科。美学是哲学的一个分支。研究的主要对象是艺术，但不研究艺术中的具体表现问题，而是研究艺术中的哲学问题，因此被称为"美的艺术的哲学"。美学的基本问题有美的本质、审美意识同审美对象的关系等。

第一节 科技美学

科技美学是以美学的眼光来审视科学技术问题的一门学科，它将自然科学、技术科学与人文科学结合在一起，起到了连接科技文化与审美文化的纽带作用。科技美学一方面要寻求科技成果的宜人化途径和情感价值，一方面要探索美学和艺术原理应用与科技领域的可能性，以实现人与自然的和谐统一。

一、科学美的含义

（一）科学美的主要内容

科学美，指的是在科学活动中和科学成果上所表现出来的美。同自然美、社会美和艺术美一样，科学美也是审美存在形式之一。它是理性认知活动及其成果所具有的审美价值形式，是一种纯粹的抽象或净化的理性形式。科学美是审美存在系统中的一种高级形式，它客观地存在于人类创造性的科学发明和发现之中。

科学美和艺术美一样，也遵循形式美的规律（秩序、单纯、比例、均衡的关系）。科学美既有合规律性，又有人类的向往、追求和超越的合目的性要求，科学美要求以最合理、最恰当的形式表现美的内容，在表现同一内容的众多形式中，力求选择一种最理想的表现形式，力求形式上的创新。科学研究并不等于审美活动。科学研究的美感也无法和艺术的美感相比，但是，在科学的本质、目的、运思过程、表述形式以及主体素养诸方面，体现了科学与美的必然联系，体现了科学世界的诗情。

（二）科学美的审美特征

1. 科学美是理性的抽象形式

科学之所以产生就在于人们确信，通过理性对理论的构建，人们能够掌握客观实在。

世界是一个充满内在和谐的统一体，科学认识的价值和审美价值具有一致性，科学美就是这种一致性的体现。

但是科学美与艺术美不同，艺术美主要呈现为感性的具象性形式，而科学美则主要呈现为理性的抽象形式，科学美是在理性的抽象形式中包含着丰富的感性内容，是抽象形式之美。因此，科学的逻辑统一性是科学的审美理想之一。对于科学理论的审美价值来说，严密的逻辑性是一条非常重要的评价标准。只有考虑到理论思维同经验感觉的全部总和关系，才能达到思维和理论的真理性，才能使理论具有逻辑的统一性。

2. 科学美的审美形式具有简单性

科学家发现，整个宇宙的发展是按照最优化的系统进行的，简单性是自然规律的特征，也是秩序感的表现，它使人易于把握事物的特征，因此，科学理论在基本结构上也应具有逻辑简单性的特点。

科学理论之所以能借助于少数简单的概念来概括大量的现象，就因为客观世界本身就存在这样的事实，科学家们从自己提出的简单的公式或理论中，可以直观到普遍的自然现象和规律，从而获得特殊的审美愉悦。如果我们能够在某一科学领域找到最少量的基本概念和基本关系，并且从它们出发逻辑地推导出这一科学领域中的其他一切概念和关系，则这些基本概念和基本关系对于这门学科来说，就是科学家致力于寻找的统一基础，也是科学家所追求的科学美的境界。

3. 科学美的审美形式具有精确性

科学创造的目的是要精确无误地探求和表达出自然界各种事物的相互关系和结构特点，使研究对象和它的科学表达完全符合，科学美就建立在此基础上。在艺术美中，含蓄和朦胧与美是密切相关的，但科学美则与此不同，在科学美中，精确性占有特殊的地位，在某种程度上说，它是科学家所追求的最高目标。不只是精确的事实中有科学美，不精确的事实中也有美，这个世界上存在着许多难以精确化的模糊现象和模糊关系，科学认识的模糊性反映了认识对象的复杂性。但从根本上讲，科学美还是建立在精确性的基础之上的。

二、技术美的含义

（一）技术美的主要内容

技术美学是现代生产方式和商品经济高度发展的产物，是社会科学和技术科学相互渗透、相互融合的产物，是艺术与技术的结合。技术美学是美学原理在物质生产和生活领域的具体化，同时又是设计观念在美学上的哲学概括。技术美学表现出高度的综合性，它不仅涉及哲学、社会学、心理学、艺术学问题，而且涉及文化学、符号学以及各种技术科学知识。

技术美学的内容大致可以概括为两个方面。

一方面是生产中的美学问题，也就是生产美学、劳动美学等问题。它研究审美观念、审美理想等主观因素如何积极地作用于劳动者，以提高劳动质量和效率；也研究运用美学原则改善生产环境、生产条件等客观因素如何使劳动者产生审美情感，以提高劳动热情和效率。

另一方面是研究劳动生产中与美学问题密切相关的艺术设计，即"迪扎因"（design）问题。"迪扎因"是国际上广泛流行的技术美学的重要术语。它是指在现代科学技术最新成果的基础上，全面考虑劳动生产的经济、实用、美观和工艺需要而进行的设计。

技术与艺术是两个不同的概念，技术在总体上属于人类的物质文化领域，它是科学在生产中的应用，是物化了的科学力量。因此，它偏重于理性，严守普遍性的法则；而艺术则是表达人的思想感情的方式，在总体上属于精神文化领域，它更偏重于情感、形象，具有鲜明的个性特征。与此同时，技术和艺术又是两个密切联系、相辅相成的概念，在人类的创造活动中，艺术活动有技术因素，技术活动有艺术因素。在精神生产领域里的艺术创作，艺术是主导方面，技术是服务于艺术的物质手段；在物质生产领域里的技术产品制作，技术是主导方面，它体现为产品的功能，而艺术服务于技术，体现为产品的形式，好的技术产品应是技术与艺术的融合。当然，美构成了以自我活动为目的的艺术的根本性价值，艺术的社会功能是通过审美功能而达到的，而技术美的社会功能则更多是通过其实用功能而达到的。

一般说来，技术美主要针对工程技术的美。但是，如果把这个概念作为美学的基本范畴，那么它就不应仅限于机械产品的美，还应包括手工业制品的美，这样技术美作为一种与产品功能相联系的美，可以与自然美、社会美、科学美以及艺术美相并存。在工程技术中，技术美的特性表现得尤为突出。技术产品作为审美价值的承担者，是内容与形式的统一，产品的内容与它的外在化的形象相互交融统一，就构成了技术美。

技术美并不在于产品的功能本身，而在于功能的合目的性活动所呈现出的功能效力的直观形式。技术美是产品的形态和效用的统一，它是由多种因素构成的有机复合体，它的主要构成因素包括：①材料的质感；②结构与形式的功能性；③功能的合目的性；④产品与环境的协调。

技术美就产品本身来说，它依附于功能而又超功能，是功能与美的统一。就产品与人的审美关系来说，它存在于人对技术产品和由产品组成的环境的功能与形式的交感作用中。在这里，形式是功能的形式，美是与功能相关的美，而功能又标志着人类驾驭客观规律的社会前进内容。因此，技术美的本质就在于社会前进的历史内容和与之相适应的历史所能达到的自由形式的统一。

（二）技术美的审美特征

技术美是工业时代的产物。在这里，美是与功能联系在一起的，是以有用性为前提的。因此，技术美与自然美、艺术美等审美存在形式不同，它有自己的结构和特征。

1. 功能的合目的性

技术美是一种人工的美，是人改变自然物质形式而创造出来的。它不仅仅是意识形态领域的东西，而是属于人类物质生活领域的，与人的生产和生活具有紧密的联系。技术产品是审美价值的承担者，技术美必然体现在产品的功能之中，产品失了功能就不会有人感兴趣。然而技术美并不在于功能性本身，而在于功能的合目的性。人对机械、设备、条件、环境以及日用产品的占有首先是作为物质性使用对象而占有，其次才是精神欣赏性的占有，而且往往是在物质性使用过程中或过程后实现审美欣赏的。因此，作为产品的最起码的条件就是它要使用起来舒适、方便，产品的功能的合目的性是唤起主体审美经验的一个必不可少的前提。如在设计生产一个手提箱时，不仅应该使它牢固耐用，而且应以人体工程学为依据，使提手提箱体的大小、宽窄、角度、触感符合人的体力和感觉，使人首先能够从功能的角度接受和认可产品。

2. 功能的力动性和社会性

技术美的功能力动性既可以在动态的产品上表现出来，也可以在静态产品上表现出来。高高的铁塔把人的视线引向天空，也把人的精神提升到超越现世的存在；一台精巧玲珑的电脑给人们的工作和生活带来方便，也给予人们对信息社会和人类前景的无穷想象。在这些静态的产品中，展示出充满动势的活力和美的外观。因此，我们在欣赏技术美时，领悟到的不只是它的形式，还有人类主宰自然的本质力量、人类的伟大创造和社会劳动成果的重大前进内容。在这里，形式体现着历史前进的社会目的性，成了对象的合规律的形式，即善成了真的形式，形式所体现的是人们不能感知的由技术所构成的现代社会生产力及由它所构成的社会内容。技术美在内容上具有合目的性，在形式上具有合规律性。

3. 技术美的特殊的形象性

技术美具有形象性。然而技术美的形象性不仅包含一般形态美的形象特征，由于它是物质生产的直接产物，它所反映的是物的社会形象，因而，它体现出较强的功能性和合目的性。技术美功能的合目的性要通过产品的具体形象表现出来，没有感性形象，合目的性的功能就没有物质载体，也就没有技术美的存在。所以，工业产品的感性形象是技术美得以实现的必要条件。另外，技术美的感性形象是由机械制造或工业技术创造的，它体现了机械制造的发展水平和工业技术的设计能力。总之，产品的感性形象必须是体现功能的合目的性的工业技术的物质载体。

4. 技术美具有较大的变易性

技术和科学的发展始终是密切相连的，科学为技术发展提供理论上的指导和依据，科学理论的不断涌现、发展促使技术不断改进，技术实践又推动科学的进一步发展。随着新技术、新工艺的不断产生和运用，技术美也得到了发展。随着技术美的发展，体现在产品中的审美标准就会发生变化，而审美标准的变化又直接影响消费心理和购物导向，这种消费心理和购物导向必然会在产品的设计中直接体现出来，于是产品设计的审美观点便会处于经常的变化之中。技术美的变易与发展速度是与科学和技术的发展速度成正比的。

三、审美在科技研究领域里的重要意义

审美在科学研究领域里的重要意义就在于它能推动科学创造。具体说来，审美对科学创造的作用可以分为动力作用、启迪作用和预构作用。

（一）审美的动力作用

科学创造是一种艰苦的劳动，推动科学家从事科学创造的动力除了期望人类不断进步以外，还有就是对科学美的热爱以及渴望揭示客观世界奇美的奥秘的愿望。

事实上，对美的热爱与对真的追求和对善的向往一样，都是人的本质力量，因此，它在科学创造中就构成一个重要的动力因素。科学家对美的热爱推动了他们对美的现象背后

的真的探求，并成了他们从事科学研究的一个动力。

（二）审美的启迪作用

审美的启迪作用是指科学家在科学创造过程中由于受到美的启迪，而改变思维方向，从而完成科学创造的现象。

世界上的事物是相互联系的，任何一个事物都是众多联系的体现，事物的性质就是由一物与他物的联系来决定的，因此，生活中美的事物常能给科学创造以启迪。毕达哥拉斯由于听到铁锤敲打铁锭发出的有节奏的响声而发现了数及数的关系的和谐系统；牛顿由于看到苹果落地而发现万有引力定律。审美启迪除了表现为受生活中美的事物的启迪之外，还表现为审美的科学事实与科学理论的启迪。科学家在进行科学探索的过程中，常会在对他人的科学发现或科学理论的欣赏中获得启示，开普勒面对哥白尼的天体运行体系是，以"难于相信的欢乐心情去欣赏它的美"，并从中获得启发，最后得出行星运行的三大定律；哈维在研究人体的血液循环时，也从哥白尼的行星围绕太阳运行体系这一科学理论的形式之美受到启发，进而联想到血液循环，从而提出了著名的血液循环理论。在科学家揭示自然奥秘的征途中，审美启迪起到了不可忽视的作用。

（三）审美的科学预构作用

假说是建立科学理论的一种重要形式，科学假说一般都具有美的形式和美的内容，美妙的科学假说实际上是科学家审美感知和审美理解的结果，这种结果是由审美预构得出的。

审美预构是科学家在科学资料、实验设备缺乏的情况下，受到相关领域中事物的审美特性的启发，以美启真，提出科学理论的过程。这种预构是按照审美的方式进行的，它虽然缺乏实验根据以及严密的逻辑推导，但是符合美的规律的，是根据科学美的规律在以往研究成果的基础上所预构出的科学理论或科学模型。门捷列夫的元素周期表的创制就是审美预构作用的一个范例，门捷列夫认为，真的理论必然是美的。从这一科学美学思想出发，他将已知的 63 种元素排成一张周期表，从周期表的完美性出发，他大胆地对某些元素的原子量进行修正，并由此成功地预言了三种新的元素的化学性质。不仅如此，他的元素周期表的创制，还为一系列新的化学元素的发现创造了条件。狄拉克说过："一个方程的美比之它能拟合实验更加重要。"对科学美的遵循，常是通向科学发现的一个重要途径。正如前苏联哲学家科普宁所说，对优雅的、美好的东西的感受并不妨碍对科学研究和对科学假说的评价，而且如果正确地遵循它，还可以看作为积极促成知识获得客观真理性的附带因素。"美的态度对待世界不仅有助于艺术的创造，也有助于科学的创造"。

第二节　工程美学

工程美学的研究对象是建筑、结构、公共工程和市政工程等的审美性及其设计艺术。正如美学是"对美的思考的艺术"一样。工程美学是探讨工程美学问题和艺术思考。

一、工程美学特征

工程美学不仅是美学在工程上的应用，而且也是人文科学的哲学范畴，所以工程美便具有了美学的本质，是在审美活动中主体和客体相遇，彼此融合而成的结果。因此，工程美学具有美学的共同性质，工程美的本质与美的本质是共同的。但工程美学毕竟与美学不同，工程美学具有其特殊性。

工程美学是集实用价值和欣赏价值于一体，经济效益、环境效益、社会效益与审美效应相融合的科学。工程美学的特殊性在于它的实用性、科学技术可行性、环境效益和经济效益及社会效益最佳性，以及工程的精确性和相对性的统一。

（一）工程美学的实用性

工程美学的最大特点在于工程的实用性，不可用的工程，直观再好看再美，从美学的角度也算不上美。一位优秀的工程师，在进行工程设计及施工过程中，首先必须根据工程用途进行审美构思，在保证工程如何达到尽量完善的前提下，使其设计、乃至施工完成后的工程建、构筑物或作品达到直观欣赏美的结果。工程审美包括的内容极其复杂，它与从事这项工作的主体人及观赏者的文化素质密切相关。因此实用与否是工程美的第一要素。如一个污水处理厂，设计的再美，处理的污水达不到再生、回用或排放的要求，作为审美主体的人评价这个审美客体的工程作品也不能说它美，最终还得拆掉或者重新改造，当然工程的实用性及其审美欣赏性也在随社会的发展和科技的进步而不断变化。使用功能相同的工程随时间的流逝而再建时要求往往越来越高，因为人的审美欣赏及审美活动水平在不断提高，且科技的进步有可能使其复杂的工程设计得以实现，因此工程美从实用角度也在越来越美。

（二）工程美学的科学技术严谨性

工程美的实现是以科技为依据的，工程审美的主体人在构思某一工程作品时，首先依据的是实现该工程客体的科学原理和技术手段，然后才考虑布局及直观的美，不过有一点也是明确的。从美学角度出发，可实现的美的工程作品必然符合科学原理和技术手段，反之亦然。如一座跨河大桥，一桥飞架"南北"，天堑变通途，真是美！但这个美是审美主体的物质实践和审美实践的结果，是审美主体物质劳动和脑力劳动创造了这个客体大桥的艺术般的美。因此工程美学中的科技原理在于使工程实践获得成功，并使该工程服务于人的生产和生活需要，实用功能价值极强，它不同于艺术品，艺术品主要功能在于欣赏，欣赏是它的主要功能性。科技在美学中的作用是创造更美的艺术品，科技在工程美学中的作用应该是让工程更好用，因此工程美学即遵循一般的科技原理，又要遵循美学的一般原理，这样才是最美的工程作品。因为工程的实施必须严格遵循物质结构、运动和变化规律，所以工程美首先要具有科学技术的严谨性。在实现好用的前提下追求工程审美的欣赏价值，图8-1和图8-2所示为现代科技在青藏雪域高原筑路搭桥创造壮美工程的典范。

图 8-1 青藏铁路工程（资料图片）

图 8-2 青藏铁路拉萨河大桥（资料图片）

（三）工程美学的相对性与精确性

工程美学对客观世界的把握既具准确性，又具相对性，是二者的辩证统一。美学中的审美客体工程作品，是依据一定的科技原理和工程技术来实现的。具有一定实用功能的建、构筑物或作品，其科学原理和工程技术既具有绝对精确性，也具有一定的相对性。工程美的准确性要求正是它所依据的科学原理和工程技术是物质世界规律性的一个反映，不符合这些规律性的工程，便不可能达到其使用功能。而音乐、诗歌或艺术往往用夸张、含蓄的不精确美反映世界，为人们提供极佳的艺术欣赏或美的享受，这就是工程美不同于艺术美的所在。当然工程原理、技术水平和人类本身受时间、空间及社会发展的影响，其工程作品也有其一定的相对性。但对工程美学来说，精确性仍是主要的。精确性与相对性的结合和统一构成了工程美学的又一个特点。

（四）工程美学的环境协调性

环境协调性是工程美学的要求，长期以来经济全球化，各种工程建设蓬勃发展，向大自然无限索取各种资源，最终引起大自然的反馈，人类遭到大自然的报复，地球变暖、臭氧层破坏、气候变异、生物多样性锐减等，人类最终明白了社会的快速进步不能以牺牲人类生存的环境为代价。要想经济的持续发展就必须使环境保护协调进行。因此在工程美学的审美过程中，审美主体在审视自己所进行的客体工程作品时，无论是对客体建、构筑物的直观美感还是心理欣赏，对所完成作品的美观感受都离不开所做工程作品与之所处环境的协调性。破坏了与其存在环境的协调性，美也就不存在了。无锡金农生物科技有限公司（以下简称无锡金农）的污水处理与噪声防治及尾气处理就是一个典型的正面案例。在无锡金农工厂中，生产车间、库房、污水处理流程、道路及办公楼和整个厂区设计合理，与环境协调，所处理的污水达到要求标准，可再生回用，使天然水良性循环。噪声从源头控制，并通过多种渠道消除噪音。尾气经过合适的处理，固体废渣也经过合格的处理，防止对环境的污染。从工程美学角度来说，审美主体与审美客体真正天人合一，建筑物与环境和谐，使人真正感受到它的美，江苏无锡金农厂区外景见图 8-3。

（五）工程美学的经济可行性和经济效益最佳化

对于任何工程，在使用功能得到满足的情况下，经济效益往往会制约工程的实现，甚

图 8-3　无锡金农厂区外景图

图 8-4　三峡大坝工程

至对美的程度都会产生重要影响。有相当量的工程，从使用功能和美学思考都可实现，但就是因为经济损益分析是不合算的或者没有经济能力而无法实施。三峡大坝工程就是很好的例子，从工程美学的审美主体在对其审美客体大坝的建设时，除论证了科技可行性、大坝实用性之外，经济效益是在审美思考中又一个重要筹码，直至 1994 年我国具备了建设大坝的经济条件，才使一个壮美的三峡大坝工程（图8-4）这个多年梦想得以实现。因此，工程美学在其审美实践中经济因素是必须思考的重要因素。

二、工程设计美与工程美的相关性

多种多样的设计手段，目的终归是为了加强工程物品美的特质。但设计终究是设计，无论如何，设计代表不了工程物品。设计的美与工程物品之美并不能完全等同起来。美不仅仅是漂亮的代表，更是总体的和谐和舒畅，这也正是系统工程设计的美学观点。

所谓工程设计，是指设计师在一定工程需求目标的指导下，运用相应的科学原理及知识设计出对人类社会有用的"产品"。工程设计是根据对拟建工程的要求，采用科学方法统筹规划、制定方案，最后用设计图纸与设计说明书等来完整表现设计者的思想、设计原理、外形和内部结构、设备安装等。

工程设计是工程建设前期工作的主要内容，是实现工程建设的基础，通过工程设计证明拟建工程在技术上的可能性和经济上的合理性。工程设计是工程建设计划的具体化。工程建设计划确定之后，必须进行工程设计，对计划所规定的工程项目进一步具体表达。工程设计是工程建设中的重要环节之一，没有先进合理的工程设计，就无法确定工程建设程序，工程建设就会是无序的、盲目的，因此，工程设计是工程建设按客观经济规律办事的必需条件。

图 8-5 所示为江南大学-喜多多集团国家工程实验室椰果技术研究中心的设计全景效果图，整个研究中心集研发、生产、办公、住宿于一体，从全景图上可以看出，研究中心的建筑整齐划一、色彩柔和，所设立的休闲运动区域也非常人性化，绿化也规划得很到位，总体给人一种和谐、流畅、清新的美感。

图 8-5　江南大学-喜多多集团国家工程实验室椰果技术研究中心设计全景效果图

美的工程必然来自于美的设计。从古至今，人类创造了无数美好的工程物品，其中经典作品不计其数。从故宫、埃菲尔铁塔、飞机、悉尼歌剧院到电视、电子计算机等，无不体现了工程科技之美。这些优秀作品不会是偶然的巧合，它们都是来自创造性的、精益求精的设计，是设计美的体现。

（1）设计之美体现了创新性　创造是设计的第一要素，是人们所追求、所欣赏的，人们从"新"中感受、体验到美。

（2）设计之美体现了合理性　符合自然规律，符合社会规律，工程物的使用价值才能得以保证。设计是一个综合的过程，涉及科学、文化、经济、市场、社会等诸多方面的因素。对设计思想、设计方案进行深入的、科学的分析和检验是必不可少的环节。

（3）设计之美体现了人性　归根结底，设计是为人而设计的，服务于人们的生活需要是设计的最终目的。自然，设计之美也遵循人类基本的审美意趣，需要满足对称、韵律、均衡、节奏、形体、色彩、材质、工艺等审美法则。

但人们难以做到完美的设计，科学技术的发展，设计工具的丰富并不一定就能使设计变成容易的事情。设计过程中要考虑到的因素几乎是没有限制、难以预料的，这为设计带来了不确定性。为了追求完美，需要高的费用投入和时间投入。为了完成工程项目，又需要减少所需的费用和时间，这样就形成了矛盾，最终多是采用折中解决的方法，使得设计无可避免地存在一定的不足。

（1）科学分析的不足　许多工程事故都是由于设计缺陷所导致的，这反映了人们住对技术工程物的认识上存在着不足。不能进行深入准确的设计分析，一方面是受工程投入的限制，另一方面也是受工程复杂性的限制。

（2）设计工具可能对设计者产生误导　在对设计工程物进行物理性能分析方面，理论的计算和实际情况总会有差别。在这个问题上，一般利用加大安全系数来解决。比如建筑物的结构设计，每一个部件都有统一制定的安全系统标准。

在外观设计上也同样存在这样的问题，使得在设计图上看起来外形很美的工程物，实际生产出来后，发现效果并不好。

一是尺度的不同，设计图上的工程物尺寸与实际工程物尺寸可能相差非常大，对人来说，观察上的特点也发生了很大的变化，感觉自然不同。

二是观察角度发生了变化，如建筑物，在设计效果图上，人们是从偏上方向进行观察的，也可以从各个角度进行观察。但实际建筑完成后，人们只能从建筑的地面上进行观察，效果也就产生了变化。

三是色彩介质发生了变化，以采用计算机进行效果设计为例，计算机内可以容易地产生各种色彩，调节也极其方便，观感非常好。但落实到工程物上，色彩是通过油漆、石灰等材料实现的，色调必然发生一定的变化，丰富的变幻、渐变效果也无从实现。

四是光效发生变化，在计算机效果设计时，光线效果是可以任意施加和调节的，特别是某些设计只有在强光下才显得特别漂亮。但到现实中，光线是不受使用者控制的，此时设计的效果就无从体现。

（3）最终工程物将受多种社会因素的考验 流行因素、种族因素、环境变化因素等，都可能是设计时所没有考虑到或难以预料的。这样，工程物受众对工程物的审美评价将是设计者所未预料到的。这种社会因素，而非技术因素，影响了工程物的审美价值。

因此，研究设计与实际工程物之间的相关性是取得优美工程的必由之路。

三、工程美实例

美学发展到今天，科技发展到今天，伴随我国经济的高速发展，人们对工程美的追求和工程美学的出现是顺乎自然的事情，在审美过程中，审美对象的合规律性，与审美主体的合目的性的契合，便使人产生美感，引起人们的审美情趣和审美的愉悦与满足。

（一）饮用水工程的综合美

1. 饮用水处理工程系统要考虑的问题

没有水就没有生命，这是人们的共识。可是自有人类以来，其饮水就是取自于天然水，但许多致病菌及有机、无机物质存在其中，在人类的生存和发展过程中尤其工业革命后，水污染伴随着大工业的出现和发展，人为污染使饮用水不经处理就饮用便会严重危害人体健康，乃至危及生命。于是饮用水处理工程出现了，并获得迅速发展。饮用水处理工程，从美的角度要考虑的问题，与污水处理工程要考虑的问题类似，即也要考虑科技水平和经济可行性，在此基础上，进行美学思考，尽量根据现有的经济实力和技术可能达到的饮用水的处理程度进行审美设计，使人们在饮用清洁、透明可口的人工饮用水后，在饮用水处理工程设计中尽量追求工程美，是饮用水工程与所在的环境自然和谐。

2. 实现饮用水处理工程系统综合美的程序

（1）方案论证 城市饮用水工程系统的选择是以天然水质与饮用水水质标准要求相关，一般其流程为首先取自天然水体进行预处理，然后投药混合反应，并经混凝沉淀和砂滤，最后消毒，其处理后的达标饮用水经市政管网送至用户。具体流程如图 8-6 所示，该图为典型的饮用水处理工程系统流程图。

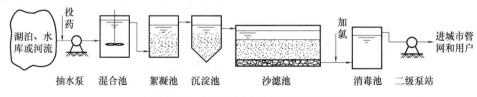

图 8-6 典型饮用水处理系统流程图

（2）饮用水厂厂址的选择 厂址的选择与客观可选取的水源条件有关，不过水源应尽量与加工工厂距离较近，输水管线短、水质、水量和取水后处理的经济可行性是应考虑的主要问题。饮用水源及厂址的选择，在地形、地貌及天然水质、水量等自然条件上，应与人们的要求相符，这既是技术问题，也是饮用水厂工程美的一个重要条件。因此，上述的外在自然条件为饮用水工程美起着不可忽视的作用。

（3）饮用水厂工程设计 在经济合理性和科技可行性统一的前提下，考虑每个单体的造型美，然后必须考虑到布局合理，土地利用率高，经济节省，技术先进，充分利用自然环境，使整体工程在环境衬托下，达到天人合一的优美效果。

（4）饮用水厂的工程施工 施工是将设计者心理构思的工程美变成现实的过程，是设计者构思的工程物能否将天然水质真正变成适于人们饮用的洁净水的手段，亦即使用性、经济性和美感达到和谐和完善的统一，如果实体达到了设计要求，就实现了水厂设计的目的性，否则即使外形很美，水质指标没有达到标准，也就谈不上美，因为它不能使审美主体感受到审美的愉悦和满足。

3. 饮用水水厂工程实例

饮用水厂水处理工程实例，以农夫山泉为例，如图 8-7～图 8-9 所示。图 8-7 是农夫山泉公司门前标志，简洁的造型给人以清洁明快的美感。图 8-8 为农夫山泉的水源供给地的水源现状。干净、原生态的水源地状态，给消费者以真实、清凉、甘甜的心理审美体验。图 8-9 是农夫山泉加工工厂车间内景，自动化、高洁净度的生产车间，带给消费者以高科技水平、高自动化程度的心理审美，给普通消费者产生心理

图 8-7 农夫山泉公司门前标志

震撼。这些生产线是以现代的科技水平和经济能力构建的，从而可使人们饮用到洁净可口的安全水，给人一种心理上的满足。

图 8-8 农夫山泉的水源供给地

图 8-9 农夫山泉加工工厂车间内景

（二）无锡金农蛋白质生产系统的综合美

1. 大米蛋白加工工程系统要考虑的问题

食品级大米蛋白加工是利用大米加工过程中的副产物——大米蛋白渣，经过一系列的

精细加工，制备成可以供人食用的大米蛋白粉。同时可以进一步经过更高科技含量的精深加工，制备成大米蛋白肽，该产品具有降血压、抗氧化、降血脂等功能特性。整个生产过程，需要考虑加工过程的各个单元装备的合理布局，并考虑中水回用等，洁净区与非洁净区的合理分开，人流与物流合理，不交叉。大米蛋白加工工程，从美的角度要考虑的问题是，既要考虑科技水平和经济可行性，进行美学思考，又要尽量根据现有的经济实力和技术可能达到的大米蛋白加工过程，进行审美设计。在大米蛋白加工过程的设计中尽量追求工程美，使其与所在的环境自然和谐。

2. 实现大米蛋白加工工程系统综合美的程序

（1）方案论证 大米蛋白加工需要先洗去糖分、脂肪、灰分等杂质，然后进行酶解、分离得到大米蛋白肽，再经活性炭脱色、浓缩、喷雾干燥制备成肽粉。具体流程如图8-10所示，该图为典型的大米蛋白加工系统流程图。

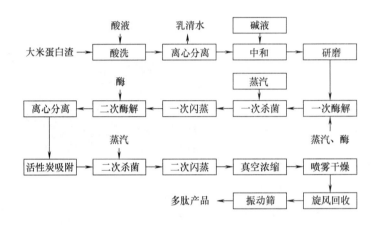

图 8-10　大米蛋白加工系统流程图

（2）大米蛋白加工厂址的选择 厂址的选择与大米蛋白原料的供应地和销售市场有关，蛋白质原料供应地尽量与加工工厂距离较近，或销售市场与加工工厂尽量靠近。生产过程的中水回用与污水处理，要符合所处城市的污水处理要求，其他气体污染物、固体污染物及噪音污染等同样也要符合相关政策。经济可行性也是应考虑的主要问题，这既是技术问题，也是大米蛋白加工厂工程美的一个重要条件。

（3）大米蛋白加工厂工程设计 大米蛋白加工工厂在设计之初，应考虑在科技可行性和经济合理性统一的前提下，考虑每个单体的造型美，然后必须考虑到布局合理，土地利用率高，技术先进，经济节省，充分利用自然环境，使整体工程在环境衬托下，达到天人合一的优美效果。

（4）大米蛋白加工厂的工程施工 施工是将设计者心理构思的工程美变成现实的过程，是设计者构思的工程物能否将饲用蛋白真正加工成适于人们食用的大米蛋白的手段，亦即使用性、经济性和美感达到和谐和完善的统一。让人们感慨正是科技的进步，使得当下能够充分利用大自然给人类的馈赠，不浪费高品质的蛋白质资源，经合理加工，制备成更优良的且具有功能性的大米蛋白肽，实现科技与应用的审美同步。图8-11所示为该企业的车间内景。

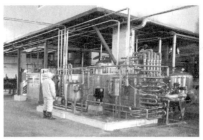

图 8-11　无锡金农生产车间内景

（三）乳制品工厂的综合美

1. 乳制品生产工程系统要考虑的问题

牛乳可以为人体提供优质的蛋白质、脂肪、乳糖、微量元素等各种营养物质。但由于其极易腐败变质，保质期短，不方便储运与销售，故乳制品加工厂需要将来自牧场的新鲜牛乳，进行一系列的加工，制成各种的乳制品，延长保质期，方便运输与销售。随着经济的发展，对其工程建筑物造型和质量要求也越来越高，要求各种乳制品达到的标准也应是与时俱进的，经济上应是合理的，在保证科学技术先进性和可行性基础上应是节省的。作为一个现代化的大型乳品企业，也能使建设者与参观者有一种审美愉悦。

2. 实现乳制品加工系统综合美的程序

（1）方案论证　乳制品加工工程立项后，要进行技术可行性和经济合理性的方案设计和论证，并选定最佳的实施方案，图 8-12 所示为某乳制品工厂乳粉生产工艺流程。

（2）乳制品加工厂厂址选择　生产乳制品的第一个关键细节是优质乳源，通过冷链运至工厂后，经过各项检验，合格后才能进入生产工序。为保证原料乳的新鲜，乳制品加工厂选址应尽量离乳源地近一点。对一个城市乳品工厂厂址选择还要考虑，尽量少占地，同时不要造成对城市的污染，处理后的水尽量能再利用，以达到再生水循环利用的目的，节省能源。

（3）乳制品加工厂工程设计　酸乳的加工过程由不同的单元操作组合而成，整个工艺流程应根据处理单体的组合而进行合理布局，需要将原料乳过滤、预热、标准化、巴氏杀菌、冷却、接种、发酵、灌装等工艺组合，将鲜乳原料通过加工制备成酸乳。另外，贮存、输送、分配、运输等许多方面也有高科技运用，如利用传送带将各箱装好的乳粉运输到指定位置，再由机械手将乳粉放置整齐，最终由自动小车将批量乳粉运送到伊利厂储备库中，实现整个过程的自动化处理。同时，不可忽视的是美观大方，一般乳品加工厂规模宏大气魄，技术先进，要求在设计时，一定要根据地理、地质及气候环境，按生态学原理和美学原理结合，布置好乳品加工厂系统中单元操作的建、构筑物在其中的位置，不仅在平面布置要求美观，高程布局也要合理，使其在实现牛乳加工处理的同时，达到了其使用功能的同时，又有良好的审美欣赏价值，让设计者、乳品加工厂的职工共同在牛乳加工的环境中也能得到工业工程美的审美愉悦。图 8-13～图 8-15 所示为乳品加工厂的车间布局。

（4）施工　施工过程是使用现代材料和最新的施工技术，把精神世界形成的一个牛乳加工系统理念变成现实实体，使审美主体在审美过程中审美客体牛乳加工系统产生对工程的成就感和审美愉悦，见图 8-15。

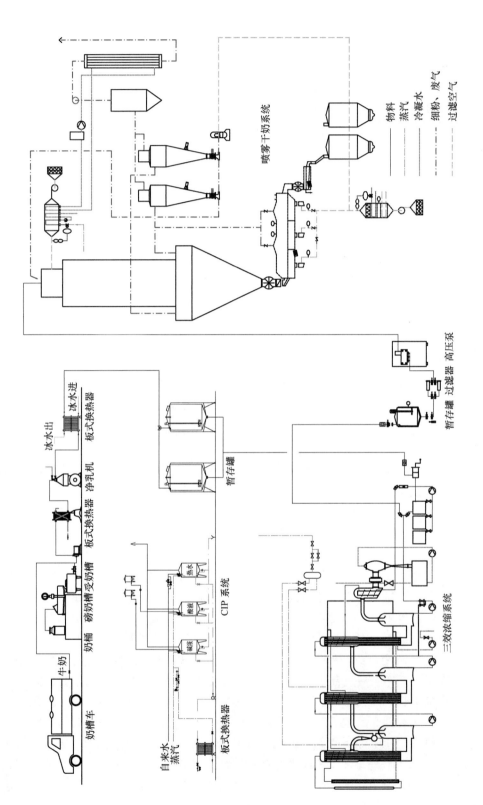

图 8 12 某乳品工厂乳粉生产工艺流程

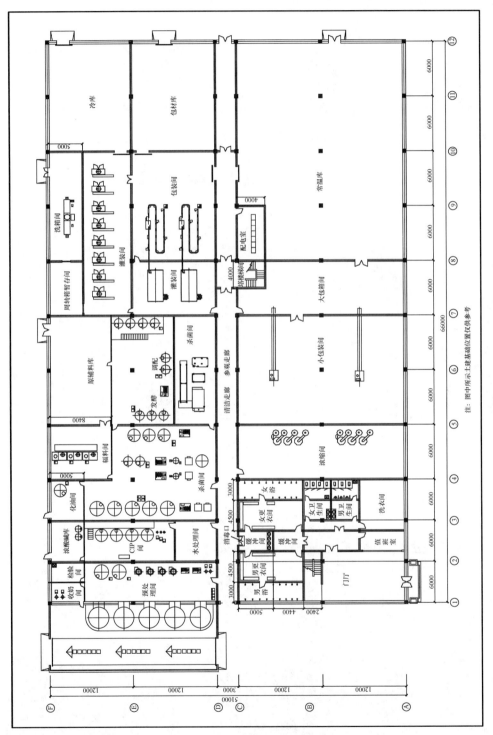

图 8-13　某乳制品工厂乳粉加工车间一楼平面布置图

图 8-14　某乳品工厂的加工车间

图 8-15　某乳品工厂外景

第三节　产品美学

一、产品的审美追求

除了纯属自然进化而成的事物之外，一切有人力直接参与、经过人类亲手加工过的事物，都可以称为产品。本节讨论的产品，主要指人工造成的、流通于市场的物质生活器具，包括作为生产工具的产品和作为日常生活用品的产品。

这种意义上的产品，大致有三种特性。第一，它们用物质材料构成，产生于物质生产过程；其存在又符合物质世界的规律。第二，它们是人工制作的，并且是人按照一定的图样制作而成的。第三，产品的制作是为了使用。产品的主要目的和终极目的是供人使用。但是，供人使用却不是产品的唯一目的。产品从产生的第一天起，就有人的精神需求涵摄其中。这种精神需求，就是对产品外观形式与造型的审美追求。

二、产品的功能

产品是满足人的某种需要而生产出来的。产品对人的需要的意义，就是产品的功能。产品的功能主要有三种，即实用功能、认知功能和审美功能。

（一）实用功能

产品的实用功能，是直接满足人的某种物质需要的功能。茶杯供人喝茶，房子给人提供居住的空间，都属于实用功能。实用功能是一切产品最为基本的功能。

（二）认知功能

认知功能是产品向人们提供信息，让人们了解它的意思的一种精神功能。产品的认知功能主要表现为指示功能、象征功能和展示功能。

它是产品基本的精神功能，是产品设计过程不可忽视的功能因素。工厂的厂房设计，如果轻视认知功能，就可能导致千篇一律，甚至导致工人难以找到正确的车间门。所以，成功的工厂设计，每一个区域都在建筑外形、色彩或空间关系的处理上有所变化，使工人不靠路标和门牌的指引也能找到准确的车间。其实，一切产品都要有自己清晰而独特的形象。茶杯、酒杯、冰箱、衣柜和洗衣机，各自都得有自己的形象，给人们提供认知识别的基础，否则，使用起来就会出现许多麻烦。

（三）审美功能

审美功能是产品的外观形式唤起人的审美感受、满足人的审美需要的功能。产品的审美功能是在实用功能和认知功能的基础上产生的。实用功能是审美功能的基础，认知功能是实用功能向审美功能转化的过渡形态。当产品的外观形式或由它产生的表象直接唤起人的情感体验，产品便由认知对象转化为审美对象。

审美功能具有普遍性。独立观察它的外观形式，其审美功能就显示出来。审美功能的实现依靠直觉。产品审美功能的发挥，是产品的形式直接唤起主体的情感体验。

审美功能具有超功利性。审美功能虽然以实用功能为基础，但它却不是来自实用功能，也不等于实用功能的实现。冰淇淋是大多数人都喜欢食用的一种冷饮，其审美功能不是来自于它能吃（实用功能），而是它的触感和口感会引起人的精神愉悦，从而使人产生审美愉快，因此当人们看到冰淇淋的时候就会由衷地产生一种喜悦之情，这就是冰淇淋的审美功能。审美愉快是产品的外观形式符合人的精神需要所引起的愉快。

图 8-16 超市进口食品类的货架

图 8-16 是超市进口食品类货架所摆放的售卖食品，琳琅满目、种类繁多、色彩鲜艳、摆放整齐，很能引起消费者的购买欲望。人都是外貌协会成员，排列有序、外观好看的东西自然也就能引起内心的喜悦，使人产生审美愉悦，虽然是不曾见过用过的产品，但是也会让人想要购买，这就是审美功能的功利性。

（四）产品的审美定位

产品外观的美学质量能带来巨大的经济效益，对于依靠竞争而求生存的各个企业来说，已是普通的常识。因此，各公司、各厂商都非常重视技术美学的研究和推广，以不断提高产品的美学质量，开发更新更美的产品。巧克力以前只有普通的袋装、盒装和碗装等，但为了迎合消费者的需求，后来出现心形包装盒，更接近以青年情侣为主的消费人群，配以丝带或纱绸，包装更像一件表达爱意的礼物，或是作为花蕊制作成一束假花，直接刺激消费者的购买欲，提高销售量。饮料行业竞争激烈，为提高市场占有率，各品牌从瓶身设计出发，创造让人眼前一亮的产品。如可口可乐的无糖汽水饮料"零度"（ZE-RO），以黑色为底色，衬托白色的"零度"，给消费者以深刻的印象，促进了其新产品的宣传与推广。锐澳鸡尾酒能够成为果汁类预调鸡尾酒的领导品牌，占比达到 47%，其包装设计功不可没。锐澳鸡尾酒采用磨砂半透明的玻璃瓶身，以五彩缤纷的颜色为主体，强烈的视觉冲击，突出青春与时尚。喜好追流行，因为锐澳鸡尾酒包装时尚而选择购买的消费者比例为 19%，排到第三位。对于没有特点品牌习惯的人群，包装的重要性尤其高。这也说明了，预调鸡尾酒的外包装极被消费者看重，酒企完全可通过包装设计提升品牌价值和消费者认知。

三聚氰胺事件重创了中国乳业，同时也创造了国内乳粉业重新"洗牌"的机会。质量可靠，让人信赖的国产乳品企业，飞鹤乳粉，抓住机会，进行品牌升级，产品布局，优化产品包装，实现国产品牌的逆袭。品牌升级前，飞鹤的产品包装设计稍显平庸，没有明显的优势。产品升级后，打造了星飞帆的高端产品系列，见图 8-17。新产品的包装质感明显比之前的低端系列高档许多，其蓝色的罐盖，白色的瓶身底色，金色的图案设计，相得益彰，夺人眼球，给消费者以美的享受，也暗示了消费者，其高质感的罐体设计，必然带

来高质感的产品内容，带给消费者以愉悦的审
美感受。凭借优良的产品质量和产品设计，飞
鹤乳业以"更适合中国宝宝体质"为战略定位，
成功打入顾客心智，有效进攻外资品牌，出奇
制胜，实现 2017 年上半年高端销量增长超
200%，整体销量增长超 45%，稳居国产第一，
荣登亚洲婴幼儿乳粉第一品牌。

图 8-17 飞鹤乳粉的不同包装设计

随着消费者的审美要求越来越高，许多工
业产品的美学质量明显滞后，缺乏竞争力。如
何借鉴外国产品审美设计的经验，继承我国产
品审美设计的优良传统，立足于今天的现实而又面向未来的生活前景，避免西方工业社会
现代化曾带来的技术与艺术的对立，人际情感的疏远以及大自然的污染、生态平衡的破坏
等非人化、非审美化的弊病，将美学运用于科学技术、生产过程、社会生活中去，使各类
产品达到目的性与规律性交融统一的和谐形式，提高产品的美学质量，借助美学来开创企
业发展的新局面，这是技术美学的根本任务所在，也是我国产品设计的当务之急。

三、产品的审美构成

产品美的构成，主要包括功能美和形式美两大因素。

（一）功能美

所谓功能美，就是产品合目的性的结构形式表现出来的美。比如一只茶杯，它的结构
形式与饮水的活动相协调，它的功能适应人的实用需要，就具有功能美。

产品美以功能美为首要因素，这是因为：

（1）产品的终极目的是供人使用，应该有良好的使用功能，应该考虑到消费者使用时
是否方便。

（2）人的物质需要都是先于精神需要出现的。所以，满足人的物质需要的具有实用功
能的产品，也比那些满足人的精神需要的具有认知功能或审美功能的产品出现得要早。大
多数产品是以实用功能为主，即使是那些以精神功能为主的产品也都要以一定的物质材料
和结构为信息载体，也就首先需要一定的物质功能。

（3）不实用的产品谈不上真正的美观。产品的实用性是审美性的一个必要条件。产品
的审美性则很难与其实用性分开。一种包装精美的假冒伪劣商品，顶多只是暂时欺骗消费
者，使用过程中终究会丧失其审美属性。

功能不仅带给人的生理上的舒适和快感，而且带给人精神上的愉悦。对功用美与不美
的体验表现在某一感官对产品某一种功能的感觉，也表现在人对整个产品的把握和认
识上。

（二）形式美

产品的形式美又包括功能形式的美和外观形式的美。

产品的功能形式是能够将该产品的使用功能充分表现出来的内在结构和外在形式。产品的功能只有通过功能形式才能实现。产品功能形式美的最高理想是能够自然而不造作地利用最恰当的形式将功能表现出来，这样的功能形式既是最合理的，也是最美的。

产品的外观形式一般包括造型、色彩、光泽质感、包装装潢等方面。

产品的造型指的是它在空间中占有一定位置的形状。造型美是从本身的形体美和与环境协调两方面给人以影响的。造型美也由几个因素决定。首先是它的实用因素。一件产品无论其造型如何，必须适合实用目的。其次是产品外部造型设计的感染力。现代产品造型的美学追求往往是线条简洁、流畅，各部分比例恰当，符合当代人的心理。

色彩是最能打动人心和表现人的情感的形式因素。产品使用一定的色彩来装饰外观往往有增强产品形象的感染力，加强识别记忆，影响消费者心理和传达一定意义的作用。如德芙巧克力的包装色彩以暖色调为主，以巧克力色为底色，就如巧克力酱淋成一般，散发着香甜，直接对购买者的视觉进行诱惑。

光泽质感是与技术水平、材料质量和制作工艺相关的形式因素。在现代社会，外表粗糙、污暗，看上去凸凹不平，摸上去毛糙甚至扎手的商品绝对不会受人喜爱。反过来，如果产品的光泽质感好，就能给人以高雅、华贵的感觉，不仅受人欢迎，而且会创造更大的价值。如汤圆、糯米团等，表面越是光滑细腻，越是容易引起消费者的食欲，越受欢迎。

图 8-18 是智圆行方设计团队为莱倍国际贸易（上海）有限公司研发出的大米蛋白粉保健食品所设计的产品包装。他们重新定义了产品的特质和格调，完全区隔常规营养品的视觉风格，融入大米蛋白粉特有的品质感，拔高产品视觉档次，以简约国际范的设计语言来表现，以米粒形状为图形创意原点，用放射状的平面构成方法制造出"凝聚、萃取"的视觉感受，来表达"从大米中提取的蛋白粉"的产品特征，从而突出了这款产品"绿色""天然""生态"的形象。

图 8-18　大米蛋白包装设计图

产品的包装装潢犹如产品的外衣，好的包装装潢也可以对产品起到扬长避短的作用。在现代产品设计中，良好的包装应该具有使人一看就能了解其内在产品性能优劣与否的重要作用。它往往通过各种文字说明、简单抽象却能表现本质的图案或符号以及和谐的色彩搭配，来传达该产品的个性、特征。当然，产品信息的传达不是单靠包装装潢实现的，它还可以通过商品推销广告、产品宣传册、宣传卡、样本、吊牌乃至橱窗设计等方式来进行。在这些活动中也都存在着美学问题。如何通过设计，将产品的实用功能与审美功能、物质和精神的双重特征很好地表现出来，是产品外观形式设计中的一个关键。

第四节　食品与美学

一、中国食品饮食的审美构造

食品文化艺术，是文化、生活与艺术的独特结晶，它通过食艺的调适完成对自然的转换、聚合与超离。从"味""滋味""味道""口味""品味"进而到"韵味""意味"是一种讲究"食味"的特定艺术。从艺术与美学的角度理解食品文化，意味着生活是人的感觉，情感和理性的价值载体和通道，柔和了生活的美学和活力。中国食品文化的内涵，超越维持个人生命的物质手段和表象，达到超越生命哲学的艺术境界，而食品文化学，是把美学与烹饪学、心理学以及艺术理论结合在一起用于饮食活动领域的新兴交叉学科。人们在日常生活中食用、品尝和鉴赏菜点时，作用于人的美感因素涉及诸多方面，是多种因素共同作用的结果，其中包括菜点本身的，也包括菜中所包含的情感及深义。

（一）原料的美感和艺术

包括食物的颜色、口味、荤素搭配等，简单的说就是"色""香""味""形"。首先原料要品质优良，安全无污染，营养搭配合理，有益人体健康。"色"包括食物尽量保持原料的本色，注意颜色的搭配与菜肴的上色，在色彩的配合上色泽既要鲜明又要协调，要能给食用的人以食欲，不能给人突兀的感觉；突出主色，选好配色，主色是菜的主要部分，配菜的颜色要注意使用量，不可喧宾夺主；注意冷暖的搭配；注意灯光色彩的配合。英国人吃饭的目的主要是增强身体健康，要求是营养，对食物口味的需求不高，而中国人对待吃饭则采取了艺术的态度，更加注重食物的美，其中核心就是"味"，"香"与"味"是一致且并存的，注重调好味，就是注重"香"了。俗话说"烹调，烹调"，"调"可以说是中国饮食文化中特有的方法了。"味"大多数情况下要通过"调"才能实现，即通过人工调理，使原料与作料的气味渗透达到美味。"形"包括保持食物原型及造型两类，所谓"熟而不烂"，烤全羊，烤乳猪等，就是这个道理，形态体现美食效果，服务于食用目的的富于艺术性和美感的造型，其中形式美的构成法则是要注重对称与均衡，对比与调和，渐次、节奏与韵律，反复与比例。

（二）烹饪方式选择要具有美感及艺术性

不同的烹饪方式会带来不同的口感、触感及观感。中国人的烹制方式可谓多种多样，包括蒸、煮、烤、炸、泡、煎等。在不同的场合，面对不同需求的人，不同的季节应选择不同的烹制方式；再者，烹制方式可以体现甚至创造出食材的不同口感，哪怕是同样的食材放在几个不同人面前，也有很多烹饪方式可以做出完全不同的菜式，如：想要菜品焦脆可口，可以采用油炸的方式；想要食物质地细腻，品尝食物原味，保存其多数营养价值可以采用清蒸的方式；想要原料与作料的香味散发的愈加强烈，会建议用煎的方式，此外这个方法还能去除肥肉中的油脂；若想要食物内部粉糯，外部甜脆，可以采用先蒸煮再拔丝的复合手法等，更重要的是，注意在烹制手法的选择时尽量保持食物本身特性，突出其本味的同时再做加工，会使菜品锦上添花。

（三）菜名的美感及艺术

不同的名称可在人们心中形成不同感受，概括起来包括写实性命名法及寓意性命名法。前者如实反映原料构成、烹制方法，如"青椒肉丝""拔丝苹果""西湖醋鱼"，而后者则撇开具体内容而另立新意，抓住某一特色加以艺术手法渲染气氛，通常雅致奇巧。所以在现代社会中，后者菜名的使用率明显上升，大家可以注意到越高档的饭店菜名名称越雅致。无论如何，菜名要满足顾客的求实心理，同时突出特色、诱发情感、启发联想、情趣健康。

（四）装盘的美感及艺术

装盘的艺术是餐桌文化中必不可少的一个环节。一道菜肴再美味，给人的"第一印象"不好，立即使菜品降低了一个档次，更不要说艺术感的体现了。装盘装盘，顾名思义，分为"装"和"盘"两个方面，其中"装"指装饰设计与菜品的辅料点缀。一道看起来油腻的红烧狮子头旁点缀两三颗绿油油的烫水小青菜，煎烤羊排下的红白萝卜底座，顿时提升了菜品的美感，也增添了吃菜人的审美情趣。"盘"即器皿，是盛装菜点的餐具。"美食还宜美器""美食不如美器"，美器早已成为古人美食的重要审鉴标准之一。盛器应与菜点相互配合，首先盛具大小应与菜品分量相适应，非特殊造型菜点应装在盘子内线圈内，碗、炖盘、砂锅等菜点应占容积的 $80\% \sim 90\%$，应给菜盘留下适当空间，不可堆积过满，以免有臃肿之感，既影响审美又影响食欲；其次，盛具品种应与菜点品种相配合；再者，盛具色彩应与菜点色彩相协调，其中冷菜和夏令菜宜用冷色食具，冬令菜和喜庆菜宜用暖色食具。盛具与菜点配合能体现美感，注意突出菜品质量好的部位。食品造型集绘画、雕刻、造型、拍摄为一体而自成一格，是烹饪艺术中的一枝奇葩，是运用烹饪原料进行美术创作的一门艺术，带给人以美的艺术享受。

二、食品与艺术审美

一顿饭可以是一件艺术品，吃和喝也可以称为"审美"的经验，食品的艺术或审美方面会涉及一些理论知识。虽然关于吃的道德问题已经在哲学领域讨论了很长时间，但在美学中的地位还是最近的事情，处于道德和审美价值的关系存在争议的食品，它也是艺术。

最初吃对每个生物来讲是身体和生理上的需要，对人类还有文化实践的需求。每个生物想要生存就必须养育自己，然而，有时候往往以其他一些生物的生命为代价。如果有人认为吃另一种生物关乎道德人品，那么这一事实本身存在伦理问题。更重要的是，人物的性格反映出吃的习惯——吃可以尽情或节制，欢乐或孤独，热情或漫不经心。关于吃与伦理存在的问题，什么东西只能适当吃，是否有潜在需要设为禁区，例如某些文化和宗教传统禁止食用滋养人体的食品。

除了生存所需，吃会产生强烈的享受。食品呼吁感官——立即反映的味觉和嗅觉也包括视觉、触觉甚至是听觉。随着不同菜系的发展，人们也发现市面上很多质量的标准规范。这种因素表明，食物也具有审美价值，这一理论（排除了肉体上的满足）就传统的审美观念得到抵制。同样，食品的状况作为一种艺术形式是更复杂的，比起它的最初出现。一些有影响力的传统哲学，以及产生美学理论和艺术的哲学都不欢迎美食纳入其工作范围。被拒的理由是食物、身体和进食的必要性与道德观密切相关。

探索人类发展历史长河，远古时期的人类在饿的意识下，只能通过狩猎和采集的方式填饱肚子，他们茹毛饮血没有工序而言。直到发现火的存在，学会利用火将生肉烤熟，逐渐食物开始有了加工的程序。在随后漫长的岁月里，人类研制出各种口味的佐料，为美食锦上添花。

文化差异促使世界上各民族国家拥有自家传统美食，对美食的迄求也体现了各国人民的审美倾向。著名画家张大千先生曾说过："吃是人生最高艺术"。众所周知，中国人在饮食方面讲究"色香味俱佳"。

具体上，闻起来香气扑鼻，吃起来津津有味，外观追求形式美感，讲究色彩搭配。

例如，烟台的面塑艺术历史悠久，至今不衰。每临近过年家家户户都要发上几锅香喷喷的大枣饽饽，通常用精白面粉捏造龙凤、刺猬、蟠桃等祥瑞造型，祈盼来年的丰收吉庆、幸福长寿。等到要出锅的时候，还要用刻章蘸着特制的颜料在面食中心盖上莲花图案。邻国日本的饮食代表——寿司，他们追求自然，喜食生鲜。对待原材料刀工清爽利落，不求繁复的形式美。十分注重细节，每个肉片的摆放，厚薄，纹理都是很挑剔的。不仅如此，餐具方面也有细究，寿司大小与餐具尺寸甚至花纹相搭配。所以现代日本设计的总体风格是简洁中往往流露出细节之美。

而欧洲现代美食的兴起培育了一批注重品味哲学发展的文学家。美食文学家相对我们是美食中精英阶层。他们专注于在足够休闲时间的节日里，花时间品尝一系列食物。如美食作家布里亚和雷尼尔写了关于餐桌上辨别美食味道的乐趣和精细准备饭菜重要性的发展。这些优雅的食物不仅仅是消除饥饿，也是艺术世界入口的想法。

在现代美学理论中，味觉扮演着一个重要的概念角色，人们可能会认为食物很容易被自动地赋予审美价值。然而，味觉阻碍了哲学中重要的目标制定。

特别是他们很难找出一个"标准"的味道，一个必要的规范性指标。味道和气味经常被认为是高度的"主观"感官，视觉和听觉提供周围的信息，以确保人们经历是现实而不是幻觉。但味道和气味似乎提供了很少的信息，除了个别对物质的反应。理论家们力图逃避，并阻止为实现字面的标准味道而破坏了主观主义。

但是这并不妨碍我们对美食的品尝，味觉上审美是可以与视觉审美分开的。比如说，"分子料理"是近年在欧美地区新兴的一个厨艺概念，它不仅成为世界顶级餐厅的招牌菜，而且是欧洲烹饪的一个艺术流派。与传统的料理不同，分子料理是指在食物烹饪过程中，加入不同的物质，制造出各种奇特形状的食物，挖掘美食的无限可能。其科学原理是将食物的味觉以分子为单位进行处理，依靠现代化的仪器，打破食材原有的物理结构、重组和塑形，颠覆传统厨艺，尝非所视。这是一种超越了我们的认知和想象的食物，其外表可以欺骗食客们的视觉，然而吃下去口腔却弥漫着别出心裁的味道。

三、现代食品工业设计与美学

经济高速发展的今天，人们对食品品质要求越来越高，不同于以往满足基本营养要求。消费者选购食品时对外观和口感的要求也越来越高，产品的个性化和趣味性极大地影响消费者的购买决定。在此基础上我们提出现代食品工业设计理念，主要是在了解消费者喜好和购买心理的基础上，对产品的色香味形及外在包装形象进行整体的设计，符合市场需求，进而促进产品的销售，并达到宣扬企业文化等的目的。

人对食物的主观感觉直接影响其饮食行为，人类在饮食的时间过程中，其饮食知识和经验也逐渐丰富起来，并渐渐地将食物的颜色、味道以及食物整体形态的感觉与该食物是否好吃，味道甘美程度，甚至对与自己的营养需求联系在一起，从而形成较固定的条件反射。

随着时代的发展，人们的文化水平、价值观念已产生了新的变化，尤其是作为社会主要消费群体的中青年，在物质和精神两方面都具有多样性和多变性的消费需求。新型食品的设计在欧洲被认为是很有趣的一个主题，因为通过食品生产能够满足特定族群消费者的喜好和需求。食品的色、香、味不仅是一种感官上的享受，而且有利于增进食欲。倘若食品的颜色缤纷、香气诱人、滋味可口，那么消费者定会毫不犹豫地将产品带回家。此外，食品的外包装也是提高商品附加值的一种最直接的手段，因为它能够影响消费者对包装内产品的感知、判断、决策及购买等一系列消费心理行为。

所以现代食品工业设计理念主要是对食品的外观、颜色、香味、口感等方面进行生产研究与设计，并对产品的外包装以及从包装中所传达的产品文化信息和地域特征等进行设计，以迎合消费者的喜好，从而促进产品的销售，并达到推广企业文化和精神等的作用。

（一）现代食品工业设计理念构成要素

1. 食品外包装

消费者在选购商品时，很少能够直接品尝所选购的食品，往往只能通过其他线索来预期食品的味觉体验，根据杜邦定律，大约63%的消费者会根据商品的包装来作出购买决策，在食品选购中更会如此。食品包装作为产品的附加物而成为商品的组成部分，和商品是不可分割的，在现代市场策略中占据了显著的地位。同时，作为市场竞争的主要手段，它已成为企业营销战略的重要组成部分。消费者对外包装的态度直接影响消费者对食品质量和品牌的喜爱。包装对购买决定有着很大的影响。

食品包装设计中的色彩、图片、材料、文字信息、产品形状、文化特征、民族特征、地方特色等是外包装设计的主要方面。

（1）色彩　食物的颜色会影响人们的选择。尤其在超市琳琅满目的货架上，包装的颜色能最先吸引人们的视线。成功的食品包装不但能迅速地吸引消费者的视线，而且能让人觉得包装内的食品新鲜美味，产生立即购买的冲动。

（2）图片　食品包装上不同形状、不同风格的图片或插图对消费者形成味觉暗示。食品包装上的图片也是体现食品味觉，刺激消费者购买行为的一种主要手法。随着包装工艺的迅速发展，各种各样的装饰手法被用于食品包装。

（3）材料　在食品包装中，选择和色彩、图片搭配恰当的包装材料，能很好地衬托出食品包装的味觉感。

2. 食品颜色

食品的颜色是人们对食品的"第一印象"，即视觉印象，是人们评价和选购食品的重要因素。不同的食物颜色会引起人们不同的心理变化。

食品的颜色是反映食品外观和内在质量的一个重要标志。人们通过食品的颜色来鉴定食品的新鲜度、成熟度、加工精度、品质特征及其发生变化的情况，食品的颜色也是人们评价、选购食品和引导消费的重要因素，人们对食品味道的判断常受到食品或饮料颜色变化的影响。当食品的颜色发生改变，不符合饮食习惯时，人们就可能不喜欢这种食品，使销售停滞。当然人们的饮食习惯也会发生变化，例如目前人们开始对合成色素抱怀疑和不欢迎的态度，因此对于各种饮料都爱喝淡色或天然色饮料。食品的颜色可能会影响感官感觉，因为人们往往喜欢购买和食用使他们感到愉快的颜色。

另外，食品颜色还有作为获取关注和辨别品牌的交流工具的潜力，这同时也增加了产品的独特性和在消费者脑中的形象。

所以，在现代食品工业设计中使最终食品呈现出何种颜色是一个重要的问题，因为它能直接影响消费者对该产品的认识。

3. 食品形状

食物的形状主要影响人的视觉和触觉，当我们对某一食物进行感官品评的时候，最直观的印象便是来自食品的外观、形状，还因为食物的外观和气味会增加胃酸的分泌，这有效地引起消费者的食欲，刺激购买欲望。

食品的外在形状，是固体，液体，还是半固体，以及固体食品的形状大小，液体食品的黏稠度等，其实也直接影响消费者对该产品的喜好，因为食品的外在呈现状态也影响了产品的口感还有食用的方便性等。食品的外在形状还直接决定了产品的趣味性，而产品的趣味性又会间接地影响产品的口感，例如超市中形状可爱的饼干糕点等，吃起来会觉得比普通形状的好吃和有趣，从这个方面看，注重产品外在形状，会极大地增加产品在市场中的竞争力。

4. 食品香味

从饮食生理学分析，人类接触食物时，气味分子就随空气进入鼻腔，而食品的香气则是他们所含的醇、酚、醛、酮、酯、萜烯等类化合物挥发后，被人们吸收鼻腔引起刺激所致。

因此，色香味中的香是影响消费者选择的重要方面。好的气味令人心情愉悦，比如茶的清香。其他一些特征性的味道，还会直接刺激人的食欲，比如酒香、辣椒油的香味等。在市场上选购没有包装的水果时，我们也会拿起来闻一闻，从而判断水果质量。所以食品的味道反映食品质量的同时也不同程度地引发人的食欲。

5. 食品的特色及背后传达的文化精神

现在，我们常会看到某些食品广告极力宣扬产品的地方特色、传统特色、民族特色等，那是因为在今天，我们的消费者对食品的追求也是求新求变，喜欢与众不同富有个性的内涵，而地方特色食品有着与大众消费品截然不同的味道，这对消费者是很大的吸引。此外，在一个产品背后所传递的人文特征以及情怀会引发不同消费群体产生某种特定情感，这也极大地推动了消费。

（二）现代食品工业设计理念的优势与特点

好的外包装，能真实反映食品的本来面貌，还能在此基础上让人产生味觉的联想，提升产品风味口感，另外，好的产品外包装所传递出的信息，在美化商品、促进销售、推广企业形象及满足消费者心理需求等多方面都有提升。包含了为食品包装具有传达功能、美化功能、促销功能。

食物的香气，在未入口之前即能给人以直观的感受。适当的香气，不但可以激发食欲，还能给人留下深刻的记忆。

在进食前和进食过程中，对食物的外观、形态、色泽产生的第一感觉良好，可刺激消化神经，诱人食欲，提高消化率。

总的说来，这些优点与特色是产品区别于其他同类产品的地方，他们在不同层面上让消费者产生感情，引起消费者的购买欲望，最终使产品销量上升、企业盈利并达到推广企业品牌和文化的作用。这是互利双赢的局面，消费者买到了新奇好吃健康的食品，企业也获得丰厚的利润。

（三）新旧食品工业设计理念对比

在过去经济不发达的时候，人们对食品的要求也只在满足基本的营养供给方面，随着经济的高速发展，在带动其他的诸如机械制造行业发展的同时，也带动了食品工业的迅猛发展。人们不再满足于过去的单一化的、粗加工的食品，对现代食品要求既要好吃好玩，又要新奇有趣；既要富有地方文化特色，还要健康有机，营养均衡丰富等。

从食品工业角度来讲，要从迎合消费者的喜好出发，对产品的外包装，到产品的形状、颜色、香味、口感进行设计，并对产品的文化内涵进行设计，以引发特定消费群体的共鸣，此外还可以将民族特色和地方特色的食品带到消费者面前。设计不仅要具有实用性，而且要追求对审美、情感文化、精神方面的需求，从而使设计随着社会经济的发展向人性化方向迈进。使最后生产出来的产品获得消费者的认可和喜爱，企业也得到盈利的目的。和过去相比，此外新型产品工业设计理念还包含有产品的特征消费人群的确定，对终产品的销售面做一个估算，确保产品的销路等。

香飘飘奶茶的设计前后变化，就是随着时代的变化、消费者的喜欢变化，进行改进与完善，并得到消费者的认可的实例。

包装最原始的功能就是把商品包裹起来，既起到保护商品的作用，又便于携带。包装设计的使命随着经济社会的发展，发生了重大的改变，从单一的实用功能延展到诸多的营销层面的功能。对商家来说，通过包装设计，成为宣传品牌、提高产品竞争力、强化产品特征、树立企业形象和品牌形象的标识。从消费者角度看，同时还期望得到除对物品消费外的一种心理的审美享受。

图 8-19 所示这两款奶茶的包装看，优乐美的标识占据整个杯子的中间位置，是视觉的中心点，有力地突出了自己品牌名和品牌形象，产品类别放在右下方，意在弱化。而香飘飘的标识位于杯子的上部，与"香芋奶茶"占据的比例相当，可以说突出了产品类

图 8-19 两款奶茶的包装

别，品牌名称显得较小，从消费者的第一视点，眼睛的第一落点、视觉习惯及品牌识别最大化来讲，优乐美更吸引眼球，更容易让人产生记忆。在卖场纷繁众多的货架上，琳琅满目的产品及五彩缤纷的包装使消费者会眼花缭乱，很多产品他们都是一扫而过，能让消费者获得最快的认知与记忆，还是需要放大自己的品牌名称与标识。记住了品牌名称，就为下次消费做了铺垫。

在奶茶这一快速消费品领域中，多个品牌不相上下，香飘飘一直难以突破作为杯装奶茶领导品牌的这一发展瓶颈，香飘飘凭借敏锐的市场洞察力和持续深入的消费者研究，不断推动产品的创新升级，坚持对品质的优化，以丰富的产品种类满足消费者的不同需求，旗下现有的美味、椰果两大明星系列，深受消费者喜爱，1 年有 12 亿人次在喝。

2017 年，此新一代产品原汁奶茶更独家引进获得多项国际专利的日本异型袋包装机精细罐装，并采用新型专利料包和凹凸纹隔热纸杯，从每一处细节都体现出香飘飘的独具匠心和精益求精。图 8-20 中的奶茶包装设计带给消费者直接的视觉冲击，带来愉悦的审美体验，让人爱不释手的审美心情，满足了消费者的审美需求，激活消费者的审美动力。

面对市场的竞争越来越激烈，消费者的需求越来越多，对营养需求的越来越精细，香飘飘奶茶也需要不断地更新产品系列，满足消费者日益苛刻的要求。图 8-21 为香飘飘推出的新款液体奶茶，从产品的营养、颜色、香味、口感、外包装、形状进行设计，深受消费者的喜爱。

图 8-20　香飘飘奶茶新包装

图 8-21　香飘飘液体奶茶

从"绕地球"到"小饿小困"的转变让香飘飘有了明确的功能价值，品牌的定位也融入到消费者日常的工作与生活。这也帮助香飘飘在整体表现欠佳的市场环境下实现逆势增长，在激烈的竞争中保持行业领先地位。

（四）如何实现现代食品工业设计

消费者购买产品时有一个从需求到吸引，了解到认知，再到决定是否购买，食用产品后的反馈情况，以及要不要再次购买相同产品的一个循环过程。所以现代食品工业要以满足消费者的需求和喜好为主，使生产出来的产品外包装有趣新颖，食品本身形状色泽靓丽、气味怡人、口感俱佳，做到真正的色、香、味俱全。

首先是食品本身外观口感，营养价值有保证，这是企业真实实力之所在。只有当食品处于正常形状和颜色范围内才会使味觉和嗅觉在对该种食品的鉴评上正常发挥。品种多样的食品类型可刺激食欲，增加食物可食用性。增加不同形状的食物和塑造不同感官的食物也可调节我们的饮食观念，从而影响我们的饮食心理。食物最能影响人类感觉的是气味，其次是颜色，最后是形状。从这个方面看，气味对人的心理作用最大，在对现代食品进行工业生产设计时，要非常重视食品所呈现出来的香味，因为它能直接影响消费者的食欲，是增加还是减少食品的滋味以及增加和减少的程度等。一个靓丽吸引人的外观更是不可或缺，从心理层面上，好的外包装会间接提升食品的味道，从美的角度看，一个能引起消费者喜爱和兴趣的包装，直接就能促进产品的销售。

我国食品包装设计的现状与问题，第一是过分注重产品包装，而忽视产品的质量；第二是对传统美学因素注重不够：①过分强调视觉效果，不便利包装；②过度包装；③欺骗性包装；④盲目模仿设计风格。

除了食品本身的色香味外，外包装设计必须图案鲜明、文字突出、色彩醒目，能迅速将消费者吸引住。通过注意阶段以后，消费者会仔细观察食品包装。由于消费者的年龄、性别、文化程度、职业、经济状况、兴趣等各不相同，此阶段包装设计要针对不同的消费者，从色彩、造型、文字、图案等方面着手构思，设计出满足不同消费者兴趣的食品包装。然后，食品包装的形状、构图、装饰、材质等要素需要新、奇、美，从而组成富有想象力的画面，使消费者容易产生联想。

从民族化包装设计表现出的创新特质看，设计不仅要做到合情合理，而且要建立在对传统文化内涵深刻理解研究并与之契合的基础上，要求包装的形式特征与消费群体长期受熏陶的文化背景相吻合。特别是，食品包装除了要吸引顾客达到购买的目的外，还应当满足企业品牌推广的需求，设计个性化的要求和适应消费者心理的要求。

思考题

1. 什么是科技美？

2. 简述科学美的审美特征。

3. 什么是技术美？

4. 简述技术美的审美特征。

5. 简述审美在科技领域的重要意义。

6. 简述工程美学的特征。

7. 举例说明工程美在食品工程系统中的实际应用。

8. 简述产品有哪些功能，并简述产品的审美定位。

9. 简述中国食品饮食的审美构造。

10. 简述现代食品工业设计理念构成要素。

11. 举例说明如何利用美学相关知识实现现代食品工业设计。

参考文献

[1] 闫波，姜蔚，王建一. 工程美学导论 [M]. 哈尔滨：哈尔滨工业大学出版社，2007.

[2] 柯汉琳. 美学原理 [M]. 广州：广东高等教育出版社，2015.

[3] 王文博. 现代应用美学入门 [M]. 北京：中国纺织出版社，2001.

[4] 曾广容. 系统论、控制论、信息论概要 [M]. 长沙：中南工业大学出版社，1986.

［5］ 朱玉珠，楚金波. 美学原理［M］. 哈尔滨：黑龙江人民出版社. 2007.

［6］ 陈望衡. 艺术设计美学［M］. 武汉：武汉大学出版社. 2000. 9. 杜玲玲，苏国成，周常义，李健. 现代食品工业设计理念［J］. 食品研究与开发. 2016，（11）：201-204.

［7］ 赵建军. 论中西食品的近现代交流与融合［J］. 四川旅游学院学报. 2017，（6）：6-13.

［8］ 项婉钰. 浅谈中国饮食中的美学和艺术［J］. 大众文艺. 2013，（10）：270-271.

［9］ 孙静. 艺术审美与食品［J］. 文艺生活（文艺理论）. 2017，（4）.

［10］ 付黎明. 工业产品设计美学研究［M］. 长春：吉林大学出版社，2012.

［11］ 吴崀. 商业美学［M］. 北京：北京交通大学出版社，2013.

［12］ 季水河. 美学理论纲要［M］. 长沙：湖南人民出版社，2011.

第九章

环境安全制约原理

━ 学习指导 ━

　　熟悉和掌握环境安全制约原理的基本概念，了解食品行业的法律法规、安全标准以及企业资质要求，掌握环境安全、职业安全的管理及标准化，熟悉工程项目管理过程中要点，了解安全辨识与安全分析的概念以及临界控制的基本方法，掌握知识产权保护的概念。

第一节　环境安全制约原理

　　与现代化工业生产和科学技术飞速发展相伴生的是"潜在危险性"和"不安全"因素剧增，为了解决这个问题人类不断从"危险性"事故中总结经验，研究对策、采用各种安全技术措施，预防灾害事故的发生，有效控制、治理各种潜在危险源。于是在现代科学技术飞速发展的大潮中，安全科学、安全系统工程学（Safety System Engineering）以及危险源辨识、评价、预防、治理等一系列安全工程的系统技术，应运而生，并得到了迅速发展。

一、环境安全制约原理的基本内容

　　环境安全制约原理的基本内容是以安全系统工程为理论基础，依据相关的安全卫生标准、法规，为工业区、企业、装置、车间这些不同研究对象的空间环境规划和设施布置的系统安全，通过辨识—分析—控制，对设计、建设进行强制性科学制约的原理。为确保工程总体空间规划、布设全系统的安全、为劳动者创造安全的生活、生产空间环境，这种强制性的安全制约，即食品科学与工程学科为完成这一目标任务所必须遵循的基本规矩和科学准则。

二、环境安全制约原理的出发点

　　维护劳动者职业安全卫生利益，对生命质量提出更高的要求，制定、完善和强制推行安全卫生标准体系，科学地制约工业项目的设计、建设和生产，已成为世界范围的共同行动。"安全第一，预防为主"是我国在国家劳动立法和劳动政策方面都明确提出的劳动安全卫生工作的根本方针。也是现代化经济建设、生产、管理和工程建设等必须贯彻的八字方针。所谓"安全第一、预防为主"，即要求在生产过程中，劳动者的安全是第一位的，最主要的，生产必须安全，安全才能生产。

　　确保安全生产的最有效的首要措施就是积极预防、主动预防，科学地、动态地组织工程总体空间规划和设施的科学布置，食品学科和工程学体系与一切单体、单项工程的设计一样，都必须首先严格执行上述"安全第一"的方针并遵循相关的安全、卫生、环境保护等各种法规、规范、标准对设计的制约。这就是环境安全制约原理的出发点。

食品科学与工程专业涉及的设计标准、规范多种多样，需要研究的各种制约因素也很多，设计过程需要对各种内部矛盾、外部矛盾、制约因素，进行科学协调和技术制约。这里作为环境安全制约原理所涉及的与环境、安全、卫生相关的各种法规、标准、规范，均属于保障人体健康，人身、财产安全的标准。它们和法律、行政法规规定强制执行的法令、法规一样，均为强制性标准。为了规范食品企业的生产，保障食品安全，国家从1953 年开始制定相关的食品法律，加强对食品生产各个环节的监管。《中华人民共和国食品安全法》对食品生产经营、食品安全标准、食品安全事故处理、监督管理等食品相关活动进行了全面的规定。《中华人民共和国产品质量法》《中华人民共和国食品卫生行政处罚法》《中华人民共和国农产品质量安全法》《中华人民共和国计量法》《中华人民共和国商标法》等数部单行的有关食品安全的法律也对食品生产进行了各方面的限制。国家在加大食品生产经营阶段立法力度的同时，也加强了环境保护对农产品安全影响等方面的立法，颁布实施了《中华人民共和国环境保护法》《中华人民共和国水污染防治法》等。在标准规范方面，食品生产活动应受到食品良好生产规范（如 GB 12693—2010《食品安全国家标准　乳制品良好生产规范》、GB 29923—2013《食品安全国家标准　特殊医学用途配方食品良好生产规范》等）和食品企业生产卫生规范（如 GB 14881—2013《食品安全国家标准　食品生产通用卫生规范》、GB 31603—2015《食品安全国家标准　食品接触材料及制品生产通用卫生规范》、GB 31621—2014《食品安全国家标准　食品经营过程卫生规范》等）的限制。显然，安全制约原理所遵循的各种安全卫生标准，其本质均属强制性标准。这种对设计布置的制约，也是强制性制约。因此，旨在于为食品工业园区、企业、装置、车间创造安全环境，保障生产安全的环境安全制约的原理及其依据的标准，均具有的强制性，就构成了环境安全制约原理的第二个基本特征。

三、安全标准化及标准体系

安全制约所依据的标准即国家、行业颁布的各种安全卫生标准、规范和包括安全、卫生内容在内的其他专业标准、规范。

标准是安全制约的依据。因此，实行安全卫生标准化工作和严格执行这些标准具有重要意义：①突出了"预防为主，安全第一"的方针和以人为本的科学发展观；②强调企业安全生产工作的规范化、制度化、标准化、科学化、法制化；③体现安全与质量、安全与健康、安全与环境之间的内在联系和统一性，把安全与质量、健康与环境作为一项完整的工作来抓；④为劳动者创造舒适、安全的劳动环境，防止事故和职业病的发生；⑤对提高劳动生产率和作业人员的安全技术素质，保持社会的稳定发展具有重大的社会效益和经济效益。

（一）国内外安全标准化动态

国际上关于安全卫生标准及标准化的工作在发达国家开展较早，各种标准相互配套、协调，自成一体。虽然各国情况有所差别，但对于安全标准大多管理较严，均由政府强制执行。国际标准化组织（ISO）认为：现代化的目的首先就是保证安全、健康和保护生命；其次，应当保护消费者的利益和社会公共利益。由此，ISO 的每一项国际标准在制定时都应考虑到安全问题，安全因素已成为 ISO 组织日常工作中不可分割的组成部分。

我国的劳动安全卫生标准化工作起步较晚，系统制定工作从 20 世纪 80 年代初开始，80 年代后期国家技术监督局和原劳动部开始有计划地加速安全卫生标准的制定工作。随着我国工业建设和科学技术的发展，劳动安全卫生标准数量大幅增长；同时实践中出现了不少新的问题，如标准之间不配套、不协调、相互矛盾以及混乱、组成不合理。为加强对标准的宏观管理，为国民经济发展提供安全保障，我国于 20 世纪 80—90 年代成立了一批专业性的安全标准化技术委员会。这些委员会根据自己的业务范围，对安全标准进行了规划和协调，编制了相应的标准体系；一些行业部门也制定了本行业系统的安全卫生标准体系。

在立法方面，2006 年 10 月，我国批准《职业安全和卫生与工作环境公约》，标志着我国关于劳动安全卫生权的立法由过去的单一预防和救济工伤亡事故，逐渐发展到追求劳动的安全、舒适和体面，使劳动安全卫生保护工作更富于科学性和人道性，并争取实现与国际接轨。专门研究工程总体空间规划和设施布置的专业学科离不开各种标准、法规作为自己专业设计的规则、准则。设计工作是科学，必须遵循这些标准形成对设计决策的科学制约才能进行合格的设计。

专业应用的设计技术标准体系包括各种法规和标准，这些标准又可分为基础标准、通用标准和专用标准三类。严格执行这些标准对设计工作的科学制约而言，实际上包括技术制约和安全制约两种不同功能。

基础标准基本属于技术制约标准；通用标准和专用标准类的标准除安全卫生标准属强制性安全制约标准外，其他许多标准也同时具有技术制约和安全制约两种功能内容。大量的各种专项标准、技术标准中大多包括安全卫生的相关规定。一般来说，各种技术制约标准多属推荐性标准，而安全制约标准属强制性标准。

（二）食品行业的法律法规及安全标准

1. 我国的食品安全法律法规体系

20 世纪 50—60 年代是我国食品法律法规的起步阶段，1953 年颁布的《清凉饮食物管理暂行办法》是建国后我国第一个食品卫生法规，扭转了冷饮不卫生引起食物中毒和肠道疾病爆发的状况。

20 世纪 70—80 年代是我国食品安全管理从单向管理到全面管理过渡的阶段，1982 年颁布的《中华人民共和国食品卫生法（试行）》是我国食品卫生方面的第一部法律。

20 世纪 90 年代至今是法制化管理的新阶段，我国先后颁布了《产品质量法》《农产品质量安全法》《动植物检疫法》《商品检验法》等其他相关法律法规。

《中华人民共和国食品安全法》于 2009 年 2 月 28 日第十一届全国人民代表大会常务委员会第七次会议通过，2015 年 4 月 24 日第十二届全国人民代表大会常务委员会第十四次会议修订，自 2015 年 10 月 1 日起施行。

因此，我国食品安全法律法规体系是以《中华人民共和国食品安全法》为主导，由《中华人民共和国产品质量法》《中华人民共和国标准化法》《中华人民共和国计量法》《中华人民共和国食品卫生行政处罚法》《中华人民共和国农产品质量安全法》《进出口商品检验法》《食品生产加工企业质量安全监督管理办法》《食品质量安全市场准入审查通则》《中华人民共和国商标法》《中华人民共和国消费者权益保护法》等法律以及国务院和地方行政部门出台的行政法规、部门规章和其他规范性文件构成的。

（1）行政法规　食品行政法规分为国务院制定行政法规和地方性行政法规两种。国务院制定行政法规是由国务院根据宪法和法律，在其职权范围内制定的有关国家食品行政管理活动的规范性法律文件，其地位和效力仅次于宪法和法律。行政法规的名称为条例、规定和办法。《突发公共卫生事件应急条例》《中华人民共和国进出境动植物检疫法实施条例》等。

（2）部门规章　包括国务院各行政部门制定的部门规章和地方人民政府制定的规章。如卫生部制定的《新资源食品卫生管理办法》《辐照食品卫生管理办法》《食品卫生行政处罚办法》；农业部制定的《农业转基因生物安全评价管理办法》和《水产养殖质量安全管理规定》等。

（3）其他规范性文件　不属于法律、行政法规和部门规章，也不属于标准等技术规范。这类规范性文件如国务院或个别行政部门所发布的各种通知、地方政府相关行政部门制定的食品卫生许可证发放管理办法等。如《国务院关于进一步加强食品安全工作的决定》《食品生产企业危害分析与关键控制点（HACCP）管理体系认证管理规定》等。

2. 我国的食品安全标准体系

新的《中华人民共和国食品安全法》第三章食品安全标准中规定了食品安全标准的内容、制定部门、制定依据等，第二十五条指出食品安全标准是强制执行的标准。除食品安全标准外，不得制定其他食品强制性标准。

目前，食品安全标准按照实施范围分为国家标准、行业标准、地方标准、企业标准；按内容分为食品基础标准、食品产品标准、食品相关产品标准、食品添加剂标准、食品检验标准、食品管理标准：技术管理、生产管理、经营管理等，如 ISO 9001、ISO 9002 质量管理标准。按照标准内容可得到食品安全标准体系的框架，见图 9-1。

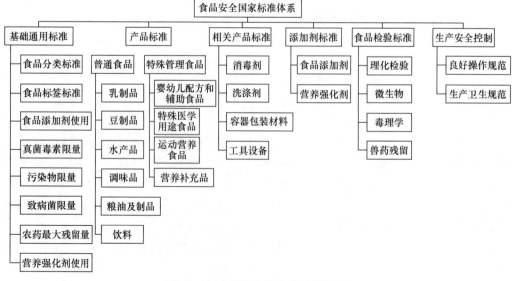

图 9-1　食品安全标准体系框架图

（1）基础通用标准

食品基础通用标准：GB 2760—2014《食品安全国家标准　食品添加剂使用标准》、GB 2761—2017《食品安全国家标准　食品中真菌毒素限量》、GB 2762—2017《食品安全国家标准　食品中污染物限量》、GB 2763—2016《食品安全国家标准　食品中农药最大残留限量》、GB 14880—2012《食品安全国家标准　食品营养强化剂使用标准》、GB 29921—2013《食品安全国家标准　食品中致病菌限量》。

食品标签标准：GB 7718—2014《食品安全国家标准　预包装食品标签通则》、GB 13432—2004《食品安全国家标准　预包装特殊膳食用食品标签通则》、GB 28050—2011《食品安全国家标准　预包装食品营养标签通则》。

食品分类标准：我国暂没有统一的食品分类标准，现行有效的具有食品分类作用的文件较为系统的有以下两个：

①《中华人民共和国食品安全法》第三十五条规定：国家对食品生产经营实行许可制度。因此，由国家质量监督检验检疫总局食品生产监管司颁发的配合食品质量安全市场准入审查使用的我国的《食品质量安全市场准入制度食品分类表》经常被采用。该标准将食品分为了粮食加工食品、调味品、肉制品、乳制品、饮料、方便食品等 28 类。

② GB 2760—2014《食品安全国家标准　食品添加剂使用标准》中的"附录 E——食品分类系统"。该分类系统将食品分为乳及乳制品、脂肪，油和乳化脂肪制品、冷冻饮品、粮食和粮食制品等 16 类。

另外，在《食品安全国家标准　食品中污染物限量》《食品安全国家标准　食品营养强化剂使用标准》等标准的附录中也有食品类别的说明，但这些标准的附录文件都在其标准中说明了附录只适用于相应标准。

（2）食品产品标准

① 普通食品中的各大食品分类中的主要产品都有相应的国家标准或行业标准。

② 特殊管理食品：GB 10765—2010《食品安全国家标准　婴儿配方食品》、GB 10769—2010《食品安全国家标准　婴幼儿谷类辅助食品》、GB 29922—2013《食品安全国家标准　特殊医学用途配方食品通则》等。

（3）食品相关产品标准

如 GB 4806.9—2016《食品安全国家标准　食品接触用金属材料及制品》、GB 4806.10—2016《食品安全国家标准　食品接触用涂料及涂层》、GB 14930.2—2012《食品安全国家标准　消毒剂》、GB 14930.1—2015《食品安全国家标准　洗涤剂》等。

（4）添加剂标准

①食品添加剂标准：GB 1886.3—2016《食品安全国家标准　食品添加剂　碳酸氢钙》、GB 1886.6—2016《食品安全国家标准　食品添加剂　硫酸钙》、GB 1886.11—2016《食品安全国家标准　食品添加剂　亚硝酸钠》等。

② 食品营养强化剂标准：GB 1903.2—2015《食品安全国家标准　食品营养强化剂　甘氨酸锌》、GB 1903.8—2015《食品安全国家标准　食品营养强化剂　葡萄糖酸铜》等。

（5）食品检验标准

① 理化检验方法标准：GB 5009.5—2016《食品安全国家标准　食品中蛋白质的测定》、GB 5009.12—2017《食品安全国家标准　食品中铅的测定》等。

② 微生物检验方法标准：GB 4789.1—2016《食品安全国家标准　食品微生物学检验　总则》、GB 4789.2—2016《食品安全国家标准　食品微生物学检验　菌落总数测定》等。

③ 毒理学检验方法标准：GB 15193.1—2014《食品安全国家标准　食品安全国家标准　食品安全性毒理学评价程序》、GB 15193.3—2014《食品安全国家标准　急性经口毒性试验》等。

④ 兽药残留检测方法标准：GB 29682—2013《食品安全国家标准　水产品中青霉素类药物多残留的测定　高效液相色谱法》、GB 29694—2013《食品安全国家标准　动物性食品中 13 中磺胺类药物多残留的测定　高效液相色谱法》等。

（6）生产安全控制标准规范

如 GB 31621—2014《食品安全国家标准　食品经营过程卫生规范》、GB 31603—2015《食品安全国家标准　食品接触材料及制品生产通用卫生规范》、GB 14881—2013《食品安全国家标准　食品生产通用卫生规范》等。

上述标准体系属安全卫生类强制性标准。这类强制性标准正是本章所讨论的食品系统工程学和环境安全制约原理所依据的准则。

（三）企业资质

1. 食品生产企业资质认证的定义及功能

食品生产企业的资质认证是具有第三方地位的认证机构根据相关标准对食品、生产过程及服务，根据法律规定和机构的权能做出的客观科学的评定，让消费者可以通过认证标志了解生产经营者和产品的相关信息，据此做出理性消费选择。企业资质认证具有较强的法定性、技术性和权威性。食品生产企业的资质认证的基本功能有两方面：一方面是通过有第三方地位的具有公信力的公示性证明，传递食品安全有关信息，让社会及消费者对获得认证的食品产生信任；另一方面是通过第三方认证机构专业化的评审，使技术标准和技术规范在食品生产企业得到全部执行，改善了企业的内部管理，提高了食品质量水平。因此，食品生产企业的资质认证制度是市场功能和政府监管的重要补充，通过相关资质认证，可以提高企业的品牌形象和知名度，使其生产的产品更加具有说服力。

2. 食品生产企业资质认证的种类

目前我国食品企业的资质认证种类很多，其中必需的行政许可为生产许可证（SC）和出口备案（产品出口销售时）。生产许可证是在《中华人民共和国食品安全法》中规定的，国家对食品生产经营实行许可制度。从事食品生产、食品销售、餐饮服务，应当依法取得许可。出口备案是出口食品生产企业必须履行的法定义务，经备案审查不符合要求的，其产品不予出口。

其他自愿性的资质认证主要有以下几种：

（1）ISO 9000 品质体系认证　其认证机构都是经过国家认可机构认可的权威机构，对企业的品质体系的审核非常严格。这样，对于企业内部来说，可按照经过严格审核的国际标准化的品质体系进行品质管理，真正达到法治化、科学化的要求，极大地提高工作效率和产品合格率，迅速提高企业的经济效益和社会效益。

（2）食品安全管理体系（ISO 22000）认证　ISO 是国际标准化组织的简称，ISO 22000 是适用于整个食品链的食品安全管理体系，有机整合了 HACCP 管理体系的原理和国际食品法典委员会制定的实施步骤，还将其完全融入到企业的全部管理活动中，体系完善，逻辑严谨。

（3）ISO 14001 认证　关注环境影响的企业会做。

（4）ISO 18000 认证　关注员工职业健康的企业会做。

（5）HACCP 管理体系认证　HACCP 管理体系即危害分析与关键控制点管理体系，是起源于美国航天食品生产管理体系，以科学、高效、简便、合理、专业性强的特点而在国际上受到推崇。实施 HACCP 管理体系主要是为了对食品生产、加工实现最佳管理，为消费者提供更加安全的食品。

（6）良好生产规范（GMP）认证　食品企业良好生产规范，是国际通行的食品生产经营企业实施的一种品质保证制度，特别注重在生产过程中产品品质与卫生，核心理念是在卫生安全的条件下生产、包装和储存食品。在药品生产经营领域属于强制性认证。

（7）有机产品认证　有机产品认证是标准最高、要求最严格的产品认证。认证依国家质量监督检验检疫总局审议通过的《有机产品认证管理办法》施行。

（8）美国有机 NOP 认证　在美国市场上需要出售有机产品的生产商和经销商，都必须（根据该国农业局）通过 NOP 的认证，而且 NOP 的认证是由美国农业局签订合格的。有机成分供应商也必须由 NOP 认证。

（9）欧盟 EOS 有机认证　此标准为有机生产的可持续发展奠定基础，从而确保欧盟内部市场的有效运行、保证公平竞争、确保消费者信心和保护消费者利益。

（10）绿色食品认证　绿色食品认证是我国自成体系的食品认证，具有中国特色，起步较晚，我国于 1990 年正式开始发展绿色食品。其认证程序依据《绿色食品标志管理办法》施行。

（11）BRC 认证　BRC 认证即英国零售商协会认证，已经成为国际公认的食品规范，不但可用以评估零售商的供应商，同时许多公司以其为基础建立起自己的供应商评估体系及品牌产品生产标准。

（12）FSSC22000 认证　FSSC22000 认证即食品安全体系认证 22000，是一套健全的、基于 ISO 的认证方案，是专门为食品产业链中的组织制定的食品安全体系认证，其优势在于针对食品链不同的行业类别明确了其前提方案要求，易于被处于食品供应链不同环节的组织接受、实施及审核。

（13）清真食品（HALAL）认证　即符合穆斯林生活习惯和需求的食品。清真食品以饮食惟良、必慎必择、严格卫生、讲究营养和注重保健而自成体系，在"清洁与健康"的饮食文化影响下，清真产品受到越来越多人的青睐。

（14）犹太食品（Kosher）认证　是符合犹太教规的、清洁的、可食的，泛指与犹太饮食相关的产品。Kosher 认证的食品是符合犹太饮食法规的，可以为那些信奉 KOSHER 食品的人们所接受。该认证为犹太教地区客户需求。

（15）IFS 认证　IFS 认证即国际食品标准认证，IFS 是为保证在对食品供应商审核时有一套透明且完整的标准，由德国贸易联合会制定的。该标准在德国和法国等欧洲国家比较有影响力，也是国际食品零售商联合会认可的质量体系标准之一。

除了以上所列举的资质认证，食品生产企业可根据自身的产品及市场需要，自愿进行其他相关的认证，以获得更多的品牌提升及产品保证。

无锡金农生物科技有限公司是以中国食品科技领域最著名的学府——江南大学食品学院、粮食发酵工艺与技术国家工程实验室为技术支撑平台，集研发、生产、市场营销为一体的一家高新技术企业，公司拥有世界领先的专利技术，是国内唯一具备"大米蛋白"研发与生产能力的企业，公司成立于2012年，自成立以来，多次获得国家及省市科学技术进步奖。产品已获得出口卫生备案、ISO 22000认证、有机认证、犹太认证、清真认证、BRC认证等所有产品出口所需要的资质，产品热销北美、欧洲、澳洲，输往美国、德国、澳大利亚、巴西等多个国家和地区。表9-1所示为无锡金农生物科技有限公司目前所拥有的资质。

表 9-1　　　　　　　　　　无锡金农生物科技有限公司的资质

认证名称（中文）	认证名称（英文）	执行标准	认证机构
食品生产许可证	SC	GB 14881—2013《食品安全国家标准 食品生产通用卫生规范》	食品药品监督管理局
出口食品企业备案证明			出入境检验检疫局
危害分析与关键控制点（HACCP）体系认证	HACCP System Certificate	GB/T 27341—2009《危害分析与关键控制点（HACCP）体系 食品生产企业通用要求》 GB 14881—2013《食品安全国家标准 食品生产通用卫生规范》	中国质量认证中心
食品安全管理体系认证	Food Safety Management System Certificate	GB/T 22000—2006/ISO 22000: 2005《食品安全管理体系食品链中各类组织的要求》	中国质量认证中心
BRC认证（英国零售商协会认证）	British Retail Consortium Certificate	Global Standard For Food Safety Issue: 7	SGS
犹太洁食认证	Kosher　Certificate	犹太教义	KOF-K KOSHER SUPERVISION
清真认证	Certificate Of HALAL Product		IFRC HONGKONG
非转基因身份保持认证	（IP认证）	NON GMO IP Supply Chain Standard	SGS
有机认证（美国标准）	Certificate Of ORGANIC OPERATION(NOP)	The US National Organic Program, 7CFR Part 205	Ecocert
有机认证（欧盟标准）	Certificate Of ORGANIC OPERATION(NOP)	ECNo. 834/2007	Ecocert

第二节　环境安全管理与标准化

一、环境安全管理的主要范畴

环境管理是针对环境问题的解决而采取的行为方式，而且是"问题发生后"的行动表现，当人类意识到问题的存在及其产生的原因是观念和行为的错误时，就要重新调整自己的自然观和自身的生产、生活活动与自然环境的关系，即从宏观到微观对自身的行为进行规范，以尽可能有效的方式恢复被损害了的环境，并减少甚至消除新的发展活动对环境和人类健康造成新的损害，保证人类与环境能够持久、和谐地发展下去。这种以解决和消除环境问题为目的的行为规范就是环境管理。准确地讲，环境管理是通过对人们自身思想观念和行为进行调整，并运用行政、经济、法律、教育、科技等手段约束和规范自身行为，实现人类社会与环境的协调发展。

可见，环境管理的对象是造成环境问题的行为的主体。以人类的社会经济活动为表现方式的行为（不当）是造成环境破坏的根本原因。而行为主体大致可以分为三个方面：个人、企业和政府。个人作为社会经济活动的主体，主要是指个人为了满足自身生存和发展的需要，通过生产劳动或购买获取用于消费的物品或服务，在此过程中与环境发生直接的关系。企业作为社会经济活动的主体，其功能是通过向社会提供产品或服务，并在此过程中获取利润。企业体现人与环境之间的关系最为直接的层面，企业的自然观、社会责任感、效率等因素左右它处理与环境的关系的方式。因此，企业行为是环境管理的主要对象之一。政府作为社会行为的主体，它本身具有规范社会行为的功能，包括规范个人与企业与环境的关系行为。因此，政府的行为可以直接或间接地造成和引发环境问题。

从环境管理的对象和目的可以看出，环境管理的内容可以分为两大方面。首先，从对象角度看，可以分为政府行为的环境管理、企业行为的环境管理和公众行为的环境管理；其次从环境目标角度看，可以分为环境质量的环境管理和生态环境管理。由于环境问题具有复杂性、交叉性和过程性等特征，在实际工作中，关键是突出解决问题的效率。如果从环境及其层次结构和相应的环境问题对象上看，可以纵向地或综合地把环境管理内容进行层次划分：①宏观环境层次，即一般意义上的环境保护，包括生态环境保护（管理）和环境要素管理，如大气环境管理、生物多样性管理等；②中观环境层次，即产业环境管理、区域环境管理等，如农业环境管理、城市环境管理等；③微观环境层次，即企业和环境因子管理等，如企业环境管理体系、农药环境管理等。因此，从理论上讲，有必要进行准确的环境管理对象和内容划分，在实践中可以以突出目的性为原则进行命题。

环境管理的手段是实施环境管理所运用的工具，或技术上体现为环境管理的操作方式。一般而言，因为政府（包括立法和司法机构）是环境管理的最重要的主体，通常所指环境管理手段是以政府为主体而言的，主要可以分为行政手段、法律手段、经济手段、宣传教育手段和科学技术手段。与环境管理内容一样，各种环境管理手段在实际运用中往往也是相互交叉和依托关系。如环境管理的经济手段（包括政策的制定与实施、市场机制等）就需要政府的"命令"或法律的"强制"加以配合。

二、环境管理的标准化

（一）环境管理标准的定义及由来

自从环境问题出现以来，各种国际组织和各国政府一直致力于环境法制管理，即通过制定有关国际环境条约约束各缔约国的环境行为，各国政府通过制定各种环境法规并强制企业执行，以减少各种生产活动对环境的危害。但由于法律法规的规定不可能事无巨细样样全包，法规在执行中会遇到各种各样的特殊情况，再加上执法人员人数和经费的限制，不可能时时处处对全社会的环境行为进行严格有效的监督管理。致使一些环境法律法规流于形式，在实际上不能有效地付诸实施。

环境标准是"为了防治环境污染，维护生态平衡，保护人体健康，对环境保护工作中需要统一的各项技术规范和技术要求所作的规定"。环境标准是国家环境保护法律、法规的重要组成部分，是开展环境管理工作最基本、最直接、最具体的法律依据，是衡量环境管理工作最简单、最标准的量化标准。

我国的环境标准由国家环境保护总局制定，并与国家质检总局联合发布。强制性的环境标准应视同为技术法规，具有法律强制效力。推荐性的环境标准作为国家环境经济政策的指导，鼓励引导有条件的企业按照相关标准实施。新标准的制定、标准的修订均应综合考虑环境保护和经济、社会发展的总体需要，分期分批进行。同时，必须保证现行体系的稳定性及标准间的协调和兼容性。

制定环境标准所依据的原则如下：

① 以国家环境保护方针、政策、法律、法规及有关的规章为依据，以保护人体健康和改善环境质量为目标，促进环境效益、经济效益、社会效益的统一；

② 环境标准应与国家技术水平、社会经济承受能力相适应；

③ 各类环境标准之间应协调配套；

④ 标准应便于实施和监督；

⑤ 借鉴适合中国国情的国际标准和其他国家的标准。

环境管理标准与环境技术标准最大的不同在于它不是强制性标准，不能利用国家法制的强制力强制执行。它是推荐性标准，国家向企业推荐，企业自愿采用。在内容上，环境管理标准并不对有关污染物排放、原材料与其他自然资源的使用以及当地环境问题作出任何具体规定，也不重申有关环境法律、法规、行业规范所作出的各种环境规定，而是对如何达到这些环境规定的要求提供一种环境管理的指南和环境管理的模式。

（二）环境管理标准体系

环境标准体系是指根据环境标准的性质、内容和功能，以及它们之间的内在联系，将其进行分级、分类，构成一个有机联系的统一整体。我国的环境标准系统包括三级五类。我国现行环境标准体系，是由三级构成的，即国家标准、国家行业标准和地方标准三级；同时，按照《中华人民共和国环境保护法标准管理办法》的规定，将国家环境标准分为环境质量标准、污染物排放标准、环境基础标准、方法标准和环境样品标准五类。

企业的环境管理是现代社会生产和生活方式变化在企业经营管理上的反映，它强调经济效益、社会效益和环境效益的统一，在维持经济增长的同时，努力实现人类与自然的和谐发展。作为一种全新的管理理念和方式，绿色管理已成为现代企业管理的重要组成部分，是国家环境管理的主要内容与微观基础。企业环境管理是以管理工程和环境科学的理论为基础，运用技术、经济、法律、教育、行政等手段，对损害环境质量的生产活动施加影响，协调发展生产与环境保护的关系，使生产目标和环境目标统一起来，以求经济效益、社会效益与环境效益的统一。环境污染的实质是资源的浪费。企业降低原料消耗，提高资源的利用率，降低成本和投入，既是提高企业经济效益的重要措施，又是控制和减少对环境污染的重要措施。由此可见，企业环境管理的任务，也是企业生产管理的任务，二者是一致的。它的一致性表现在：手段一致，二者都必须通过改善生产组织，改进管理方法，改革工艺，改进设备，改变原料、能源构成，降低消耗；过程一致，二者都必须通过从原料进入开始，到产品形成，对生产过程中每一个环节都进行管理；目的一致，二者目的都是为了在发展生产、保护环境的基础上改善生活条件，满足人们的物质文化生活的需求。

（三）环境质量标准

环境质量通常指环境的适宜程度，一般情况下，环境质量标准的定义是：为保障人体健康、维护生态系统安全和保护社会财富，由法定机关根据人群和生态系统的综合要求，对环境中的各种有害物质浓度和有害因素强度所作的限制性规定，是环境保护的技术法规。

环境中的有害物质是影响环境质量的重要因素，本不应该存在于环境之中。但是由于经济技术条件的制约，人类在生产和生活过程中，还是会难以避免地要向环境中排放一些污染物。为保障人体健康和生态系统的安全，兼顾发展经济和提高生活水平的要求，在不能完全杜绝排污的情况下，只好退而求其次，通过制定环境质量标准对环境中的有害物质进行限制，规定允许含量水平。这不仅受到发展利益的影响，也有一定的科学实验依据。通过对一些有害物质的毒性作用机制和剂量-效应关系进行的研究，发现生物体对于有害物质具有一定的"耐受"能力，生物体暴露在一定的剂量范围内是相对安全的。可见，制定环境质量标准，是人类在无法完全杜绝排放污染物行为和消除污染的情况下，对环境污染所做的暂时的妥协和退让，是一种无奈而现实的选择。

环境质量标准是具有实践性的文件，其实践的特征集中表现在约束性和持久性方面。约束性是指必须按照标准要求开展环境质量评价工作，并采取相关措施，按照要求达到环境质量目标；持久性是指根据外部环境的变化和对污染危害认知水平的提高，适时修订标准的内容，通过实施标准来持续性地改善环境质量，并不断重复"修订-实施-改善-修订"的过程。

（四）环境质量标准的执行

按照我国法律规定，地方各级政府对当地的环境质量负责，因此，环境质量标准的实施主体是各级政府。但是，由于实施环境质量标准是一项非常复杂的社会管理工作，涉及社会生产、生活的方方面面，显然仅靠政府推动实施是不够的，必须动员全社会的力量参与环境质量标准的实施工作。一方面，各个组织和个人都在直接或间接地制造环境污染，都在不同程度地影响着环境质量，例如，空气中的细颗粒物（PM2.5）不仅来自工业污染源，也与汽车行驶、食物加工（烹饪和烧烤等）、服装干洗、家庭装修等过程中的排放有密切关系；另一方面，做好环境保护又将使每个社会成员受益。从这个意义上讲，政府、企业、各种社会组织和每个公民都应成为环境质量标准的实施主体，都应参与到改善环境质量的事业中去。

评价环境质量是实施环境质量管理工作的基础。通过评价环境质量状况，可以检验环境保护工作的成效，发现工作中存在的问题，确定未来工作的方向。评价环境质量可以采用主观方法和客观方法。目前世界各国普遍采用的是客观评价方法，评价工作的具体内容包括布设监测点位、实施监测、数据分析和处理、确定评价结果等。

一般情况下是采用环境质量标准来评价环境质量状况的，通过将污染物监测数据与环境质量标准进行对比，得出达标与否或达到某级标准的结论。需要注意的是，采用环境质量标准进行评价有一定的局限性。为解决这个问题，可以采用分析对比污染物监测浓度随时间变化规律的方法，判断环境质量状况的变化趋势。环境质量状况是客观存在的，如果不采取可以影响环境质量的实际行动，无论是否进行评价、无论采用何种评价方法、无论评价结论如何，都不能改变环境质量的实际状况。只有严格控制各种影响环境质量的污染物排放量，才有可能保持环境质量的稳定，进而改善环境质量。

第三节　职业安全管理与标准化

一、职业安全管理的概念

（一）职业安全管理的定义

狭义上的职业安全与健康通常是指，在劳动生产过程中，通过采取一定的措施来保护劳动者的生命安全与身心健康，例如，改善劳动环境、采取预防工伤事故发生的相关措施。而广义上，职业安全与健康的定义则是以劳动者的工作环境为对象，为了防止其对劳动者的健康造成损害，通过识别不良工作环境中存在的对劳动者有害的相关因素，然后进行评价以及预测等分析不良工作环境中有害的因素对劳动者安全和健康的影响，继而改变和创造出一个安全、健康和高效的工作环境，进而达到保护劳动者身体健康、提高劳动者生命健康的目的。

职业安全管理形成于 20 世纪 60 年代，是一种重要的社会性管制，其目标是保证所有职工在工作活动中的安全健康，措施涵盖法律法规、设施、科学技术和管理制度等。

职业安全管理主要涉及国家及地区的安全策略和政策，企业相关的计划、组织、实施和控制过程，以及对健康与安全管理绩效的评测等。实践中具体包括对人员、设备、环境、作业过程、事故及职业病等多方面的管理，制定管理方针和各类规章制度，同时也涉及在整个管理过程中所体现的安全文化。

职业安全管理关系到一个企业的可持续发展。职工作为企业最重要的资源之一，对企业的建立、发展和扩张有着举足轻重的影响，保障好职工的健康和安全也就是维护了企业可持续发展的力量和资源，同时也为企业长期目标的实现确立了一个坚实的根基。同时，职业安全管理是一个国家经济发展和社会文明程度的反映。

（二）职业安全管理的内容

职业安全管理的核心内容是研究人-机系统中的安全问题，控制人、物、环境的不安全因素。按照职业安全管理实施层面，可将其内容分为国家、企业和个人三个方面。

1. 国家层面

安全生产方针是国家对安全生产工作提出的总体要求，是安全生产工作的指向标。中国现行安全生产方针的目标是"安全第一，预防为主，综合治理"，主要的内容为遵守安全职责，进行事故提前预估，拟定并落实预防措施。同时，安全生产责任制是一项基本管理制度，是政府、企业的各级领导、职能部门和在工作岗位上的工作人员对生产工作应负责任的一种制度。

《中华人民共和国安全生产法》自 2002 年 11 月 1 日起实行。其第四章为安全生产的监督管理，第五章为生产安全事故的应急救援与调查处理。安全生产管理制度是依照中国安全生产方针及有关法律法规与政策所制定的，是企业和员工在生产活动中应该共同遵守的规范与准则。安全生产管理制度包括机构职责、责任的划分、安全生产管理人员职责、安全职责、工程设备的管理与检查整改、事故的处理方法以及玩忽职守的处理办法等。

2. 企业层面

企业应做好事故的预防和管理，采取相应措施，从科学技术、科学教育、科学管理三方面着手。通过提高系统管理可靠性来提升系统的安全性，同时运用合格的监控系统对指标进行监控，保证这些指标不达到导致事故的危险水平。另外，应让员工掌握相关的安全基本知识，在科学管理应有相应的安全检查、安全审查与安全评测。

此外，企业应做好职业病的预防和管理。应早发现职业病和职业健康损害；不主观地评价职业安全危害与工作场地中职业病危害要素的关系和危害程度；改进作业场地条件，提升生产工艺技能，使用防护设施和防护用品，对职业病职工及疑似职业病职工给予有效的处置；应设立职业健康监管制度，保证劳动者能得到与所接触的职业病危害要素相对应的健康监管。

3. 个人层面

个人应做好危险源的辨识，掌握事故的应急救援，立即组织救援遇害人员，并对危险区域以内的其他人员立即进行撤离或其他保护措施。立即掌控事态，对事故造成的损失进行确定，并划定事故造成危害的区域，判定事故危险性质及危险程度。做好事故后的恢复工作，消灭潜在危险因素。

二、职业安全管理的标准化

目前，中国的职业安全卫生法规体系是以《宪法》为依据，由相关法律、行政法规、地方性法规和有关行政规章、技术标准相补充和协调。

我国关于职业安全卫生的立法几经波折，1994 年开始起草《安全生产法》，随后发现与《职业病防治条例》草案内容重复，于是在 1996 年提出《安全生产法（草案）》《劳动安全卫生条例（草案）》《职业病防治条例（草案）》三个草案合并的建议。之后，随着1998 年国务院部门机构的改革，《劳动安全卫生法》又分为《职业病防治法》和《职业安全法》。到了 2000 年，由于安全事故频发，国务院把《安全生产法》列入立法计划，在2002 年 6 月 29 日的全国人大常委会上通过。此外，为了预防、控制和消除职业病危害，2001 年 10 月 27 日全国人大审议通过了《职业病防治法》。在 2011 年和 2014 年，《职业病防治法》和《安全生产法》都有了大幅度修订，但两法分立的格局仍然存在。除了以上两法，涉及职业安全卫生管理的法律还有《中华人民共和国刑法》《中华人民共和国劳动法》《中华人民共和国安全生产法》《中华人民共和国突发事件应对法》《中华人民共和国卫生防疫法》《中华人民共和国工会法》等。此外，相关行政法规主要有《危险化学品安全管理条例》《特种设备安全监察条例》《工伤保险条例》《国务院关于特大安全事故行政责任追究的规定》等。

此外，《国际劳动公约》是一种国际职业安全卫生法律规范，此类职业安全卫生法律法规并不由国际劳工组织直接实施，而是作为一种参考依据，让采用的会员国批准并制定本国的职业安全卫生法规。因此，经中国批准生效的《国际劳动公约》是中国职业安全卫生管理法规的一个重要组成部分。

20 世纪 90 年代以来，由于职业安全和健康标准国际一体化的影响，国际标准化组织一直致力于使职业安全与卫生管理体系（OHSMS）成为具有质量管理体系、环境管理体系同等规模的管理体系。由于职业安全与卫生管理体系的核心、基本人权和劳工标准的问题不属于技术标准的范围，这方面的责任由国际劳工组织承担。国际劳工组织理事会在 2001 年 6 月正式批准发布了《职业安全卫生管理体系导则》。

目前，中国的职业安全卫生管理工作是由国家安全生产监督管理局进行统一管理和宏观控制，2001 年，原国家经贸委制定并发布了《职业安全卫生管理体系指导意见》和《职业安全卫生管理体系审核规范》，职业安全卫生管理体系开始在中国实施。GB/T 28001 认证即职业安全卫生管理体系认证，与质量管理体系和环境管理体系并称为后工业划时代的管理方法。为各类组织提供了结构化的运行机制，是唯一可用于第三方认证的职业安全与卫生管理体系标准。该标准对改善组织安全生产管理，对职业安全管理工作的不断改进都有很大帮助。

另外，国家陆续颁布了近 900 多项职业安全健康相关标准，包含 22 大项，即①安全卫生管理；②劳动安全技术综合；③安全控制技术；④生产设备安全技术；⑤工厂防火防爆安全技术；⑥工业防尘防毒技术；⑦生产环境安全卫生设施；⑧劳动防护用品；⑨劳动卫生；⑩放射卫生防护；⑪职业病诊断；⑫消防综合；⑬防火技术；⑭工程防火；⑮灭火技术；⑯消防设备与器材；⑰反应堆、核设施、核电厂；⑱机械安全；⑲机车、车辆；⑳建筑；㉑船舶；㉒其他标准。

第四节 工程实施法规与设计规范

大量工程项目的建设在满足企业日益增长的建筑需求的同时，对环境也产生了非常严重的影响。工程项目建设过程中，诸如施工阶段的土方工程、施工准备阶段拆迁工作的爆破施工、生产建设所需建筑原材料水泥、钢材等的使用和生产过程等，均会对环境产生直接影响，带来严重的大气污染、建筑垃圾污染、废水污染、资源能源过度消耗等环境问题；又如设计阶段的建筑方案设计、节能方案设计、绿色建材选取、"三废"处理方案和环境保护设施设计等，也会对环境产生一定程度的影响。

因此，在实施具体工程项目的时候需要严格遵循相关的法规。

一、工程项目管理

（一）工程项目管理的概念

ISO 10006 定义项目为："具有独特的过程，有开始和结束日期，由一系列相互协调和受控的活动组成。过程的实施是为了达到规定的目标，包括满足时间、费用和资源等约束条件。"

工程项目管理是研究建设项目在实施阶段的组织与管理的规律的科学。它的基本任务是研究如何从组织和管理的角度采取措施，通过费用控制、进度控制、质量控制、合同管理、项目信息管理及项目的组织和协调，以确保工程项目的总目标——费用目标、时间目标和质量目标最优地实现。

工程项目管理的主要内容是：以具体的工程项目为对象。依据签订的承包经济合同，建立与工程项目相适应的管理组织体系，通过诸如质量控制、费用控制、进度控制、信息管理等手段，确保工程项目总体目标的最优实现。为此，需要详细研究工程项目的特点和实施条件，制定出细致的实施规划，监控规划的全面落实，并及时针对出现的问题采取有效的措施。

（二）工程项目的控制

工程项目控制是指管理者为实现项目目标，通过有效地监督手段及项目受控后的动态效应，不断改变项目控制状态以保证项目目标实现的综合管理过程。

在实践中，人们往往把控制理解为项目实施阶段的工作，这种狭义的理解似乎是很自然的，因为在项目实施阶段，由于技术设计、计划、合同等已全面定义，控制的目标十分明确，所以人们十分强调这个阶段的控制工作，这无可厚非。实际上，工程项目控制并非在项目实施阶段才开始，而是在项目酝酿、目标设计阶段即已开始。显而易见，控制措施越早作出损失越小，成效越大，这一点并不难理解，但遗憾的是那时对项目的技术要求、实施方法等各方面的目标尚未明确，控制依据不足，因此人们常疏于在项目前期的控制，这对于项目目标的实现是极为不利的。所以，我们应该强调，控制工作不应仅限于实施阶段，而是从项目前期就应开始，直至项目目标实现的综合管理工作。

工程项目实施是一个动态的复杂系统，为实现项目建设的目标，参与项目建设的有关各方必须在系统控制理论指导下，围绕工程建设的工期、质量和成本，对项目的实施状态进行周密的、全面的监控。

1. 工程项目控制的内容及特点

管理学中，控制包括提出问题、计划、控制、监督、反馈等工作内容。这实质上包含了一个完整的管理过程，是广义的控制。而这里论及的控制是指对工程项目实施阶段的控制工作，它与计划一起形成一个有机的工程项目管理过程。工程项目控制的主要内容，包括分解目标系统、寻求并抑制干扰因素、制定控制文件、确定控制模式和进行控制评价等方面。

工程项目实施控制的总任务是保证按照预定的计划实施工程项目，保证工程项目总目标的圆满实现，工程项目控制的任务与工程项目目标一致。根据工程项目背景和总目标的要求，工程项目控制可以归纳为质量、工期和成本三项主要指标，具体地说，质量好、进度快、成本低是工程项目控制的根本任务。

（1）质量控制　工程项目质量控制是指在力求实现工程建设项目目标的过程中，为了满足工程项目质量要求所开展的管理活动。影响工程项目质量的因素主要有人、机械、材料、方法和环境五个方面。工程项目的质量控制是一个全面的、全过程的控制。工程项目管理人员应采取有效措施对影响工程质量的因素进行控制，以确保工程建设质量。

（2）进度控制　工程质量进度控制是指在工程项目目标实施的过程中，为了使工程建设和实际进度要求相一致，按计划要求的时间施工而开展的控制活动，是对工程项目从编制的目标项目建议书开始，经过可行性研究、设计和施工，直至项目竣工、正式验收、投产使用为止的全部过程控制。

工程项目进度控制的目标是使工程项目按照预定的时间完成，能够交付使用。

（3）投资控制　工程项目实施过程中，要严格按照工程建设合同进行工程结算，严禁超计划结算。工程项目的投资控制不是单一目标的控制，应与工程项目的质量控制和进度控制同步进行。

由于工程项目本身及其技术经济的特殊性，使得工程建设项目控制，除了具有信息变换过程和信息反馈的基本特点外，还具有以下特点：

① 过程控制。工程项目建设程序具有明显的阶段性，因此，工程项目控制具有过程控制的特点。工程项目控制可以分为：建设前期控制、设计阶段控制、施工阶段控制和保修阶段的控制。

② 多目标控制。工程项目控制目标最主要的有工期控制目标、成本控制目标和质量目标。这三者相互作用、相互联系，使工程项目控制变得更为复杂。

③ 控制对象具有可分解性。工程项目按照组成或结构，可以划分为若干单位工程，各单位工程又可以划分为若干分部、分项工程。工程项目成本、工期、质量等控制目标，可以按项目划分为子项目或分部、分项工程等若干个分目标。

④ 前馈和反馈控制。工程项目目标控制可以采用事前控制、事中控制和事后控制的模式。事前控制建立在以计划为标志、以预测为基础的前馈控制原理之上；事中控制和事后控制则应用了控制论中的反馈控制原理。

⑤ 相对性。工程项目建设的复杂性，加之影响建设目标的诸多因素又具有复杂的可变性，导致了目标值与实际值之间总会在多方面存在偏差，控制的过程在于不断地对比和分析，工程项目控制的目的是保证实际值与计划值之间的偏差在允许范围内。

2. 工程项目控制的依据、方法及措施

工程项目控制的依据，从总体上来说是定义工程项目目标的各种文件，包括：可行性研究报告、项目任务书、设计文件、合同文件、资源清单、变更文件，此外，还应包括对工程适用的法律、法规文件。工程的一切活动都必须符合这些要求，他们构成工程项目实施的边界条件。

（1）组织措施　组织措施是由人来控制完成的。在组织措施实施前，应精心挑选人员，确定人员职责、权利及工作考核标准；组织措施实施过程中，应采取有效措施，充分调动和发挥人的工作积极性、创造性，挖掘潜在的工作能力。加强相互沟通，及时进行技术培训，提高工作人员的技术管理水平。采取适当的组织措施，使目标的控制取得良好的效果。

（2）技术措施 技术措施控制是采取一系列行之有效的技术方法来实施目标控制任务。在实施过程中，应对多种可能的主要方案进行技术论证，对技术数据进行审核、比较，想方设法在工程项目实施阶段寻求节约投资、保证工期和提高工程建设质量的技术措施，实现项目目标的有效控制。

（3）经济措施 在工程项目实施过程中，项目管理人员应收集、加工、整理工程经济信息和数据，对各种实现目标的计划进行资源、经济、财务等各个方面的分析，对出现的设计变更和方案变更进行技术经济研究，力争减少对工程项目实施的影响，保证工程项目投资目标的实现。项目管理人员如若忽视了经济措施，就会影响质量、进度和投资三大目标的控制效果。

（4）合同措施 施工合同是建设单位与施工单位订立的，用来明确责任、权利关系，具有法律效力的协议文件，是运用市场经济体制组织项目实施的基本手段。施工单位应根据施工合同要求，在合同期内完成工程建设任务，达到合同规定的施工质量标准。合同措施是项目管理人员进行目标控制的重要手段，是确保目标控制得以顺利实施的有效措施。

二、工程项目实施法规

与工程建设密切相关的建设法规，是国家法律体系的重要组成部分，也是社会上层建筑的重要组成部分。它是由国家权力机关或其授权的行政机关制定的，旨在调整国家及其有关机构、企事业单位、社会团体、公民之间在建设活动中或建设行政管理活动中发生的各种社会关系，并为此而制定的法律、法规的统称。

建设法规体系的建立与实施，能保证工程建设活动有法可依、有章可循，使工程建设活动由"人"治转变成"法"治。

（一）建设工程法规的含义及基本原则

按照我国 2010 年公布的《建设工程分类标准》，建设工程按照自然属性可分为建筑工程、土木工程和机电工程 3 类。法律上的建设活动，是指人类在土地上进行的建筑物和构筑物的新建、改建、扩建及其相关的装修、拆除、修缮等活动的总称。建设工程法规就是指国家权力机关或授权的行政机关制定的、由国家强制力保证实施的、旨在调整人类在建设活动过程中产生的社会关系的法律规范的总称。

建设工程法律也有狭义和广义的区别。狭义的建设工程法律是指全国人大及其常委会通过的调整工程建设活动的法律规范的总称。广义上的建设工程法律，为了表述上的准确性，称其为建设工程法规。

建设工程法规的基本原则是指贯穿于整个建设工程法规之中、所有建设工程法规都应遵循和贯彻的、调整建设工程法律关系主体的行为的指导思想和基本准则，是建设工程法规本质的集中体现。在建设工程法规中，其他制度或规范要么是基本原则的具体体现，要么是基本原则得以贯彻的实施手段。基于这一理解，建设工程法规应当遵循以下基本原则：

1. 确保建设工程质量原则

建设工程质量不仅关系到建设工程法律关系主体的切身利益，而且还会关系到公共利益（比如大型公共建筑就与公共利益密切相关）。因此，确保建设工程的质量是一切建设工程法规始终遵循的基本原则。这项基本原则，也体现在所有的建设工程法规中，不管是建设工程招投标制度，还是建筑业企业的资质许可、建设从业人员的资格许可、施工许可证制度等，其基本宗旨无一不是为了确保建设工程质量。

2. 确保工程建设安全原则

建设行业历来是伤亡率较高的行业，确保工程建设活动的安全是保障基本人权的宪法精神的体现，因此，确保工程建设安全是一切建设工程法规都应始终遵循的基本原则。我国建设法规对设计、施工方法和安全所规定的大量标准以及大量的管理规范都是确保工程建设安全原则的体现。

3. 维护建设市场秩序原则

维护建设市场秩序，事关相关市场主体的切身利益，事关整个建设行业的稳定、健康和可持续发展，因此，维护建设市场秩序是建设工程法规的基本原则。我国建设工程法规中的建筑业企业资质许可制度、建设工程合同制度及大量建设工程行政管理法规，都体现了维护建设市场秩序的基本原则。

4. 保护环境原则

工程建设活动对环境的影响甚巨，它不仅会产生大量的固体、气体、液体废物，而且工程建设导致的水文环境的变化也会对环境和气候产生重大影响，工程建设活动中产生的噪声还会影响他人的利益，因此，保护环境是建设工程法规始终遵循的基本原则。建设工程法规中的城乡规划制度、环境影响评价制度、"三同时"制度等都是保护环境原则的体现和贯彻。

（二）建设工程法规的法律体系

由于建设工程法规不是一个独立的部门法规，因此有必要分析建设工程法规的法律体系。建设工程法规的法律体系同样需要根据建设工程法规所调整的不同社会关系来加以讨论。

1. 建设工程民事法规

建设工程民事法规是指调整工程建设活动中所形成的民事法律关系的法律规范的总称。建设工程民事法规主要有合同法、招标投标法、城市房地产管理法及建筑法等法律法规中有关调整平等的建设工程法律关系主体之间的法律规范。

2. 建设工程行政法规

建设工程行政法规是指调整工程建设活动中所形成的行政法律关系的法律规范的总称。这些法规主要体现在建筑法、城乡规划法、城市房地产管理法、建筑业企业资质管理办法等法律法规中调整行政主体与行政相对人之间关系的有关规定中。

3. 建设工程刑事法规

建设工程刑事法规是指调整国家与犯罪人之间的权利义务关系的法律规范的总称。这些规范主要体现在刑法有关工程建设活动的犯罪与刑罚的规定中。

三、工程项目的设计规范

（一）工程设计的内容

设计单位接受设计任务后，必须严格按照基本建设程序办事。设计工作必须以已批准的可行性报告、设计计划任务书及其他有关资料为依据。设计工作是在市场预测和厂址选择之后的一个工作环节。在市场供求状况、项目建设规模和厂址选择这几个因素中，市场供求状况是建设项目存在的前提，也是确定项目建设规模的根据。而规模和厂址则是工厂设计的前提。只有当规模和厂址方案都确定了，才能进行工厂设计。工厂设计完成后，才能进行投资、成本的概算。

首先拟定设计方案，而后根据项目的大小和重要性，一般分为二阶段设计和三阶段设计两种。对于一般性的大、中型基建项目，采用二阶段设计，即扩大初步设计（简称扩初设计）和施工图设计。对于重大的复杂项目或援外项目，采用三阶段设计，即初步设计、技术设计和施工图设计。小型项目有的也可指定只做施工图设计。目前，国内食品工厂设计项目，一般只做二阶段设计。

现将有关二阶段设计中的扩初设计和施工图设计的深度、内容及审批限制叙述如下。

1. 扩大初步设计

所谓扩初设计，就是在设计范围内做详细全面的计算和安排，使之足以说明本食品厂的全貌，但图纸深度不深，还不能作为施工指导，但可供有关部门审批，这种深度的设计叫扩初设计。

2. 施工图设计

初步设计文件或扩初设计文件批准后，就要进行施工图设计。在施工图设计中只是对已批准的初步设计在深度上作进一步深化，使设计更具体、更详细地达到施工指导的要求。而在初步设计或扩初设计中只标注主要尺寸，仅供上级审批。在施工图设计时，允许对已批准的初步设计中发现的问题做修正和补充，使设计更合理化，但对主要设备等不做更改。若要更改时，必须经批准机关同意方可；在施工图设计时，应有设备和管道安装图、各种大样图和标准图等。食品工厂工艺设计的扩初设计图纸中没有管道安装图（管路透视图、管路平面图和管路支架等），而在施工图中就必不可少。在食品工厂工艺设计中的车间管道平面图、车间管道透视图及管道支架详图等都属工艺设计施工图。对于车间平面布置图，若无更改，则将图中所有尺寸标注清楚即可。

在施工图设计中，不需另写施工图设计说明书，而一般将施工说明注写在有关的施工图上，所有文字必须简单明了。工艺设计人员不仅要完成工艺设计施工图，而且还要向有关设计工种提出各种数据和要求，使整个设计和谐、协调。施工图完成后，交付施工单位施工。设计人员需要向施工单位进行技术交底，对相互不了解的问题加以说明、磋商。如施工图在施工有困难时，设计人员应与施工单位共同研究解决办法，必要时在施工图上做合理的修改。

三阶段设计中的初步设计近似于扩初设计，深度可稍浅一些。通过审批后再做技术设计。技术设计的深度往往较扩初设计深，特别一些技术复杂的工程，不仅要有详细的设计内容，还应该包括计算公式和参数选择。

（二）工程设计的质量规范

工程设计的质量特性决定了工程设计质量控制的特点，设计质量的控制与一般工厂生产产品的质量控制有许多不同，工程设计创造性的成分较多，事先不可能有像产品制造过程中的每道工序那样详细的质量标准，因此对创造性部分的设计质量只能作宏观的一般性的控制，特别是一些艺术形态的东西很难提出技术上具体的质量要求，只能在原则上对项目的功能性、经济性等提出一些定性的质量要求，其中有许多地方是凭借设计（管理）者的经验和权威来"评估"和"把关"的。这样势必要待建设项目实施后才能真正地评价其质量的优势，所以说要控制好设计质量难度是较高的。近几年来，设计院推行了全面质量管理，边推行边深化，从传统管理逐步过渡到科学的全面质量管理，对影响设计质量的关键部位进行控制，以保证做出优质产品，下面按设计阶段分别叙述。

1. 可行性研究报告

目前我国把"可行性研究报告"作为设计的前期工作，尚无固定的设计程序，一般做法是重点把握住产品市场调研和财务经济分析、制造工艺及关键设备，公用工程、土建等辅助设施按指标计算。目前主要控制如下三个环节：

（1）产品的技术性和经济性是企业的生命线，目前国内经济效益好的合资企业，几乎都有一个或几个技术性能水平较高、质量优秀、畅销市场、盈利较多的产品。几个大型合资企业在确定生产的产品时，都是非常慎重的。

（2）市场现状和趋势，这一点非常重要，在商品经济的社会中，市场起到调节和平衡供需关系的作用，不把握住市场机遇和趋势，就变成盲目办厂，形成产品积压，工厂就不得不转产甚至倒闭。对市场现状和趋势的研究一定要有数量概念，并作必要的剖析，以及有否竞争对手等。

（3）生产、土建和公用工程等设施，如果说，上面两条是先决条件，那么这一条是如何科学地来创造条件以便实施。涉及的方方面面较多，如原材料、运输、地区规划、地理环境、气象水文、电磁波干扰、市政公用设施等。在生产工艺和公用工程设施中有些尚无把握的问题，必须立题进行科学试验，取得科学数据后才能用于设计中。

2. 初步设计

工程建设项目的"可行性研究报告"经有关领导部门审查批准才能进行初步设计（特殊情况例外）。各个设计院在国家有关部门规定要求的基础上，都有自己规定的一套初步设计深度和格式要求，并都有一套成熟的设计程序。目前主要控制以下四个环节：

（1）设计要则　这是一个重要的控制点，它是贯彻设计意图，协调和平衡各专业的指导性文件（事先指导）。工程设计项目的主师主要通过"要则"来叙述设计项目的目的意义、要求、注意点等，抓好设计要则，会事半功倍。即使一个单项（如一个车间）设计，也要涉及 10 多个专业（加工工艺、建筑、结构、供配电、蒸汽、压缩空气、给排水、通风、环保、总图、经济等）。一个工程项目由多个甚至几个生产车间和有关部门组成。要使大体统一，设计要则（事先指导）就显得更为重要。设计要则编制程序的主要做法是项目主持人根据有关资料和文件（含领导指示）编制设计要则初稿，经有关副总（审核）初审后复制分发各设计专业，召开各专业设计人员和有关领导会议，具体讨论和修改设计要则，最后经总师审定，各专业遵照执行。

（2）工艺资料　如果说设计要则是第一道工序，则工艺设计是第二道工序。工艺资料是工艺设计的结果，由工艺设计部门向公用、土建部门提出的设计要求大纲（设计任务），工艺资料的确切程度直接影响到工厂的规模、投资及建成后生产水平等各个方面。大型项目或重点项目工艺设计的结果要组织工艺和土建公用方面专家进行会审，工艺设计是否贯彻了设计意图，生产工艺是否先进可靠，设备选型是否正确合理，公用工程、土建能否满足工艺要求等。所提资料均要经过本专业的设计、校对、审核和主师等签字后才能提给公用工程、土建部门。

（3）非标准设备任务书　非标准设备在工厂生产过程中是提高劳动生产率、成品质量和经济效益必不可少的（包括公用设施）。工艺设计在生产工艺确定之后，却选不到合适的标准设备来完成该项工艺，就要提出完成该项工艺的非标准设备任务书（包括设计和制造），这个任务书对于设备设计是一个事先指导性的文件，若方案提得不理想，影响是很大的（因为非标设备的设计、制造工作量相当大），故需仔细研究认真把关。

（2）与（3）两个环节的质量控制是既保证按既定的设计原则做好设计，又促进了专业之间的联系配合，为下道工序顺利开展创造了条件。在整个设计过程中是一个承上启下、贯穿于设计全过程的中间检查。

（4）初步设计文件　文件包括图纸和文字说明，是表达各个专业集体思维的结果，设计工作本身受内外条件和设计者本身各种因素的影响，不可预见的因素较多，不可能完全控制住质量，因此对成品的校审把关不可缺少。技术越复杂，分工越细密，各专业纵横交叉（工艺与土建和公用工程、土建与公用工程、公用工程与公用工程）越频繁，产生的问题或差错也可能多些。如通风与废气治理、给排水与废水治理、建筑与噪声治理、总图与环保（绿化设计）、建筑小景与总图、全厂性建筑立面与色调（单体与整体的结合）四面不统一，如工艺与建筑、建筑与结构、建筑与给排水等；设计内容上漏项或重复，如废气治理与通风；设计说明中相互矛盾，如环保专业对工艺加以说明既不易说清楚又易说错，又如对车间的相互位置表述不一等；概算和经济分析数字要正确；最后文字组织要简练通顺，表达清楚，不能让人有模棱两可的感觉。

传统的质量管理是把控制质量的责任落实到个别技术负责人和质量把关人员身上，控制重点放在成品校审上，这种做法显然没有对产品质量事先控制和预防，形不成"防检结合，预防为主"的稳定控制质量的管理体系，以致全过程的质量水平处于经常波动状态，不少质量问题到成品校审时才发现，但由于进度和人力等条件的限制，造成无法挽回的局面。抓住上述四个控制环节基本上实现了"事先指导，中间检查，成品校审"三个环节的管理，将"防检结合、预防为主"的基本原则贯穿于设计过程的始终。

3. 施工图设计

建设项目的"初步设计"，及经有关领导部门审查批准后的批准文件，作为依据可进行施工图设计，它可直接提交给用户，作为施工、安装和运行的依据。它是把初步设计的方案和意图按专业具体化、详细化、图表化。质量工作重点是室、组两级经常检查和抓好设计人员的出手质量，以保证施工图能正确地指导施工和运行。目前主要控制如下五个环节：

（1）设计要则除与初步设计有许多相同编写要求外，主要应把审批意见和横向关系

（水、电、煤气、消防等）交待清楚，事先指导要具体明确。

（2）互提资料（工艺提给公用工程、土建，土建提给公用工程，公用工程提给土建、工艺）计算要正确，符合标准规范。所提资料均要经过本专业的设计、校对、审核及主师等签字后，才能提给有关专业。

（3）施工图纸的校审会签，最后评定质量等级，对设计的方案是否先进合理、图纸的质量（错、漏、碰、缺）、计算结果、规范选用、设备选型等都要有组、室认真校核。重点应放在自校和校对上，审核根据职责抓大的原则问题，要突出"严"字，在确定设计人员时就要确定校审人员，以便相互商讨设计中的有关问题，以利于开展校审工作。认真填写设计图纸（文件）校审记录卡，作为设计质量的内反馈信息。校审后的图纸请有关专业进行会签，图纸会签时，会签者一定要查阅检查与自己所提要求或与本人设计图纸有否干涉和矛盾，如有矛盾，需待图纸改正后才能会签。会签后的图纸不能再自行单独修改，否则各专业图纸不一致会造成无法施工或施工质量事故。最后由院部组织人员按专业分别评定施工图纸的质量等级，作为设计质量的内反馈信息。

（4）施工图纸的交底和配合施工，施工图纸应该说是详细而完整的，但总有不尽的地方，要负责向筹建方、施工和安装单位交待设计意图，解释设计文件。对设计中不完全符合实际的部分进行更改设计，使之符合当时当地的具体条件，便于施工，保证质量。重点项目要组织技术骨干去施工现场蹲点，听取意见，了解和评价本工程设计的可靠性和安全性等，尽可能使设计完善化，做到负责到底，体现为用户服务的精神。

（5）回访、总结、验收。这是设计最后阶段的工作，重要的是设计人员对设计进行再认识的过程，是一项有重要意义的工作。一般应由院长、总工程师或项目主持人组织各专业骨干进行用户回访，全面搜集设计质量信息，以改进和提高以后的设计质量和水平。这项工作要形成制度，并纳入年度工作计划，考核的主要标准大致有两条，一是真正做到负责到底，设计完善化工作做了没有；二是是否搜集整理了设计质量信息。

上述施工图设计的五个控制环节为事先指导，中间检查，成品校审，取得信息与总结提高。在全面质量管理中是有机联系的，是以工序管理为核心，实现对设计质量主动控制，保证设计全过程的质量水平趋于稳定状态。

第五节　安全辨识、评价与控制

环境安全制约原理以安全系统工作为理论基础，是安全系统工程理论在工程总体规划和设施布置设计中的实践应用。

根据安全系统工程"识别—分析—控制"这一基本特征，环境安全制约原理的工程实践，即包括了安全辨识、安全分析与评价和安全控制三个基本点，这也是以各种安全卫生标准为依据，对工程项目设计进行科学制约的基本程序。

一、安全辨识概述

对研究对象系统中的危险因素、危险源及其危险性的"辨识"，是安全系统工程的关键和基础，是确保系统安全的前提，也是对工程进行安全制约设计的第一步。

危险，是指材料、物品、系统、工艺过程、设施或工厂对人、财产或环境具有产生伤害的潜能。对危险的辨识就是要首先认识和找出可能引发事故导致不良后果的材料、系统、生产过程的特征。因此，危险辨识有两个关键任务：第一是辨识可能发生的事故后果；第二是识别能引发事故的材料、系统、生产过程的特征。

（一）安全辨识的范围

现代食品工业企业，在全厂和公用工程装置区域、车间这些不同范围系统内，都不同程度的存在着某些潜在危险因素及有害因素。危险因素是指能对人造成伤亡或对物造成突发性损害的因素。有害因素是指能影响人的身体健康、导致疾病，或对物造成慢性损害的因素。

目前，食品工厂的危险辨识范围主要包括以下 6 个方面：①规划、设计和建设、投产、运行、停车等阶段；②常规活动：正常的作业活动；非常规活动：临时性检修、停车等；③所有进入作业场所的人员的活动（包括合同方人员、访问者）；④原材料、产品的运输和使用过程；⑤作业场所的设施、设备、车辆、安全防护用品；⑥人为因素，包括违反安全操作规程和安全生产规章制度。

（二）辨识危险、有害因素的原则及依据

在辨识危险、有害因素时应遵循以下原则：

（1）科学性　危险、有害因素的识别是分辨、识别、分析确定系统内存在的危险，而并非研究防止事故发生或控制事故发生的实际措施。要求进行危险、有害因素识别必须要有科学的安全理论作指导。

（2）系统性　危险、有害因素存在于生产活动的各个方面，因此要对系统进行全面、详细的剖析、研究系统和系统及子系统之间的相关和约束关系。分清主要危险、有害因素及其相关的危险、有害性。

（3）全面性　识别危险、有害因素时不要发生遗漏，以免留下隐患，要从厂址、自然条件、总图运输、建构筑物、工艺过程、生产设备装置、特种设备、公用工程、安全管理系统，设施，制度等各方面进行分析、识别；不仅要分析正常生产运转，操作中存在的危险、有害因素还要分析、识别开车、停车、检修，装置受到破坏及操作失误情况下的危险、有害后果。

（4）预测性　对于危险、有害因素，还要分析其触发事件，亦即危险、有害因素出现的条件或设想的事故模式。

此外，辨识危险、有害因素的主要依据如下：

（1）按照 GB/T 13861—2009《生产过程危险和有害因素分类与代码》规定，导致事故的直接原因将生产过程中的危险、有害因素分为四类。

（2）按照 GB/T 6441—1986《企业职工伤亡事故分类》，综合考虑起因物、引起事故的诱导性原因、致害物、伤害方式，将危险因素分为 20 类。

（3）参照卫生部、原劳动部、总工会等颁发的《职业病范围和职业病患者处理办法的规定》，将危险有害因素分为 7 类。

（4）按照 GB 13690—2009《化学品分类和危险性公示　通则》，将常用的危险化学品分为 8 类。另依据《剧毒化学品目录》《高毒物品目录》《易制毒化学品管理条例》GB 18218—2009《危险化学品重大危险源辨识》所列危险化学品进行辨识。

（三）危险、有害因素的分类

在 GB/T 13861—2009《生产过程危险和有害因素分类与代码》中，将生产过程中的危险和有害因素分为了四类，可用于各行业在规划、设计和组织生产时，对危险和有害因素的预测、预防，对伤亡事故原因的辨识和分析。

（1）人的因素　即在生产活动中，来自人员或人为性质的危险和有害因素。主要包括心理、生理性危险和有害因素，如负荷超限、感知延迟、健康状况异常等；行为性危险和有害因素，如指挥错误、操作错误、违章指挥等。

（2）物的因素　机械、设备、设施、材料等方面存在的危险和有害因素。主要包括设备、设施、工具附件缺陷；防护缺陷；电伤害；噪声；振动危害；电离辐射；非电离辐射；运动物伤害；明火；高温物体；低温物体；信号缺陷；标志缺陷；有害光照等。除了以上物理性危险和有害因素，还存在化学性危险和有害因素，生物性危险和有害因素等。

（3）环境因素　即：生产作业环境中的危险和有害因素。主要包括室内作业场所环境不良，如室内地面滑，室内梯架缺陷等；室外作业环境不良，如恶劣气候与环境、门和围栏缺陷、作业场地温度、湿度、气压不适等；地下（含水下）作业环境不良，如水下作业面空气不良，冲击地压等；其他作业环境不良，如强迫体位等。

（4）管理因素　即管理和管理责任缺失所导致的危险和有害因素。主要包括职业安全卫生组织机构不健全、职业安全卫生责任制未落实、职业安全卫生管理规章制度不完善、职业安全卫生投入不足、职业健康管理不完善等。

（四）重大危险源辨识

为了确保城市、工业区、企业、装置区、物资仓储区这些不同研究对象的总体空间环境的全系统安全，防止重大事故发生，对重大危险源的辨识与监控是在工程总体设计中按照安全制约原理辨识、分析、控制系统安全的重点，也是在多种危险矛盾分析中首先要抓住的主要矛盾。其中，重大危险源是指工业活动中客观存在的危险物质数量等于或超过临界值的设备、设施或场所。

重大危险源包括易燃、易爆、有毒物质的储罐区；易燃、易爆、有毒物质的库区；具有火灾、爆炸、中毒危险的生产场所；工业危险建筑物；压力管道；锅炉；压力容器。重大危险源分布按类别分析，储存、使用、生产易燃、易爆或有毒物质的储罐区、库区和生产场所这三类重大危险源占危险源总数的 2/3。这三类危险源区的分布是重大危险源强化管理与控制的重点区域。

重大危险源分布按危险物质分析，储罐区的主要危险物质是：汽油、柴油、液化石油气、重油、润滑油、硫酸、原油、煤油、甲苯和甲醇等；库区的主要危险物质是：汽油、柴油、液化石油气、甲苯、乙醇、丙酮、油漆、润滑油和二甲苯等。生产场所的主要危险物除以上危险物外还有盐酸、乙醇、天那水（香蕉水）、液氨等。压力管道的主要危险物除以上危险物外还有天然气、氢气、煤气、乙烯和乙炔等。压力容器的主要危险物质还有氯、液氯、丙烯、氨、液氨、氨水等。一般来说，在重大危险源辨识、控制工作中，应重点控制的危险物质依次是：汽油、柴油、液化石油气、甲苯、乙醇、二甲苯、氨、甲醇、氯、煤气等。

20 世纪 70 年代以来，对工业灾害的预防工作已引起了国际社会的广泛重视。为防止工业恶性事故的发生，辨识高危险性工业设施，英国最早成立了系统研究重大危险源控制的技术咨询委员会，专门负责研究重大危险源的辨识、评价、控制技术。此后，英国卫生与安全监察局（HSE）专门设立了重大危险管理处。

由于英国在重大危险源辨识、评价方面富有成效的工作，1982 年，欧共体颁布了《工业活动中重大事故危险法令》，简称《塞韦索法令》。该法令列出了 180 种物质及其临界量标准。如果企业内某一设施或相互关联的一群设施中聚集超过临界量的危险物质，则将其定义为重大危险源。根据欧共体的《塞韦索法令》提出的重大危险源辨识标准，英国已确定了 1650 项重大危险源。德国 1985 年确定了 850 项重大危险源，其中 60％为化工设施，20％为炼油设施，15％为大型易燃气体、易燃液体储存设施，5％为其他设施。英国、荷兰、德国、法国、意大利、比利时等欧共体成员还颁布了有关重大危险源控制规程，提出了相应的预防和应急措施。

1992 年，美国劳工部职业安全卫生管理局（OSHA）颁布了《高危险性化学物质生产过程安全管理》标准，提出了 137 种易燃、易爆、强反应性及有毒化学物质及其临界量。据估计美国符合该标准规定的重大危险源数量在 10 万以上。

我国对重大危险源的辨识评价工作虽然起步较晚，但已引起了国家和企业界、工程界、科技界的广泛重视。国家"八五"科技攻关专题《易燃、易爆、有毒重大危险源辨识评价技术研究》已取得了重大成果，并已在我国建设项目的安全预评价和企业的风险评价中普遍采用。

二、安全分析与评价

在安全辨识的基础上，进一步进行安全分析和评价，以实现工程、系统安全为目的，应用安全系统工程原理和方法，对工程、系统中存在的危险、有害因素进行辨识与分析，判断工程、系统发生事故和职业危害的可能性及其严重程度，从而为制定防范措施和管理决策提供科学依据。在食品企业运行时，其系统安全不仅取决于系统内部人、机、环境因素，还有外界条件、自然因素对系统的影响，如地震、洪水、雷电、飓风等自然灾害对系统的影响。因此，对安全辨识后的安全评价，十分重要。它贯彻于方案制定、设计、建设、生产、使用和维修等系统周期各个阶段的全过程，是安全系统工程的核心。

对食品企业、仓储、装置或车间，除由设计人员高度重视安全分析，严格遵循相关标准，做出规划设计方案外，在此基础上，还应由安全卫生工程部门专门进行项目建设前的安全评价。

（一）安全评价的程序

安全评价应分为准备工作、实施评价和编制评价报告三个阶段。

1. 准备工作

应包括①确定本次评价的对象和范围，编制施工安全评价计划；②准备有关工程施工安全评价所需相关的法律法规、标准、规章、规范等资料；③评价组织方应提交相关材料，说明评价目的、评价内容、评价方式、所需资料（包括图纸、文件、资料、档案、数据）的清单、拟开展现场检查的计划，及其他需要各单位配合的事项；④被评价方应提前准备好评价组织方需要的资料。

2. 实施评价

应包括①对相关单位提供的工程施工技术和管理资料进行审查；②按事先拟定的现场检查计划，查看工程施工项目部的安全管理、施工技术的安全实施、施工环境的安全管理以及监控预警的安全控制工作是否到位以及是否符合相关法规、规范的要求，并按本标准的相关规定进行评价和打分；③进行安全评价总分计算和安全水平划分；④在上述工作的基础上，评价组织方提出安全评价结论，编制安全评价报告。

3. 编制评价报告

包括以下内容：①评价报告内容应全面，条理应清楚，数据应完整，提出建议应可行，评价结论应客观公正；文字应简洁、准确，论点应明确，利于阅读和审查；②评价报告的主要内容应包括：评价对象的基本情况、评价范围和评价重点、安全评价结果及安全管理水平、安全对策意见和建议，施工现场问题照片以及明确整改时限；③安全评价报告宜采用纸质载体，辅助采用电子载体。

（二）安全评价的分类

安全评价按照实施阶段的不同分为三类：安全预评价、安全验收评价、安全现状评价。

1. 安全预评价

在建设项目可行性研究阶段、工业园区规划阶段或生产经营活动组织实施之前，根据相关的基础资料，辨识与分析建设项目、工业园区、生产经营活动潜在的危险、有害因素，确定其与安全生产法律法规、标准、行政规章、规范的符合性，预测发生事故的可能性及其严重程度，提出科学、合理、可行的安全对策措施建议，做出安全评价结论的活动。

2. 安全验收评价

在建设项目竣工后正式生产运行前或工业园区建设完成后，通过检查建设项目安全设施与主体工程同时设计、同时施工、同时投入生产和使用的情况或工业园区内的安全设施、设备、装置投入生产和使用的情况，检查安全生产管理措施到位情况，检查安全生产规章制度健全情况，检查事故应急救援预案建立情况，审查确定建设项目、工业园区建设满足安全生产法律法规、标准、规范要求的符合性，从整体上确定建设项目、工业园区的运行状况和安全管理情况，做出安全验收评价结论的活动。

3. 安全现状评价

针对生产经营活动中、工业园区的事故风险、安全管理等情况，辨识与分析其存在的危险、有害因素，审查确定其与安全生产法律法规、规章、标准、规范要求的符合性，预测发生事故或造成职业危害的可能性及其严重程度，提出科学、合理、可行的安全对策措施建议，做出安全现状评价结论的活动。

（三）安全评价的方法

1. 按评价结果的量化程度分类

（1）定性安全评价方法，主要是根据经验和直观判断能力对生产系统的工艺、设备、设施、环境、人员和管理等方面的状况进行定性的分析，安全评价的结果是一些定性的指标，如是否达到了某项安全指标、事故类别和导致事故发生的因素等。

（2）定量安全评价方法是运用基于大量的实验结果和广泛的事故资料统计分析获得的指标或规律，对生产系统的工艺、设备、设施、环境、人员和管理等方面的状况进行定量的计算，安全评价的结果是一些定量的指标，如事故发生的概率、定量的危险性等。

2. 按评价的逻辑推理过程分类

（1）归纳推理评价法，是从事故原因推论结果的评价方法，即从最基本危险、有害因素开始，逐渐分析导致事故发生的直接因素，最终分析到可能的事故。

（2）演绎推理评价法，是从结果推论原因的评价方法，即从事故开始，推论导致事故发生的直接因素，再分析与直接因素相关的间接因素，最终分析和查找出致使事故发生的最基本危险、有害因素。

3. 按安全评价要达到的目的分类

（1）事故致因素安全评价方法，是采用逻辑推理的方法，由事故推论最基本危险、有害因素或由最基本危险、有害因素推论事故的评价法。

（2）危险性分级安全评价方法，是通过定性或定量分析给出系统危险性的安全评价方法。

（3）事故后果安全评价方法，可以直接给出定量的事故后果，给出的事故后果可以使系统事故发生的概率、事故的伤害范围、事故的损失或定量的系统危险性等。

4. 按针对的系统性质分类

有设备、设施、工艺故障率评价法，人员失误率评价法，物质系数评价法，系统危险性评价法等。

三、风险与临界控制

在对系统安全辨识和评价的基础上，然后对危险因素、有害因素，根据相关的安全标准，采取有效的控制对策。这是将系统危险性控制在最低限度，使之能处于最佳安全水平的关键一步。

（一）安全控制对策的内容及原则

安全控制对策，包括按照安全标准规定要求的各种控制性制约措施。主要包括安全数量控制和安全距离控制。安全数量控制是指控制某些危险物质在企业、装置、仓储内，根据相关标准，不得超过规定的最大储存量；控制某些高危险物质的临界限量，达到或超过临界限量的物质时，必须采取进一步要求的有效安全制约措施和专用安全设施。安全距离控制是指控制企业、装置、仓储等设施和有危险性的设施与邻近其他设施（工业、民用、公用设施等），根据相关安全标准必须保持的安全距离，不得低于规定最小的安全距离。

在进行风险控制时，对于可忽略的危险源，无须采取措施且不必保持记录；对于可容许的危险源，不需另外的控制措施，需要监测来确保控制措施得以维持；对于中度的危险源，应努力降低危险，采用复合成本-有效性原则；对于重大的危险源，应采取紧急行动以降低危险；对于不可接受的危险源，只有当危险已经降低时，才能开始或继续工作，为降低危险不计成本，若即使以无限资源投入也不能降低危险，应禁止工作。

制定安全控制对策的原则主要有以下几方面：

（1）合理原则　即要有科学和理论根据，尊重科学原理、规章制度、行业规程等。以备用设备为例，为每一个单元设备、元件都配备备用品是风险最低、最安全的做法，但是由于一些设备的故障率极低，这样的做法可能造成极大的资金浪费，显然这是不合理的，在实际生产过程中，往往只为故障率较高或一旦发生故障危害极大的设备配备备用品。

（2）切实原则　即与现场环境、条件相一致，从实际出发，始终使风险控制工作符合实际情况的要求。例如，电力生产企业为国民经济生产、人民生活提供源源不断的电能，而触电是造成电力企业人身伤亡事故的最主要原因，在不可能为了减少触电伤亡事故而限制电力生产的情况下，电力生产企业为了减少和避免触电事故的发生，在安全管理方面制定了许多切实可行的管理措施和技术措施，如工作前先停电、验电，检查接地线，装设围栏，悬挂标示牌，执行工作票制度等。

（3）可行原则　即具有较强的可操作性，能够为多数企业和员工所认同和接受。对于高危作业的风险控制，防范措施除了切实合理，还必须可行。例如，高处作业必须搭设脚手架是合理的，但在杆塔上工作时，搭设脚手架却是不可行的；又如在高处作业时必须佩戴安全帽、安全带，使用防坠器，转移位置时不能失去后背带的保护等，这都是防止发生高处坠落事故的切实可行的有效措施。

（二）风险与临界控制的方法

在实际的企业生产过程中通常采取以下几种基本方法进行风险与临界控制：

1. 消除法

这是从根本上消除危险源的首选方法，也是最彻底的方法。生产现场有相当多的危险源，如孔、洞、井、地沟盖板和栏杆缺口、导线绝缘破损、压力容器泄漏、旋转机械的异常运行，温度、压力、流量等参数的超标等，这些都是可以消除的，对于此类危险源，一经发现应当立即消除。

2. 代替法

在条件允许的情况下，用低风险、低故障率的设备代替高风险设备。例如，在检修过程中，用新型清洗剂代替汽油清洗轴承等零部件，可以有效防止现场使用易燃易爆物品引发的各类火灾事故。

3. 隔离法

对危险源进行隔离，是安全生产中最常用的方法。针对客观存在的危险源，利用各种手段对其进行有效的隔离和控制，以确保危险源在指定区域或范围内处于可控、在控状态。以下都是一些有效的做法：电力设备在进行检修作业时，将检修设备按工作票制度要求从正常运行的生产系统中隔离出来；拉开刀闸，利用明显的断开点把检修设备和运行设备相隔离；关闭阀门并在法兰处加上盲板，把检修的系统和运行中的系统相隔离；在带电设备与检修现场之间，设置安全网或安全围栏，将作业环境和运行设备相隔离；把乙炔、氢气、氧气、汽油等易燃易爆物品存放在距生产地点 50m 以外的危险品仓库，使危险品与生产现场相隔离等。

4. 工程方法

通过改进设计、改造系统等工程方法来降低风险程度。在生产实践中，通常会发现一些系统、设备、装置等在设计或安装时已经存在不安全或不合理的因素，可能诱发或导致工作人员发生事故，或容易使工作人员产生疲劳甚至危害身体健康等。例如，如果老旧机组控制系统的控制方式比较落后，自动化程度低，大部分采用手动方式，机组整体安全性能差，那么运行人员监视和调控的工作强度就比较大，风险也较大。在这种情况下可以对控制系统进行数字式电液控制系统（DEH）和分散控制系统（DCS）改造，这样的工程改造对提高机组整体安全水平和设备运行可靠性，减少因人为因素造成的不安全事件，减轻工作人员劳动强度，保证机组安全、稳定运行，都将起到非常重要的作用。

5. 个人防护

通过配备安全帽、安全带、安全网、防坠器、绝缘工具、耳塞等各类劳动保护用品，可以实现对工作人员人身健康的保护。由于工作环境和条件的限制以及在生产过程中客观存在的风险，有针对性地选择个体防护装备，是减少和预防不安全事件发生、防止工作人员健康受到损害所采取的必要手段，也是保护工作人员人身安全的最后手段。针对特定工作环境所存在的可能风险，生产企业要为工作人员提供符合要求的个人防护装备，例如，进入生产现场要佩戴安全帽，在 2.5m 高度以上作业要佩戴安全带，带电作业要配备屏蔽服，装拆接地线要配备绝缘棒和绝缘手套，噪声达到 85 分贝以上的劳动场所要佩戴耳塞，粉尘超标的场所要佩戴口罩等。

6. 行政方法

利用行政监督、专业培训、人力调配、规章制度等行政手段，来推动和加强安全管理，降低或避免风险。行政管理的方法主要是针对"人"这一重要生产要素进行的管理，建立科学、合理、有效的管理制度和激励机制，并通过培训、监督和考核等手段来约束员工的不规范行为，并不断提高员工的安全素质，是解决人的不安全因素的根本方法。

（三）危险化学品重大危险源的临界控制

在关于安全辨识的内容中提到，储存、使用、生产易燃、易爆或有毒物质的储罐区、库区和生产场所这三类重大危险源占危险源总数的 2/3，因此，对易燃、易爆或有毒物质等危险化学品的临界控制尤为重要。GB 18210—2009 中对危险化学品重大危险源及临界量做出了定义，即临界量是指对于某种或某类危险化学品规定的数量，若单元中的危险化学品数量等于或超过该数量，则该单元定为重大危险源。危险化学品重大危险源是指长期地或临时地生产、加工、使用或储存危险化学品，且危险化学品的数量等于或超过临界量的单元。

第六节　知识产权

一、知识产权保护

在环境安全制约中，除本章上述介绍的内容外，知识产权保护也是不可忽视的一个重要方面。最近 10 多年，我们在建设食品工厂的实践中遇到了许多与知识产权相关的问题。食品工厂在筹建、运行的过程中很有必要强化对知识产权理念的认知和理解，这样才能确保食品工厂建成后能够对研发、生产、销售过程中所碰到的产品权益问题应对自如。

（一）概念

知识产权是关于人类在社会实践中创造的智力劳动成果的专有权利。随着科技的发展，为了更好保护产权人的利益，知识产权制度应运而生并不断完善。

知识产权，也称其为"知识所属权"，指"权利人对其智力劳动所创作的成果享有的财产权利"，一般只在有限时间内有效。各种智力创造比如发明、外观设计、文学和艺术作品，以及在商业中使用的标志、名称、图像，都可被认为是某一个人或组织所拥有的知识产权。

知识产权从本质上说是一种无形财产权，他的客体是智力成果或是知识产品，是一种无形财产或者一种没有形体的精神财富，是创造性的智力劳动所创造的劳动成果。它与房屋、汽车等有形财产一样，都受到国家法律的保护，都具有价值和使用价值。有些重大专利、驰名商标或作品的价值也远远高于房屋、汽车等有形财产。

发明专利、商标以及工业品外观设计等方面组成工业产权。工业产权包括专利、商标、服务标志、厂商名称、原产地名称，以及植物新品种权和集成电路布图设计专有权等。2017 年 4 月 24 日，国家首次发布《中国知识产权司法保护纲要》。

目前，中国知识产权保护已涵盖著作权、商标、专利、商业秘密、地理标志、植物新品种、集成电路布图设计等，形成包括法律、法规、地方性法规、行政规章和司法解释在内的多层次知识产权法律保护网。

（二）知识产权类型

知识产权是智力劳动产生的成果所有权，它是依照各国法律赋予符合条件的著作者以及发明者或成果拥有者在一定期限内享有的独占权利。

它有两类：一类是著作权（也称为版权、文学产权），另一类是工业产权（也称为产业产权）。

1. 著作权

著作权又称版权，是指自然人、法人或者其他组织对文学、艺术和科学作品依法享有的财产权利和精神权利的总称。主要包括著作权及与著作权有关的邻接权；通常我们说的知识产权主要是指计算机软件著作权和作品登记。

2. 工业产权

工业产权是指工业、商业、农业、林业和其他产业中具有实用经济意义的一种无形财产权，由此看来"产业产权"的名称更为贴切。主要包括专利权与商标权。

（1）专利保护 专利保护是指一项发明创造向国家专利局提出专利申请，经依法审查合格后，向专利申请人授予的在规定时间内对该项发明创造享有的专有权。根据中国专利法，发明创造有三种类型，发明、实用新型和外观设计。发明和实用新型专利被授予专利权后，专利权人对该项发明创造拥有独占权，任何单位和个人未经专利权人许可，都不得实施其专利，即不得为生产经营目的制造、使用、许诺销售、销售和进口其专利产品。外观设计专利权被授予后，任何单位和个人未经专利权人许可，都不得实施其专利，即不得为生产经营目的制造、销售和进口其专利产品。未经专利权人许可，实施其专利即侵犯其专利权，引起纠纷的，由当事人协商解决；不愿协商或者协商不成的，专利权人或利害关系人可以向人民法院起诉，也可以请求管理专利工作的部门处理。当然，也存在不侵权的例外，比如先使用权和科研目的的使用等。专利保护采取司法和行政执法"两条途径、平行运作、司法保障"的保护模式。该地区行政保护采取巡回执法和联合执法的专利执法形式，集中力量，重点对群体侵权、反复侵权等严重扰乱专利法治环境的现象加大打击力度。

不同领域的专利保护方式也不同。主要从三个方面来考虑：

①专利管理战略。吸收专利管理人才，建立专利管理部门；制定专利管理制度，规范专利管理行为；完善专利档案，跟踪专利动态；组织专利申报，引进保护措施；提出专利保护诉讼，进行专利诉讼抗辩。

② 专利申请战略。保护自己的发明创造，占领市场。

③ 专利保护战略。专利未报，保密先行；产品未销，专利先有；市场未明，防御先做；合同未签，文献先查；诉讼未提，漏洞先补；官司未应，无效先得；销路未衰，技改先出；广告未出，外观先递；麻烦未出，律师先请。

（2）商标权 商标权是指商标主管机关依法授予商标所有人对其申请商标受国家法律保护的专有权。商标是用以区别商品和服务不同来源的商业性标志，由文字、图形、字母、数字、三维标志、颜色组合和声音等，以及上述要素的组合构成。中国商标权的获得必须履行商标注册程序，而且实行申请在先原则。商标是产业活动中的一种识别标志，所以商标权的作用主要在于维护产业活动中的秩序，与专利权的不同作用主要在于促进产业的发展不同。

（3）商号权 商号权即厂商名称权，是对自己已登记的商号（厂商名称、企业名称）不受他人妨害的一种使用权。企业的商号权不能等同于个人的姓名权（人格权的一种）。

此外，如原产地名称、专有技术、反不正当竞争等也规定在巴黎公约中，但原产地名称不是智力成果，专有技术和不正当竞争只能由反不当竞争法保护，一般不列入知识产权的范围。

（三）知识产权权益

按照内容组成，知识产权由人身权利和财产权利两部分构成，也称之为精神权利和经济权利。

1. 人身权利

所谓人身权利，是指权利同取得智力成果的人的人身不可分离，是人身关系在法律上的反映。例如，作者在其作品上署名的权利，或对其作品的发表权、修改权等，即为精神权利。

2. 财产权利

所谓财产权是指智力成果被法律承认以后，权利人可利用这些智力成果取得报酬或者得到奖励的权利，这种权利也称之为经济权利。它是指智力创造性劳动取得的成果，并且是由智力劳动者对其成果依法享有的一种权利。

（四）知识产权出资

根据《中华人民共和国公司法》第二十七条，股东可以用货币出资，也可以用实物、知识产权、土地使用权等出资，可以用货币估价并可以依法转让的非货币财产作价出资；但是，法律、行政法规规定不得作为出资的财产除外。

对作为出资的非货币财产应当评估作价，核实财产，不得高估或者低估作价。法律、行政法规对评估作价有规定的，从其规定。

知识产权出资需要经过评估，评估需要提供如下材料：

（1）提供专利证书、专利登记簿、商标注册证、与无形资产出资有关的转让合同、交接证明等。

（2）填写无形资产出资验证清单。要求填写的名称、有效状况、作价等内容符合合同、协议、章程，由企业签名或验收签章，获得各投资者认同，并在清单上签名。

（3）无形资产应办理过户手续（知识产权办理产权转让登记手续；非专利技术签订技术转让合同；土地使用权办理变更土地登记手续）但在验资时尚未办妥的，填写出资财产移交表，由拟设立企业及其出资者签署，并承诺在规定期限内办妥有关财产权转移手续；交付方式、交付地点合同、协议、章程中有规定的，应与合同、协议、章程相符；"接收方签章"栏，由全体股东签字盖章。

（4）资产评估机构出具的评估目的、评估范围与对象、评估基准日、评估假设等有关限定条件满足验资要求的评估报告和出资各方对评估资产价值的确认文件。

（5）新公司法第二十七条删去了旧款关于知识产权出资比例的要求，意味着企业可以100％用知识产权出资。

（6）以专利权出资的，如专利权人为全民所有制单位，提供上级主管部门批文；以商标权出资，提供商标主管部门批文；以高新技术成果出资的，提供国家或省级科技管理部门审查认定文件。

（五）登记制度

著作权实行自愿登记，作品不论是否登记，作者或其他著作权人依法取得的著作权不受影响。实行作品自愿登记制度的目的在于维护作者或其他著作权人以及作品使用者的合法权益，有助于解决因著作权归属造成的著作权纠纷，并为解决著作权纠纷提供初步证据。

（六）预防侵权措施

传统著作权也可以在国家或省市直辖市版权管理部分登记，或选择学会等第三方平台预选登记备案，新媒体时代，特别是各种包含并不限于传统意义的各种需要证实某一时刻，某人已经拥有什么潜在多媒体著作权资源，包括底稿、草稿、完整稿件等选择，包括并不限于数字指纹技术、数字水印技术、反盗载技术、多媒体展示技术，融合可信时间戳技术、公证邮箱等可信第三方的大众版权保护平台进行自主存证，进行论文存证时间认证和多纬度智能认证，其科学性可以自主验证对证，版权纠纷时，提供初步第三方证据，需要司法鉴定机构，提高法律证据有效性，这是在欧洲发达国家已经盛行很多年，与官方人工登记相互补充。

（七）保护知识产权的意义

（1）打击假冒伪劣产品，保护企业的利益，促进经济发展。越来越多的企业对知识产权越来越重视，这些就是企业的无形财产，如果不予以保护，那么仿制假冒品越来越多，对经济的发展十分不利。

（2）有利于促进人们从事科技研究和文艺创作。知识产权是大家的智力成果。只有对权利人进行保护，才能让更多的人勇于创新，乐意创新。

（3）有利于促进对外贸易。国际上对知识产权的保护越来越重视，无论是我国企业走出去，还是把国外企业引进来，他们的知识产权都需要予以保护，不然谁都不敢进入我国的市场。

二、知识产权贯标

（一）贯标定义

知识产权贯标就是贯彻《企业知识产权管理规范》国家标准。该标准于 2013 年 3 月 1 日起实施，是中国首部面向企业的知识产权管理国家标准，可以指导企业策划、实施、检查、改进知识产权管理体系。一般常说的企业贯标，就是指企业知识产权管理标准化的创建工作，是企业经营发展过程中对知识产权管理的重要需求。

（二）贯标目的

为建立企业知识产权工作的规范体系，认真贯彻落实《国家知识产权战略纲要》，加强对企业知识产权工作的引导，指导和帮助企业进一步强化知识产权创造、运用、管理和保护，增强自主创新能力，实现对知识产权的科学管理和战略运用，提高国际、国内市场竞争能力。

（三）贯标作用

1. 规范企业知识产权管理的基础条件

企业应当有明确的知识产权管理方针和管理目标。并要知识产权管理"领导落实、机构落实、制度落实、人员落实、经费落实"。企业应当建立的知识产权管理制度、职责等。

2. 规范知识产权的资源管理

围绕企业的人力资源管理、财务资源管理、信息资源管理。对上述管理活动涉及的知识产权事项作出了相应的规范。

3. 规范企业生产经营各个环节的知识产权管理

明确规定了企业研究与开发活动、原辅材料采购、生产、销售、对外贸易等重要环节的知识产权管理规范要求。以确保企业生产经营各主要环节的知识产权管理活动处于受控状态，避免自主知识产权权利流失或侵犯他人知识产权。

4. 规范企业知识产权的运行控制

围绕企业的知识产权创造、管理、运用和保护四个重点环节。明确规定了企业在知识产权权利的创造和取得、权利管理、权利运用和权利保护四方面的规范性要求。

5. 规范企业生产经营活动中的文件管理和合同管理

企业在生产经营活动中涉及的有关知识产权的各类活动，应当有相应的记录并形成档案。特别是对企业对内、对外的合同管理作出明确要求。

6. 明确规定企业应建立知识产权动态管理机制

企业应当对自身知识产权管理工作进行定期检查、分析，并对照管理目标对管理工作中存在的问题，制定相应的改进措施，以确保管理目标的实现。

（四）服务流程

1. 协助企业成立贯标项目小组，制订贯标计划
2. 学习培训
3. 协助企业编写管理文件与试运行
4. 内部自我评价
5. 协助企业提出验收申请

（五）知识产权贯标常见问题

1. 知识产权贯标所需的费用

（1）贯标咨询服务费用（由服务机构收取）；

（2）贯标认证费用（由第三方认证公司收取）；

（3）认证机构审核人员差旅费。

2. 知识产权贯标证书有限期

证书有限期为 3 年，每年需要监督评审。证书有效期满前 3 个月向认证机构申请复审。

3. 企业为什么要开展知识产权贯标工作

除了上述给企业带来的价值外，在一些中央部委和地方政府出台的政策文件中，已经将企业知识产权管理规范认证情况作为科技项目立项，以及高新技术企业、知识产权示范企业和优势企业认定的重要参考条件或者前提条件。及早通过贯标认证，将有利于企业享受有关的国家政策，促进企业发展。

4. 企业需要哪些部门、哪些人员参与贯标

贯标需要领导重视、全员参与，包括企业高层管理者（如董事长、总裁、总经理、CEO），管理者代表（如分管副总、总监等），知识产权部门、研发部门、采购部门等部门及相关负责人员皆需要参与贯标，承担各自不同的职责。

三、企业秘密

企业秘密是商业机密的一种，也是现在企业最高管理机密，一个企业有没有秘密，涉及广泛，也是检验企业管理的关键。严，说明员工纪律性强，差，说明员工涣散。企业秘密对企业而言，是生命，也是生产力。

企业商业秘密包括的范围相当广泛，从广义上讲，凡是能为企业带来商业竞争优势的技术信息和经营信息都可以成为企业的商业秘密，一般包括以下 9 个方面：

（1）产品　包括各种设备、器械、仪器、零部件以及生物新品种等。企业的新产品在投入市场之前，是企业的商业秘密。一般来讲，进入市场的成熟产品不是商业秘密，但与用户签订保密协议需要秘密使用的产品除外。处于研制过程中的产品，如样品、样机等，是商业秘密。

（2）工艺　包括工艺流程、制作工艺。工艺是劳动者利用生产工具对各种原材料、半成品进行增值加工或处理，最终使之成为制成品的方法与过程，产品工艺涉及工业、农业、医疗卫生以及国防等领域，并包括手工业中产品的加工及处理过程。不同的工艺可能带来的劳动生产率的高低。工艺中凝结了科研人员及生产技术人员的创造性劳动，其具有商业价值，能够产生商业上的竞争优势。

（3）配方　配方为某种物质的配料提供方法和配比的处方，如常见的药品配方、化学制品配方、冶金产品配方等。物质中成分不同、配比比例不同，导致功效及作用不同，配方的选取往往要经过科研人员或生产技术人员多次、大量的实（试）验。像一些祖传秘方更是经过代代相传、而且代代加入创造性劳动发展而来的，其具有相当大的商用价值。当代一些著名化工企业、生物制药企业，其产品配方是这些公司的核心技术秘密，其所采取保密措施也是相当的严格。

（4）设计　设计是把一种计划、规划、设想通过视觉、听觉、触觉或嗅觉等感官感受传达出来的活动过程。设计包括工业设计、环境设计、建筑设计、室内设计、网站设计、服装设计、平面设计、影视动画设计等。设计的表现形式往往是设计草图、蓝图等图纸。设计方案是智力活动的凝结，往往积聚了设计人员的创造性劳动，具有很高的商业价值。

（5）试验记录　试验是指为了察看某事的结果或某物的性能而从事的某种活动。一件新产品、一项新技术的产生和问世，均离不开反复的试验，很少有一蹴而就的。而试验获得成功往往是试错的过程，该过程往往需要投入大量的人力、物力及财力，并且该试错过程同时凝聚了科研人员的智慧。试验记录包括试验数据和试验过程、结果的记录。

（6）商业数据　企业在经营、生产中会产品大量的数据，包括财务数据、生产数据、销售数据、人力资源数据、客户数据、经营统计数据、行业数据、历史数据等。对于这些商业数据进行分析加工，往往可以得到有价值的新信息，这些数据是企业经营生产中积累起的财富，一旦泄露，将给企业造成不可弥补的损失。现在，当代企业对自身的数据整理、分析所形成的商业数据库，是企业重要的商业秘密。

（7）商业方法　商业方法、管理诀窍和产销策略等能够给企业带来好的经济效益，为维护和增强企业的竞争优势产生推动力。而商业方法、管理诀窍和产销策略往往是经过长期地摸索、反复地验证和修正，一套行之有效的商业方法、管理诀窍和产销策略均凝聚了企业大量的心血，一旦泄露，将对企业的生产、经营造成严重的损害。

（8）客户名单　客户名单是商业秘密非常重要的组成部分。长期稳定客户名单是企业经年累月积累下来的无形财富，能为企业带来稳定的利润。长期性和稳定性是客户名单成为企业商业秘密的基本属性。《最高人民法院关于审理不正当竞争民事案件应用法律若干问题的解释》第 13 条第一款中对商业秘密中的客户名单给出了明确的界定，即"一般是指客户的名称、地址、联系方式以及交易的习惯、意向、内容等构成的区别于相关公知信息的特殊客户信息，包括汇集众多客户的客户名册，以及保持长期稳定交易关系的特定客户。"

（9）其他的技术信息及经营信息　商业秘密中包含的商业信息种类繁多，像当今企业中所常用适合自身生产、经营的拥有自主知识产权的计算机软件、货源及销售渠道以及招投标书内容等信息，都将对企业参与市场竞争产生影响，都是企业的商业秘密。

（一）泄露原因

目前，造成企业秘密泄露的原因很多，主要的有以下几种：

（1）企业领导对本企业的经济、技术保密工作不重视、保密机构不健全；

（2）涉密人员的保密意识不强或自身素质不高；

（3）随市场经济体制的建立而出现的涉密人员的流动、跳槽从事第二职业，以及在企业三项制度改革中一部分涉密人员被分流从事多种经营活动等，导致了企业经济技术秘密的外流；

（4）在对内和对外的经济技术合作中，有些企业领导以及涉密人员对内外有别的原则掌握不好。

（二）预防对策

为防止企业泄密，应采取以下措施：

（1）把企业秘密的保护摆上重要位置，完善各项制度，特别是要加强经济、技术保密工作的制度建设，要制定一套对各类涉密人员岗位变动的交接制度和奖惩制度等，经职代会讨论通过正式发布施行。

（2）大力宣传保护企业秘密的重要性，教育职工明确企业保密工作与企业利益、与职工个人利益之间的关系，形成保护企业秘密的群众基础。

（3）加强对企业涉密人员的思想教育，帮助提高自身素质以适应市场经济的新情况，对达到退休年龄的涉密人员可以返聘，或给其一定的报酬使其不在其他企业任职，并担负保护该项秘密的责任。

（4）处理好企业科技成果转让与保密的关系。从原则上讲，企业技术成果可以有偿转让给其他企业，但在转让中要处理好与保密的关系，掌握好转让的时机，若某项技术转让后，将使本企业利益受到严重损害，则不能转让，企业应抓紧研制新一代产品，当形成新的企业技术秘密后，原来的保密技术才可以转让。现在有不少企业领导人只图眼前利益，在没有换代产品的情况下，把企业秘密多次转让，致使本企业的长远利益受到严重损害，甚至被挤出竞争市场。这样的悲剧一定不能重演。

（三）区别与认定

企业秘密，即关系企业的生存与利益，在一定时间内只限一定范围的人员知悉的事项。广义讲，企业秘密又可以是国家秘密，但企业秘密并不都是国家秘密。狭义讲，企业秘密专指一个企业的秘密事项中不属于国家秘密的部分。企业秘密虽不属国家秘密，但在市场经济条件下，它对本企业的生存和发展至关重要，因此，必须严加保护。

随着我国改革开放事业的不断发展，保密任务将更加艰巨，上级领导的讲话和保密工作者的文章对当前保密工作形势都有精到的分析。各级保密组织要在搞好保护国家秘密工作的同时承担起保护企业秘密的任务。

企业秘密与国家秘密有严格的区别，国家秘密受法律的保护，而企业秘密则不受法律的保护。但在企业的实际工作中，企业秘密与国家秘密有着密切的关系，有时二者又是可以相互转化的。如某项发明创造或科研成果，在国外未掌握之前为国家秘密，一旦国外掌握并能生产同类产品后，即不成为国家秘密，但若在国内仍为独家生产，则仍是企业秘密，应继续保护。鉴于企业秘密与国家秘密具有密不可分的关系，在实际保护工作中，应由同一个保密组织负责，肩负起保护国家秘密和企业秘密的双重责任。

在保护企业秘密的方法上，应仿照国家秘密的保护措施，如在划定企业秘密的范围、对企业秘密事项的标识与标识方法要与国家秘密有所区分，制定保护企业秘密的规章制度、对泄露企业秘密者按厂规厂纪给予处分等方面，都可参照保护国家秘密的有关内容进行。

思考题

1. 简述环境安全制约原理的基本内容。

2. 简述食品安全国家标准体系的构成。

3. 简述环境管理标准与环境技术标准之间的区别。

4. 说明职业安全管理的重要性及实施方案。

5. 简述工程项目管理的内容及主要措施。

6. 如何做好工程设计的质量控制？分阶段描述一下关键要点。

7. 简述重大危险源的辨识及其包括的内容。

8. 简述安全辨识步骤后进行安全评价的方法。

9. 简述风险与临界控制的方法。

10. 简述知识产权保护的范围。

11. 知识产权贯标的主要作用有哪些？

12. 预防企业秘密泄露的主要对策有哪些？

参考文献

[1] 李援. 《中华人民共和国食品安全法》解读与适用 [M]. 北京：人民出版社，2009.

[2] 吴澎等. 食品法律法规与标准 [M]. 第二版. 北京：化学工业出版社，2015.

[3] 许宁，胡伟光. 环境管理 [M]. 北京：化学工业出版社，2003.

[4] 冯波. 制定与实施环境质量标准的相关问题 [J]. 环境保护，2012（07）：58-61.

［5］ 张连营. 职业健康安全与环境管理［M］. 天津：天津大学出版社，2006.

［6］ 王飞鹏. 职业安全卫生管理［M］. 北京：首都经济贸易大学出版社，2015.

［7］ 陈全. 职业安全卫生管理体系原理与实施［M］. 北京：气象出版社，2000.

［8］ 徐洋. 工程项目控制原理与应用［M］. 哈尔滨：黑龙江人民出版社，2007.

［9］ 赵陆岳. 工程项目管理浅谈［J］. 现代经济信息，2013（17）：161.

［10］ 刘诗飞，姜威. 重大危险源辨识与控制［M］. 北京：冶金工业出版社，2012.

［11］ 李毓强. 环境安全制约原理的理论与实践（下）［J］. 石油规划设计，2002，13（3）：1-5.

［12］ 刘双跃. 安全评价［M］. 北京：冶金工业出版社，2010.

［13］ 魏玉彬，许北. 知识产权保护与中国企业的对策［J］. 中国科技信息，2005（13）：48-48.

［14］ 陈庆安. 论我国刑法中商业秘密与国家秘密的区别与认定［J］. 郑州大学学报（哲学社会科学版），2017（3）：35-38.

第十章

工程技术经济系统

━ 学习指导 ━

熟悉和掌握工程技术经济学的定义、研究对象、研究方法、特点和内容等，了解并理解现金流量构成与资金等值计算、建设项目资金筹措与资本成本、经济效果评价指标与方法、不确定性分析、建设项目的财务评价、价值工程、风险决策等内容。

第一节　概述

一、定义

工程技术经济学（Engineering Economics）是现代管理科学中一门综合性学科，是技术科学、项目管理科学和经济科学相结合的边缘学科，简称为工程经济学。工程经济学是研究工程项目的技术特性和经济特性，特别是经济效果和经济效益的科学，本质上属于经济学科和管理学科。

二、研究对象

工程经济学的研究对象不是某种单纯的技术本身，而是以某种技术为代表的工程技术项目（方案）。对于一个项目来讲，需要投入一定的资源，具有明确目标的技术实践过程，这个过程需要制订确切的计划、规划或方案。多数项目具有一次性非重复的特点。技术具有经济二重性——技术的先进性与经济的合理性既相一致又相矛盾，这需要工程技术经济学方法做出选择与权衡。

三、工程经济学的研究方法

工程经济学运用经济理论和定量分析方法，研究工程投资和经济效益的关系。它是工程学与经济学的交叉边缘学科。其任务是：以有限的资金，最好地完成工程任务，得到最大的经济效益。

利用工程经济学研究一个工程技术方案的问题，是一个完整的分析过程，也可称为技术经济分析，主要方法和步骤：

（1）调查预测　询问法、阅读法、观察法、试验法；预测有很多方法、算法；

（2）数学计算　高等数学、概率、数理统计、运筹学、计算机；

（3）论证分析　系统分析技术、优化与决策分析。

四、工程经济学的特点

(1) 综合性 整体考虑问题;

(2) 系统性 对象具有系统特征;

(3) 定量性 定量与定性相结合,以定量为主;

(4) 比较性 方案比较;

(5) 预测性 预见未来;

(6) 决策性 为决策服务提供依据,筛选方案、优选;

(7) 实用性 解决实际问题,直接为生产实践服务。

五、工程经济学的内容

工程经济学是研究各种工程项目、技术活动、技术措施、技术方案(可以统统看成为投资方案)的经济效益评价和选优的科学。它要解决的问题一是工程项目方案的评价问题,即是否可行,二是工程项目方案的比较和选择问题,即优选。它包括下述几个方面的内容。

(1) 资金的时间价值及等值计算;

(2) 工程技术项目经济评价;

(3) 工程项目经济效果比较和方案选择;

(4) 经济要素的预测与估计;

(5) 不确定性分析;

(6) 工程项目可行性研究;

(7) 项目决策→决策分析。

六、工程技术与经济的关系

(1) 两者是相互制约,相互影响的关系。工程技术必须把促进经济、社会发展作为首要任务,并要有好的经济效果,从而达到技术先进和经济效益的统一。因为工程技术的物化形态既是自然物,又是社会经济物。

(2) 它不仅要受自然规律的支配,而且还要受社会规律,特别是经济规律的支配。如果它不符合社会要求不能提高劳动生产率,不能带来经济效益,缺乏竞争力,它就不能存在或发展。

(3) 工程技术更多地侧重于安全方面,如建造、管理、使用等环节,而工程经济更多侧重于经济效益方面。

(4) 一个决策者在一个项目决策阶段,一方面会考虑工程技术,同时也会考虑工程经济,让两者在自身的条件下找到最佳的结合点。

本章在厘清经济系统概念的基础上,重点介绍了现金流量构成与资金等值计算、建设项目资金筹措与资本成本、经济效果评价指标与方法、不确定性分析、建设项目的财务评价以及经济系统最优化设计等内容，从而对工程技术经济系统的优化有一个基本的了解，相信对从事食品工程系统研究和实践的专家学者、工程技术人员有一定的启示和借鉴作用。

第二节　现金流量构成与资金等值计算

工程技术经济分析最重要的基础内容之一就是现金流量构成与资金等值计算，这也是正确计算经济评价指标的前提。

一、现金流量及其分类

（一）现金流量

1. 含义

现金流量就是指一项特定的经济系统在一定时期内（年、半年、季等）现金流入或现金流出或流入与流出数量的代数和。流入系统的称现金流入（CI）；流出系统的称现金流出（CO）。同一时点上现金流入与流出之差称净现金流量（CI—CO）。

对一个特定的经济系统而言，投入的资金、花费的成本、获取的收益，都可看成是以货币形式体现的现金流入或现金流出。

2. 确定现金流量应注意的问题

（1）应有明确的发生时点；

（2）必须实际发生（如应收或应付账款就不是现金流量）；

（3）不同的角度有不同的结果（如税收，从企业角度是现金流出，从国家角度就不是）。

图 10-1　现金流量图

3. 现金流量图

现金流量图（图 10-1）是表示现金流量的工具之一，其含义是，表示某一特定经济系统现金流入、流出与其发生时点对应关系的数轴图形，称为现金流量图。

4. 现金流量表

现金流量表是表示现金流量的工具之二，见表 10-1。

表 10-1　　　　　　　　　　　　　现金流量表

序号	项　目	计算期					合　计
		1	2	3	…	n	
1	现金流入						
1.1		100					
2	现金流出						
2.1		50					
3	净现金流量	50					

（二）各类经济活动的主要现金流量

（1）投资活动及其现金流量。

（2）筹资活动及其现金流量。

（3）经营活动及其现金流量。

二、建设项目的现金流量

（一）建设项目现金流量的构成

1. 建设投资

建设投资的定义是：主要用于建造与购置固定资产和无形资产的投资，称为建设投资。

（1）建设投资的构成　建设投资的构成见图 10-2。这里仅介绍各项投资的概念，具体以建筑安装工程投资构成的最新国家标准为依据。

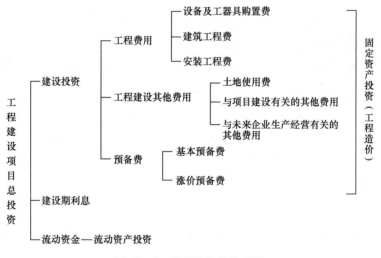

图 10-2　建设投资的构成图

（2）建设投资形成的成果及共同费用的分摊

① 形成的成果

固定资产：建筑物、设备、仪器等。

无形资产：不具有实物形态，但能为企业长期提供某些特权或利益的资产。

递延资产：不能计入当期损益，应在以后分期摊销的费用，如生产职工培训费、开办费。

② 共同费用的分摊

建设单位管理费：按建筑工程、安装工程、需安装设备价值总额等比例分摊。

土地费用、勘察设计费等：按建筑工程价值等比例分摊。

2. 流动资金

对生产性项目而言，流动资金指企业购置劳动对象、支付工资及其他生产周转费用所垫付的资金。

流动资金分别在生产和流通领域以储备资金、生产资金、成品资金、结算资金、货币资金五种形态存在并循环。

$$流动资金＝流动资产－流动负债$$

3. 建设项目生产经营期成本费用

（1）概念　建设项目生产经营期成本费用为取得收入而付出的代价。技术经济分析中的成本概念与企业会计中的不完全相同。

企业会计：成本是对实际发生费用的记录，影响因素确定，成本数据唯一。

技术经济：是对未来发生费用的预测和估算，影响因素不确定，不同方案有不同的数据。技术经济中引入了企业会计中所没有的成本概念。

（2）产品总成本费用的构成　这里讲的产品总成本费用的构成是指财务会计中的规定，见表10-2。

表 10-2　　　　　　　　　　　产品总成本费用构成表

总成本费用	生产成本	直接支出	生产中实际消耗的直接材料、工资和其他支出
		制造费用	为生产产品和提供劳务发生的各项间接费用
	销售费用		销售过程中发生的各项费用
	管理费用		管理和组织生产经营发生的费用，如工会经费、税金、折旧等
	财务费用		为企业筹集资金而发生的各项费用

（3）产品总成本费用的计算　产品总成本费用的计算是指技术经济中的规定。为便于计算，在技术经济中将工资及福利费、折旧费、修理费、摊销费、利息支出进行归并后分别列出，另设一项"其他费用"将制造费用、管理费用、财务费用和销售费用中扣除工资及福利费、折旧费、修理费、摊销费、维简费、利息支出后的费用列入其中。这样，各年成本费用的计算公式为：

$$年总成本费用＝外购原材料＋外购燃料动力＋工资及福利费＋修理费＋$$
$$折旧费＋维简费＋摊销费＋利息支出＋其他费用$$

注：上式中的各项费用，一般都很容易理解和计算，这里仅对以下几项对初学者容易出错的费用重点解释说明一下。

① 折旧。

a. 折旧是指在固定资产的使用过程中，随着资产损耗而逐渐转移到产品成本费用中的那部分价值。将折旧费计入成本费用是企业回收固定资产投资的一种手段。按照国家规定的折旧制度，企业把已发生的资本性支出转移到产品成本费用中去，然后通过产品的销售，逐步回收初始的投资费用。

b. 影响固定资产折旧的因素：

固定资产原值：指固定资产的原始价值或重置价值。

固定资产净残值＝（估计残值－估计清理费用）。一般为原始价值的3%～5%。

固定资产估计使用年限：指固定资产的预期使用年限。

正确的使用年限：应综合反映有形和无形损耗。

使用年限估计过长：固定资产的经济寿命已满，但价值还未全部转移，这等于把老本当收入，人为扩大利润，使固定资产得不到更新，企业无后劲。

使用年限估计过短：使补偿有余，导致人为增大成本，利润减少，少纳所得税，并可能提前报废，造成浪费。

c. 企业计提折旧的相关规定

会计准则规定，已达到预定可使用状态但尚未办理竣工决算的固定资产，应当按照估计价值确定其成本，并计提折旧；待办理竣工决算后，再按实际成本调整原来的暂估价值，但不需要调整原已计提的折旧额。

d. 折旧的计算方法

• 直线折旧法

平均年限法

设：P 为固定资产原值，L 为估计净残值，N 为估计使用年限，

d 为年折旧率，r 为净残值率，D 为年折旧额

则：折旧额的计取基数为 $(P-L)=P(1-r)$

年折旧率：
$$d=\frac{1}{N}\times100\%$$

年折旧额：
$$D=(P-L)\cdot d=\frac{P-L}{N}=\frac{P(1-r)}{N}$$

优点：简便；使折旧分布与获利能力分布不相符。

缺点：只考虑资产存在时间，未考虑资产的使用强度。

该方法适用于生产较为均衡的固定资产。

工作量法

设：M 为总工作量，m 为单位工作量折旧额，K_t 为第 t 期的实际完成工作量

D_t 为第 t 期的折旧额，其他符号同前

则：$m=\dfrac{P-L}{M}=\dfrac{P(1-r)}{m}$，　$D_t=K_t m$

该方法适用于各期完成工作量不均衡的固定资产。

• 加速折旧法：加速折旧法是使固定资产尽快得到价值补偿的折旧计算方法。它有余额递减法（定率递减法）、双倍余额递减法和年数总和法三种方法。加速折旧法的优点：第一，促进技术进步；第二，符合收入成本配比原则；第三，使成本费用在整个使用期内较为平衡。其缺点是前期成本提高，利润降低，推迟了企业应缴税款，等于国家提供了变相无息贷款。

② 摊销。

含义：无形资产和递延资产的原始价值要在规定的年限内，按年度或产量转移到产品的成本之中，这一部分被转移的无形资产和递延资产的原始价值，称为摊销。企业通过计提摊销费，回收无形资产及递延资产的资本支出。

摊销费的计算：计算摊销费采用直线法，并且不留残值。即

摊销费＝无形资产原值／无形资产摊销年限＋递延资产原值／递延资产摊销年限

③ 生产经营期利息支出。利息支出是指筹集资金而发生的各项费用，包括生产经营期间发生的利息净支出，即在生产经营期所发生的建设投资借款利息和流动资金借款利息

之和。即

$$生产经营期利息支出＝建设投资借款利息＋流动资金借款利息$$

注意：在生产经营期利息是可以进入成本的，因而每年计算的利息不再参与以下各年利息的计算。

④ 其他费用。

含义：其他费用是指在制造费用、管理费用、财务费用和销售费用中扣除工资及福利费、折旧费、修理费、摊销费和利息支出后的费用。

其他费用的计算：在技术经济分析中，其他费用一般可根据成本中的原材料成本、燃料和动力成本、工资及福利费、折旧费、修理费、维简费及摊销费之和的一定百分比计算，并按照同类企业的经验数据加以确定。

（4）技术经济中的有关成本

① 经营成本。经营成本是指项目从总成本中扣除折旧费、摊销费和利息支出以后的成本，即：

$$经营成本＝总成本费用－折旧费－摊销费－利息支出$$

这里应强调技术经济分析中为什么要引入经营成本，为什么要从总成本中扣除这些费用？

现金流量表反映项目在计算期内逐年发生的现金流入和流出。与常规会计方法不同，现金收支何时发生，就何时计算，不作分摊。由于投资已按其发生的时间作为一次性支出被计入现金流出，所以不能再以折旧费、维简费和摊销费的方式计为现金流出，否则会发生重复计算。因此，作为经常性支出的经营成本中不包括折旧费和摊销费，同理也不包括维简费。

因为全部投资现金流量表以全部投资作为计算基础，不分投资资金来源，利息支出不作为现金流出，而自有资金现金流量表中已将利息支出单列，因此经营成本中也不包括利息支出。

② 固定成本与变动成本。在技术经济分析中，为便于计算和分析，一般将总成本费用分为固定成本和变动成本两种。固定成本是指在一定产量范围内不随产量变动而变动的费用，如管理人员工资、差旅费、设备折旧费、办公费用、利息支出等；而变动成本是指总成本中随产量变动而变动的费用，例如直接原材料、直接人工费、直接燃料和动力费及包装费等。之所以做这样的划分，主要目的就是为盈亏平衡分析提供前提条件。

③ 机会成本。机会成本是指如果一项资源既能用于甲用途，又能用于其他用途（由于资源的稀缺性，如果用于甲用途就必须放弃其他用途），那么资源用于甲用途的机会成本，就是资源用于次好的、被放弃的其他用途本来可以得到的净收入。

将资源用于某种用途而放弃其他用途所付出的代价。

④ 沉没成本。沉没成本是指过去已经支出而现在无法得到补偿的成本。它对企业经营决策不起决定作用。

$$沉没成本＝旧资产账面价值－当前市场价值$$

4. 销售收入

工程项目的收入是估算项目投入使用后生产经营期内各年销售产品或提供劳务等所取得的收入。销售产品的收入称销售收入，提供劳务的收入称营业收入。

销售收入是项目建成投产后补偿成本、上缴税金、偿还债务、保证企业再生产正常进行的前提。它是进行利润总额、销售税金及附加和增值税估算的基础数据。

销售收入的计算：销售收入＝产品销售单价×产品年销售量

5. 税金及附加

（1）特点 强制性、无偿性、固定性

（2）税种

① 流转税及附加。增值税、消费税、营业税、城市维护建设税、教育费附加

② 资源税。资源税、土地使用税、耕地占用税、土地增值税

注：①②是从销售收入中直接扣除的，故可通称为销售税金及附加。

③ 财产及行为税。房产税、契税等。它是可进产品成本费用的税金。

④ 所得税。从企业实现利润中扣除。纳税人发生年度亏损的，可用下一纳税年度的所得弥补；下一纳税年度的所得不足弥补的，可以逐年延续弥补，但是延续弥补期最长不得超过5年。

6. 利润

$$销售利润＝销售收入－总成本费用－销售税金及附加$$
$$实现利润（利润总额）＝销售利润＋投资净收益＋营业外收支净额$$
$$税后利润（净利润）＝利润总额－所得税$$

（二）建设项目现金流量的确定

1. 建设期现金流量的确定
$$CI－CO＝固定资产投资－流动资金$$

2. 生产经营期现金流量的确定
$$CI－CO＝销售收入－经营成本－销售税金及附加－所得税$$
$$＝销售收入－经营成本－折旧－销售税金及附加－所得税＋折旧$$
$$＝销售收入－总成本费用－销售税金及附加－所得税＋折旧$$
$$＝利润总额－所得税＋折旧$$
$$＝税后利润＋折旧$$

3. 计算期末现金流量的确定
$$CI－CO＝销售收入＋回收固定资产余值＋回收流动资金－经营成本－$$
$$销售税金及附加－所得税$$

（三）资金等值计算

1. 资金的时间价值

（1）概念 把货币作为社会生产资金（或资本）投入到生产或流通领域，就会得到资金的增值，资金的增值现象就称作资金的时间价值。如某人年初存入银行100元，若年利率为10％，年末可从银行取出本息110元，出现了10元的增值。从投资者角度看，是资金在生产与交换活动中给投资者带来的利润。从消费者角度看，是消费者放弃即期消费所获得的利息。

（2）利息和利率

① 利息。放弃资金使用权所得的报酬或占用资金所付出的代价，又称子金。

② 利率。单位本金在单位时间（一个计息周期）产生的利息。有年、月、日利率等。

（3）单利和复利

① 单利。本金生息，利息不生息。

② 复利。本金生息，利息也生息。即"利滚利"。

间断复利，计息周期为一定的时间区间（年、月等）的复利计息。

连续复利，计息周期无限缩短（即 0）的复利计息。

（4）等值的概念　指在考虑时间因素的情况下，不同时点的绝对值不等的资金可能具有相等的价值。利用等值的概念，可把一个时点的资金额换算成另一时点的等值金额。如"折现""贴现"等。

2. 资金等值计算基本公式

（1）基本参数

① 现值（P）。

② 终值（F）。

③ 等额年金或年值（A）。

④ 利率、折现或贴现率、收益率（i）。

⑤ 计息期数（n）。

（2）基本公式

① 一次支付类型。

复利终值公式（一次支付终值公式、整付本利和公式）

$$F=P(1+i)^n=P(F/P,i,n)$$

复利现值公式（一次支付现值公式）

$$P=F(1+i)^{-n}=F(P/F,i,n)$$

② 等额分付类型。

等额分付终值公式（等额年金终值公式）

$$F=A \cdot \left[\frac{(1+i)^n-1}{i}\right]=A(F/A,i,n)$$

等额分付偿债基金公式（等额存储偿债基金公式）

$$A=F \cdot \left[\frac{i}{(1+i)^n-1}\right]=F(A/F,i,n)$$

等额分付现值公式

$$P=A\left[\frac{(1+i)^n-1}{i(1+i)^n}\right]=A(P.A,i,n)$$

等额分付资本回收公式

$$A=P \cdot \left[\frac{i(1+i)^n}{(1+i)^n-1}\right]=P(A/P,i,n)$$

此外，还有定差数列的等值计算公式以及等比数列的等值计算公式等。

3. 实际利率、名义利率与连续利率

（1）实际利率与名义利率的含义　首先，举例说明实际利率与名义利率的含义：

年利率为 12％，每年计息 1 次——12％ 为实际利率；

年利率为 12％，每年计息 12 次——12％ 为名义利率，实际相当于月利率为 1％。

（2）实际利率与名义利率的关系

设：P 为年初本金，F 为年末本利和，L 为年内产生的利息，r 为名义利率，i 为实际利率，m 为在一年中的计息次数。

则：单位计息周期的利率为 r/m，年末本利和为 $F = P\left(1 + \dfrac{r}{m}\right)^m$

$$L = F - P = P \cdot \left[\left(1 + \dfrac{r}{m}\right)^m - 1\right]$$

在一年内产生的利息为

据利率定义，得：$i = \dfrac{L}{P} = \left(1 + \dfrac{r}{m}\right)^m - 1$

在进行分析计算时，对名义利率一般有两种处理方法：

① 将其换算为实际利率后，再进行计算；

② 直接按单位计息周期利率来计算，但计息期数要作相应调整。

（3）连续利率　计息周期无限缩短（即计息次数 $m \to \infty$）时得实际利率。

$$i_{连} = \lim_{m \to \infty}\left(1 + \dfrac{r}{m}\right)^m - 1 = \lim_{m \to \infty}\left(1 + \dfrac{1}{\frac{m}{r}}\right)^{\frac{m}{r} \times \gamma} - 1 = e^{\gamma} - 1$$

第三节　建设项目资金筹措与资本成本

一、建设项目资金总额的构成

按不同投资主体的投资范围和项目的特点，可将建设项目分为：

① 公益性项目。由政府拨款建设；

② 基础性项目。由政府投资主体承担；

③ 竞争性项目。企业为基本的投资主体，主要向市场融资。

项目资金总额的构成，见图 10-3。

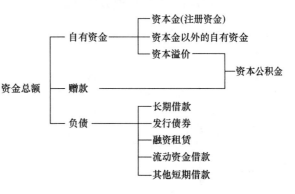

图 10-3　项目资金总额的构成图

二、建设项目资金的筹措

（一）项目资本金的筹措

1. 资本金概述

（1）含义　指投资项目总投资中必须包含一定比例的、由出资方实缴的资金。除了主要由中央和地方政府用财政预算投资建设的公益性项目等部分特殊项目外，大部分投资项目都应实行资本金制度。

（2）形式 实物、货币、无形资产。对于后者，必须经过有资格的评估机构依照法律法规评估作价。以工业产权、非专利技术作价出资的比例不得超过资本金总额的 20%，但国家对采用高新技术成果有特别规定的除外。

（3）内容 国家资本金、法人资本金、个人资本金、外商资本金等。

2. 筹措渠道

（1）财政预算投资

① 税收。改变资金的使用权和所有权；

② 财政信用。改变使用权，不改变所有权。如政府债券；

③ 举借外债。国家信用的一种形式。

（2）企业自有资金

① 盈余公积金。

② 盈余公积金（公益金、未分配利润）。

（3）发行股票 股票有普通股、优先股之分，发行股票有优点也有缺点，优点是：弹性融资方式，融资风险低；无到期日；提高财务信用，增强融资扩张能力。缺点是：资金成本高；增资发行，会降低原有股东的控制权。

（4）吸收国外直接投资 合资经营、合作经营、合作开发、外资独营。

（5）吸收国外其他投资 "三来一补"：来料加工、来件装配、来样定制、补偿贸易。

3. 项目资本金筹集应注意的问题

（1）确定项目资本金的具体来源渠道；

（2）根据资本金额度拟定项目的投资额；

（3）合理掌握资本金投入比例（不宜过多的投入资本金）；

（4）合理安排资本金到位的时间（根据实施进度进行安排）。

（二）负债筹资

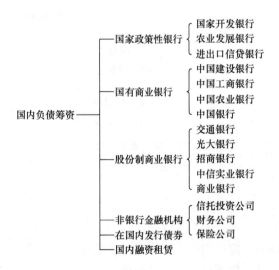

图 10-4 国内来源渠道筹资图

1. 国内来源渠道

国内来源渠道筹资见图 10-4。

（1）国内银行借款 我国银行体系有三大类：

① 央行——中国人民银行。

② 政策性银行——国家开发银行、中国农业发展银行、国家进出口信贷银行。

③ 商业性银行——建行、工行、农行、中行、交行、招商行、光大银行等。

签订贷款合同时，一般会对贷款期、提款期、宽限期和还款期做出明确规定：

① 贷款期。贷款合同生效日→最后一笔贷款本金和利息还清日；

② 提款期。贷款合同生效日→合同规定的最后一笔贷款本金提取日；

③ 宽限期。贷款合同生效日→合同规定的第一笔贷款本金归还日；

④ 还款期。合同规定的第一笔贷款本金归还日→贷款本金和利息全部还清日。

（2）发行债券　债券有国家债券、地方政府债券、企业债券、金融债券等几种。

发行债券筹资有优点也有缺点，优点是：支出固定；企业控制权不变；少纳所得税；若全部资金收益率大于利息率，该方式可提高股东收益率。缺点是：支出固定；提高负债比率，降低财务信用；限制性条件较多。

（3）设备租赁　设备租赁有两种租赁方式，①融资性租赁；②经营性（或服务性）租赁。

2. 借用国外资金

略。

（三）项目融资

1. 概念

项目融资有广义和狭义之分。广义的概念包括前面介绍的；狭义的概念是指通过项目来融资，即仅以项目的资产、收益作抵押来融资。

2. 特点

（1）至少有项目发起方、项目公司、贷款方三方参与；

（2）项目发起方以股东身份组建项目公司，该项目公司为独立法人；

（3）以项目本身的经济强度作为衡量偿债能力大小的依据。

3. 适用范围

（1）资源开发类项目：如石油、天然气、煤炭、铀等开发项目；

（2）基础设施；

（3）制造业，如飞机、大型轮船制造等。

4. 限制

（1）程序复杂，参加者众多，合作谈判成本高；

（2）政府的控制较严格；

（3）增加项目最终用户的负担；

（4）项目风险增加融资成本。

5. 主要模式

（1）以"产品支付"为基础的项目融资模式　"产品支付（Production Payment）"是在石油、天然气和矿产品项目中常使用的无追索权或有限追索权的融资方式，产品支付只是产权的转移，而非产品本身的转移。

（2）BOT 项目融资方式　BOT 是 Build-Operate-Transfer 的缩写，即建设-经营-移交。

（3）TOT 项目融资方式　TOT 是 Transfer-Operate-Transfer 的缩写，即移交-经营-移交。

（4）ABS 项目融资模式　ABS 是英文 Asset-Backed Securitization 的缩写，即资产支持型资产证券化，简称资产证券化。资产证券化是指将缺乏流动性，但能够产生可预见的、稳定的现金流量的资产归集起来，通过一定的结构安排，对资产中风险与收益要素进行分离与重组，进而转换为在金融市场上可以出售和流通的证券的过程。

三、资本成本

（一）资本成本概述

1. 概念

为筹集和使用资金而付出的代价。包括筹集成本（F）和使用成本（D）

2. 计算原理

资金成本一般用相对数表示，称之为资金成本率。其一般计算公式为：

$$K = \frac{D}{P-F} = \frac{D}{P(1-f)}$$

式中　P——筹集资金总额；

　　　f——筹集费费率。

3. 作用

（1）选择资金来源，拟定筹资方案的主要依据；

（2）评价项目可行性的主要经济标准；

（3）可作为评价企业财务经营成果的依据。

（二）不同来源资金的资金成本

1. 债务资本成本

债务资本成本（k）可通过下式求出：

$$P_0 = C_0 + \frac{C_1}{(1+k)} + \frac{C_2}{(1+k)^2} + \cdots + \frac{C_m}{(1+k)^m}$$

式中　P_0——在 $t=0$ 时筹集到的借款；

　　　C_0——在 $t=0$ 时筹资的费用支出，$C_0 = P_0 \cdot f$，其中 f 为筹集费费率；

　　　C_m——在 t 时的税后现金流出，其中 $t=0$，1，2，…n。

（1）银行及金融机构借款的资本成本（k_1）

$$k_1 = \frac{I(1-T_e)}{P-F} = \frac{P \cdot i(1-T_e)}{P(1-f)} = \frac{i(1-T_e)}{(1-f)}$$

式中　I——年利息；

　　　i——借款年实际利率；

　　　T_e——实际所得税率。

（2）债券的资本成本（k_b）

发行债券按发行价格的不同可分为三种方式：等价发行、溢价发行和折价发行。这里需说明的是，当采用溢价或折价发行时，债券的近似税后成本：

2. 股票的资本成本

（1）优先股的资本成本（k_p）

$$k_p = \frac{D_p}{P_0(1-f)} = \frac{P \cdot i_0}{P_0(1-f)} = \frac{i}{(1-f)}$$

式中　D_p——支付的优先股股息；

P_0——发行优先股票的价格；

i——优先股票的固定股息率。

（2）普通股的资本成本（k_c）

① 股息价值模型（dividend valuation model）

假设条件：投资者不是投机者，未来的股息保持不变，不考虑股东本身的纳税负担

设 P_0 为买卖股票的现价，D_t 为未来的股息，D_0 为在 $t=0$ 时发行股票的费用支出

$(D_0 = P_0 \cdot f)$

则

$$P_0 = D_0 + \sum_{t=1}^{\infty} \frac{D_t}{(1+k_c)^t}$$

令 $D_1 = D_2 = \cdots = D_t = D$，代入上式求得 $k_c = \dfrac{D}{P_0(1-f)}$

② 资本资产定价模型

$$k_c = R_f + \beta(R_m - R_f)$$

式中 R_f——无风险报酬率；

R_m——平均风险股票必要报酬率；

β——股票的风险校正系数。

3. 保留盈余的资本成本

对保留盈余的资本成本这里仅说一下思路，因为，企业所保留的盈利属于股东所有，同时还存在一个机会成本的原因，这说明使用保留盈余是需要付出代价的，即保留盈余存在资本成本。

（三）加权平均资本成本（综合资本成本）

$$K = \sum_{i=1}^{n} w_i k_i$$

式中 w_i——第 i 种来源资金的权重，即第 i 种来源资金所占的百分比；

k_i——第 i 种来源资金的资本成本。

第四节 经济效果评价指标与方法

在对项目进行技术经济分析时，经济效果评价是项目评价的核心内容，为了确保投资决策的科学性和正确性，研究经济效果评价方法是十分必要的。为分析问题方便起见，本章假定项目的风险为零，即不存在不确定因素，方案评价时能得到完全信息。

一、经济效果评价指标

（一）静态评价指标

1. 盈利能力分析指标

（1）投资回收期（P_t） 用项目各年的净收益来回收全部投资所需要的期限。

原理公式：
$$\sum_{t=0}^{P_t}(CI-CO)=0$$

实用公式：静态投资回收期可根据项目现金流量表计算，其具体计算分以下两种情况：

① 项目建成投产后各年的净收益均相同时，计算公式如下：

$$P_t=\frac{I}{A}$$

式中　I——项目投入的全部资金；

　　A——每年的净现金流量，即 $A=(CI-CO)_t$。

② 项目建成投产后各年的净收益不相同时，计算公式为：

$$P_t=累计净现金流量开始出现正值的年份数-1+\frac{上年累计净现金流量的绝对值}{当年的净现金流量}$$

评价准则：$P_t \leqslant P_c$，可行；反之，不可行。

特点：概念清晰，简便，能反映项目的风险大小，但舍弃了回收期以后的经济数据。

（2）投资收益率（E）　项目在正常生产年份的净收益与投资总额的比值。

计算公式：
$$E=\frac{NB}{K}\times100\%$$

① 当 K 为总投资，NB 为正常年份的利润总额，则 E 称为投资利润率；

② 当 K 为总投资，NB 为正常年份的利税总额，则 E 称为投资利税率。

评价准则：$E \geqslant E_c$，可行；反之，不可行。

特点：舍弃了更多的项目寿命期内的经济数据。

2. 清偿能力分析指标

（1）财务状况指标　主要有资产负债率、流动比率、速动比率；

（2）建设投资国内借款偿还期（P_d）。

原理公式：
$$I_d=\sum_{t=0}^{n}R_t$$

式中　I_d——固定资产投资国内借款本金和建设期利息；

　　R_t——可用于还款的资金，包括税后利润、折旧、摊销及其他还款额。

在实际工作中，借款偿还期可直接根据资金来源与运用表或借款偿还计划表推算，其具体推算公式如下：

$$P_d=(借款偿还后出现盈余的年份数-1)+\frac{当年应偿还借款额}{当年可用于还款的资金额}$$

借款偿还期指标适用于那些计算最大偿还能力，尽快还款的项目，不适用于那些预先给定借款偿还期的项目。对于预先给定借款偿还期的项目，应采用利息备付率和偿债备付率指标分析项目的偿债能力。

评价准则：满足贷款机构的要求时，可行；反之，不可行。

（3）利息备付率　利息备付率也称已获利息倍数，指项目在借款偿还期内各年可用于支付利息的税息前利润与当期应付利息费用的比值。其计算式为：

$$利息备付率=\frac{税息前利润}{当期应付利息费用}$$

式中　税息前利润＝利润总额＋计入总成本费用的利息费用

当期应付利息：指计入总成本费用的全部利息。

评价准则：利息备付率应当大于 2。否则，表示项目的付息能力保障程度不足。

（4）偿债备付率 偿债备付率指项目在借款偿还期内，各年可用于还本付息的资金与当期应还本付息金额的比值。其计算式：

$$偿债备付率＝\frac{可用于还本付息资金}{当期应还本付息金额}$$

可用于还本付息资金：包括可用于还款的折旧和摊销，成本中列支的利息费用，可用于还款的税后利润等；

当期应还本付息金额：包括当期应还贷款本金额及计入成本的利息。

评价准则：正常情况应当大于 1，且越高越好。当指标小于 1 时，表示当年资金来源不足以偿付当期债务，需要通过短期借款偿付已到期债务。

（二）动态评价指标

动态评价指标不仅考虑了资金的时间价值，而且考虑了项目在整个寿命期内的全部经济数据，因此比静态指标更全面、更科学。

1. 净现值（NPV）

（1）计算公式和评价准则

计算公式：
$$NPV = \sum_{t=0}^{n} (CI - CO)_t (1 + i_c)^{-t}$$

评价准则：对单方案，$NPV \geqslant 0$，可行；多方案比选时，NPV 越大的方案相对越优。

（2）需要说明的问题

① 累计净现值曲线。反映项目逐年累计净现值随时间变化的一条曲线。见图 10-5。

② 基准折现率。投资者对资金时间价值的最低期望值。

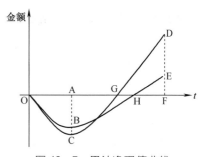

图 10-5 累计净现值曲线

影响因素：

取两者中的最大的一个作为 r_1。

a. 加权平均资本成本

b. 投资的机会成本

c. 风险贴补率（风险报酬率）：用 r_2 表示

d. 通货膨胀率，用 r_3 表示

确定：

a. 当按时价计算项目收支时，$i_c = (1+r_1)(1+r_2)(1+r_3) - 1 \approx r_1 + r_2 + r_3$

b. 当按不变价格计算项目收支时，$i_c = (1+r_1)(1+r_2) - 1 \approx r_1 + r_2$

正确确定基准收益率，其基础是资金成本、机会成本，而投资风险、通货膨胀和资金限制也是必须考虑的影响因素。

③ NPV 与 i 的关系（对常规现金流量）。

a. $i \nearrow$　$NPV \searrow$，故 i_c 定的越高，可接受的方案越少；

b. 当 $i = i'$ 时，$NPV = 0$；当 $i < i'$ 时，$NPV > 0$；当 $i > i'$ 时，$NPV < 0$。见图 10-6。

④ 净现值最大准则与最佳经济规模。最佳经济规模就是盈利总和最大的投资规模。考虑到资金的时间价值，也就是净现值最大的投资规模。所以，最佳经济规模可以通过净

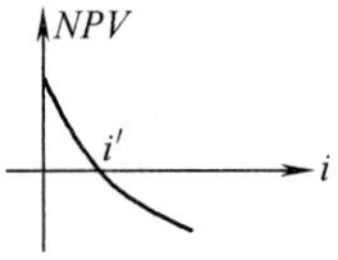

图 10-6 NPV 与 i 关系图

现值最大准则来选择。

⑤ 净现值指标的不足之处。

a. 必须先确定一个符合经济现实的基准收益率，而基准收益率的确定往往是比较复杂的；

b. 在互斥方案评价时，净现值必须慎重考虑互斥方案的寿命，如果互斥方案寿命不等，必须构造一个相同的研究期，才能进行各个方案之间的比选；

c. 净现值不能反映项目投资中单位投资的使用效率，不能直接说明在项目运营期间各年的经营成果。

2. 净现值指数（NPVI）或净现值率（NPVR）

$$NPVI = \frac{NPV}{K_p} = \frac{NPV}{\sum_{t=0}^{n} K_t (1 + i_c)^{-t}}$$

3. 净年值（NAV）

计算公式：
$$NAV = NPV \cdot (A/P, i, n)$$

评价准则：对单方案，$NAV \geq 0$，可行；多方案比选时，NAV 越大的方案相对越优。

说明：NAV 与 NPV 的评价是等效的，但在处理某些问题时（如寿命期不同的多方案比选），用 NAV 就简便得多。

4. 动态投资回收期（Pt′）

原理公式：
$$\sum_{t=0}^{P_t'} (CI - CO)(1 + i_c)^{-t} = 0$$

实用公式：$P_t =$ 累计净现值开始出现正值的年份数 $-1+\dfrac{\text{上年累计净现值的绝对值}}{\text{当年的净现值}}$

评价准则：$P_t' \leq P_c'$，可行；反之，不可行。

5. 内部收益率（IRR）

净现值等于零时的收益率。

原理公式：
$$\sum_{t=0}^{n} (CI - CO)_t (1 + IRR)^{-t} = 0 \text{ 解出 } IRR$$

评价准则：$IRR \geq i_c$，可行；反之，不可行。

（1）IRR 的经济含义　在项目整个计算期内，如果按利率 $i = IRR$ 计算，始终存在未回收投资，且仅在计算期终时，投资才恰被完全收回，那么 i^* 便是项目的内部收益率。这样，内部收益率的经济含义就是使未回收投资余额及其利息恰好在项目计算期末完全收回的一种利率。

（2）IRR 的计算步骤（采用"试算法"）　NPV 与 i 的关系曲线图见图 10-7。

① 初估 IRR 的试算初值。

② 试算，找出 i_1 和 i_2 及其相对应的 NPV_1 和 NPV_2；注意：为保证 IRR 的精度，i_2 与 i_1 之间的差距一般以不超过 2% 为宜，最大不宜超过 5%。

③ 用线性内插法计算 IRR 的近似值，公式如下：

$$IRR \approx i' = i_1 + \frac{NPV_1}{NPV_1 + |NPV_2|} \times (i_2 - i_1)$$

（3）关于 IRR 解的讨论　内部收益率方程是一个一元 n 次方程，有 n 个复数根（包括重根），故其正数根的个数可能不止一个。借助笛卡儿的符号规则，IRR 的正实数根的个数不会超过净现金流量序列正负号变化的次数。

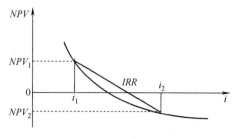

图 10−7　内部收益率线性内插法示意图

① 常规项目。净现金流量序列符号只变化一次的项目。该类项目，只要累计净现金流量大于零，就有唯一解，该解就是项目的 IRR。

② 非常规项目。净现金流量序列符号变化多次的项目。该类项目的方程的解可能不止一个，需根据 IRR 的经济含义检验这些解是否是项目的 IRR。

6. 费用评价指标

费用评价指标只用于多方案比选。前面介绍了五个指标，每个指标的计算均考虑了现金流入、流出，即采用净现金流量进行计算。实际工作中，在进行多方案比较时，往往会遇到各方案的收入相同或收入难以用货币计量的情况。在此情况下，为简便起见，可省略收入，只计算支出。这就出现了经常使用的两个指标：费用现值和费用年值。

（1）费用现值（PC）

计算公式：
$$PC = \sum_{t=0}^{n} CO_t (1 + i_c)^{-t} + S(1 + i_c)^{-n}$$

式中　CO_t——第 t 年的费用支出，取正号；

S——期末（第 n 年末）回收的残值，取负号。

评价准则：PC 越小，方案越优。

（2）费用年值（AC）

计算公式：
$$AC = PC \cdot (A/P, i, n)$$

评价准则：AC 越小，方案越优。

二、方案类型与评价方法

（一）方案类型

（1）独立方案　各方案间不具有排他性，在一组备选的投资方案中，采纳某一方案并不影响其他方案的采纳。

（2）互斥方案　各方案间是相互排斥的，采纳某一方案就不能再采纳其他方案。按服务寿命长短不同，投资方案可分为：

① 相同服务寿命的方案，即参与对比或评价方案的服务寿命均相同。

② 不同服务寿命的方案，即参与对比或评价方案的服务寿命均不相同。

③ 无限寿命的方案，在工程建设中永久性工程即可视为无限寿命的工程，如大型水坝、运河工程等。

（3）相关方案　在一组备选方案中，若采纳或放弃某一方案，会影响其他方案的现金流量；或者采纳或放弃某一方案会影响其他方案的采纳或放弃；或者采纳某一方案必须以先采纳其他方案为前提等。

（二）独立方案的经济效果评价方法

独立方案的采纳与否，只取决于方案自身的经济效果，因此独立方案的评价与单一方案的评价方法相同。只要资金充裕，凡是能通过自身效果检验（绝对效果检验）的方案都可采纳。常用的方法有：①净现值法；②净年值法；③内部收益率法。

这些方法的评价结论完全一致。

（三）互斥方案的经济效果评价

该类型方案的经济效果评价包括：

绝对效果检验：考察备选方案中各方案自身的经济效果是否满足评价准则的要求。

相对效果检验：考察备选方案中哪个方案相对最优。

该类型方案经济效果评价的特点是要进行多方案比选，故应遵循方案间的可比性。

为了遵循可比性原则，下面分方案寿命期相等、方案寿命期不等和无限寿命三种情况讨论互斥方案的经济效果评价。

1. 寿命相等的互斥方案经济效果评价

（1）净现值法与净年值法

① 操作步骤。

a. 绝对效果检验：计算各方案的 NPV 或 NAV，并加以检验；

b. 相对效果检验：计算通过绝对效果检验的两两方案的 ΔNPV 或 ΔNAV；

c. 选最优方案：相对效果检验最后保留的方案为最优方案。

② 判别准则。

通过上面的例题分析，为简化起见，可用下面的判别准则进行方案选优。

$NPV_i \geqslant 0$ 且 $\max(NPV_i)$ 所对应的方案为最优方案

$NAV_i \geqslant 0$ 且 $\max(NAV_i)$ 所对应的方案为最优方案

（2）费用现值法与费用年值法

判别准则：$\min(PC_i)$ 所对应的方案为最优方案

$\qquad\qquad\min(AC_i)$ 所对应的方案为最优方案

（3）差额内部收益率法　互斥方案的比选不能直接用内部收益率来对比，必须把绝对效果评价和相对效果评价结合起来进行。具体操作步骤如下：

① 将方案按投资额由小到大排序。

② 进行绝对效果评价。计算各方案的 IRR（或 NPV 或 NAV），淘汰 $IRR < i_c$（或 $NPV < 0$ 或 $NAV < 0$）的方案，保留通过绝对效果检验的方案。

③ 进行相对效果评价。依次计算第二步保留方案间的 ΔIRR。若 $\Delta IRR > i_c$，则保留投资额大的方案；反之，则保留投资额小的方案。直到最后一个被保留的方案即为最优方案，有关示意图见图 10-8。

（4）差额投资回收期法　原理同（3），具体操作步骤如下：

① 将方案按投资额由小到大排序。

② 进行绝对效果评价：计算各方案的 P'_t，淘汰 $P'_t \leqslant P'_c$ 的方案，保留通过绝对效果检验的方案。

③ 进行相对效果评价：依次计算第二步保留方案间的 $\Delta P'_t$。若 $\Delta P'_t < P'_c$，则保留投资额大的方案；反之，则保留投资额小的方案。直到最后一个被保留的方案即为最优方案。

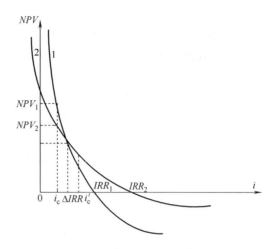

图 10 - 8　差额内部收益率法示意图

2. 寿命不等的互斥方案经济效果评价

（1）年值法——这是最适宜的方法

由于寿命不等的互斥方案在时间上不具备可比性，因此为使方案有可比性，通常宜采用年值法（净年值或费用年值）。

判别准则：$NAV_i \geqslant 0$ 且 $\max(NAV_i)$ 所对应的方案为最优方案；

$\min(AC_i)$ 所对应的方案为最优方案（当仅需计算费用时，可用之）。

（2）现值法　若采用现值法（净现值或费用现值），则需对各备选方案的寿命期做统一处理（即设定一个共同的分析期），使方案满足可比性的要求。处理的方法通常有两种：

① 最小公倍数法（重复方案法）。取各备选方案寿命期的最小公倍数作为方案比选时共同的分析期，即将寿命期短于最小公倍数的方案按原方案重复实施，直到其寿命期等于最小公倍数为止。

② 分析期法。根据对未来市场状况和技术发展前景的预测直接取一个合适的共同分析期。一般情况下，取备选方案中最短的寿命期作为共同分析期。这就需要采用适当的方法来估算寿命期长于共同分析期的方案在共同分析期末回收的资产余值。

判别准则：

$NPV_i \geqslant 0$ 且 $\max(NPV_i)$ 所对应的方案为最优方案；

$\min(PC_i)$ 所对应的方案为最优方案（当仅需计算费用时，可用之）。

3. 无限寿命的互斥方案经济效果评价

（1）现值法（注意此时 $P = \dfrac{A}{i}$）

判别准则：$NPV_i \geqslant 0$ 且 $\max(NPV_i)$ 所对应的方案为最优方案；

$\min(PC_i)$ 所对应的方案为最优方案（当仅需计算费用时，可用之）。

（2）年值法（注意此时 $P = A \cdot i$）

判别准则：$NAV_i \geqslant 0$ 且 $\max(NAV_i)$ 所对应的方案为最优方案；

$\min(AC_i)$ 所对应的方案为最优方案（当仅需计算费用时，可用之）。

（四）相关方案的经济效果评价

1. 现金流量相关型方案的选择

应先用"互斥方案组合法"将各方案组合成互斥方案，计算各互斥方案的现金流量，然后再按互斥方案的评价方法进行比选。

2. 资金有限相关型方案的选择

这是针对独立方案来讲的，由于资金有限，不可能把通过绝对效果检验的方案都选，所以只能选其中一些可行方案，从而使这些独立方案之间具有了相关性。

（1）净现值指数排序法　按 NPV_i 由大到小排序，然后根据资金限额依次选择方案。这种方法简便易行，但不能保证限额资金的充分利用。

（2）互斥方案组合法　该法的操作步骤：

① 对备选的 m 个独立方案，列出全部相互排斥的组合方案，共（$2^m - 1$）个。

② 初选方案。准则：（投资额）$_i \leqslant$ 资金限额，保留；反之，淘汰。

③ 选优。对第二步保留的方案运用互斥方案的评价方法进行选优。

3. 从属型方案的选择

采用"互斥方案组合法"进行选优。

第五节　不确定性分析

在前面介绍经济效果评价指标与方法的内容时，有一个重要的假设前提，即不存在不确定因素，方案评价时能得到完全信息。但是，未来实际发生的情况与事先的估算、预测很可能有相当大的出入。为了提高经济评价的准确度和可信度，尽量避免和减少投资决策的失误，有必要对投资方案做不确定性分析，为投资决策提供客观、科学的依据。

一、盈亏平衡分析

盈亏平衡分析法是指项目从经营保本的角度来预测投资风险性。依据决策方案中反映的产（销）量、成本和盈利之间的相互关系，找出方案盈利和亏损在产量、单价、成本等方面的临界点，以判断不确定性因素对方案经济效果的影响程度，说明方案实施的风险大小。这个临界点被称为盈亏平衡点（Break Even Point，BEP）。

（一）独立方案的盈亏平衡分析

盈亏平衡分析的前提：

（1）成本可划分成固定成本和变动成本，单位变动成本和总固定成本的水平在计算期内保持不变；

（2）产品产量等于销量；

（3）仅是单纯产量因素变动，其他诸如技术水平、管理水平、单价、税率等因素不变。

1. 线性盈亏平衡分析

设 Q_0 为年设计生产能力，Q 为年产量或销量，P 为单位产品售价，F 为年固定成本，V 为单位变动成本，t 为单位产品销售税金

则，可建立以下方程：

总收入方程：$TR = P \cdot Q$

总成本支出方程：$TC = F + V \cdot Q + t \cdot Q$

故，利润方程为：$B = TR - TC = (P - V - t) \cdot Q - F$

令 $B = 0$，解出的 Q 即为 $BEP(Q)$。

$$BEP(Q) = \frac{F}{P - V - t}$$

进而解出生产能力利用率的盈亏平衡点 $BEP(f)$：

$$BEP(f) = BEP(Q) / Q_0 \times 100\%$$

经营安全率：$BEP(S) = 1 - BEP(Q)$

注意：平衡点的生产能力利用率一般不应大于 75%；经营安全率一般不应小于 25%。

同理，还可求出其他因素的 BEP。如达到设计生产能力时，产品销售价格的盈亏平衡点为：$BEP(p) = \dfrac{F}{Q_0} + V + t$，见图 10-9。

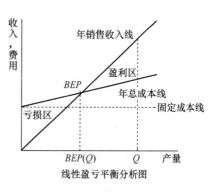

图 10-9 线性盈亏平衡分析图

2. 非线性盈亏平衡分析

在不完全竞争的条件下，销售收入和成本与产（销）量间可能是非线性的关系。非线性盈亏平衡分析的原理同线性盈亏平衡分析，

（二）互斥方案的盈亏平衡分析

如有某个共同的不确定性因素影响互斥方案的取舍时，可先求出两两方案的盈亏平衡点（BEP），再根据 BEP 进行取舍。

[**例 10-1**]（寿命期为共同的不确定性因素）某产品有两种生产方案，方案 A 初始投资为 70 万元，预期年净收益 15 万元；方案 B 初始投资 170 万元，预期年收益 35 万元。该项目产品的市场寿命具有较大的不确定性，如果给定基准折现率为 15%，不考虑期末资产残值，试就项目寿命期分析两方案的临界点。

解：设项目寿命期为 n

$$NPV_A = -70 + 15(P/A, 5\%, n)$$
$$NPV_B = -170 + 35(P/A, 5\%, n)$$

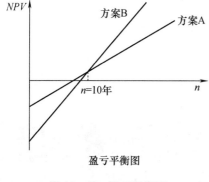

图 10-10 盈亏平衡图

当 $NPV_A = NPV_B$ 时，有

$$-70 + 15(P/A, 5\%, n) = -170 + 35(P/A, 5\%, n)$$
$$(P/A, 5\%, n) = 5$$

查复利系数表得 $n \approx 10$ 年。见图 10-10。

这就是以项目寿命期为共有变量时方案 A 与方案 B 的盈亏平衡点。由于方案 B 年净收益比较高，项目寿命期延长对方案 B 有利。故可知：如果根据市场预测项目寿命期小于 10 年，应采用方案 A；如果寿命期在 10 年以上，则应采用方案 B。

二、敏感性分析

（一）概述

1. 含义

敏感性分析是分析各种不确定因素变化一定幅度时，对方案经济效果的影响程度。把不确定性因素中对方案经济效果影响程度较大的因素，称之为敏感性因素。

2. 主要任务

通过敏感性分析，预测方案的稳定程度及适应性强弱，事先把握敏感性因素，提早制定措施，进行预防控制。

敏感性分析可以分为单因素敏感性分析和多因素敏感性分析。单因素敏感性分析是假定只有一个不确定性因素发生变化，其他因素不变。多因素敏感性分析则是不确定性因素两个或多个同时变化。

一般来说，敏感性分析是在确定性分析的基础上，进一步分析不确定性因素变化对方案经济效果的影响程度。它可应用于评价方案经济效果的各种指标分析。

（二）单因素敏感性分析

假设某一不确定性因素变化时，其他因素不变，即各因素之间是相互独立的。单因素敏感性分析的具体操作步骤：

（1）确定研究对象（选最有代表性的经济效果评价指标，如 IRR、NPV）。

（2）选取不确定性因素（关键因素，如 R、C、K、n）。

（3）设定因素的变动范围和变动幅度（如 $-20\%\sim+20\%$，10% 变动）。

（4）计算某个因素变动时对经济效果评价指标的影响。

① 计算敏感度系数并对敏感因素进行排序。敏感度系数的计算公式：

$$\beta=\Delta A/\Delta F$$

式中　β——评价指标 A 对于不确定因素 F 的敏感度系数；

ΔA——不确定因素 F 发生 ΔF 变化率时，评价指标 A 的相应变化率，%；

ΔF——不确定因素 F 的变化率，%。

② 计算变动因素的临界点。临界点是指项目允许不确定因素向不利方向变化的极限值。超过极限，项目的效益指标将不可行。

（5）绘制敏感性分析图，作出分析。

[**例 10-2**]　设某项目基本方案的基本数据估算值如表 10-3 所示，试就年销售收入 B、年经营成本 C 和建设投资 I 对内部收益率进行单因素敏感性分析（基准收益率 $i_c=8\%$）。

表 10-3　　　　　　　　　　　　　　基本方案的基本数据估算表

因素	建设投资/万元	年销售收入 B/万元	年经营成本 C/万元	期末残值 L/万元	寿命 n/年
估算值	1500	600	250	200	6

解:(1)计算基本方案的内部益率 IRR:

$$-I(1+IRR)^{-1}+(B-C)\sum_{t=2}^{5}(1+IRR)^{-2}+(B+L-C)(1+IRR)^{-6}=0$$

$$-1500(1+IRR)^{-1}+350\sum_{t=2}^{5}(1+IRR)^{-2}+550(1+IRR)^{-6}=0$$

采用试算法得:

$$NPV(i=8\%)=31.08(万元)$$

$$NPV(i=9\%)=-7.92(万元)$$

采用线性内插法可求得:

$$IRR=8\%+\frac{31.08}{31.08+7.92}(9\%-8\%)=8.79\%$$

(2)计算销售收入、经营成本和建设投资变化对内部收益率的影响,结果见表 10-4。

表 10-4　　　　　　　　　　因素变化对内部收益率的影响

不确定因素 \ 变化率	− 10%	− 5%	基本方案	+ 5%	+ 10%
销售收入	3.01	5.94	8.79	11.58	14.30
经营成本	11.12	9.96	8.79	7.61	6.42
建设投资	12.70	10.67	8.79	7.06	5.45

内部收益率的敏感性分析,见图 10-11。

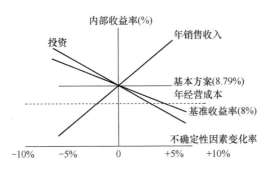

图 10-11　内部收益率敏感性分析图

(3)计算方案对各因素的敏感度

平均敏感度的计算公式如下:

$$\beta=\frac{评价指标变化的幅度(\%)}{不确定因素变化的幅度(\%)}$$

$$年销售收入平均敏感度=\frac{14.30-3.01}{20}=0.56$$

$$年经营成本平均敏感度=\frac{|6.42-11.12|}{20}=0.24$$

$$建设投资平均敏感度=\frac{|5.45-12.70|}{20}=0.36$$

第六节　建设项目的财务评价

建设项目经济评价是在完成市场调查与预测、拟建规模、营销策划、资源优化、技术方案论证、投资估算与资金筹措等可行性分析的基础上，对拟建项目各方案投入与产出的基础数据进行推测、估算，对拟建项目各方案进行评价和选优的过程。经济评价的工作成果融汇了可行性研究的结论性意见和建议，是投资主体决策的重要依据。这里主要介绍财务评价的主要内容及其理论和方法。

一、财务评价的程序

（一）准备工作

（1）熟悉拟建项目的基本情况，收集整理有关基础数据资料；

（2）编制辅助报表　建设投资估算表，流动资金估算表，建设进度计划表，固定资产折旧费估算表，无形资产及递延资产摊销费估算表，资金使用计划与资金筹措表，销售收入、销售税金及附加和增值税估算表，总成本费用估算表。

（3）编制基本财务报表

① 财务现金流量表。反映项目计算期内各年的现金收支，用以计算各项动态和静态评价指标，进行项目财务盈利能力分析。新设法人项目财务现金流量表分为：

a. 项目财务现金流量表：该表以项目为一个独立系统，从融资前的角度出发，不考虑投资来源，假设全部投资都是自有资金；

b. 资本金财务现金流量表：该表从项目法人（或投资者整体）的角度出发，以项目资本金作为计算基础，把借款还本付息作为现金流出；

c. 投资各方财务现金流量表：该表分别从各个投资者的角度出发，以投资者的出资额作为计算的基础。

② 损益和利润分配表。反映项目计算期内各年的利润总额、所得税及税后利润的分配情况。

③ 资金来源与运用表。反映项目计算期内各年的资金盈余短缺情况。

④ 借款偿还计划表。反映项目计算期内各年借款的使用、还本付息，以及偿债资金来源，计算借款偿还期或者偿债备付率、利息备付率等指标。

（二）计算财务评价指标，进行财务评价

评价指标体系包括静态指标和动态指标。静态指标中有：投资回收期、投资利润率、投资利税率、资本金利润率（后三者为投资收益率）、借款偿还期、资产负债率、流动比率、速动比率（后三者为财务状况指标）、财务净现值；动态指标中有：财务内部收益率、动态投资回收期、财务外汇净现值、换汇成本或节汇成本等。

（三）进行不确定性分析

不确定性分析是对生产、经营过程中各种事前无法控制的外部因素变化与影响所进行的估计和研究。如基本建设中就有：投资是否超出、工期是否拖延、原材料价格是否上涨、生产能力是否能达到设计要求等。为了正确决策，需进行技术经济综合评价，计算各因素发生的概率及对决策方案的影响，从中选择最佳方案。其基本分析方法有：盈亏分析、敏感性分析、概率分析。

二、财务评价的内容、基本财务报表与评价指标的对应关系

财务评价的内容、基本财务报表与评价指标的对应关系见表10-5。

表 10-5　　　　　　　　财务评价的内容、基本财务报表与评价指标的对应关系

评价内容	基本报表	静态指标	动态指标
盈利能力分析	项目财务现金流量表	静态投资回收期	项目财务内部收益率 财务净现值 动态投资回收期
	资本金财务现金流量表	—	资本金财务内部收益率
	投资各方财务现金流量表		投资各方财务内部收益率
	损益和利润分配表	投资利润率 投资利税率 资本金利润率	—
清偿能力分析	资金来源与运用表 借款偿还计划表	借款偿还期 偿债备付率 利息备付率	—

三、建设项目投资估算

（一）概略估算方法

1. 生产规模指数估算法

$$y_2 = y_1 \left(\frac{x_2}{x_1} \right)^n \cdot f$$

该法中生产规模指数 n 是一个关键因素，不同行业、性质、工艺流程、建设水平、生产率水平的项目，应取不同的指数值。另外，拟估投资项目生产能力与已建同类项目生产能力的比值应有一定的限制范围，一般这一比值不能超过50倍，而在10倍以内效果较好。

2. 资金周转率法

$$C = \frac{Q \times P}{T}$$

式中　C——拟建项目建设投资；

　　　Q——产品年产量；

P——产品单价；

T——资金周转率。

3. 分项比例估算法

$$C=E(1+f_1P_1+f_2P_2+f_3P_3)+I$$

式中　　　　C——拟建项目的建设投资；

E——根据设备清单按现行价格计算的设备费（包括运杂费）的总和；

P_1，P_2，P_3——已建成项目中的建筑、安装及其他工程费用分别占设备费的百分比；

f_1，f_2，f_3——由于时间因素引起的定额、价格、费用标准等变化的综合调整系数；

I——拟建项目的其他费用。

4. 单元指标估算法

（1）民用项目　建设投资额＝建筑功能×单元指标×物价浮动指数

（2）工业项目　建设投资额＝生产能力×单元指标×物价浮动指数

（二）详细估算方法

1. 建筑工程费

建筑工程费通常采用单位综合指标（每 m²、m³、m、km 的造价）估算法进行。

2. 安装工程费

安装工程费＝设备原价×安装费率

安装工程费＝设备 t 位×每 t 安装费

3. 设备及工器具购置费

设备购置费＝设备原价(进口设备抵岸价)＋设备运杂费

工器具及生产家具购置费＝设备购置费×费率

（1）国产设备原价的确定

① 国产标准设备原价的确定。

② 国产非标准设备原价的确定。

（2）进口设备抵岸价的确定

进口设备抵岸价＝货价＋国外运费＋国外运输保险费＋银行财务费＋外贸手续费＋

进口关税＋（消费税）＋进口设备增值税＋（海关监管手续费）

（3）设备运杂费的计算

设备运杂费＝设备原价(进口设备抵岸价)×费率

4. 工程建设其他费用

工程建设其他费用按各项费用科目的费率或者取费标准估算。

5. 预备费

（1）基本预备费＝（设备及工器具购置费＋建筑、安装工程费＋工程建设其他费用）×基本预备费率

（2）涨价预备费：

$$PC = \sum_{t=1}^{n} I_t\left[(1+f)^t - 1\right]$$

式中　PC——涨价预备费；

I_t——第 t 年的建筑工程费、安装工程费、设备及工器具购置费之和；

f——建设期价格平均上涨率；

n——建设期。

6. 建设期借款利息

建设期每年利息的理论计算公式：

$$每年应计利息 = \left(年初借款本息累计 + \frac{本年借款额}{2}\right) \times 年利率$$

四、流动资金估算

1. 扩大指标估算法

（1）按建设投资的一定比例估算；

（2）按经营成本的一定比例估算；

（3）按年销售收入的一定比例估算；

（4）按单位产量占用流动资金的比例估算。

2. 分项详细估算法

为简化计算，仅对存货、现金、应收账款三项流动资产和应付账款这项流动负债进行估算，计算公式如下：

$$流动资金 = 流动资产 - 流动负债$$

式中 流动资产 = 应收账款 + 存货 + 现金；流动负债 = 应付账款

五、财务评价中的几个具体问题

（一）建设项目的寿命周期

1. 项目寿命期 （Life Cycle）

项目寿命期是指项目正常生产经营持续的年限。

2. 确定项目寿命期的方法

（1）按产品的寿命期确定（如对产品更新速度快的项目）；

（2）按主要工艺设备的经济寿命确定（如对产品更新速度较慢的项目）；

（3）综合分析确定。

3. 建设项目技术经济分析中的计算期 （即生产经营期）

$$计算期 = 建设期 + 项目寿命期$$
$$= 投产期 + 达产期$$

（二）负债比例与财务风险

设：K 为全部投资，K_0 为资本金，K_L 为借款，R 为项目投资利润率，R_0 为资本金利润率，R_L 为借款利率

则： $$R_0 = \frac{K \cdot R - K_L \cdot R_L}{K_0} = \frac{(K_0 + K_L) \cdot R - K_L \cdot R_L}{K_0} = R + \frac{K_L}{K_0}(R - R_L)$$

式中 K_L / K_0——负债比例。

当 $R > R_L$ 时，$R_0 > R$；反之，$R_0 < R$。

选择不同的负债比例对企业的利益会产生很大的影响。

（三）生产经营期借款利息的计算

$$生产经营期借款利息＝建设投资借款利息＋流动资金借款利息$$

1. 建设投资借款利息计算方式

（1）等额利息法 每期等额付息，期末还本。

$$I_t = L_a \cdot i \quad (t=1 \sim n), \quad CP_t = \begin{cases} 0 & (t=1 \sim n-1) \\ L_a & (t-n) \end{cases}$$

（2）等额本金法 每期等额还本并付相应利息。

$$CP_t = \frac{L_a}{n}, \quad I_t = \left[L_a - \frac{L_a}{n}(t-1) \right] \cdot i \quad (t=1 \sim n)$$

（3）等额摊还法 每期等额偿还本利。

$$I_t + CP_t = L_a(A/P, i, n) \quad (t=1 \sim n)$$

（4）一次性偿付法 期末一次偿还本利。

$$I_t + CP_t = \begin{cases} 0 & (t=1 \sim n-1) \\ L_a(F/P, i, n) & (t=n) \end{cases}$$

（5）量入偿付法（"气球法"） 任意偿还本利，到期末全部还清。

在以上建设投资借款的还本付息方式中，最常用的是量入偿付法。对于量入偿付法，建设投资借款在生产期发生的利息计算公式为：

$$每年支付利息＝年初本金累计额×年利率$$

为简化计算，还款当年按年末偿还，全年计息。

2. 流动资金借款利息

$$流动资金利息＝流动资金借款累计金额×年利率$$

（四）税前分析与税后分析

建设项目财务评价中，通常有两种基本的分析形式，一种企业所得税前分析，简称税前分析；另一种是企业所得税后分析，简称税后分析。显然，前者不考虑所得税的影响，后者要考虑所得税的影响。

（五）基本财务报表中的价格

新增值税制实行价外计税的形式。

$$不含税价格＝含税价格÷(1＋增值税率)$$

$$不含税销售额＝含税销售额÷(1＋增值税率)$$

财务评价基本报表中的含税计算与不含税计算两种方法的计算结果是完全相同的。为简便起见，通常采用不含税的计算方法来处理，即基本财务报表中的价格是指不含增值税的价格。

第七节　价值工程

技术经济学除了要评价投资项目的经济效果和社会效果外，还要研究如何用最低的寿命周期成本实现产品、作业或服务的必要功能。价值工程是一门技术与经济相结合的学科，它既是一种管理技术，又是一种思想方法。国内外的实践证明，推广应用价值工程能够促使社会资源得到合理有效的利用。

一、价值工程

价值工程（VE），又称价值分析（VA），是当前广泛应用的一种技术经济方法，也是世界各国公认的一种相当成熟且行之有效的现代管理技术。

价值分析产生于 20 世纪 40 年代的美国，发展至今，价值分析已广泛应用于产品的设计、生产和使用，作业程序、工作方法和管理规程的改进等方面。

据大量统计，采用价值分析可降低约 20％ 的成本；用于价值分析的投资与其效益之比约为 1：12。价值分析是指以产品或服务的功能分析为核心，以提高产品或作业的价值为目的，力求以最低寿命周期成本实现产品或服务使用所要求的必要功能的一项有组织的创造性活动。

产品是价值工程的主要对象，是指满足人们特定需要的劳动或物品。在价值工程中常以现实的物品作为研究对象进行价值分析。产品的分类多种多样，按不同的用途，可分为生活用品与工作用品；按不同使用对象，分为老年用品、成年用品等；还可以按生产过程的不同阶段进行分类，如原材料、半成品、成品等。所有具有使用价值的产品都是价值工程研究的对象。

价值工程涉及三个重要的基本概念，即：

1. 价值（Value）

价值工程中的价值是指产品或服务具有的必要功能与取得该功能的总成本的比值，也应是产品或服务所产生的效用（或功能）与费用之比。

$$V = \frac{F}{C}$$

式中　V——功能价值（或功能价值系数）；

　　　F——功能评价值（或功能评价系数）；

　　　C——功能实现成本（或功能成本系数）。

2. 功能（Function）

产品的功能是价值工程的核心内容，研究的目的在于使功能适应用户的要求。功能是对象能满足某种需求的一种属性。具体来说，功能就是功用、效用。其分类如下：

（1）使用功能和品味功能　使用功能是对象所具有的与技术经济用途直接有关的功能；品味功能是与使用者的精神感觉、主观意识有关的功能，如美观、豪华等。

（2）基本功能和辅助功能　基本功能是决定对象性质和存在的基本要素；辅助功能是为更好实现基本功能而附加的一些因素。

（3）必要功能和不必要功能　必要功能是为满足使用者的要求而必须具备的功能；不必要功能是与满足使用者的需求无关的功能。

（4）不足功能和过剩功能　不足功能是对象尚未满足使用者需求的必要功能；过剩功能是超过使用者需求的功能。

当用价值的公式对功能进行评价时，其评价的原则：

（1）$V=1$，说明 $F=C$，即实现功能的现实成本与目标成本功能评价值相符合，是理想的情况。

（2）$V<1$，说明 $F<C$，即实现功能的现实成本高于目标成本功能评价值，应设法降低其功能实现成本，以提高价值。

（3）$V>l$，说明 $F>C$，即实现功能的现实成本低于目标成本功能评价值，这时应先检查功能评价值 F 是否定得恰当。如果 F 定得太高，应降低 F 值；如果 F 定得合理，再检查现实成本 C 低的原因是否由功能不足造成，如果是，那么就应提高其功能，以适应用户的需要。

3. 寿命周期成本（life cycle cost）

（1）寿命周期：从产生到结束为止的期限；

（2）寿命周期费用（或寿命周期成本）。

寿命周期成本是指整个寿命周期过程中发生的全部费用，包括：

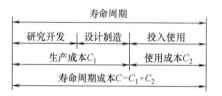

图 10-12　产品寿命周期图

① 生产成本。产品从研发到用户手中为止的全部费用；

② 使用成本。用户在使用过程中发生的各种费用。

因此，寿命周期费用＝生产成本＋使用成本，即 $C=C_1+C_2$。

产品的寿命周期与产品的功能有关，见图 10-12。这种关系的存在，决定了寿命周期费用存在最低值。

二、价值工程的实施步骤和方法

（一）价值工程的工作程序

价值工程的一般工作程序如表 10-6 所示。由于价值工程的应用范围广泛，其活动形式也不尽相同，因此在实际应用中，可参照这个工作程序，根据对象的具体情况，应用价值工程的基本原理和思想方法，考虑具体的实施措施和方法步骤。但是对象选择、功能分析、功能评价和方案创新与评价是工作程序的关键内容，体现了价值工程的基本原理和思想，是不可缺少的。

表 10-6　　　　　　　　　　　　价值工程一般工作程序

价值工程工作阶段	设计程序	工作步骤		价值工程对应问题
		基本步骤	详细步骤	
准备阶段	制订工作计划	确定目标	1. 对象选择	1. 这是什么？
			2. 信息搜集分析阶段	
分析阶段	规定评价(功能要求事项实现程度的)标准	功能分析	3. 功能定义	2. 这是干什么用的？
			4. 功能整理	
		功能评价	5. 功能成本分析	3. 它的成本是多少？
			6. 功能评价	4. 它的价值是多少？
			7. 确定改进范围	

续表

价值工程工作阶段	设计程序	工作步骤		价值工程对应问题
		基本步骤	详细步骤	
创新阶段	初步设计(提出各种设计方案) 评价各设计方案，对方案进 行改进、选优	制定改进方案	8. 方案创造 9. 概略评价 10. 调整完善 11. 详细评价	5. 有其他方法实现这一功能吗？ 6. 新方案的成本是多少？
	书面化		12. 提出提案	7. 新方案能满足功能要求吗？
实施阶段	检查实施情况并评价活动 成果	实施评价成果	13. 审批 14. 实施与检查 15. 成果鉴定	8. 偏离目标了吗？

（二）对象选择

1. 对象选择的一般原则

在经营上迫切需要改进的产品；功能改进和成本降低的潜力比较大的产品。

2. 选择的方法

（1）经验分析法（因素分析法）　凭经验对设计、加工、制造、销售和成本等方面存在的问题进行综合分析，找出关键因素，并把存在这些关键问题的产品或零部件作为研究对象。

（2）百分比法　百分比法是通过分析产品对两个或两个以上经济指标的影响程度（百分比）来确定。

（3）ABC 分析法　ABC 分析法见图 10-13。

（4）价值指数法（根据价值的表达式 $V = \dfrac{F}{C}$ ）

价值系数＜1，说明产品或部件重要程度小而成本高，应作为研究对象；

价值系数＞1，说明产品或部件重要程度大而成本低，可作为研究对象；

价值系数＝1，说明产品或部件重要程度和成本相当，不作为研究对象；

价值系数＝0，说明构配件不重要，可以取消或合并。

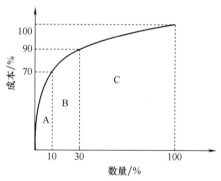

图 10-13　ABC 分析曲线图

（三）功能分析

功能分析是价值工程的核心和基本内容，包括功能定义和功能整理。其目的就是在满足用户基本功能的基础上，确保和增加产品的必要功能，剔除或减少不必要功能。

1. 功能定义

功能定义是对价值工程对象及其组成部分的功能所作的明确表述。常采用"两词法"（即动宾词组法）来简明扼要地表述。

2. 功能整理

功能整理是对定义出的功能进行系统分析、整理，明确功能之间的关系，分清功能类别，建立功能系统图。其步骤如下：

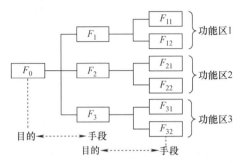

图 10-14 功能系统图

(1) 分析产品的基本功能和辅助功能；

(2) 明确功能的上下位和并列关系；

(3) 建立功能系统图，见图 10-14。

（四）功能评价

1. 评价方法

功能评价是对对象实现的各功能在功能系统中的重要程度进行定量估计。评价方法有：

(1) "01" 评分法　重要者得 1 分，不重要者得 0 分。见表 10-7。

表 10-7　　　　　　　　　　　"01" 评分法

零件功能	一对一比较结果					得分	功能评价系数
	A	B	C	D	E		
A	×	1	0	1	1	3	0.3
B	0	×	0	1	1	2	0.2
C	1	1	×	1	1	4	0.4
D	0	0	0	×	0	0	0
E	0	0	0	1	×	1	0.1
合计						10	1.0

(2) 直接评分法　由专业人员对各功能直接打分。见表 10-8。

(3) "04" 评分法　见表 10-9。

采用 "04" 评分法进行一一比较时，分为四种情况：

① 非常重要的功能得 4 分，很不重要的功能得 0 分；

② 比较重要的功能得 3 分，不太重要的功能得 1 分；

③ 两个功能重要程度相同时各得 2 分；

④ 自身对比不得分。

(4) 倍比法，见表 10-10。

表 10-8　　　　　　　　　　　直接评分法

零件功能	评价人员										各零件得分	功能评价系数
	1	2	3	4	5	6	7	8	9	10		
A	3	3	2	2	3	3	1	2	3	2	24	0.24
B	2	2	2	2	2	2	2	2	2	2	21	0.21
C	4	3	4	4	3	4	4	3	4	4	37	0.37
D	0	1	1	0	0	0	1	0	1	1	5	0.05
E	1	1	1	2	1	1	2	3	1	1	13	0.13
合计	10	10	10	10	10	10	10	10	10	10	100	1.0

表 10-9 "04" 评分法

零件功能	一对一比较结果					得分	功能评价系数
	A	B	C	D	E		
A	×	3	1	4	4	12	0.3
B	1	×	3	1	4	9	0.225
C	3	1	×	3	0	7	0.175
D	0	3	1	×	3	7	0.175
E	0	0	4	1	×	5	0.125
合计						40	1.0

注： ×表示不得分。

表 10-10 倍比法

评价对象	相对比值	得分	功能评价系数
F_1	$F_1/F_2 = 2$	9	0.51
F_2	$F_2/F_3 = 1.5$	4.5	0.26
F_3	$F_3/F_4 = 3$	3	0.17
F_4		1	0.06
合计		17.5	1.00

2. 功能改进目标的确定

（1）价值系数

（2）成本改善期望值

（五）方案创造与评价

1. 方案的创造

（1）头脑风暴法（BS）

（2）模糊目标法（哥顿法）

（3）专家函询法（德尔菲法）

2. 方案评价和选择

方案评价是在方案创造的基础上对新构思方案的技术、经济和社会效果等几方面进行的评估，以便选择最佳方案。方案评价分为概略评价和详细评价两个阶段。

三、价值工程在企业中的应用

据相关统计，企业运用价值工程一般能降低 10％～30％的成本。价值工程在企业的生产经营活动中不仅能用于改进企业产品，降低产品的成本，而且还可以用于对企业设备、工具、作业（或流程）、库存和管理等进行改进。

（1）可以有效地提高企业产品的竞争能力。价值工程以功能分析为核心，不仅对企业产品，而且还对与生产相关的设备、作业等进行功能分析，剔除不必要的过剩功能、重复功能以及无用的功能，进而去掉不必要的成本，提高产品的竞争力。

（2）可以延长产品市场寿命周期，降低使用与处置成本。产品的市场寿命周期是指产品从投放市场到被淘汰为止所持续的时间。根据市场寿命周期理论，产品的市场寿命周期具体是指从诞生、成长、成熟到衰亡的全过程。通过价值分析，改进产品式样、结构、品种、质量，提高产品的功能，从而延长产品市场寿命。

（3）有利于提高企业管理水平。价值分析不仅仅是对产品的功能与成本进行分析，并且涉及如何提高功能与降低成本，从而贯穿于企业生产与管理各个环节。通过开展价值工程活动可以推动提高企业管理水平。

（4）可以促进技术与经济相结合、软技术与硬技术相结合。价值分析过程中不仅要考虑技术问题，还要考虑经济问题。在提高产品问题与降低产品成本的过程中，需要技术人员、供销人员、财务人员的广泛参与、共同研究。

第八节　风险决策

决策要有一定的价值标准（或称为价值函数），在技术经济分析中，价值函数常用经济效益表示，一般称为损益值。损益值（R）大小取决于决策对象所处的自然状态（S_j）和决策者提出的策略方案（A_i），即 $R = f(A_i, S_j)$。

根据对未来自然状态的把握程度不同，决策问题分为确定型决策、风险型决策和不确定型决策。

一、风险决策准则

（一）满意度准则（最适化准则）

最优准则是理想化的准则，在实际工作中，决策者往往只能把目标定在满意的标准上，以此选择能达到这一目标的最大概率方案，亦即选择出相对最优方案。因此，满意度准则是决策者想要达到的收益水平，或想要避免损失的水平。

适用条件：当选择最优方案花费过高或在没有得到其他方案的有关资料之前就必须决策的情况下应采用满意度准则决策。

（二）最大可能准则

从各状态中选择一个概率最大的状态来进行决策（因为一个事件，其概率越大，发生的可能性就越大）。这样实质上是将风险型决策问题当作确定型决策问题来对待。

适用条件：在一组自然状态中，当某一自然状态发生的概率比其他状态发生的概率大得多，而相应的损益值相差不大时，可采用该准则。

（三）期望值准则

期望值准则就是把每个策略方案的损益值视为离散型随机变量，求出它的期望值，并以此作为方案比较选优的依据。

各策略方案损益值的期望值按下式计算：

$$E(A_i) = \sum_{j=1}^{k} R_{ij} \cdot P(S_j)$$

式中　$E(A_i)$——第 i 个策略方案损益值的期望值；

　　　R_{ij}——第 i 个策略方案在第 j 种状态下的损益值；

　　　$P(S_j)$——第 j 种状态发生的概率。

判断准则

当决策目标是收益最大时，应选 $\max\{E(Ai)\}$ 所对应的方案；

当决策目标是损失最小时，应选 $\min\{E(Ai)\}$ 所对应的方案。

（四）期望值方差准则

该准则就是把各策略方案损益值的期望值和方差转化为一个标准（即期望值方差）来进行决策。

各策略方案损益值的期望值方差按下式计算：

$$Q_i = E(A_i) - \beta \cdot \sigma(A_i) = E(A_i) - \beta \cdot \sqrt{D(A_i)}$$

式中　Q_i——第 i 个策略方案损益值的期望值方差；

　　　β——风险厌恶系数，取值范围从 0 到 1，越厌恶风险，取值越大。

期望值方差的形式有多种，比如一个方案合理与否不仅取决于该方案损益值的期望值和方差，还取决于该方案的投资额，这时方案期望值方差的计算公式为：

$$Q_i = E(A_i) - \beta \cdot \sigma^a(A_i) \cdot I^b$$

式中　I——方案的投资额；

a，b——常数。

期望值和方差准则可用于具有一个或多个独立随机变量的单方案决策，同样也适用于多方案决策。

二、决策树在技术经济评价中的应用

（一）概述

1. 决策树技术的含义

决策树技术是把方案的一系列因素按它们的相互关系用树状结构表示出来，再按一定程序进行优选和决策的技术方法。

2. 决策树技术的优点

（1）便于有次序、有步骤、直观而又周密地考虑问题；

（2）便于集体讨论和决策；

（3）便于处理复杂问题的决策。

3. 决策树图及符号说明

决策树见图 10-15。

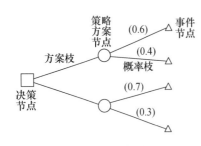

图 10-15 决策树图

□——决策节点。从它引出的分枝为策略方案分枝，分枝数反映可能的策略方案数。
○——策略方案节点，节点上方注有该策略方案的期望值。从它引出的分枝为概率分枝，每个分枝上注明自然状态及其出现的概率，分枝数反映可能的自然状态数。
△——事件节点，又称"末梢"。它的旁边注有每一策略方案在相应状态下的损益值。

3. 多级决策（有两个或以上决策点的决策）

4. 决策树的计算和决策

从右向左依次进行计算，在策略方案节点上计算该方案的期望值，在决策点上比较各策略方案的期望值并进行决策。

（二）决策树技术的应用

1. 运用决策树技术进行决策的步骤

（1）绘制决策树图；

（2）预计可能事件（可能出现的自然状态）及其发生的概率；

（3）计算各策略方案的损益期望值；

（4）比较各策略方案的损益期望值，进行择优决策。若决策目标是效益，应取期望值大的方案；若决策目标是费用或损失，应取期望值小的方案。

2. 单级决策（有一个决策点的决策）

三、不确定条件下的决策准则

（一）最大最小或最小最大准则（悲观准则）

1. 最小最大准则（对收益而言）

先求每个策略方案在各种自然状态下的最小收益值，再求各最小收益值中的最大值，那么这个最大值所对应的方案最优。

2. 最大最小准则（对费用或损失而言）

先求每个策略方案在各种自然状态下的最大费用值或损失值，再求各最大费用值或损失值中的最小值，那么这个最小值所对应的方案最优。

（二）最大最大或最小最小准则（乐观准则）

1. 最大最大准则（对收益而言）

先求每个策略方案在各种自然状态下的最大收益值，再求各最大收益值中的最大值，那么这个最大值所对应的方案最优。

2. 最小最小准则（对费用或损失而言）

先求每个策略方案在各种自然状态下的最小费用值或损失值，再求各最小费用值或损失值中的最小值，那么这个最小值所对应的方案最优。

（三）赫威茨（Hurwice）准则

1. 基本思路

把决策者的目标放在过分悲观和过分乐观之间而提出的一种准则，使用该准则可以反映悲观和乐观各种不同水平。该准则首先规定一个乐观指数，然后按下式计算每个策略方案的 C 值，最后通过比较各策略方案的 C 值进行方案选择。

$$C=\alpha\times(\text{最乐观的结果})+(1-\alpha)\times(\text{最悲观的结果})$$

式中　α——乐观指数，取值范围从 0 到 1。$\alpha=0$，表示极端悲观；$\alpha=1$，表示极端乐观。

2. 判别准则

对收益而言，取 C 值最大的方案；对费用而言，取 C 值最小的方案。

（四）等可能准则（拉普拉斯准则）

由于各种状态的出现是不确定的，因此就对各种状态的出现"一视同仁"，即认为各种自然状态出现的概率是相等的。然后，按风险型决策问题的期望值准则进行决策。

（五）后悔值（Savage）准则

将每种状态下的最高值（指收益）或最低值（指费用或损失）作为理想目标，并将该状态中的其他值与理想目标值相减，所得之差称为未达到理想的后悔值。

计算每个策略方案在各种状态下的后悔值，从中找出最大后悔值作为该方案的后悔值，比较各方案的后悔值，后悔值小的方案为好的方案。

四、风险管理

（一）风险识别

风险识别是风险分析和管理的一项基础性工作，其主要任务是明确风险存在的可能性，为风险测度、风险决策和风险控制奠定基础。

风险识别的一般步骤：

（1）明确所要实现的目标；

（2）找出影响目标值的全部因素；

（3）分析各因素对目标的相对影响程度；

（4）根据对各因素向不利方向变化的可能性进行分析、判断、并确定主要风险因素。

（二）风险测度

度量风险大小不仅要考虑损失或负偏离发生的大小范围，更要综合考虑各种损失或负偏离发生的可能性大小，即概率。

概率分为客观概率和主观概率。客观概率是指用科学的数理统计方法，推断、计算随机事件发生的可能性大小，是对大量历史先例进行统计分析得到的。主观概率是当某些事件缺乏历史统计资料时，由决策人自己或借助于咨询机构或专家凭经验进行估计得出的。实际上，主观概率也是人们在长期实践基础上得出的，并非纯主观的随意猜想。

风险测度主要是确定随机变量的概率分布以及期望值和方差等参数。

（三）风险决策

详见本节一、风险决策准则。

（四）风险控制

风险控制有四种基本方法：风险回避、损失控制、风险转移和风险保留。

1. 风险回避

风险回避是投资主体有意识地放弃风险行为，完全避免特定的损失风险。简单的风险回避是一种最消极的风险处理办法，因为投资者在放弃风险行为的同时，往往也放弃了潜在的目标收益。所以一般只有在以下情况下才会采用这种方法：

（1）投资主体对风险极端厌恶；

（2）存在可实现同样目标的其他方案，其风险更低；

（3）投资主体无能力消除或转移风险；

（4）投资主体无能力承担该风险，或承担风险得不到足够的补偿。

2. 损失控制

损失控制不是放弃风险，而是制订计划和采取措施降低损失的可能性或者是减少实际损失。控制的阶段包括事前、事中和事后三个阶段。事前控制的目的主要是为了降低损失的概率，事中和事后的控制主要是为了减少实际发生的损失。

3. 风险转移

风险转移，是指通过契约，将让渡人的风险转移给受让人承担的行为。通过风险转移过程有时可大大降低经济主体的风险程度。风险转移的主要形式是合同和保险。

（1）合同转移　通过签订合同，可以将部分或全部风险转移给一个或多个其他参与者。

（2）保险转移　保险是使用最为广泛的风险转移方式。

4. 风险保留

风险保留，即风险承担。也就是说，如果损失发生，经济主体将以当时可利用的任何资金进行支付。风险保留包括无计划自留、有计划自我保险。

（1）无计划自留　指风险损失发生后从收入中支付，即不是在损失前做出资金安排。当经济主体没有意识到风险并认为损失不会发生时，或将意识到的与风险有关的最大可能损失显著低估时，就会采用无计划保留方式承担风险。一般来说，无资金保留应当谨慎使用，因为如果实际总损失远远大于预计损失，将引起资金周转困难。

（2）有计划自我保险　指可能的损失发生前，通过做出各种资金安排以确保损失出现后能及时获得资金以补偿损失。有计划自我保险主要通过建立风险预留基金的方式来实现。

思考题

1. 简述工程技术经济学的定义。

2. 工程技术经济学研究对象是什么？

3. 简述工程技术经济学研究方法。

4. 简述工程技术经济学的特点和内容。

5. 简述工程技术与经济的关系。

6. 简述现金流量的含义。

7. 简述建设项目现金流量的构成。

8. 简述建设项目现金流量的确定。

9. 简述资金等值计算的方法。

10. 简述建设项目资金总额的构成。

11. 简述建设项目资金的筹措渠道。

12. 简述资本成本的基本内容。

13. 简述经济效果评价指标有哪些？并简述之。

14. 简述方案类型与评价方法。

15. 简述盈亏平衡分析法的含义。

16. 简述敏感性分析的含义。

17. 简述建设项目财务评价的程序。

18. 简述建设项目投资估算有几种方法，并简述之。

19. 简述流动资金估算。

20. 简述何谓价值工程。

21. 简述价值工程涉及的三个重要基本概念。

22. 简述价值工程在企业中的应用。

23. 简述风险决策准则。

24. 简述决策树技术的含义。

25. 简述决策树技术的优点。

26. 简述不确定条件下的决策准则。

27. 简述风险管理中的几个要点。

28. 简述风险控制中的四种基本方法。

参考文献

［1］ 张加瑄. 工程技术经济学. ［M］. 北京：中国电力出版社，2009.

［2］ 刘新梅. 工程经济学. ［M］. 北京：北京大学出版社，2009.

［3］ 傅家骥. 工程技术经济学. ［M］. 北京：清华大学出版社，1996.

［4］ 武春友. 技术经济学. ［M］. 大连：大连理工大学出版社，1998.

［5］ 彭运芳. 新编技术经济学. ［M］. 北京：北京大学出版社，2009.

［6］ 巩艳芬. 技术经济学. ［M］. 哈尔滨：东北财经大学出版社. 2017.

［7］ 吴添祖. 技术经济学概论. ［M］. 北京：高等教育出版社，2003.

第十一章

系统工程方法与哲学思考

学习指导

　　熟悉和掌握工程与科学的划界、工程与技术的划界、工程的本质等基本概念，了解并理解工程和工程管理的哲学思考、建立企业系统工程的哲学思考以及现代工程的基本特点及其哲学思考，了解工程哲学理念下的"顶层设计"、竞争与协同等理念。

　　研究系统工程方法以及讨论相关的哲学观点，其本身就是一个系统问题，有必要把一些基本概念从哲学的角度重新梳理一下。

第一节　再论工程的划界、本质与特征

　　科学、技术、工程三元论的提出，突破了传统的科学、技术二元论，为工程哲学的建立奠定了逻辑前提和基础。但是，关于工程活动与科学、技术、生产等活动之间的划界仍然较为模糊，尤其是没有在工程与生产之间做出清晰的划界，甚至混为一谈，由此严重地影响着工程哲学研究的深入。以朝向工程事实本身的态度，较为深入地探讨工程活动的划界问题，从而阐明符合事实的工程界定，并在实践哲学、行动哲学的视域中，显现工程活动的本质与特征。

一、工程的划界

　　把工程作为相对独立的哲学研究的对象，这样做的合理性，关键取决于如何从理论上来说明工程活动与人类其他相关活动之间的划界，这是关系着工程哲学研究的对象能否确立，也关联着工程哲学能否建立的基本问题。

（一）工程与科学的划界

　　科学活动是以发现自然规律为核心的理论性认识活动，其结果形成关于自然的普适的描述性理论知识体系。在哲学上隶属于认识论、知识论研讨的范围。工程活动是以建造人工物为核心的、改造自然的物质性实践活动，工程活动要应用科学知识，但科学知识并不能涵盖全部的工程知识，它仅是工程知识的重要组成部分。显然，工程的哲学反思应该隶属于实践哲学、行动哲学研讨的领域。

（二）工程与技术的划界

　　在科学、技术二元论的传统框架下，最广义的技术界定为：技术是人类能动地改造自然的知识方法、实物手段及活动过程的总和，其活动的结果创造出满足人类存在与发展的人工物品。这种技术界定包括了三类集合：知识的集合（包括工程知识、工艺方法、程序知识、诀窍、技能等）；活动的集合（包括发明、研究与开发、操作、实施、生产等）和人造物的集合（包括工具、复杂的装备系统、人工物产品等）。工程活动作为造物实践活动、作为技术实施的环节，已经包含在技术的"活动集合"与"人造物集合"里了，工程与技术之间的划界根本不可能！

这种过于宽泛的技术界定，并不利于厘清工程与技术的本意，我们必须面对工程与技术的事实本身来划界。首先，在日常话语中，我们可以说"三峡工程""曼哈顿工程""青藏铁路工程"等，但不会把它们替换为"三峡技术""曼哈顿技术""青藏铁路技术"，我们可以说"技术转移""技术传播""技术进步"等，同样也不会替换为"工程转移""工程传播""工程进步"。可见日常用语已经显露出工程与技术的不同。其次，从历史演变的角度看，从古代技术演变而来的现代技术，呈现出科学化、知识化的鲜明特征，使人们越来越倾向于从知识创造的角度去解释和界定技术活动。M. 邦格就认为：技术是"对人工物的科学研究，或者根据科学的知识关注设计人工物和计划它们的现实化，操作，调整，维护和监控的知识领域"，在哲学上隶属于知识论研讨的范围。

技术在这种符合现实的解释与界定下，与工程的分界就明确起来：

① 技术活动是为了实现人类的某种目的，导向实践的、"应当怎样造物"程序性知识的认知活动，而不是造物实践活动本身，即工程活动本身。

② 工程必须应用技术知识，但不能等同于技术的应用，技术知识作为工程知识最重要的组成部分，必须与科学知识、人文社会科学知识、境域性知识等一起服务于建造人工物的工程实践。

（三）工程与生产的划界

"生产"最广义的定义："人类从事创造社会财富的活动和过程，包括物质财富、精神财富的创造和人自身的生育。"但在日常用语中，"生产"往往被限定在物质生产的范围之内：在人类的整个历史发展进程中，一切改造物质自然界的实践活动都称为生产活动（或劳动）。显然，在这种广义界定的物质生产的层次上，工程已经包含在生产之中，无法对它们进行划界。然而在日常生活中，人们却能普遍感觉到工程与生产存在区别，我们必须朝向工程与生产的事实本身，并从理论上来加以说明。

从产业层次来进一步规定生产与工程，它们作为人类改造自然界的两种实践形式的区别与联系就能显现出来。生产活动的突出特点，是其相对严格的规范性、确定性和计划性，工业生产特别是加工制造业尤其如此。在这里要按明确的、基本固定或定型的操作规程行事，生产的进度要明晰，成本的核算要确切定量，批量生产还有较大的重复性。与生产活动相比较，现实工程活动的特点可概括为：

① 现实的工程活动总是意向着某个特定的欲求建造的人工物对象的。工程项目是强对象化的，有其特殊对象。它通常不是批量化的，而是惟一对象或一次性的，如青藏铁路工程、南京长江大桥建设工程。严格地说，工程几乎没有可重复性。

② 这种特定的人工物总是嵌入在特殊的自然环境与社会环境之中的，这些特殊的自然、社会因素不是工程的外部环境约束条件，而是工程活动的内在要素，因此，工程活动必然具有明显的空间场域性。工程的名称一般都冠予某某地名就是明证，而生产活动的产品往往冠予品牌名。

③ 工程活动也具有很强的计划性，但是，这种计划并不是一成不变的，往往是计划

赶不上变化；工程的推进过程也不完全按照固定操作规程确定地在进行，少有乃至罕有成型的规范；欲求建造的人工物往往不是定型的产品。许多问题往往只有在工程活动发生的时间结构的具体情境中才会涌现出来，从而使整个工程活动充满着不确定性。

④ 不确定性决定了工程存在着巨大的风险。从自然、社会、经济、政治、文化等多层次、多角度，对其事前事后的工程风险进行评估与控制尤为重要。这些特点，把工程与生产的分界明显地呈现出来。

二、工程的本质

根据以上对工程与科学、技术、生产之间划界的分析，工程作为相对独立的哲学反思对象确立起来，工程哲学何以可能的问题也迎刃而解了。据此，我们可以把工程更具体地界定为：为了满足人类社会的各种需要，在集成科学、技术、社会、人文等理论性知识及境域性知识经验的基础上，在经济核算的约束下，调动各种资源，在特定的空间场域和时间情境中，通过探索性、创新性、不确定性和风险性的社会建构过程，有计划、有组织地建造某一特定人工物的实践活动。

在划界问题的论述中，科学、技术隶属于认识论、知识论研讨的范围，而工程与生产作为具体的实践形式则隶属于实践哲学、行动哲学研讨的论域。因此，只有把工程置入实践哲学、行动哲学的论域之中进行研究，才能显现出工程的本质。

在哲学的历史上，近代以来的绝大多数西方哲学家仍然主要是从伦理道德的方面去规定实践的，并且构成了影响至今的"重理论、轻实践"的传统。马克思深刻地批判了近代西方哲学"重理论、轻实践"的传统，批判了对实践仅作为伦理道德行为理解的哲学解释，他宣告："哲学家们只是用不同的方式解释世界，而问题在于改变世界"。概括地说，马克思的实践哲学与传统的实践哲学相比，具有崭新的、革命性的特征：

① 超越了传统实践哲学局限于道德伦理领域的实践观，把实践理解为人的一切有意识有目的的活动。

② 实践首要的、决定性的形式是物质生产，以改造世界的物质生产实践作为人类政治、经济、文化活动，包括自然科学、哲学社会科学等理论认识活动的基础，以及人类历史发展的基础。反对实践仅仅是满足某种需要的手段，从根本上改变了传统哲学理论脱离现实的、静观的抽象性质。

③ 在理论与实践的关系上，反对传统哲学将理论与实践割裂开来的作法，既反对实践是理论的纯粹应用活动，又反对把理论逐出实践活动的领域。实践，作为人的有意识有目的的、最活跃的活动，是一种探索性的、创造性的、认识的和组织的活动。马克思的实践哲学为我们深入地研讨工程的本质提供了深刻的理论背景。

如果说工程本质的实践论解释从宏观的层面揭示了工程在人类生存与发展中的历史作用，那么按照现代行动理论的进程，则可以从微观具体的层面，通过探索工程本身的行动结构及其过程，来更深入地揭示工程的本质。

三、工程活动的特征

在上述工程的划界问题、本质问题的讨论中，工程的特征已经逐步显现出来，我们进一步把工程的特征概括如下：

（一）工程决策的综合性与创新性

工程的决策指的是工程主体对工程目标选择与确立。工程主体要根据工程的可能性、可行性、合意性与正义性等事实因素与价值因素的预期与解析来进行决策，它广泛关联自然资源、生态环境、科技水平、生产能力、经济效益、利益分配、政治影响、社会问题、社会组织、文化习俗、公众理解等众多的因素，其中必然存在大量的观念、利益等的冲突与矛盾，工程决策的过程就是不同的利益相关者之间所进行的合作、博弈、协商、竞争的过程。决策者必须对各种因素及其冲突与矛盾进行分别确认、综合考量，才能做到整体协调、整体筹划、综合决策。工程决策就是要确定新的工程目标，以满足人类生存发展的新需要，这本身就意味着要创新。而工程的惟一性、一次性、不重复性，决定了没有可完全照搬的先例或固定不变的操作规程、规范，必须通过创新才能实现新的工程目标，"独创性"就是工程的本意，工程本身就意味着创新。

（二）工程活动的系统性与协调性

工程活动中包含众多的要素，但工程活动的整体并不是这些要素的简单加和，它们相互作用构成一定的组织、结构、层次、功能的整体，形成具有一定组织性和自组织性的复杂系统及其环境，现代大规模的工程项目更是如此地显现出系统性。工程活动可以说是典型的人工系统，系统工程的基本思想就是来源于工程活动的系统性，系统工程指的是"对某一系统进行构思、定界、设计、建造、操作和检验一系列活动过程。"

除了工程活动内部的系统协调，还必须与其环境中的其他系统相协调，即与生态的、社会的、经济的、政治的、文化的等系统相协调。

（三）工程知识的集成性与优化性

工程知识要集成多种自然科学知识、技术知识、技术发明、技术诀窍，但不能仅仅是它们的单纯应用或集成，还必须集成经济学、管理学、社会学、政治学、哲学、历史学、人类学、心理学、文化学、美学、宗教学、民俗学、考古学等多种人文社会科学的知识。例如，在以培养工程师而闻名于世的美国麻省理工学院（MIT），为了构成未来工程师们合理的工程知识结构，其工程教育开设了自然科学、技术科学和人文社会科学三大类课程。但是，工程知识仅集成这三大类知识还不够，还必须集成相关的已有经验，尤为重要的是，必须集成在当下具体工程现实发生中，依赖特殊场域、情境而产生的境域性知识与经验。这也是 MIT 在工程教育中强调实践情境教学的重要原因。集成并不是上述四类知识的简单堆砌，而是把它们有机地结合并转化为与当下工程现实境域相符合的，可行、可操作的知识、方法、程序、规则、规范、指南。在工程知识的集成中，它们必须重返境域性与现实性。实现工程目标的可选择的方式与途径是多种多样的，存在优劣好坏的差别，因此，围绕工程目标，还必须通过设计对工程知识进行优化。但是，优化并不意味着是最优化而是满意化，现实工程知识的集成不可能有"最优解"，只可能有"满意解""妥协解"。

（四）工程行动的场域性与情境性

工程行动欲建造的人工物系统总是嵌入在特定的自然环境与社会环境之中的，工程活动必然具有明显的空间场域性。工程发生的特定地区的地理位置、地形地貌、气候环境、生态环境、自然资源等特殊的自然因素，以及该地区的经济结构、产业结构、基础设施、政治生态、社会组织结构、文化习俗、宗教关系等社会因素，已经不仅仅是工程活动的外部环境约束条件，许多大型工程往往就是对该地区某些自然、社会环境结构与功能的改造、重塑，与工程直接相关的因素已经构成了工程活动的内在要素和内生变量。同一类型的工程，会因为实施地域的不同，具有不同的场域性，导致同类工程之间存在较大差别，工程的惟一性、不可重复性正是与此相关。情境性反映了工程行动的时间维度，从工程启动开始，工程行动就成为朝向未来将完成的工程目标不断推进的时间历程，"全部设计过程都以幻想的方式存在于设计者对未来行为举止的预期之中。这种将来会完成的活动，是我们全部设计过程的出发点。"但预期未来是当下的行为，总有预期不到的事态会随着时间展开的情境而到来，当在时间情境中才涌现出来的事件，影响到未来工程目标的完成时，工程行动必须要做出相应的反应、调整与创新，解决情境中不断发生的问题，才能不断向工程目标推进。

（五）工程过程的不确定性与风险性

工程活动中的不确定性与风险性是多方面、多层次存在的。首先，工程中的各种要素本身存在不确定性，无论是自然属性的要素、社会属性的要素，还是人本身，都存在不确定性。其二，不确定的要素相互作用构成的工程整体往往具有更大的不确定性，其中某些重要要素的变化，可能会引起连锁反应，增大工程整体的不确定性，从而加大工程的风险。其三，由于工程主体认识、实践能力的有限性，不能完全预期工程推进过程中可能存在的问题，也不可能完美地做好工程中的每一件事情，从而造成工程过程中的不确定性与风险性。其四，由于工程行动过程的场域性与情境性，不确定的情境事件不可避免地随机发生，造成工程行动的不确定性，也可能带来风险。其五，已完成的工程在其运行中，也存在不可预见的不确定，可能使整个工程人工物给其嵌入的特定自然环境、社会环境带来灾难性的风险，危及周围人群的生存。总之，在能控制的条件下，把工程活动中不确定的因素控制在确保工程目标能够实现的范围之内，以减少或降低风险，是工程活动不可缺少的内容。

（六）工程结果的双刃性与评价的多维性

工程人工物不是中性的，它负荷着价值，正面的效益是工程活动追求的正面价值，而负面的作用与影响则是工程活动企图避免但又不可能全部消除的负面价值，这就是工程结果的双刃性。负面价值之所以不可完全避免或消除，这是因为：

① 工程人工物本身不是中性的，它负荷着价值，无论在什么情形下，它都或多或少地存在着负作用。

② 尽管工程主体心怀为人类造福的良好愿望，但由于认识水平、实践能力的有限性，不可能完全预期人工物的使用与长期运行中可能带来的负面作用与影响。

③ 工程活动过程中的不确定性、风险性，也会造成工程结果与设定目标的偏离，由此可能带来负作用。

④ 工程主体受个人或集团利益的驱使，在能预期工程带来的负作用的情况下，仍不

拒绝或终止工程的进行，或不采取必要的避免措施，甚至采取欺骗的手段向社会公众、政府隐瞒实情，这就使工程的负作用具有更大的危害性。因此，必须强调工程主体的伦理责任，必须对整个工程进行价值估价，从工程项目的决策、设计、实施到工程的运行，都要进行全面的价值评价。这种评价必然包括经济的、政治的、军事的、生态的、环境的、文化的、科学技术的、人文的、审美的等众多的维度，业已成为现代工程活动重要的内在特征。

四、工程和工程管理的哲学思考

当今，工程在人类社会中的地位比以往任何时候都重要。工程哲学是一种科学的思维方式。研究、学习并且运用工程哲学来指导工程实践活动，对于从事工程工作者尤为重要。

工程哲学和技术哲学之间存在着辩证的关系，两者之间既相互联系又相互独立。研究技术哲学是建立在研究技术的基础之上，而工程哲学是建立在研究工程活动的基础之上。工程哲学理论体系的基本建构是进行工程哲学研究时必须思考的问题，对工程主体论、客体论、系统论、生态论、伦理论、价值论、辨证论和艺术论等理论进行分类探讨、综合认知的结果是不能将工程建设孤立起来，而需结合各项因素的权衡与考虑。

当前，我国正处于经济建设快速发展时期，全国各地都在进行类型多种多样的工程建设，特别是许多重大工程的建设，更凸显了工程活动的重要地位和工程管理的巨大作用，标志着我国已经进入工程时代。在工程时代需要工程哲学，工程管理活动需要哲学思想指导，大力开展工程哲学研究既是哲学发展的必然，又是时代的迫切要求。

工程管理以工程为对象，需要通过一个有时限的柔性组织，对工程进行高效率的决策、计划、组织、指挥、协调与控制，以实现工程全过程的动态管理和工程目标的综合协调与优化。工程管理蕴含着深刻的哲学内涵，并在实质上指导和影响着工程的实践和发展。因此，需要对工程管理活动进行哲学思考。工程管理活动是实践——认识——再实践的过程，应该研究工程管理的思想的整体宇宙观，研究工程管理和组织中所体现的人的主观能动性。工程管理的灵魂是认识的飞跃—创新。工程管理具有多目标特征，因此，如何实现工程管理的价值观的辩证统一就成为了头等重要的问题。应该实现和谐管理，和谐本身就是强调事物的辩证统一，和谐是工程管理又一重要的哲学内涵。工程管理的要求和特点鲜明地体现和遵循着"和谐管理"与"管理要和谐"的理念。自觉地有意识地认识与利用和谐管理的理念，对工程管理顺利进行、达成工程的成功目标十分重要。

总之，进入 21 世纪以后，从纯工程技术和工程管理的观点来看待工程问题，已经远远不能适应时代发展对工程创新和工程建设的需要，开展工程哲学研究是十分必要的，这也是工程界肩负的历史使命。工程哲学的研究开始了工程与哲学两种文化的融合。然而，由于工程界与哲学界之间有着不同的概念体系和文化背景，工程哲学研究将面临许多挑战，我们应该迎接这个挑战。

五、建立企业系统工程的哲学思考

企业系统工程是国内近几年系统工程研究中的一个新领域，尽管它还处于初创和探索的阶段，用发展的眼光看，它将会以其明显的实用价值和理论价值而日益受到人们的重视。

1. 企业系统工程

众所周知，系统工程是当代正在发展和逐步完善的一门组织和管理的工程技术。它把要研究和管理的事物视做系统，进而用系统科学的理论和方法（如用概率、统计、运筹、模拟等方法）对系统对象进行最佳设计、最佳抉择、最佳控制和最佳管理，以求得系统在技术上先进、经济上合算、时间上最省、运行中可靠的最优效果。企业系统工程，就是系统工程技术在优化企业各项生产经营管理目标及其实施过程中的具体应用，是系统工程的一个重要分支。

企业是一个复杂的系统，它由各种要素所构成。人、物资、设备、财务、任务、信息这六大要素，是构成企业系统的基本要素。这六大要素既相互联系，又相互作用，按其功能可归成五种基本的运动流，即物质流、能源流、信息流、经济流和人流。

（1）物质流　主要包括作用于设备和物料的运动流。厂房、设备，以及表现为毛坯、在制品、半成品的物质材料，都是物质流的不同表现形式。

（2）能量流　包括传输子系统中存在的水、电、燃料、气、热等各种物质能的运动，是企业系统生存和发展的"营养剂"。

（3）信息流　即由任务与情报汇合而成的指导生产过程和管理过程的各种信息活动。这是一种复杂的多层次的运动流，贯穿于全部企业系统之中。

（4）人流　即工人和各类管理人员汇合而成的劳动力资源。

（5）经济流　即以货币形态存在和作用于企业财务子系统之中，同时又以多种形态如产品、原材料、在制品、设备、厂房、废品等物化形式存在于企业系统的其他子系统之中。

企业系统的子系统主要有：技术工艺系统、生产组织系统、设备系统、物料系统、传输系统、劳动组织系统、财务系统、管理系统等。这些子系统都以企业生产经营为统一目标，同时又具有相对独立的职能活动，它们相互衔接、相互制约、相互依存又相互矛盾。企业系统的目标和发展，正是由于以上五种基本运动流的不断变换、运动、作用和调节而实现的。企业系统的活力以及它和外部环境的联系、企业系统的各个子系统的功能也是在这五种基本运动流的相互作用中得以实现。如何通过企业管理，使"五大流"协调一致，正常运转，以实现企业系统的基本目标，是一项重大的工程实践。它既涉及"物"的因素，也涉及人的因素；既涉及"硬件"，也涉及"软件"。

要使得企业生产经营、发展以最优化状态进行，就必须用系统的观点对企业进行研究、分析，系统地为构成企业的各组成单元、各层次设置合理的、协调的、以系统效果最佳为目的的功能体系、目标体系和措施体系，并推动其实现。在实现过程中还需动态地跟踪、反馈和调整，并及时加以修正和提高。

企业系统工程正是从企业的全局出发，充分考虑以上企业内部各运动流、各子系统的作用、变化和构成特点，以及企业的环境因素和企业管理的传统方法、传统思想等，在企业的经营管理中运用系统工程的方法和手段，为企业系统安排最优计划，选择最优经营方案，从整体上研究企业活动的全过程，以获得最佳经济效益的组织管理技术。

提高经济效益是企业系统工程的基本目标，体现在两个方面：一方面是如何利用有限的资源干更多的事情；另一方面是在既定的任务下，如何使用较少的资源来完成。

重视企业系统工程建设与否，企业的经营效果明显不同。自觉地应用系统工程的原则指导企业实践，企业就会在生产经营和科技管理等方面取得良好的经济效益。反之，忽视系统工程的研究和应用，企业就会处处被动，受到制约。在这方面，不少企业都有许多值得重视的经验和教训。

2. 建立企业系统工程必须重视普遍联系的观点（必须清楚企业系统的结构组成及相互关系）

企业是一个充满联系的系统。在这个大系统中，进行着产品的研究、开发、生产、改进、销售与服务等一系列多种目标的活动。它具有生产规模庞大、组织结构复杂、经营目标多元、管理功能齐全、决策因素繁多等"大系统"所具备的基本方面。

企业系统内部的各种要素和子系统构成企业系统的内部联系。在这些联系中，生产组织系统是企业系统的主要子系统，生产组织系统与其他子系统如财务、工艺、销售、设备、员工等以及这些子系统之间（也可以分为五个子运动流）存在着紧密的联系，它们相互依存、相互渗透，又相互作用。如何使企业系统内部各子系统之间的关系协调起来，是企业系统工程的一项重要任务。

企业以外的部分则构成企业系统的外部环境，反映的是企业与自然条件、社会环境、其他部门、单位等的外部联系。企业系统与环境相互作用，相互影响，不断向环境（市场、上级主管部门等）实现有意义的输出，通过物质、能量、信息、人（工作对象、消费对象）、经济五种运动流的不断变换，与环境经常保持着稳定的、动态的联系。

企业系统与环境的联系是多种多样的。但是，企业系统的外部环境与企业系统的关系并不是完全接受性的或被动的，它通过明确法规、规范、标准，客户需求等方面的制约条件下（环境制约）；通过资源提供、资金、设备、材料、信息、劳务、服务、命令、抗议等软件与硬件对企业发生作用，这一作用称作外部环境对企业系统的"输入"。企业系统以其本身所拥有的各种手段与特征，在外部环境的某种扰动作用下对输入进行必要的转化活动，使之成为对环境有用的产出品，并以硬件或软件的方式提供给外部环境。该产出品称为"输出"，其转化过程称之为"处理"。

企业系统的"输出"，在形式上分有形与无形两大类，在效果上有正、负之分。（例如工厂对社会生产出的有用产品，就是正的输出；工厂排放给社会的有害污物，就是负的输出）。企业系统根据扰动的性质和强度、输出的正负和大小而不断进行"自我适应"，为此而产生与物质流反向流动的反向联系即"反馈"。如果从经营决策的角度观察企业，企业系统的联系性还具有以下几个明显特性：它是一个"人—机—物"系统，它是一个可分系统，它是一个开放系统。

3. 建立企业系统工程，必须重视结构方式改变而引起的质变形式（企业系统结构是动态的，处于动态平衡状态的）

质量互变，是唯物辩证法所揭示的一条事物发展的基本规律。

企业系统是质和量的统一体，企业系统的量，是指构成企业系统的物质量、能量、信息量、经济实力和人的素质、数量的总和。企业系统的质，是企业自身所具有的内在规定，是企业存在和发展的根据。企业系统的运动和变化也有量变和质变两种形式。企业系统的量变是企业系统整体数量上的增减，是一种连续的、逐渐的、不显著的变化。其实质是，组成企业系统的各个要素、各个层次以及企业系统同环境的物质量、能量、信息量、经济量、人量的相互转化和转换。企业系统的质变是企业系统整体特性和功能的根本变化，是企业系统整体从一种质态到另一种质态的飞跃，表现为企业系统原来稳定的有序状态的丧失，另一种新的、稳定的有序状态的产生。其实质是，组成企业系统的要素、结构和层次的破坏和重新组合，即组成企业系统的要素、层次相互联系、相互作用方式的改组。然而，更重要的、也是应当引起我们重视的是组合方式改变所引起的质变。因为这最符合企业系统工程以较少的资源、资金办最大、最多的事情的优化原则。

由此可知，企业生产力的发展决不是三要素（劳动者、劳动资料和劳动对象）的简单相加，而是诸生产要素有机结合的整体。劳动者、工具、劳动对象作为独立的因素不是生产力，随便把他们放在一起，也不成其为生产力。只有把生产力的诸要素按照客观规律组合成一个整体，它才能成为现实的生产力。如果企业经营管理不善，虽然有良好的机器设备、人员、原材料等，由于没有把这些要素组成一个合理的系统，实际生产力就得不到应有的发挥，经济效果也一定很差。

在现代条件下，技术进步已成为生产力发展最活跃的决定性因素。面对世界新技术革命的挑战，能否提高企业的技术管理水平，必然关系到企业的兴衰存亡和前途。企业的技术管理系统作为企业系统的一个子系统，也是一个可分系统。它自身是由新产品开发、新技术开发与推广、技术改造、工艺管理、标准化管理、计量管理、能源管理、环境管理、质量管理、情报资料管理、设备管理、技术培训等相互作用和相互依赖的三阶子系统组成。每一分系统都具有特定的结构和功能。企业职能结构，从事科研设计的专业人员和从事技术管理的专业技术人员应保持适当的比例，才能保证新产品开发工作的协调发展；又如专业结构，由于现代科学技术高度综合和分化，技术开发工作需要各类专业技术人员共同综合研究，若专业结构失调，则会严重影响技术发展工作的进展。

4. 建立企业系统工程必须重视矛盾分析的方法

企业系统又是一个多层次的立体经济系统。如前所述，企业系统的构成由五种基本的运动流和许多子系统所组成。这些运动流、子系统还可进一步划分为若干更小的低阶系统和运动流。企业系统工程之目的在于优化企业，使企业在顺境中发展更快，在逆境中损失最小，既兼顾企业长远利益和眼前利益，又兼顾国家、企业和个人三者所得。而企业总体优化的实现需要在企业各种矛盾的冲突中去实现。不管怎样，没有矛盾和冲突（如新旧观念的更替，经验管理向科学管理的过渡等），要实现企业系统由一种质态到另一种质态的飞跃和发展是不可能的。

看到企业系统运动、变化和发展的源泉和动力主要在企业系统内部矛盾性的同时，也要正确估计到企业系统同外部环境的相互联系和相互作用的矛盾关系在企业系统运动、变化和发展中所起的作用。在技术改造中，有的能正确把握发展方向，使企业更上一层楼。而有的只坚持低水平重复，使企业在竞争中变得越来越被动。这些都说明，企业系统运动的根本原因就在于企业系统的内部矛盾，外部矛盾是通过内部矛盾而起作用的。

了解了企业系统发展的源泉和条件还不够，还必须深入了解企业系统内部矛盾的特殊性。在实际生活中，由于各个企业的生产结构、所有制形式和基本运动形式不同，决定了它们在经营、计划、生产、技术、管理等方面的内在矛盾和相互关系以及同社会外部的关系各有其特殊性。即使在同一企业内部，决策系统、管理系统、供销系统、技管系统、分配系统、激励系统等系统的内在矛盾及其相互关系，都会具有不同的特点，因此，弄清企业各层次之间、要素和整体之间、要素和结构之间等矛盾双方的特点，以及这些矛盾双方相互依存又相互排斥的特点，对于一个企业主管人员来说，无疑是很重要的。

研究企业系统的特殊性，还要分析企业系统内部各种矛盾及其双方的地位和作用，分清主要矛盾和主要矛盾方面。建立企业系统工程，需要掌握多方面的广博知识，既需要有哲学理性的指引，也需要掌握系统科学和有关企业的基本理论，还必须深入实际，调查研究，熟悉企业的营运实践，洞察社会发展的规律等。只要努力去实践、去思考、去研究，一定可以建立起一门真正适应企业发展需要的企业系统工程来。

第二节　现代工程的基本特点及其哲学思考

工程是指人们为了满足某种社会需要，综合利用科学理论（包括自然科学、人文科学、社会科学理论等）和各种技术手段，自觉地改造客观世界，构建一定的人工世界的活动及其实践成果。工程是直接的现实生产力，它是社会物质文明与精神文明建设的重要载体与必要手段。在现代社会，工程建设在推动经济发展和社会进步方面的作用越来越突出；但另一方面，工程建设也带来了一系列突出矛盾和尖锐问题，它产生和引发的问题不仅仅是技术的、经济的，更有社会的、人文的和生态的。可以说现代工程活动已远远超出了纯经济、技术的范畴，体现为一项复杂的社会活动。因此，需要我们从哲学高度予以高度关注与深入思考。哲学是世界观、方法论与价值观的统一，是人类生存智慧的集中体现和高度凝结，它可以为工程实践提供世界观方法论指导与价值观导航。由于人类实践的不断深化和发展，现代工程活动呈现出一系列崭新的特点，对此要求我们从哲学视角正确认识，准确把握，深刻反思，以便理性地制定积极合理的应对策略，促进和推动工程活动与自然经济社会的和谐发展。从哲学视野分析，现代工程的基本特点是：

一、工程规模的庞大化、结构复杂化、系统集成化

现代社会，随着人类生产力的提高，工程实践的不断发展，工程建设的规模日益庞大化，结构复杂化，系统集成化。

① 工程活动是人类一项自觉的、集体协作的、有一定规模的造物活动。尽管工程活动一开始就表现为规模化的造物，然而，近代以来，正是由于专业工程组织及职业工程师的出现，人类变革和改造自然能力的不断提高，以及组织管理水平的进步，才使得当代大规模的工程活动日益增多，并成为社会的"常态"。考察工程活动的历史演变，我们可以看到：古代社会中已经开始大规模的工程活动了。但是，古代大规模的工程活动是个别的、暂时的、非职业的社会活动，这与现代大规模工程的普遍化、经常化、专门化（职业化）是有根本区别的。

② 现代工程规模的庞大化还在于人类知识的高速增长、科技的进步、工程实践的拓展以及工程组织的专业化、集团化、跨国化发展，使人类拥有了在多领域、多部门、多个社会组织之间密切合作基础上构建大规模、超大规模工程的理论基础、技术手段和现实社

会条件。

③ 当代社会实践的发展和需要推动了工程规模的庞大化。当代社会生产生活实践中所面临的工程难题往往具有广泛性、整体性以及与种种因素的强相关性等特点，这就要求建设大规模的工程来解决实践难题。例如，现代军事、通信、气象、广播电视、天气预报、导航定位、矿产勘探、国土普查、农业、林业、海洋等领域对各种应用卫星和卫星技术的广泛需求，形成了社会对航天工程的强烈需要，这就拉动了航天工程这一大规模工程的快速发展。

④ 现代工程的范围越来越扩展，它已超出了传统的农业活动、工业活动的范围，变成了以制造业活动为主的涉及科学、技术、经济、军事、社会、文化、信息、审美、伦理、管理、自然等多元异质因素、多个不同层次组成的复杂系统，其中各个组成部分（要素、层次）之间有着广泛而密切的联系，并通过不同方式的偶合，形成多重互动网络结构。从工程行为主体结构来看，现代工程也具有复杂的结构。在现代高科技时代，工程主体不仅包括参与工程活动的各种社会主体，即技术主体、管理主体、经营主体、政府决策主体等，也包括广泛渗入工程规划、决策、设计、运营、管理中的计算机系统，从而形成人—机互动的多行为互动主体系统。

⑤ 现代工程活动的复杂化还在于构成工程系统的要素无论是自然要素、技术要素，还是社会要素都具有不确定性，要素间的相互联系与相互作用的方式是多样的，非线性的，它们形成的互动网络既受到环境因素的影响，也受到政治、经济、文化、社会等方面的影响。

⑥ 工程规模的庞大化、结构复杂化进而决定了现代工程系统集成化的特点。要把庞大规模的工程单元项目，具有复杂要素、结构、层次、功能、属性的工程活动整合为一个有机系统，必须进行系统集成。这既包括资金、技术、人力、物力、设备、信息等多种工程要素的集成，也包括各种工程组织或群体的行为集成；既包括技术系统内部基于多种技术或技术群的技术集成，也包括技术系统与管理系统、经济系统、社会系统等系统层次的集成；既包括工程实施各环节的集成，也包括工程管理各部分的集成等。现代工程的庞大化、复杂化与集成性特点，给我们提供了许多新的哲学研究课题，要求我们更加重视工程的系统性、复杂性、综合集成性与协同性，善于运用系统工程的理论、方法研究工程系统的组成要素、结构特点与运行机制；善于运用复杂性科学理论与复杂性思维方法观察、分析、研究和解决工程中的各种问题。拓展工程研究的视野，打破学科界限，采用跨学科的大科学方法深入研究工程系统集成的原则、方法、模式、路径与价值取向等，这是因为"工程活动的集成性特点决定了在研究工程问题时必须把跨学科和多学科的研究方法和研究思路放在首先的位置上"。在对工程系统行为的研究上，特别要重视从技术、人、社会多行为系统偶合互动、综合集成的系统集成层面上研究，从多层面、多维度深入探讨工程活动中多个角色，多个行为主体（包括人机之间）的相互作用及其互动关系网络。

现代工程结构的复杂性使得现代工程成为一种普遍性的复杂活动，工程问题及其所涉及的因素成为一种带有一定普遍性和全局性的问题，因而具有了哲学意义。工程活动的这种特点，要求我们打破传统的单纯从科学技术的视角观察和处理工程问题的方法，而代之以系统科学的理论与方法，注重交叉科学的思维方法以及辩证协调论、多元综合方法论的宽广视野去规划、设计、组织和实施现代工程活动，从科学、技术、经济、政治、文化、社会、生态等彼此互动、系统集成的复杂性思维层面去审视和解读工程活动，以此指导日益复杂的现代工程活动。

工程活动的集成化特点对工程活动的运行管理与工程创新提出了更高的要求，它要求我们从整体性、综合性、协调性、变动性、系统性思维出发进行工程谋划、设计与管理，强化工程的综合集成与协调意识，以总体协调和整体优化的原则去处理各种关系，充分发挥和有效调动工程各个环节、单元、要素、子系统的积极性，并实现高度合作与协调匹配基础上的有效聚集和组合，在整体上产生突现功能，从而实现综合集成创新。

二、工程目标的多元化

工程功能多样化工程系统是人工建造的自组织系统，它反映和体现了人的理想、愿望和追求，具有明确的目的和功能，与古代工程和近代工程所不同的是，现代工程具有多元化的目标追求，系统功能多样化。

① 现代社会是一个文明多样化、生活多彩化、价值多元化的社会，这种态势在工程实践中的反映就是工程目标的多元化。社会需求是工程实践的强大动力和基础，现代社会有技术、经济、政治、文化、社会、军事、生态、审美等多种多样的需要，而这些不同需要之间存在着较强的关联度，为了有效地满足社会发展的多种需要，人们在规划、设计、建造工程中必须设定多元的价值目标，这就造成了工程目标的多元化。例如，为了满足经济建设、科技发展、国家安全和社会进步等方面的需求，提高全民族的科学素质，我国建设并实施了具有科学目标、军事目标、政治目标、经济目标、文化目标、社会目标等多元目标的航天工程，并取得了较好的科技经济社会效益。

② 工程主体价值追求的多元化决定了工程目标的多元化。工程活动是由人来设计、建设并实施完成的，它是人的本质力量的确证。社会的进步，文化的繁荣，造成了工程主体精神世界的丰富多样性，价值取向的多元化，这必然会反映到工程活动中。在现代社会的工程设计和建设中，许多工程既有实用的目标，又有审美的目标，既有经济社会目标，又有生态伦理目标，既有技术目标，又有人文目标，成为多个目标的集合或目标群。例如，三峡工程就具有防洪、发电、改善航运条件，改善生态环境等多项目标。

③ 当代工程实践所面临的复杂难题，决定了任何单一目标的工程难以实施和完成。现代工程系统结构、层次的复杂性，以及系统面临复杂环境影响的互动要求，决定了工程系统必须以多种目标追求才能解决实践难题，实现工程系统创新。例如，实施生命工程，既涉及生命科学探索与生命技术开发的目标，也广泛涉及法律、伦理道德、社会、信息、文化等方面的问题，必须通过多种目标追求才能完成。

④ 工程系统组成要素的多样性、工程目标追求的多元化决定了工程系统功能的多样化。现代工程往往由众多异质要素组成，众多要素具有多功能、多属性，它们偶合互动构成了多层次的网络结构，工程结构的复杂化以及工程系统目标的多元化必然使工程系统具有多种功能。工程目标的多元化特点对工程的规划、设计、实施、建设、评估与运行管理提出了一系列严峻挑战。因为工程活动中不同价值追求可能是协调的也可能是冲突的，这就需要确立多元价值统摄观，以协调多元价值冲突。所以，现代工程活动的前提是要有一个统一的价值观形成，这个统一的价值观不是消除多元价值观的差异，而是要实现多元价

值观的统一，以解决多元价值的统摄问题（这个统一的价值观对多元价值观起着统摄、抑制与整合作用，使其成为一个和谐有序的有机体系）。这就要求我们善于运用哲学的战略思维与统筹全局的能力。探索更高的工程实践智慧，解决工程活动多元价值的统摄问题，尤其是善于运用统筹规划、周密计划、综合协调的工程艺术与辩证矛盾分析方法，在多元价值观统摄下，自觉驾驭好工程活动整体，实现工程的科技功能、经济功能、社会功能、文化功能、审美功能、生态功能等多元工程目标的均衡与协调，辩证处理工程实施建设中的各种矛盾与冲突，实现多元价值目标围绕一个统一的价值观的交融整合、互动互促、相互支持、协调发展、有机统一。在工程思维方面，它要求我们打破仅仅从经济、技术、工具化的单一视角和维度考虑工程活动的片面化、一元论、线性简单化思维，而代之以更广阔、更全面的"生态——自然——经济——科技——社会——人文"等多侧面、多向度、多视角、立体化、多元论、非线性的复杂性思维，以此去谋划、策划和规划、组织、管理、评估工程活动，取得良好的综合效益。对此，亟待培养一批具有战略性眼光、全局性意识、复杂性思维、深远谋划智慧和高度组织协调与管理能力的工程哲学家、工程家、工程师，以此带动和促进工程科技人才队伍建设，提升我国的工程建设整体化水平。

三、工程活动中的科技含量与联动性

工程活动中的科技含量、知识含量越来越高，工程创新与科技进步的联动性增强，现代科学技术的飞速发展带来了经济社会的进步，也推动了工程的发展。现代工程的一个鲜明特点，就是以高新技术为基础，以创新为动力，打破了传统的农业工程、工业工程固有的边界，将各种资源、创意与信息技术等高技术相融合向技术密集型、知识密集型方向发展。如果说，古代工程的典型形态是一种劳动密集型造物活动，近代工程的典型形态是一种资金密集与劳动密集相结合的造物活动的话，那么我们不妨可以说，现代工程的典型形态是一种知识、技术密集型造物活动。

① 科技进步成为现代工程进步与发展的强大引擎。工程作为改造世界的活动，必须有技术的支撑。现代许多大型工程，往往依赖于一项或几项关键技术的突破，技术创新、科技进步往往成为工程发展的强大推动力。例如，我国的青藏铁路工程，正是在冻土路基保护技术这一关键技术取得突破性解决的基础上才得以顺利实施，并取得最后成功的大型工程。

② 科技进步对现代工程创新的贡献越来越大。随着工业化进程的加快，经济的快速增长，不可再生资源的大量消耗，环境污染的日益严重，制约我国经济社会发展的资源能源瓶颈问题日益突出，工程实践中要求节约资源、降低能耗、减少污染物排放、保护生态环境的要求和呼声越来越高，经济社会的可持续性发展客观上要求人们必须提高工程活动中的科技含量、知识含量。因为只有借助和依赖于科学技术、知识等智能资源，人们才可以更深入、更积极地认识自然，更合理、更科学的利用和改造自然，实现工程创新与发展。因此，随着时代的进步，科学技术、知识在当代工程实践和工程发展中将会发挥越来越大的作用。人们的工程创新越来越依赖于知识资本，而不是物质资本。

③ 科技含量、知识含量在工程建设中的作用日益明显，成为优良工程的质量保障。

在现代社会，工程活动中的科技含量、知识含量越高，工程的品位就越高，质量越优异，效益就越好。例如，我国水稻专家袁隆平搞的杂交水稻工程，由于运用了现代生物科学、基因育种技术等现代高新技术，其科技含量高，从而获得了比传统农业工程更好的工程质量，培养出了优良的杂交水稻。再如，我国的载人航天工程，是一项综合性的现代高技术工程，它知识密集度高（涉及航空、航天、气象、天体物理、材料学、能源与动力学、生命学等众多知识），科技含量高（涉及信息科学、生命科学等高新技术群），建立了一整套科学的智能型管理体系，因而获得了坚实的工程质量保障体系，从而成为"零疑点、零缺陷、零事故"的高科技优良工程。

与此同时，当代科学技术与工程实践的关联度增强。就科学与工程的关系来讲，当代的大规模试验需要组织多个专业的科学家和工程师协同进行，这样就出现了"大科学工程"这一新名词，例如，当前进行的探月工程。这就是说，"工程建立在科学之上，科学又寓于工程之中"。就工程与技术的关系来说，"一是工程促进技术的发展，二是技术支撑工程的实施"。可见，工程建设推动技术进步，科技进步又促进并支撑着工程创新，它们之间存在着相互依赖、相互影响、相互促进的关系。

四、工程活动的生态（环境）影响力增大

工程活动作为人类运用科学技术直接干预自然、改造世界的造物活动，对生态环境的影响较大。随着工程实践的发展，这种影响有进一步加大的趋势。本节所说的生态环境指广义的生态环境，既包括自然生态环境，也包括社会生态环境。

① 工程作为一种人工造物活动离不开自然生态环境。任何工程都是在一定的自然生态范围内实施的，都要与自然环境进行物质、能量、信息的交换。工程系统与自然生态环境是一种相互制约、相互影响、相互作用的关系。任何工程的实施运行都会对自然生态系统产生一定的影响。但是随着人类工程实践的发展，自然环境受到的干扰也越来越大。近代以来，由于人类过度的、大规模的干扰与破坏自然环境的活动，使得自然生态系统的自我调节和自我修复的能力不断下降，生态系统变得越来越脆弱，这就使得工程活动的环境（生态）影响力越来越大。在当代社会，自然系统与社会系统的互动性不断增强，人类影响自然的力量足以反馈回人类自身，工程活动不仅影响自然，而且还会影响到人类社会的运行与发展。

这些情况要求我们在工程立项、决策、规划、设计、运行、管理与建设实施的各层面中必须牢固树立工程与环境相协调的可持续发展的工程理念，确立工程生态观，既要把生态环境视为工程活动的外生因素，更要把它视为工程决策、运行与评估的内生因素来考虑。高度重视并充分考虑在工程建设实施各环节中对生态环境可能造成的各种潜在作用和现实影响，并通过创新工程建设管理制度，建立一套科学规范的环境影响预测、监控、评估（包括工程事先评估和事后评估）、反馈、调控机制，尽可能地减少和消除工程活动对生态环境的负面影响和破坏，同时，它要求我们以积极主动自觉的工程行为按照生态规律去重塑生态环境的结构与功能，做到既改造环境又保护环境，还促进环境的可持续发展。对此，需要我们加强对工程客体的认识论理论研究，并从生态学的大视野出发加强对工程与生态环境相干性的深度关系研究，深入探讨如何在遵循生态活动规律的基础上，通过工

程创新在更高的社会生活水平上重塑生态活动方式的问题。关注工程创新的生态化转向，对工程活动中所涉及的一系列基本范畴，例如规划、设计、决策、操作、程序、规则、制度等从生态学维度进行深入的理论研究，为促进工程与生态的和谐共处、协调发展提供有力的理论支持。

② 工程活动是一个社会系统，它是在一定的社会文化背景下，在一定的社会生态环境中展开的，工程系统的运行既受到社会生态环境（制度、政策、体制、文化、观念等）的重大影响，同时也对社会生态环境产生影响，尤其是在当代社会进入工程化时代，随着各种各样大规模工程活动的普遍开展，这种影响更加明显。首先，当前我们已经进入科学技术是第一生产力的知识经济时代。现代经济社会的进步与发展越来越建立在科学技术的支撑之上。然而，工程是科学技术向现实生产力转化的中介和桥梁，工程创新是科技创新的主战场。通过大量的工程实践和工程创新，科学技术走向生产实践活动，融入广泛的社会生活，改善着我们的生活环境，提升着我们的生活质量。因此，随着科技进步，工程实践对社会生态环境的影响越来越大。

其次，现代工程对社会生态环境的影响重大而深远。工程活动是现代文明的重要内容和载体，它日益改变着人们的生活方式、思维方式、活动方式与交往方式，建构着新的生活世界，深刻地影响着国家和社会的发展，"现代大规模复杂的工程系统往往意义重大，对于一个组织的发展，对区域社会、经济、科技、环境，甚至对国家战略都会产生全局、稳定、持续、深层次的影响"。最后，现代工程可促进社会发展，甚至改变社会结构，优化社会生态环境，影响社会运行。在现代化建设中，我们从事着各种各样大规模的工程建设，这些活动及其结果日益潜入我们的生活结构，建构着我们的新生活。例如现代交通工程、通讯工程、信息网络工程、现代食品工程改变了我们的行为方式、交往方式、互动关系网和饮食习惯。工程活动过程本身也会影响我们的社会生态，譬如当我们新建一项工程时，我们也在创造着与这项工程结构相一致的社会组织形式、管理创新模式、社会互动网络，也要进行人们之间社会关系的重组和优化，实现着社会的变革。所以，现代工程实践过程也就是社会结构与社会关系重新建构的复杂过程。

工程活动的这种特点启迪我们，要高度重视工程活动在经济社会发展中的辐射、带动和促进作用，高度重视工程活动在变革社会和改造社会中的作用，使工程活动的标准与管理规范化，能够与特定的社会文化和社会目标相协调。要把重大工程活动纳入区域经济社会发展战略布局中进行统筹规划、科学设计、精心施工建设、严格管理。紧密结合区情，从实际出发，充分发挥区域优势，合理整合各种资源，倾力打造具有鲜明区域特色的精品工程，带动区域经济社会发展，着力提升区域竞争力。另一方面，我们也应清醒地看到工程活动对经济社会的负面影响也是巨大的。工程安全问题包括经济安全、技术安全、环境安全、社会安全等日益凸现。这就要求我们强化工程安全意识和责任意识，把安全可靠以及工程与经济社会相协调作为工程活动的头等大事来抓。为此必须建立工程规划、决策、建设与管理的责任追究制度与激励机制等，加强对工程的社会作用的法制管理和社会监督，合理设置工程活动的价值目标，促进工程活动的健康发展。对此，在哲学层面上，应加强工程实践与社会进步相关性研究及其二者良性互动机制的研究，加强工程安全及其预警机制的研究，重视工程活动对社会变革的重大作用，探讨与科学发展观相适应的工程社会观，深入探讨工程的社会意义与价值及其有效控制机制。

五、工程活动的数字化

数字化时代，工程蓝图、模型的实现获得了一种新的物化途径与方式——数字化方式。现代通讯技术、网络技术的发展提供了把人的工程蓝图、模型、计划"现实化"的虚拟技术和数字化平台，人们借助网络数字化技术完全可以构造出种种虚拟"物"、"物的世界"并对其进行认识与改造，这就为虚拟工程的实施提供了技术手段与现实条件。随着网络世界的拓展，数字化生存方式的到来，虚拟工程成为现实。当代网络化社会，虚拟实践、虚拟空间的出现，极大地开拓了人类生存交往的活动空间和人工造物活动的领域，当代多媒体、远程卫星传播技术、临境技术、模拟技术、仿真技术等高技术的发展，使工程主体在虚拟世界中通过高度协作共同"实际地改造世界"的实践活动即自觉地在虚拟世界中进行人工造物活动变成了现实。例如人们在虚拟空间中可以对医学上的重大疑难病症进行虚拟诊断、手术与虚拟治疗，人们在虚拟空间中可以实施城市规划与建设工程等。网络化条件下，虚拟空间成为人类生存空间的延续和拓展，网络作为一种社会空间，成为人们进行虚拟实践的重要空间和场域。因而，这就使得工程主体及其活动拓展到了一个全新的领域——虚拟空间，使虚拟工程成为可能。虚拟空间中的主体借助有关信息、网络、虚拟技术，依据自己的愿望、想象、虚构能力与创造能力，可以创造出各种各样的虚拟工程（例如各种虚拟实体、虚拟现象——虚拟影视制作工程，虚拟城市规划与建设工程等），从而扩展了工程存在的空间，丰富了工程存在的形态，构建出新的人工世界。虚拟工程的主体是虚拟的，难于确定的。工程形式与现实物质相脱离，与具体时间空间相脱离。虚拟工程活动的实施具有非物质性（它只是主体的一种心理体验、精神探索、情绪释放、审美愉悦等精神活动表现），虚拟工程的结果具有非实用性（仅仅是一种情景模拟、创意实验、智力游戏等）。但是，虚拟工程毕竟体现了人们依据自己的理想、愿望、追求改造自然、变革自然客体的强烈愿望，是虚拟主体在虚拟空间中自觉构造出来的"产品"（"实在"），是人们主动、自觉、能动和创造性作用的结果，满足了人们的某种需要，反映了工程活动的本质。因而，虚拟工程值得我们关注并进行深入研究。对此，必须从哲学层面上研究数字化发展与工程存在的虚拟化问题。以揭示数字化背景下工程虚拟化的必然性、理论价值和现实意义，探讨虚拟工程的哲学内涵、本质特征、虚拟工程的存在论基础及其认识论意义等。当前我们还应注重研究虚拟工程与现实工程之间的关系以及如何利用虚拟工程活动去模拟某些工程运行（例如研究虚拟现实设计工程、虚拟医学诊断工程、各种仿真工程等），以便预测某些工程方案的风险性与可行性，促进和推动现实工程实践的科学发展。

第三节　工程哲学理念下的"顶层设计"

"顶层设计"是工程整体理念的具体化，是工程理念一致、功能协调、结构统一、资源共享、要素有序的系统论方法。近年来，"顶层设计"已经成为中国经济、政治、社会、文化、生态以及科技创新战略等领域人们广泛讨论、使用的关键词。同时，"顶层设计"又是一个内涵和外延并不十分明确，使用边界并不那么清楚的新概念。特别是顶层设计何以必要，顶层设计何以可能，顶层设计如何实现等问题更缺少充分而精准的研究和论证。

一、顶层设计"从生活内涵到深层本质"

从工程哲学视角考察，我们大体上可以认为，设计是把一种计划、规划、设想通过一定的形式表达出来的创造性活动过程。最具本体论意义的创造活动是人与自然关系的调整与变革。因此，从物质资料生产这种最基础和最重要的人类活动而言，设计是与其紧密相联的预先的计划。从这个意义上说，我们可以把任何人化自然活动的计划技术和计划过程理解为设计。

"顶层设计"是工程整体理念的具体化，是工程要达到理念一致、功能协调、结构统一、资源共享、要素有序的系统论方法，即从全局、整体视角出发，对工程的各个层次、各个要素、各个环节进行系统规划和全面运筹。从这个意义上说，"顶层设计"并非全新范畴，而是工程学的常用概念，核心在于统筹兼顾，追根溯源，把握全局，在最高层次上寻求和破解问题解决之道。所以，顶层设计大概是现阶段中国解决错综复杂社会矛盾的重要思维方式或理想路径。

"顶层设计"往往关注存在与时间、工具与目的、过程与结果、设计与建构，是经济因素、政治因素、社会因素、伦理因素等的集成，而不特别关注事物现象与本质、偶然与必然、原因与结果、真理与谬误、解释与反驳。

概括地说，"顶层设计"是"抽象地规定在思维行程中导致具体的再现"，是社会（认识）主体总览全局，纵横捭阖，运筹帷幄的思维创造活动及其重要思维成果，它有待于实现精神向物质的创造性转化，进而实现"顶层设计"——"思维具体"的价值。

二、顶层设计"从社会需要到现实可能"

随着科学技术的进步和全球化进程的加快，人类生存和发展所面临的矛盾则越来越多、越来越复杂，而这些多且复杂的矛盾主要不是自然问题，而是社会问题，人类在应对自然（有些自然问题系社会问题所诱发或加剧）和社会问题的思维方式、行为方式、情感方式等正面临严峻挑战。耗散结构理论、突变论视野中的现代社会，在某些环节、方面一些非常微小而偶然的变化都可能引起整个系统的聚变，所谓"蝴蝶效应"已经得到证实。

人类社会的变革、管理、创新活动需要科学决策、科学设计、科学规划。如果农耕时代的社会决策的常态可能是个别决策、感性决策、经验决策，那么进入工业社会后，社会系统更加复杂，决策程度则慢慢过渡到理性决策、科学决策和集体决策。这就需要很多现代技术性的手段。"顶层设计"作为一种工程哲学思维方式，在应对现代社会诸多复杂矛盾时不仅必要，而且可能。

1. 现代自然科学技术增强了人们对现代社会矛盾的认知能力

现代社会，自然科学技术发展为人类协调好人与人的关系、人与自然的关系这两个关系，认识和掌握这两个规律创造了条件。

特别需要指出的是，渗透到社会关系各个角落的现代科学技术，已经不是作为纯粹科学技术力量本身，而是同各个领域的各种因素紧密互动，并成为一种本质性的生命力量。

至于现代社会经济、文化等其他领域的科学技术化就自不待言了。现代科学技术的社会化，使现代"社会关系生产"日益渗透科学技术思维元素，并越来越凸显出社会工程思维的基本特征。因此，人的存在与发展由自然状态向自发状态、自觉状态、自由状态的转化与提升，都将在现代科学技术的驱动下逐步实现。

2. 现代社会科学发展提高了人们对现代社会矛盾的理论自觉

当下人们不仅在自然与社会更加有机融为一体的意义上理解"社会"，而且将其拓展到国际社会，将经济全球化、世界现代化、文化多元化等现代形态，特别是适应新科技革命和信息化的新背景，把知识社会、信息社会、网络社会、虚拟社会、价值社会等更加清晰地纳入哲学社会科学视野；过去"社会科学"概念的界定一般在传统认识论的意义上展开，与社会感觉、社会知觉、社会表象相比较，其目的在于获取对社会世界的真理性认识。而当下哲学社会科学研究对社会的把握已经拓展为更为广义的社会认识论视域。现代"社会认识"不仅包含认知、评价、理解、诠释、认同，而且更加注重预见、检测、决策、监控和反思等多层次和全过程的社会认识；过去人们往往把社会世界简单地理解为生产力、生产关系、经济基础和上层建筑的矛盾运动，而当下社会科学则更加自觉和有效地聚焦于社会系统和社会复杂性的反思，特别是社会存在和发展的多样性、冲突性、非线性、不确定性、博弈性和风险性；过去社会科学更多关注人与自然的关系，进而关注经济发展规律，而当下社会科学更加致力于提高人类在生存和发展中的自觉性和有效性，促进人的自由解放和全面发展，为每一个人的自由发展创造条件。所有这些，都为人们实现现代社会发展的"顶层设计"创造了条件。

3. 人类现代化建设的伟大实践积累了应对社会风险的丰富经验

从历史的视角考察，现代化是人类社会从工业革命以来所经历的一场急剧变革，这一变革以工业化为动力，导致传统的农业社会向现代工业社会的全球性转变，它使工业主义理念渗透到经济、政治、文化、思想、科技等一切领域，引起整个社会的深刻变革。从哲学视角考察，人类社会的现代化并不是一个自然的社会演变过程，而是相对落后国家、地区，通过有计划、有设计、有组织的进行社会经济、政治、文化改造，不断学习世界先进、超越世界先进，进而引起社会深刻变革的创造性实践过程。不同的现代化模式的本体论来源就是社会主体的选择、规划与设计。各种不同的选择、规划与设计都有着各自的合理性，并都积累了各自也许具有世界意义的正反经验。概言之，无论从现代科学技术推进下现代社会人们认知能力水平，社会科学对现代社会复杂性的理论自觉发展程度，还是从人类现代化特别是中国改革开放以后所积累的丰富经验考察，发展中国特色社会主义，特别是对重大改革的宏观思考和"顶层设计"，进而增强改革的系统性、整体性、协同性都是完全可能的。

三、顶层设计"从思想隐喻到现实方法"

顶层设计的方法论，既反映了人们对社会认识和改造的理论自觉、文化自觉的新水平，同时也表达了人们对改造社会世界的科学性、系统性、协调性的主观愿望。因此，"顶层设计"并不仅是一种形容或比喻，更不是一种空泛的实践理想，而是思维向存在、精神向物质、应然向实然转化的现实中介。

1. 顶层设计以时代问题的哲学把握为根据

人类社会在不同的时空条件下，会蕴含或酝酿出不同的时代问题。这些问题既关乎人类整体宏观发展的前景，也反映"现实的个人"的价值追求。这里强调的是问题之于一个时代顶层设计的重要价值。

纵观历史，不是所有的人都能够敏锐地听到时代的声音，把握到时代的脉动。人类发展史上每一次划时代的变革，无不以社会主体对重大时代问题的深刻把握、洞悉为前提。无不是在谛听时代声音，把握时代问题基础上实现的。只有深刻地把握了时代问题，才能进行顶层设计。听不到时代的声音，把握不住时代的主题，所谓"顶层设计"则无从谈起。

2. 顶层设计以社会主体——人的实践创造为依托

从劳动群众中来，到劳动群众中去的过程，就是调查研究的过程，就是获取真理性认识和检验真理的过程，特别是在现代社会利益多元、诉求多样的条件下，更需要从劳动群众的根本利益出发，倾听劳动群众的意见，在劳动群众中获得"顶层设计"的动力和智慧。那种认为只有顶层设计或领导设计，而无须中层设计、基层设计和劳动群众参与的观点与做法是错误的和有害的。从这个意义上说，所谓"摸着石头过河"与顶层设计并不矛盾，既不能以"摸着石头过河"否认顶层设计，也不能以顶层设计否认"摸着石头过河"，两者统一于人类改造社会世界的伟大实践。

3. 顶层设计以社会规律的理论自觉为前提

设计不是主观随意的遐想，顶层设计更不是随心所欲的臆想，而是具有高度理论自觉的创造性活动过程。人类并不是由本能所引导着，或者是由天生的知识所哺育、所教诲着的；人类倒不如说是要由自己本身来创造一切的。合规律性是根本前提，对社会规律的认识越深刻，把握得越准确，越接近客观真理，顶层设计就越科学、越合理，从最根本的意义上说，越符合人们的希望和志愿。

4. 顶层设计以实践经验的科学总结为基础

考察人类演进漫长的历史，在人们还没有"完全自觉地自己创造自己的历史"以前人类认识和改造世界过程确实可以理解为"试验"的过程，人类之所以为"万物之灵"，就在于人们能够在试验中不断总结实践经验。在不断总结历史正反两方面基本经验的基础上，人们对社会世界的改造与变革就可能做到顶层设计。

总之，"顶层设计"作为哲学范畴，不是就事论事，急功近利。顶层设计来源于人们改造社会世界的现实生活，又超越这种现实生活，是辩证思维、系统思维、整体思维和工程思维在变革社会世界伟大实践中的应用与拓展，是人们认识世界和改造世界过程中体现时代性、把握规律性、富于创造性能力的集中展示。

四、企业的顶层设计

企业不论大小、不论起步的早晚，顶层设计至关重要，通过对众多中小型企业的接触，大部分没有顶层设计，甚至经常听到中小型企业的老板经常说的一句话"那些都是瞎扯淡，产品卖出去才是硬道理"，这句话一点没有错，可是这些老板没有真正理解"产品卖出去才是硬道理"的核心，没有精准的产品定位、没有系统的产品策划、没有明确的目标群体、没有清晰的渠道思路、没有合适的价格体系、没有有效的传播方式，你的产品凭什么卖出去？因此，顶层设计是前提，不但要设计，而且要专业、要精深、要系统。企业顶层设计包括七个方面：

1. 企业文化决定企业高度

企业文化是一个企业的灵魂，没有文化的企业，连人都招不到，为什么？你去找一份工作，你看的是什么？看的时这家企业有没有前景、有没有文化、有没有愿景，有愿景的企业，大家觉得有奔头，有愿景的企业大家宁愿自己拼一把，换句话说叫作跟着企业干，拼不出来也心甘情愿。但是没有愿景，又开不起薪资的企业，我凭什么在里边干？而这些恰恰是中小型企业。

企业文化不是信条、不是几幅字、不是几条励志的语言、不是口号，而是企业是什么？企业能做什么？企业的目标在哪里？企业应该树什么旗、走什么路？走成功了之后大家能得到什么？地位、收入、荣誉、事业？

企业文化是创业者的心声、是企业的原动力、是企业的性格、是团队的风格、是企业的目标，决定着企业的团队组建、企业的方向战略、企业的产品设计、企业的产品服务等。

因此，企业文化决定着企业的高度。没有企业文化注定你引领不了客户、留不住人才、招不来商家，因为大家跟着你干，你要给别人一个跟着你干的理由。

2. 股权机制、薪资体系决定人才流失

"人才"是未来竞争的核心力，大多企业都认知到了人才的重要性，但是在实际的机制和体制中并没有完全的深入，换句话说，企业有留人的心却没有留人的真正机制。

当然也有的企业没有留人的意识，没有人才，企业再有钱、有产品也等于零。因为有了人才，就会有人脉、资金、市场、企业的磁场。

那是不是留人才必须靠高收入？有的老板简单的把员工看成势利之徒，只要有薪资就能留得住好员工。

我想大部分的都不是，而是企业的创业在某一个行业中有精深的了解、有执着的信念、有清晰的思路而形成企业最初的性格、魅力，一个人有影响力，就会形成足够强大的磁场而吸引人才不断的注入。

当然我们也深知，单靠个人魅力可以留人一时，却难留人长久，在这种情况下，企业负责人更多的应该注重企业的机制留人。长久留人的方式有股权分配、高薪留人、期权留人等方法，目前大部分企业采取的是高薪留人法。

部分企业对股权稀释采纳的非常少（大企业、上市企业除外），因为小企业的企业体制相对不健全，大部分中小型企业是靠个人经验打拼起来的，因此不敢贸然采取股权机制。针对这部分企业，可以采取期权式或者业绩期间考核制（即企业发展到什么阶段给予相对于的奖励机制）。

相对而言，企业可以忽略基层员工的留人机制（因为中高层稳定，基层组建相对而言简单），但是中高层的稳定性一定要注重留人机制。

3. 产品定位是企业发展的根本

任何企业，产品是本，产品定位不好，其他做得再好也没有用，你可以靠强势投入来增加你产品的知名度，但是如果你的产品质量不过硬，美誉度起来不了，那么企业的知名

度越广，对企业的风险越大。

产品的定位清晰，目标客户才够清晰，渠道思路才会清晰，生产员工、业务团队的工作方向才会清晰，宣传方式才会有效，才能够差异化你的市场竞争环境。产品的定位包括了产品资源优势、品质优势、品名设计、广告语设计、功能设计、理念设计、包装设计等的综合体，做得越全面，你的产品就更具有生命力。

4. 目标客户定位决定渠道建设的速度

有了明确的产品定位后，需要对目标客户进行精准的定位，目标客户的分析，决定了产品的营销思路，包括业务流程、渠道模式、价格体系、促销体系等。

有了明确的客户分析，就可以明确通过什么样的销售渠道才能够达到消费者的方式。目标客户定位不准确，必然导致销售走弯路，投入不明确，渠道不畅通，甚至堵塞。

目标客户的定位是渠道设计的前提，只有找准目标客户，根据产品的性能与目标客户，才能精准的设计渠道。

5. 渠道设计决定发展速度

渠道是营销的重要环节之一，渠道建设直接影响企业的发展速度，甚至造成严重退换货导致企业的亏损。

6. 价格设定决定企业生存

定价定天下一直被信奉为大多企业的取胜之道，但是部分中小型企业对定价的理解却是不以为然。

但是仔细分析一下，20%的盈利能不能做促销？促销力度能够多大？市场要不要给费用？费用能给多少？企业要不要招人？人员成本是多少？企业要不要做宣传，宣传成本是多少？会不会发生退换货？退换货要不要成本？进商超要不要给费用？费用怎么来？

显然看完后面的问题就会发现20%的盈利不足以支撑企业的发展，很多企业普遍反映一个问题，现在的利润养不起人，做不了宣传，控制不来市场，经销商积极性不高，其他产家的力度太大，其他厂家的人员投入较多，其他厂家的宣传品较多。自然，因为企业定价不够科学，自然导致矛盾的出现。

一个企业投不了人，其服务就跟不上；给不了返利，就管控不了经销商，包括窜货、乱价、任务；若补给退换货，市场客户就会不卖，甚至产生负面影响。因此定价不合理，造成的矛盾就会特别多，并且循环束缚企业的发展。

定价必须综合生产成本（原材料成本、生产成本、设备折旧成本等）、管理成本、利润、物流费用、营销费用（包括营销团队费用、市场促销费用、市场宣传费用、市场物料费用、经销商的管控费用、会议费用）等多方面综合定价。包括了众多的定价办法：撇脂定价、成本定价、成本加成定价、心理定价、尾数定价等多种方法，针对不同的产品综合市场进行合理的定价。

价格的设定关乎整个企业的利润分配的合理性，因此是企业发展至关重要的环节。直接决定着企业的生存、各部分、合作单位的生存。

7. 宣传方式决定传播速度

为提高企业的知名度，让目标客户、合作伙伴更加了解企业的产品、文化，宣传方式的选择非常关键，尤其是低投入、高效率的宣传方式方可尽快促进企业的发展。

现在的宣传方式众多，电视、媒体、互联网、微信、会议、宣传品、户外广告等，选择不准确，不但投入大，而且得到的效果并不会明显。

每一个企业的发展必然经历导入期、发展期、成熟期、衰退期，每一阶段企业的宣传应根据相应的需求进行选择有效的宣传方式。

第四节　竞争与协同

一、系统发展的动力和源泉是竞争和协同

所谓竞争，就是充分发挥自己的才智，追求成功，并力求超过他人，成为先进者。这种竞争就是自立、自强、敢为天下先。在正当的目的、手段和方式下的竞争，每个人的智慧、才能和人格才能得到充分的发展和表现，从而大大提高人生的效率，实现理想目标。因此，只有在竞争中自立、自强的个体所组成的群体，才能有整体的能力和创造力，没有竞争的个体所组成的群体，是缺乏生命力和创造力的。因此，竞争是群体发展和富有创造力的根本机制。

1. 竞争

系统是要素有机联系的统一体，是个体的统一体。同时，系统区别、独立于它系统，也就是该系统具有个体性，可以看作是个体。

竞争概念在科学领域变得很重要。"物竞天择、适者生存"，竞争在这里成了一个基本的科学范畴。生存斗争不仅仅是有竞有争，你死我活。达尔文进化论的成功，人们看到了竞争对于事物演化的推动作用，又使得一些人往往只看到竞争，片面强调竞争的方面。

值得指出的是，"对立物的一致"所讲的竞争，是与合作、协同联系的竞争。事实上，种种系统理论所讲的竞争，都是与合作、协同相联系的竞争，是以协同和合作为基础的、与协同和合作不可分离的相竞相争。

竞争与事物、系统或要素的个体性相联系，但是竞争并不一般地等同于个体差异、个体性。差异强调个体之间的不平衡性，而竞争则要进一步强调不平衡的个体之间存在着相互联系、相互作用、相互排斥。正如耗散结构理论指出的，不平衡—实际上远离平衡只是系统发展的必要条件，而不是充分条件。另一方面，也正是相互联系、相互作用、相互排斥，才使得事物、系统或要素之间联系起来，产生协同作用。

2. 协同

协同反映的是事物之间、系统或要素之间保持合作性、集体性的状态和趋势，这与竞争反映的是事物、系统或要素保持的个体性的状态和趋势正好相反。

系统是要素的统一体，同时，也就是说，要素处于相互吸引、相互合作之中。没有要素之间的合作，各个要素都是绝对的个体，各自为政，就没有系统，就没有系统统一体。我们说，我们面对的世界形成一个整体联系的大系统，也就是说，我们所面对的世界具有同一性，这个世界系统的要素与要素之间存在协同，是一个整体上存在着协同的世界。按照我们现在的认识，自然界存在着四种基本相互作用，这四种基本相互作用使得整个世界维系起来，成为一个协同整合的世界。我们面对的世界是一个系统的世界，因此，正如竞

争是这个世界之中的普遍现象，协同同样也是这个世界的普遍现象，反映着这个世界的一种基本关系，因此，我们面对的世界也就是一个协同的世界。

协同和竞争是相互依赖的，没有协同，就没有竞争；同样的，没有竞争，就没有协同。系统如果只有单纯的协同而不是竞争基础之上的协同，整个系统成为铁板一块，系统就没有了活力。实际上，这时该"系统"已经难以称作系统。换言之，协同、整合的系统必须是以竞争为基础的协同、整合，同时存在着竞争因素的合作。没有竞争，就没有合作。竞争不能离开协同而存在，协同同样也不能离开竞争而存在。

3. 非线性相互作用与竞争和协同

为什么人生自立要合群？这里有两个方面的道理。从客观方面说，人的生存状态，就是以群体的方式实现的，绝对孤立的个体不可能实现人生；从主观方面说，人之为人是能够意识到群体的关系和联系的。因此应当在理智和情感上，自觉地、主动地去适应和促成必要的、有益的群体关系。人生不仅是群体的，而且应该是自觉去过群体生活的，应该能够合群、善于合群。人只有能合群、善于合群，才能积极维护和促进群体的生存和发展，同时也才能使个体更好地自立。这就是个人只有在群体中才能得到发展的道理。

自立与合群，是人生得以全面发展的两个主要方面。蕴含着积极的竞争与协作。竞争与协作，都是人生进取与事业成功的道理。

积极的竞争，也可以称作良性的竞争，是人类生长、完善和社会发展的普遍现象。

积极的、良性的竞争是应当肯定的。所谓竞争，就是充分发挥自己的才能，追求成功，并力求超过他人，成为先进者。这种竞争就是自立、自强、敢为天下先。在正当的目的、手段和方式下的竞争，能使每个人的智慧、才能和人格得到充分的发展和表现，从而大大提高人生的效率，实现理想目标。因此，只有在竞争中自立、自强的个体所组成的群体，才能有整体的活力和创造力，没有竞争的个体所组成的群体，是缺乏生命力和创造力的。因此，竞争是群体发展和富有创造力的根本机制。

但是，个人的竞争性要能够正常发挥，同时必须发展群体意识，积极与他人协作、互助。竞争本身是智慧、才能的比赛，同时也是品德、人格的比赛。在竞争中，竞争者一方面要不怕强者，不怕嫉妒，敢于争强，力求争先；另一方面，又需要善于同他人协作、互助，增长群体情感和合作精神。事实上。竞争本身就需要互助、信息交流、友谊鼓励和支持，情绪安慰及紧张后的娱乐，在交际和协作中得到知识，增长经验，提高取得成功的能力，正是竞争激发了人们强烈的协作愿望和行动。

从另一方面看，个体的竞争也必须以促进群体的协作为条件。如果竞争妨害群体的协作，削弱或破坏群体的发展，这样的竞争不但不能促进个体完善、社会发展，而且必然成为社会腐败、个体堕落的因素。因为个体只有以正当的目的、正当的手段、以正当的方式进行竞争，才能有利于群体的联合与协作，那种个人主义、自私自利的争胜斗强，就是常言所指的"害群之马"。

种种系统理论讨论的竞争和协同，都是在非线性相互作用基础之上的竞争和协同，这样的竞争和协同是纠缠在一起的，难以分开的。以非线性相互作用为基础的竞争和协同是不可分离地纠缠在一起的。

4. 竞争和协同的创造性与目的性

竞争是保持个体性的状态和趋势的因素，也就是使得系统丧失整体性、整体失稳、出现新情况的因素。

作为竞争对立面的协同——保持集体性的状态和趋势的因素，则是使得系统保持和具有整体性、稳定性，向既有方向发展的因素。因而是与系统的目的性相联系的。

如果只有竞争，系统只是失稳，越来越不稳定，系统就会解体，而且新的系统也因缺乏稳定性、缺乏协同而建立不起来。相反的情形，如果只有协同，系统只是稳定，系统就不可能有发展，因为任何新的因素出现都要引起一定程度上的失稳，尽管这种失稳可以是局部的而非整体的。现实的系统都在发展演化之中，竞争因素和协同因素都是不可或缺的，稳定和失稳都是需要的，创造性和目的性都有自己的作用，只看到其中的一个方面就是片面的，就不能完整地认识系统的发展演化。

竞争造成了系统中的涨落，带来了系统中各个子系统在获取物质、能量和信息方面出现非平衡。其中的一些子系统率先突破系统的既有稳定域，认识到其他可能的稳定域；当它们的发现得到许多子系统的承认和响应时，就会出现大的涨落，特别是当它得到整个系统的响应时、涨落放大，系统发生质变，进入新的状态。

这就是系统自组织理论的一个重要结论：通过涨落达到有序。因此，"通过涨落"，这实质上就揭示了竞争造成了系统发展演化的不确定性、创造性因素。

"涨落放大"，这里又已经是协同作用在发挥作用了。没有子系统之间的协同，就没有涨落的放大。一个系统之所以叫作系统，是因为系统中总是存在一定的协同作用，协同使得系统具有整体性，也使得系统具有稳定性，使得系统的演化表现出某种确定不移的倾向，其发展演化的行为显得是合目的的行为。这就是说，协同造成了系统演化发展之中的确定性、目的性因素。

竞争和协同不仅相互依赖，而且在一定的条件下可以相互转化。通过涨落放大，原有的涨落竞争、创造性转化为新的稳定协同、目的性，系统进入新的状态。新的协同整合状态之中又出现新的竞争涨落，出现了新的创造性因素。竞争之中有合作，创造之中有目的；合作之中有竞争，目的之中有创造；竞争、创造以协同、目的为基础，协同、目的也以竞争、创造为前提。通过竞争和创造达到合作和目的，在合作和目的之中又进行竞争和创造，竞争和创造又导致新的合作和目的，新的合作和目的之中还会出现新的竞争和新的合作。竞争和合作，创造和目的，就是这样紧紧地联系在一起的，共同决定着系统的发展演化，并在一定条件下，交换着各自对于系统演化发展的主导地位或发生相互转化。

5. 既竞争又协同推动系统发展演化

竞争和协同的相互依赖、相互转化就是系统的发展演化过程。竞争和协同的相互依赖、相互转化成了系统发展演化的推动力。

涨落的普遍性，通过涨落的有序的发展，这里已经体现了竞争和协同是发展的源泉和动力了。不过，严格地说，涨落还只是诱因，或用协同学的话来说，"涨落力"只是"原初动力"。各个系统自组织理论还进一步研究了系统发展的一般源泉和动力问题。

协同学更一般地深入讨论了自组织系统中的非线性相互作用机制。协同学指出，系统演化过程中有众多状态变量，在平稳发展时期这些变量所起的作用大致相同，差别不大，但在接近状态变化的临界点时，大部分"快变量"本身变化极快，还未来得及影响或支配系统的行为就已经消灭或转变了；极少数"慢变量"变化相对缓慢，有机会支配或影响系统的行为。因此，慢变量支配和主宰着系统的演化、代表系统的"序"或状态，因而又叫作序参量。慢变量代表的序参量是在一定条件下由系统之中的子系统通过竞争实现协同产生出来的，反过来，它又支配着众多子系统。众多子系统对序参量的"侍服"强化着序参量自身，也促进着子系统对序参量的进一步侍服，进而促进整个系统自发地组织起来。而且，序参量可以相互竞争、相互合作和相互共存，从而使得系统的自组织演化具有不同的组织演化形式。这里，系统自组织演化也是由竞争和协同推动的，正如哈肯所说："我们将看到，很多个体，不管是原子、分子、细胞，还是动物和人，都以其集体行为，一方面通过竞争一方面通过合作，间接地决定自己的命运。"

竞争和协同的对立统一是系统自组织演化发展的动力和源泉的观点、体现了唯物辩证法的对立统一规律，它认为矛盾双方的既同一又斗争，既是事物内部的本质联系，事物发展的源泉，又是事物发展的动力和实质。系统内部的要素之间以及系统与系统、系统与环境之间既存在整体同一性又存在个体差异性，整体同一性表现为协同因素，个体差异性表现出竞争因素，通过竞争和协同的相互对立、相互渗透、相互转化，推动系统的演化发展，这是一条基本的系统规律。

二、试从五律协同看可持续发展

1. 五律协同原理

（1）规律与人类的生存和发展　经过长期研究，有五类客观规律制约着人类的生存和发展，它们分别是自然规律、社会规律、经济规律、技术规律和环境规律，统称"五律"。其中，环境规律是一个全新的科学概念，它是人类与环境相互作用规律的简称，其基本内涵可概括为环境多样性原理（基础规律）、人—环境和谐原理（核心规律）、规律间相互作用原理：

环境多样性原理。环境多样性原理包含自然环境的多样性、人类需求与创造的多样性、人类与环境相互作用的多样性。自然环境多样性又包含物质多样性、环境形态多样性、环境过程多样性和环境功能多样性，在人类漫长的历史进程中，自然环境多样性是一缓慢的递增函数。人类需求具有多样性，衣、食、住、行、用、医、教、休（闲）、（保）健、（旅）游，人类不断地创造物质文明和精神文明以满足自身的需求，同时又不断地创造新的需求，这是一个无穷循环。人类需求与创造多样性、自然环境多样性相结合，必然产生人类与环境相互作用的多样性，包括作用的界面、方式、过程、效应等都具有多样性。环境多样性原理是这一基础规律的科学概括。

人—环境和谐原理。维系与提高"人—环境"的和谐是人类与环境相互作用的核心规律。人—环境的和谐程度可分为五个水平级：基本生存；环境安全；环境健康；环境舒适；环境欣赏。这既是对人类与环境相互作用历史进程的总结，也是当今世界不同国家、不同地区人类与环境不同和谐程度的真实写照。

规律间相互作用原理。各类规律不仅具有独立性，而且还存在着相互作用，这种相互作用大致可分为三种情况：协同、无关、拮抗。

人类的行为不仅要遵循几类规律各自独立的作用，还要取得它们之间的协同效应，这就是规律的协同原理。环境规律具有独立性，同时又与社会规律、经济规律、技术规律、自然规律之间存在着相互作用。目前，与各类母学科交叉渗透的环境科学的分支学科，如环境法学、环境管理学、环境经济学，环境化学等，它们运用各自母学科的知识与技术来研究环境问题，以揭示相应母学科所研究的客观规律与环境规律之间的相互作用机制。这些作用机制，尤其是其中的协同效应，可被视作环境规律的组成部分。

（2）规律与规则　规律是事物发展中本质的、必然的、稳定的联系，它体现事物发展的基本趋势、基本秩序。规则是人类所制定的带有约束性的法律、法规、政策、规章、标准、规划等。规律与规则二者既相互区别又相互联系，一方面，规律是客观存在的，规则是人为制定的；另一方面，人类通过对规律的认识，制定力求科学的相应规则，以期达到预定目标。

与自然规律、社会规律、经济规律、技术规律、环境规律"五律"相对应存在"五则"，即自然法则、社会规则、经济规则、技术规则与环境规则。制定符合五律协同的规则，将使"五律"变为"五力"，"五律协同"成为"五力协同"，同向协力，使人类社会走向可持续发展。

（3）五律协同与人类行为　五律协同是人类所制定的规则同时符合五类规律的简称。它具有两层含义：第一，彼此相对独立的五类规律制约人类的生存与发展，人类行为必须同时遵守它们各自的作用；第二，五类规律彼此间相互作用，人类行为要达到预期效果，必须取得五类规律相互作用的协同效应，协同度越高，预期效果越好。五类规律各自发挥作用，同时也彼此协调，任何一个规律都不能起干扰和拮抗作用，唯有如此，多元化世界的良性运行才能有保证。某一项具体措施，不一定会受到五类规律的同时作用，但起作用的那几类规律是否协同却一定是该措施能否获得成功的决定因素。

2. 五律协同与可持续发展

从人类社会文明演进历程，我们可以看到：自然是人类发展的物质基础，经济是人类发展的动力牵引，社会是人类发展的组织力量，技术是人类发展的支撑体系，环境则是人类发展的约束条件。因此，五律协同是可持续发展的必要条件和最终归宿。"可持续发展能力"的形成，必须取得五类规律的共同认可。只要这五类规律中的任何一个"不赞同"现存的发展模式，都将会影响、损坏整体的可持续能力。五律协同可以判别世界可持续发展与否、衡量可持续发展程度的高低。为了使抽象的理论更直观、更具体，在此引入的五律协同概念图中（图 11-1）有五个位于同一平面上的圈，分别被标记为社会圈、自然圈、经济圈、技术圈、环境圈。每一个圈都将平面分成两个区域，"圈"内为"符合规律区""圈"外为"违背规律区"。五个圈彼此独立而又互有交汇，表达了五类规律既独立而又相互作用，而五个圈的相互交汇区域取五律相互作用中的"协同"之意。图中标记 1 处为一律作用区，标记 2 处为两律协同域，标记 3 处为三律协同域，标记 4 处为四律协同域，标记 5 处为五律协同域。

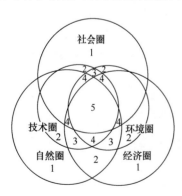

图 11-1　五律协同概念图中

"圈"有弹性，但弹性大小不同。技术圈最具弹性，而自然圈弹性最小（因为自然法则最稳定）。圈的弹性为人类行为的选择增加了自由度，同时也在一定程度上限制了人类行为。

图中所标的 5，是五律协同域，即在该区域的人类行为，同时符合自然、社会、技术、经济、环境五种规律。这种同时符合五种规律的行动，我们可称之为"五律协同行为"，它是我们所期望的可以控制和消除负面影响的行为，因为它在符合环境规律的同时，也不违反其他四种规律。这一区域也是可持续发展得以实现的区域。在该区域中，人们对自然、社会、经济、技术、环境这五个方面进行了平衡、优化、协调，进一步探寻了人与自然的协同进化、人类活动的理性规则、社会约束的自律程度、普遍认同的道德规范等，充分体现了人与自然的和谐以及人与人的和谐。

图中标记为1、2、3、4的区域，构不成"五律协同"，因为这些区域的人类行为，要么是系统性不足要受五个规律的同时制约，要么虽然五个规律都起作用，但该行为本身却背离了其中的某一（些）规律。

五律协同图向我们展示了五类规律相互作用的模型，也揭示了可持续发展是一个涵盖面非常宽广，协同度要求非常高的发展模式，只有当我们的行为进入了五律协同域之后，我们才能走向可持续。

总之，用"五律协同"的新理念探讨可持续发展，透过现象看本质，人类社会发展轨迹中的时空偶合提示我们：人类的发展其实受到自然、社会、技术、经济、环境这五个因素的共同制约，只有同时获得这五个方面规律的支持，才有可能真正实现经济—社会—环境的可持续发展。

三、企业战略联盟

企业选择竞争战略意在衡量竞争对手的优势制定相应策略，以便削弱或限制其优势。在超竞争条件下，固守阵地已不可行，企业必须顺应竞争规则，全方位的创新机会和创造优势，主动走上竞合道路，追求双赢，实行动态的企业战略联盟。所谓的动态的企业战略联盟，就是力求通过对外部关系的整合和资源的利用，以提高各方经营收益，实现超竞争条件下的竞合战略。

1. 超竞争条件下基于协同视角的企业竞争合作战略

（1）企业协同竞争战略的提出　协同竞争是一种对立统一的过程，因为协同和竞争矛盾双方是相互转化、相互依赖的。时代在发展，社会在进步，复杂的竞争环境下，企业必须在一定的合作和资源共享中寻求竞争优势。只有摆脱独家利益互为消长的输赢关系，谋求互惠互利，追求双赢或者多赢的战略意境，才能在知识经济时代下立于优势地位。

我们必须意识到恶性竞争，会过度损耗资源优势，只有突破传统的竞争法则，增添合作新内涵，才能更好的实现双赢商战新格局。同时，这也是世界经济一体化、全球化催生的企业间竞争的新模式。

（2）动态环境催生协同竞争战略　科学技术进步的速度日益加快，品牌国际化的周期不断缩短，在五律模型的角度下思考企业的定位和发展，同样告诉我们合作竞争是迫在眉睫且时下要求的。通过竞争与合作，能够有效缓解资源稀缺问题所带来的不当竞争，因为借助于技术交流和管理创新，它可以优化资源配置，促进专业化合作，进而获得范围经济和规模经济。只有企业间专业化的协同进步，才能提高其竞争地位，增强竞争优势。在这个动荡飘摇的时代，唯一不变的就是变化，而且这种变化也不具普遍规律性，因此协同战略必须和竞争战略摆到同样的高度上去，企业面对着崭新的市场竞境，多变性，不确定性，很多问题困扰着企业的不断进步，孤军作战很难赢得现代竞争的胜利，谋求合作共赢才能更好的发挥自身优势。协同竞争：竞争与合作，是当代企业竞争战略的新要求。

2. 动态战略联盟——柔性战略的最佳实现形式

（1）动态战略联盟的内涵与特征　动态战略联盟通过利用信息技术，建立一种临时性网络结构，使得多家独立的企业可以联系起来谋求市场机遇规避风险的结构性组织。在这种组织下，企业各方在信任和合作的关系下，共享资源优势，并且充分发挥核心优势，进而对市场变化迅速反应，充分占领目标市场。从实质上资源互补的战略联盟来讲，企业间的动态战略联盟就是一种借势造势的战略，通过资源整合，提高应对风险和变化的能力，进而获得一种强势的竞争优势。这种资源互补的联盟形式，有助于企业更好地获得协同效应和新的竞争优势。通过分析，动态战略联盟具有以下的柔性特征：

目标立意双赢。企业各方共担风险威胁，更像资源优势，能够增强彼此间的核心竞争力，进而抢占市场获取收益，实现双赢，只有摆脱自我盈利的输赢意识，致力于共同收益，才能更好地实现协同竞争。

组织间信任。企业间的竞合，存在着利益的矛盾冲突，只有信守承诺，才能更好的贯彻合作项目，推动合作的顺利进行。反之，只会在猜疑中延误战机，被市场淘汰。

文化价值观相融。互不相容没有契合点的企业是不能有效整合的，彼此间的文化价值观，彼此间制订的合作计划，都必须彼此相融可以接受，否则只会削弱核心竞争优势。

柔性的组织结构。为了适应动态联盟下成员间彼此差异，以及项目的动态性，彼此间的组织结构必须灵活可置换，并且兼容，也就是实现柔性化的管理结构，以便于对成员进行管理，并促进项目的实施，优化各成员组织内部的管理。

灵活应变市场机遇。得力于高度的组织柔性，动态联盟能够快速遇见市场变化，聚集市场资源，抓住市场机遇，进而能够在不可预测的市场环境下稳步发展。

资源的互补。动态联盟是优势互补的统一体，集合彼此资源，满足彼此所需的其他资源，强大的资源优势，发挥了巨大的竞争优势。

（2）战略联盟成功的条件　要想取得动态战略联盟的成功，必须实现信息畅通，这也是战略转换成功的前提。企业间动态战略联盟综合了企业自身条件和外部变化，通过分析或许战略调整时所谋求的资源态势。企业瞄准潜在机会，避免所受威胁，发挥自身优势，弥补自身劣势，通过对于外部环境变化发展的趋势判断，制定并实施动态战略决策，力求在竞争中发挥更好的优势。

要想使动态联盟高效运转，必须在实践中建立有效的动态能力模型，并以此来进行企业组织结构的柔性化管理。这既是打造动态联盟能力的基础，也是企业获取能力创新的核心。相信通过持续化的创新整合，企业组织管理必能成为创新动态能力的坚实力量。

保持动态联盟合作的持久性，重在相互信任、增进沟通。我们不能忽略成员间利益的矛盾冲突，所以要想共同发展实现优势最佳，利益最大，必须考虑整体和部分之间的关系，优化组合，解决恶性竞争对协同竞争的挑战，彼此信任广泛交流，巩固联盟的坚固关系，进而化解各种危机冲突，让这个强有力的协同团队获得最大绩效。

3. 构建战略联盟需考虑的问题

通过对动态战略联盟局限性的分析，发现联盟在构建实施过程中所遇到的做大问题就是控制权的问题。同时寻找合适的战略伙伴也是联盟成功与否关键性问题，所以在具体实施过程中我们需要考虑以下问题：

（1）竞争与合作　联盟企业在所涉及的领域要尽量避免直接竞争，所以企业在考虑战略地位的前提下要谨慎签订协议，以免威胁自身的切实利益，发生矛盾冲突。成员间所要谋求合作的领域，必须具有共同进步性和利润空间，无论是技术优势还是人力、财力、知识、品牌等优势问题，都必须予以适当的保护。

（2）风险不可避免　企业必须认识到有些风险是不可以完全避免的，并且我们既存在确定型风险决策也存在不确定型风险决策，这就要求成员间摆正心态，谋求风险最小化，效益最大化即可，不可以求全责备，逾越风险。

（3）实现战略转换　柔性的组织结构可以促进企业战略向动态战略联盟转化，最终实现取长补短，更好地借势造势，走向竞合的战略状态。

（4）有效的经营运作　为了有效的经营运作，企业必须谋求一致的总体战略，充分发挥整体和部分的机能效应，相互扶持，共同进步。

竞合战略逐步获得广泛认可，各种形态的动态战略联盟如雨后春笋般地出现，对超竞争时代所出现的新问题带来抗衡。考虑到外部环境的动态变化，以及内部环境的不确定性发展，现代企业借助于竞争模式的双赢道路转变，必然能够更好的适应风险变化，稳态发展。

四、基于协同学的企业未来核心竞争力研究

1. 问题提出及分析

企业在未来发展核心能力时至少会遇到以下问题：

（1）企业核心竞争力的刚性问题　"刚性"本是材料学上的一个概念，意指在外界环境不变的条件下，物体保持形状不变的特性。核心能力比较容易形成核心刚度。其中最普遍但也是最不被人意识到的原因之一是过分强调目标。在现实生活中，人们容易形成一种思维定势，即有益的东西多多益善。当人们在构建自己企业核心能力时，往往也会不自觉地屈从于这种想法，一味的强调核心能力的建设，导致一些问题产生：

① 企业结构类刚性。企业结构类因素包括：组织结构、人力资源结构、资本结构、技术结构、产品结构和市场结构等因素，他们对核心能力产生直接的影响，因此，管理者在加强核心能力建设中，对这些结构类要素的控制非常重视。过分强调"最优化"，导致企业在以后发展中不能根据环境变化灵活调整企业的各种结构。这表现为企业结构类刚性。

② 企业文化类刚性。企业文化类因素包括：企业文化、企业精神、企业家文化、企业制度和企业核心价值观等因素。他们对核心能力产生间接的影响。但是影响能力更为长远。由于文化类因素没有实物形态，在假设核心能力时比较难以建立。但是一旦建立了适合核心能力的企业文化类因素，要再想改变就非常地困难，这体现了企业文化类刚性。

（2）企业核心能力发展的可持续问题　企业核心能力发展不可持续主要表现在以下三个方面。

① 环境问题。企业发展是否环保。企业保持核心能力对环境的压力是否超出了环境可承载的范围，这构成了企业核心能力环境问题的核心，那些建立在严重破坏环境的基础

之上的核心能力必定不能够持续。

② 科技发展方向。在科技飞速发展的今天，企业的核心能力如果不能适应科技的发展而改变，不管现在这种核心能力多么强大，将来它都注定要失败。

③ 以人为本。以人为本的重要性在于它是提高企业员工知识利用能力的前提条件。企业的核心能力与以人为本的思想理念相结合，才能够激发员工的积极性和创造性，才能保持和谐的人际关系，企业的核心能力发展才能够长久。

2. 未来企业核心竞争力概念的提出

（1）协同学理论　协同学理论主要用于研究复杂适应性系统（CAS）在内部子系统的相互作用下和外部参量的影响下，系统以自组织的方式形成在特定时空和功能上有序结构的条件和演化规律。协同的基本原理是在一个有大量子系统的系统中，在控制参量的巨大影响下，通过子系统之间的相互作用以及序参量之间的相互作用，使系统形成一定的具有自组织功能的机构，并使系统由无序混乱状态变为宏观有序状态的过程。

（2）企业现在核心竞争力　组织核心竞争力是指具有组织特性的、不宜交易的、并为组织带来竞争优势的专有知识和信息。是组织所拥有的能够提供竞争优势的知识体系，核心竞争力不易被竞争对手模仿。企业现在核心竞争力是包含企业创新能力、免疫能力和盈利能力在内的复杂的适应性系统，它是整个企业系统演化到协同状态的序参量。

创新能力——表现为企业为适应复杂的环境变化和激烈的市场竞争以及经济、科技和社会的发展规律而表现出的创造能力，包括管理创新、组织创新、技术创新、产品创新和营销创新等适应环境的能力。创新能力的存在使企业在复杂的环境变化中保持活力和免疫能力，不受环境的伤害；同时也使企业盈利能力得到极大的提升，在激烈的市场竞争力中脱颖而出。

免疫能力——是企业存在于复杂的环境中抵抗来自外部和内部产生的风险的抵抗能力。由于免疫能力的存在，使企业现在的核心能力存在刚性，这种刚性是把双刃剑，一方面使企业在自身比较弱时帮助企业抵抗外来"异己组织"，保护企业不受风险传导的伤害，另一方面导致企业做大做强的时候，使企业核心能力变得刚性太大，阻碍企业创新的进行。

盈利能力——是企业凭借自身的核心能力从外界获取资源的能力。它的存在一方面为企业获得了不可或缺的生存资源，同时当它过分强大的时候，也就是企业能够轻而易举从外界获得资源以供企业发展，那么企业就会失去创新的动力。所谓"没有压力就没有动力"就是这个意思。从以上论述可知，企业现在核心竞争能力的三个构成部分相互作用关系非常复杂，它们之间的非线性关系导致这个系统成为一个复杂适应性系统（CAS）。这就解释了为什么企业核心能力在演化过程中会出现前面所提到的两个问题：刚性问题和可持续性问题。要解决这两个问题，必须从研究企业现在核心竞争力演化这个复杂适应性系统入手，考察它的演化达到协同的条件。从而才能够比较满意地解决问题。

（3）企业未来核心竞争力的概念　基于以上关于协同学理论和组织核心竞争力理论。认为企业未来核心竞争力是企业核心能力系统达到协同状态的序参量，是长期支配企业核心能力系统发展的慢变量。这个概念包括以下三点含义。

① 企业未来核心竞争力只存在于当前企业核心能力系统达到协同状态下，当该系统达不到协同状态时，企业不存在未来核心竞争力。

② 未来核心竞争力是系统序参量，它在系统从无序向有序演化过程中，支配其他参量的演化过程，这也是为什么给它命名为未来核心竞争力的原因。

③ 未来核心竞争力是慢变量，相对应那些快变量（比如组织结构变量），它变化要慢好几个数量级，这充分表现了它在企业发展中的稳定性。

3. 核心竞争力问题的解决

企业现在核心竞争力所面临的问题的解决，必须依靠通过建立未来核心竞争力，使现在的核心能力构成要素之间演化出现协同效应。只有这样才能使企业核心竞争力在演化过程中由刚性变为柔性，由短期现象变为可持续发展，见图 11-2。

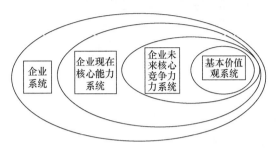

图 11-2　企业未来核心竞争力在企业系统中的关系

（1）未来核心竞争力的构成及序参量　根据前面给出的定义，企业未来核心竞争力是现在核心能力系统的序参量，是慢变量，企业的核心能力系统中能够符合这种条件的只有文化类变量。在考察众多的文化类变量，发现企业文化地位非常独特。它不但影响面最广、变化最慢而且它的影响力也最基础。企业文化影响了整个文化类变量的演化，同时也潜移默化地间接影响了整个组织各种结构类变量的演化，从而控制整个企业的发展演化。基于此，企业文化就是我们要找的企业未来核心竞争力，它体现的企业激励竞争的本质，归根结底是文化的竞争。

企业文化包括：基本价值观、社会责任、共同理想、作风、生活习惯和行为规范等。这些组成部分相互联系、相互影响也构成了一个系统，它也是一个复杂适应性系统（CAS），它在演化过程中也存在一个协同问题。这个系统的序参量是基本价值观，但基本价值观很抽象，其外部表现是社会责任感，可以通过分析这个企业的社会责任感来感知这个企业的基本价值观。

根据以上分析，可以得到企业系统、企业现在核心能力系统、企业未来核心竞争力系统和企业基本价值观的关系，这是一个自相似的结构。它的形成过程即是一个自组织过程，同时也是一个他组织过程。在企业演化过程中，企业的管理者在充分研究本企业系统自组织形成规律的前提下，根据协同学理论，可以通过管理过程进行该结构的他组织构建，加速系统自组织演化。

（2）问题的协同学解决机制　企业现在核心竞争力发展演化过程中，刚性问题和可持续问题的解决机制体现在它与企业未来核心竞争力的关系上。

企业未来核心竞争力系统在外界环境和内部各个影响因素的作用下，不断演化，当演化达到协同状态后，产生未来核心竞争力，从而形成序参量。依据协同学的观点，序参量的存在维持着企业现在核心竞争力系统保持有序状态，序参量一旦消失，系统将逐渐演化到无序的混乱状态。因此，未来核心竞争力的存在有效地解决了现在核心竞争力的协同问题，也就是企业核心能力刚性问题。

企业未来核心竞争力支配企业现在核心能力的演化过程。根据协同学理论中的支配原理，企业未来核心竞争力影响企业现在核心竞争力在将来的发展方向和发展状态。

企业未来核心竞争力是企业现在核心能力中的慢变量。当系统从无序演化到临界点或临界态附近时，将会出现少数慢变量支配多数快变量演化的情景，这为我们把握系统演化提高了绝佳的机会。在系统演化中，用不着所有的变量演变，只要抓住寿命长的慢变量，忽略寿命短的快变量，就能够控制整个系统的演化过程。企业系统的序关系见表 11-1。

表 11-1 企业系统的序关系

层级	层名称	该层序参量	该层序参量构成
1	企业整体系统	现在核心竞争力	创新、免疫、盈利能力
2	现在核心竞争力	未来核心竞争力	企业文化
3	未来核心竞争力	价值观	基本价值观

当企业各级系统由无序演化到有序，出现协同状态时，企业整体系统呈现最佳性能，各级问题也就自然而然得到解决。

根据协同学和自组织理论，详细分析了企业核心竞争力的演化过程，提出了未来核心竞争力的概念，指出企业系统是一个自相似的复杂演化系统，在自组织规律支配下逐渐发展演化成为一个复杂适应性系统。同时，在演化到协同状态时层与层之间存在明显的序关系，即上一层级为下一层级的序参量，每一层要达到协力状态，必须使该层出现序参量，即涌现其上一层级。因此，要想克服企业核心竞争力的刚性问题和可持续发展问题，企业必须培育未来核心竞争力，即加强其企业文化的建设。

思考题

1. 简述工程与科学的划界、工程与技术的划界。

2. 简述工程的本质和工程活动的特征。

3. 简述工程和工程管理的哲学思考。

4. 企业系统工程的定义。

5. 简述建立企业系统工程的哲学思考。

6. 简述现代工程的基本特点及其哲学思考。

7. 简述工程哲学理念下的企业"顶层设计"。

8. 什么是竞争？什么是协同？

9. 简述竞争与协同的关系。

参考文献

[1] 邓波，朝向．工程事实本身—再论工程的划界、本质与特征．[J]．自然辩证法研究．2007（3）．

[2] 吕方梅、王新华、沈景凤、李天箭．工程设计学中的哲学思想浅析．[J]．科技创新导报．2015（30）．

[3] 艾新波、张仲义．工程哲学视野下系统工程若干问题的再认识．[J]．自然辩证法研究

2009（4）．

[4] 田鹏颖．论工程哲学视野中的顶层设计．[J]．自然辩证法研究．2014（4）．

[5] 舒也．系统哲学与价值困境．[J]．浙江社会科学．2015（11）．

[6] 杨进霞．浅谈企业内部控制制度．[J]．审计天空．2017（6）．

[7] 郑广祥．浅论人与自然的竞争协同．[J]．

系统科学学报. 2014 (2).

[8] 丁红玲. 协作竞争和核心竞争力是现代企业发展的关键. [J]. 经济问题. 2000 (4).

[9] 孙洪庆. 对抗竞争-合作竞争-超越竞争. [J]. 现代经济探讨. 2001 (10).

[10] 谢旭光、张在旭. 基于协同学的企业未来核心竞争力研究. [J]. 未来与发展 2012 (2).

[11] 冯琳、左玉辉. 试从五律协同看可持续发展. [J]. 中国人口-资源与环境. 2002 (6).